제6판

# 위상수학의 기초

## FUNDAMENTALS OF TOPOLOGY

이석종 · 이승온 지음

KYOWOO

# 머리말

현대 수학은 대수학, 해석학, 기하학, 위상수학, 통계학 및 응용수학 등으로 분류된다. 이 중에서 위상수학은 19세기 말부터 제대로 연구되기 시작하여 비교적 역사가 짧은 편이나, 오늘날 현대 수학을 연구하기 위한 필수적인 도구가 되었다. 처음에는 순수수학을 위한 입장에서 연구되기 시작하였으나, 최근에 전자기학, 핵물리학, 화학 구조식의 결정, 통신 선로의 효율적 배치 문제, 대형 건축물의 내진 설계 등 자연과학 및 공학 분야에서 많이 응용되고 있다.

위상수학(topology)의 개념은 오늘날 수학의 거의 모든 분야에서 찾아볼 수 있다. 위상수학은 점집합위상수학(point set topology), 대수적위상수학(algebraic topology), 미분위상수학(differential topology) 등으로 구성되어 있다.

위상수학의 시초로 여겨질 가치가 있는 최초의 연구는 오일러(Euler, 1707-1783)에 의해서 행해졌다. 오일러는 1736년에 쾨니히스베르크 다리 문제의 해에 관한 논문을 발표했다. 이 논문에서 오일러는 쾨니히스베르크 다리 문제를 거리와는 무관한 서로 다른 형태의 도형의 문제로 인식했다.

위상수학을 발전시킨 두 번째 동기는 수렴성에 관한 개념의 일반화에서 비롯되었다. 사실 일반화는 볼차노(Bolzano, 1781-1848)가 수열의 수렴성에 대한 연관성을 배제하고, 수렴성을 실수들의 유계인 무한집합과 관련지었던 때인 1817년에 시작했다. 1872년에 칸토어(Cantor, 1845-1918)는 처음으로 제1의 유도집합(the first derived set)의 개념, 즉 극한점(limit point)들의 집합을 소개했다. 칸토어는 제1의 유도집합을 포함하는 부분집합으로서 실직선의 닫힌 부분집합을 정의했고, 점집합 위상수학의 또 다른 기본 개념인 열린 집합의 개념을 소개했다.

1887년에 바이어슈트라스(Weierstrass, 1815-1897)는 실수들의 유계인 무한집합은 적어도 한 개의 집적점을 갖는다는 볼차노-바이어슈트라스 정리를 증명했고, 여기에 점의 근방에 관한 개념이 소개되었다.

힐베르트(Hilbert, 1862-1943)는 1902년에 근방의 개념을 사용했고, 1906년에 프레셰(Frechet, 1878-1973)는 어떤 공간에 대해 유계인 무한집합이 집적점을 포함하면 그 공간을 콤팩트 공간이라 불렀다. 또한 그는 프레셰 거리공간을 정의하여 유클리드 공간으로부터 수렴성의 개념을 확장시켰고, 칸토어의 열린 집합과 닫힌 집합의 개념이 거리공간으로 자연스럽게 확장됨을 보였다.

리이츠(Riesz, 1880-1956)는 1908년에 발표한 논문에서 거리 개념을 완전히 배제하고 위상수학에 대한 새로운 공리적 접근을 제안했다. 이러한 정의는 거리에 대한 개념 없이 집적점에 대한 확고한 정의에 근거를 두었다. 몇 년 후인 1914년에 하우스도르프(Hausdorff, 1868-1942)는 거리 개념을 확장시킨 네 개의 공리로 근방을 정의했다. 리이츠와 하우스도르프의 연구는 실제로 추상적 위상공간의 정의를 가능토록 한다.

위상적인 개념이 수학에 들어가게 된 세 번째 동기는 바로 함수해석학이다. 함수해석학은 고전적인 해석적 방법들이 문제를 다루는데 다소 불충분하기 때문에 야기되었던 수리물리학과 천문학으로부터 생겨난 하나의 논제였다. 야곱 베르누이(Jacob Bernoulli, 1654-1705)와 요한 베르누이(Johann Bernoulli, 1667-1748)는 적분값이 적분될 함수들의 한 함수로 간주되는 변분

법(calculus of variations)을 고안했다. 1907년에 슈미트(Schmidt, 1876-1959)는 힐베르트가 푸리에(Fourier, 1768-1830) 급수의 개념을 일반화시키기 위하여 적분방정식(integral equation)을 연구할때 사용했던 방법들을 확장시키기 위해 수열공간에서의 수렴성의 개념을 고찰했는데, 거리는 내적에 의해 정의되었다. 수열공간에 관한 슈미트의 연구는 제곱합이 가능한 함수에 관한 이론과 유사하다.

추상적 개념에 있어서 그 이상의 단계는 내적공간(inner product space)으로부터 노름공간으로 옮겨갈 때인 1932년에 바나흐(Banach, 1892-1945)에 의해 이루어졌다. 바나흐는 프레셰 선형범함수들을 받아들였고, 그들이 노름공간에서 자연스러운 위치를 가짐을 보였다. 푸앵카레는 어떤 천문학적인 문제들에 관한 연구로부터 비롯된 상미분방정식들을 연구하던 중 다양한 위상적 방법들을 개발했다. 푸앵카레의 자율계에 관한 연구는 이것이 이미 연구되었던 특별한 궤적에서 보다는 오히려 모든 해 전체를 고찰하는 내용을 필요로 했다. 푸앵카레에 의해 개발된 일련의 방법들은 1912년에 브라우어(Brouwer, 1881-1966)에 의해 완전한 위상적 이론으로 정립되었다.

이 책은 위상수학에 흥미를 갖고 있는 이들을 위한 입문서이다. 집합론을 이수한 학부 2, 3학년 학생을 대상으로 해서 일반위상수학의 기초적인 내용을 다루고 있다. 제1장에서는 집합론의 기초 개념과 실수의 여러 성질을 간단히 요약하였고, 제2장에서는 실수와 평면에서의 예를 통해 직관적인 위상의 개념을 얻을 수 있도록 하였다. 제3장부터는 위상공간, 거리공간, 노름공간, 가산공간, 분리공리, 콤팩트성, 연결성, 곱공간, 완비성 등의 위상수학의 기본적인 주제들을 다루었다. 이런 주제들은 다른 수학 분야를 공부하기 위해서 요구되는 필수적인 내용이다.

위상수학은 추상적인 개념들이 많아 처음 접할 경우 어렵게 생각할 수 있는데, 추상적 개념들의 이해를 돕기 위하여 새로운 정의나 정리가 나올 때마다 구체적인 예를 많이 들었으며, 학생들과 함께 토론을 하면서 간단히 풀어볼 수 있는 문제들도 실었다. 각 장의 끝에는 연습문제를 첨가하여 학생 스스로 풀어보면서 종합적인 이해를 돕고, 배운 내용을 응용해 보도록 하였다. 학생들의 학습에 도움을 주기 위해 연습문제 해답을 수록하였지만, 이는 여러 가지 가능한 해답 중 한 가지일 뿐이다. 이 책에 수록된 방법 외에도 다양한 풀이가 가능하므로, 사고의 유연성을 기르기 위해서, 될 수 있으면 답을 보지 않고 문제를 풀도록 노력하고, 부득이한 경우에 한하여 힌트로 사용하기를 바란다.

이번 개정판에서는 예제, 문제, 문제풀이, 기호의 표기 등의 오류를 수정하였고 이해가 어려운 표현들을 알기 쉽게 고쳐 썼다. 특히 부분공간, 연결공간, 곱공간 부분에서 학생들이 이해하기 쉽도록 순서를 조정하고, 새로운 내용을 많이 보충하였다. 이 책에서 사용하는 수학 용어는 대한수학회에서 발행한 "표준 수학용어집"을 따랐다. 아직도 우리말 용어가 일반화되지 않았기 때문에 처음으로 용어가 나오는 곳에 영문 용어를 같이 병기했으며 필요할 경우 한글 및 영문 찾아보기를 이용할 수 있을 것이다. 또한, 학생들의 입장에서도 영문 용어를 알아두면 나중에 전공 분야의 원서를 읽을 경우 많은 도움이 될 것이다.

2022 년 1 월

지은이

# 차 례


**제 1 장　집합과 실수의 성질** **1**

1.1　집합의 개념과 표현법 . . . . . . . . . . 2

1.2　함수 . . . . . . . . . . 8

1.3　무한집합 . . . . . . . . . . 17

1.4　곱집합과 관계 . . . . . . . . . . 20

1.5　실수의 성질 . . . . . . . . . . 26

**제 2 장　보통위상공간 $\mathbb{R}$과 $\mathbb{R}^2$** **31**

2.1　열린 집합 . . . . . . . . . . 32

2.2　극한점 . . . . . . . . . . 34

2.3　수열의 수렴 . . . . . . . . . . 41

2.4　완비 집합 . . . . . . . . . . 45

2.5　함수의 연속 . . . . . . . . . . 47

2.6　보통위상공간 $\mathbb{R}^2$ . . . . . . . . . . 52

**제 3 장　위상공간** **58**

3.1　위상공간의 정의 . . . . . . . . . . 59

3.2　극한점 . . . . . . . . . . 62

3.3　폐포 . . . . . . . . . . 66

3.4　내부, 외부, 경계 . . . . . . . . . . 71

3.5　수열의 수렴 . . . . . . . . . . 77

**제 4 장　기저와 부분공간** **82**

4.1　기저 . . . . . . . . . . 83

4.2　부분기저 . . . . . . . . . . 89

4.3　국소기저 . . . . . . . . . . 91

4.4　부분공간 . . . . . . . . . . 93

**제 5 장 연속함수** **100**
5.1 연속함수 . . . . . . . . . . 101
5.2 여러 가지 연속성 . . . . . . . . . . 104
5.3 위상동형함수 . . . . . . . . . . 110
5.4 약한 위상, 역상위상 . . . . . . . . . . 115
5.5 강한 위상, 상위상 . . . . . . . . . . 120
5.6 분해공간, 동일화공간 . . . . . . . . . . 126

**제 6 장 거리공간** **134**
6.1 거리공간 . . . . . . . . . . 135
6.2 거리공간의 특성 . . . . . . . . . . 140
6.3 등거리공간 . . . . . . . . . . 145
6.4 Hilbert 공간, 노름공간 . . . . . . . . . . 148

**제 7 장 가산공간** **158**
7.1 제1가산공간 . . . . . . . . . . 159
7.2 제2가산공간 . . . . . . . . . . 162
7.3 분리가능한 공간 . . . . . . . . . . 165

**제 8 장 분리공리** **168**
8.1 $T_1$ 공간 . . . . . . . . . . 169
8.2 Hausdorff 공간 . . . . . . . . . . 170
8.3 정칙공간과 정규공간 . . . . . . . . . . 175

**제 9 장 콤팩트 공간** **185**
9.1 콤팩트 공간 . . . . . . . . . . 186
9.2 콤팩트의 여러 성질 . . . . . . . . . . 191
9.3 여러 가지 콤팩트성 . . . . . . . . . . 195
9.4 가산콤팩트 . . . . . . . . . . 200
9.5 거리공간에서의 콤팩트성 . . . . . . . . . . 204
9.6 콤팩트화 . . . . . . . . . . 211

**제 10 장 연결 공간** **220**
10.1 연결 공간 . . . . . 221
10.2 실수에서의 연결 집합 . . . . . 227
10.3 연결 공간의 성질 . . . . . 229
10.4 길연결 공간 . . . . . 235
10.5 성분과 길성분 . . . . . 239
10.6 국소연결과 국소길연결 . . . . . 244

**제 11 장 곱공간** **251**
11.1 $X \times Y$ 의 곱위상 . . . . . 252
11.2 곱위상 . . . . . 260
11.3 곱위상의 성질 . . . . . 270
11.4 Tychonoff 정리 . . . . . 273

**제 12 장 완비거리공간** **285**
12.1 완비거리공간 . . . . . 286
12.2 축약함수 . . . . . 292
12.3 거리공간의 완비화 . . . . . 295
12.4 Baire의 범주정리 . . . . . 299
12.5 완비성과 콤팩트성 . . . . . 301

**제 13 장 함수공간** **306**
13.1 함수공간의 정의 . . . . . 307
13.2 점마다 수렴, 고른 수렴 . . . . . 311
13.3 콤팩트 열린 위상 . . . . . 318

**연습문제 해답** **321**

**교원임용시험 기출 문제** **365**

**참고문헌** **380**

**찾아보기** **381**
영문 . . . . . 381
한글 . . . . . 386

제 1 장

# 집합과 실수의 성질

이 장에서는 위상수학의 여러 정리 및 예제를 이해하는데 필요한 집합, 함수, 실수의 성질들에 대해 간단히 정리한다. 특히 집합족, 임의의 곱집합, 가산집합과 비가산집합, 동치관계 등의 이해가 필수적이다.

## 1.1 집합의 개념과 표현법

집합(set)에 대한 직관적인 개념은 칸토어[1]에 의해 19세기 말에 최초로 제안되었다.

> 집합이란 직관이나 사고의 대상으로서, 명확하고 구별할 수 있는 것들의 모임이다.

집합을 이루는 각각의 것들을 원소(element)라 한다.

집합을 나타낼 때는 보통 대문자 $A, B, \ldots$ 등을 사용하고, 원소를 나타낼 때는 소문자를 사용한다. $a$가 집합 $A$의 원소일 때

$$a \in A$$

로 표시하고 $a$는 $A$에 속한다(belong to)고 한다. $a$가 집합 $A$의 원소가 아닐 때

$$a \notin A$$

로 표시한다.

원소가 하나도 없는 집합을 공집합(empty set)이라 하고 $\emptyset$로 표시하며, 원소가 하나인 집합을 한원소집합(singleton set)이라 한다.

두 집합 $A, B$에 포함되는 모든 원소가 일치할 때, $A$와 $B$는 상등(identical)이다 또는 같다(equal)고 하며 $A = B$로 나타낸다. 두 집합 $A, B$에 대해 $A$의 모든 원소가 $B$에 속할 때 $A$를 $B$의 부분집합(subset)이라 하고, $A \subseteq B$ 또는 $A \subset B$로 나타낸다. 이 때 $B$는 $A$를 포함한다(include)고 하며, $B$를 $A$의 포함집합(superset)이라고 한다. $A \subseteq B$이지만 $A \neq B$일 때 $A$를 $B$의 진부분집합(proper subset)이라 하고, $A \subsetneqq B$ 또는 $A \subsetneq B$로 나타낸다.

임의의 집합 $A$와, $x$에 관한 임의의 명제 $p(x)$가 있을 때, $p(x)$를 참으로 하는 $A$의 모든 원소 $x$를 모아 놓은 집합

$$\{x \in A \mid p(x)\}$$

가 존재한다. 실제로 이 규칙은 공리적 집합론에서는 공리로 받아들이며, 분류공리(axiom of specification)라 부른다.

집합을 이와 같이 나타내는 방법을 조건제시법(set builder form)이라 한다. 따라서 집합을 표현하는 방법에는 원소를 모두 표시해 주는 원소나열법(element listing notation)과 조건제시법 두 가지가 있다.

---

[1] 칸토어 Georg Cantor 1845-1918. 독일 수학자.

앞으로 다른 이야기가 없을 경우 아래와 같은 특별한 기호로 해당 집합을 표현하기로 하자.

$$\begin{aligned}
&\mathbb{R} = \{x \mid x\text{는 실수}\} \\
&\mathbb{Q} = \{x \mid x\text{는 유리수}\} \\
&\mathbb{Q}^c = \{x \mid x\text{는 무리수}\} \\
&\mathbb{Z} = \{x \mid x\text{는 정수}\} \\
&\mathbb{N} = \{x \mid x\text{는 자연수}\} = \{1, 2, 3, \dots\} \\
&\mathbb{I} = \{x \in \mathbb{R} \mid 0 \le x \le 1\} \\
&\mathbb{R}^+ = \{x \in \mathbb{R} \mid x > 0\}
\end{aligned}$$

위 집합들 사이에 $\mathbb{N} \subseteq \mathbb{Z} \subseteq \mathbb{Q} \subseteq \mathbb{R}$의 관계가 있다는 것을 쉽게 보일 수 있다.

---

**정 의 1.1** $A$가 집합일 때 $A$의 부분집합을 모두 모아 놓은 집합을 멱집합(power set)이라 하고 $P(A)$로 나타낸다. 즉,

$$P(A) = \{B \mid B \subseteq A\}.$$

---

**예 1.2** (1) $P(\{a\}) = \{\emptyset, \{a\}\}$, $P(\{a, b\}) = \{\emptyset, \{a\}, \{b\}, \{a, b\}\}$, $P(\emptyset) = \{\emptyset\}$, $P(\{\emptyset\}) = \{\emptyset, \{\emptyset\}\}$

(2) 모든 집합 $A$에 대해 $\emptyset \in P(A)$이고 $A \in P(A)$이다.

(3) $B \subseteq A \iff B \in P(A)$,
$a \in A \iff \{a\} \subseteq A \iff \{a\} \in P(A)$.

---

**정 의 1.3** 집합 $A$와 $B$에 대해

$$A \cup B = \{x \mid x \in A \text{ 또는 } x \in B\}$$

라 정의하며, 집합 $A$와 $B$의 합집합(union)이라 한다.

$$A \cap B = \{x \mid x \in A \text{ 그리고 } x \in B\}$$

라 정의하며, 집합 $A$와 $B$의 교집합(intersection)이라 한다.
$A \cap B = \emptyset$ 일 때 집합 $A$와 $B$는 서로소(disjoint)라 한다.

---

**정 리 1.4** 집합의 연산에 대해 아래 성질이 성립한다.

(1) 항등원(identity)
$A \cup \emptyset = A, \quad A \cap U = A$ ($U$는 전체집합)

(2) 멱등법칙(idempotent law)
$A \cup A = A, \quad A \cap A = A$

(3) 교환법칙(commutative law)
$A \cup B = B \cup A, \quad A \cap B = B \cap A$

(4) 결합법칙(associative law)
$A \cup (B \cup C) = (A \cup B) \cup C$
$A \cap (B \cap C) = (A \cap B) \cap C$

(5) 분배법칙(distributive law)
$A \cap (B \cup C) = (A \cap B) \cup (A \cap C)$
$A \cup (B \cap C) = (A \cup B) \cap (A \cup C)$

$A$의 원소 중에서 $B$에 속하지 않는 원소를 모두 모은 집합을 집합 $A$에서 $B$를 뺀 차집합(difference)이라 하고 $A - B$로 나타낸다. 전체집합 $U$에 대하여, $U - A$를 집합 $A$의 여집합(complement)이라 하고 $A^c$로 나타낸다.

여집합에 대해서 다음의 드모르간[2] 정리가 성립한다.

**정 리 1.5** [드모르간 정리(De Morgan's Theorem)]

(1) $(A \cup B)^c = A^c \cap B^c$
(2) $(A \cap B)^c = A^c \cup B^c$

---

[2]드모르간 Augustus De Morgan 1806-1871. 영국 수학자, 런던수학회 초대 회장.

참 고 **1.6** (1) $A \subseteq B \iff A \cap B^c = \emptyset$

(2) $A \not\subseteq B \iff A \cap B^c \neq \emptyset$

---

정 의 **1.7** 집합들을 원소로 모아놓은 집합을 집합족(family of sets)이라 한다. 집합 $\Gamma$의 각 원소 $\gamma \in \Gamma$에 대해 집합 $A_\gamma$가 대응될 때, 모든 $A_\gamma$를 모아 놓은 집합

$$\{A_\gamma \mid \gamma \in \Gamma\}$$

을 $\Gamma$에 의해 첨수가 매겨진 첨수집합족(indexed family of sets)이라 하고 집합 $\Gamma$를 첨수집합(index set)이라 한다.

---

예 **1.8** (1) $\{A, B, C\}$는 원소가 3개인 집합족이다.

(2) $\emptyset, \mathbb{N}, \mathbb{Z}, \mathbb{Q}, \mathbb{R}$의 집합족 $\mathcal{F}$에 대해 첨수를 붙여보자.
$\mathcal{F} = \{\emptyset, \mathbb{N}, \mathbb{Z}, \mathbb{Q}, \mathbb{R}\}$, $\Gamma = \{1, 2, 3, 4, 5\}$이라 놓고 $f : \Gamma \to \mathcal{F}$를

$$f(1) = \emptyset = A_1, \quad f(2) = \mathbb{N} = A_2, \quad f(3) = \mathbb{Z} = A_3,$$
$$f(4) = \mathbb{Q} = A_4, \quad f(5) = \mathbb{R} = A_5.$$

라 정의하자. 그러면 $\mathcal{F}$는 $\{A_1, A_2, A_3, A_4, A_5\}$와 같이 첨수집합족으로 나타낼 수 있다.

---

정 의 **1.9** 집합족 $\mathcal{F}$에 대해 합집합(union)과 교집합(intersection)을 아래와 같이 정의한다.

$$(1) \quad \bigcup \mathcal{F} = \bigcup_{A \in \mathcal{F}} A = \{x \mid \exists A \in \mathcal{F}, x \in A\}$$
$$(2) \quad \bigcap \mathcal{F} = \bigcap_{A \in \mathcal{F}} A = \{x \mid \forall A \in \mathcal{F}, x \in A\}$$

---

참 고 **1.10** $\mathcal{F}$가 첨수집합족일 때 합집합과 교집합은 아래와 같이 정의된다.

$$(1) \quad \bigcup \mathcal{F} = \bigcup \{F \mid F \in \mathcal{F}\} = \bigcup \{A_\gamma \mid \gamma \in \Gamma\} = \bigcup_{\gamma \in \Gamma} A_\gamma$$
$$= \{x \mid \exists \gamma \in \Gamma, x \in A_\gamma\}$$

$$(2)\quad \bigcap \mathcal{F} = \bigcap\{F \mid F \in \mathcal{F}\} = \bigcap\{A_\gamma \mid \gamma \in \Gamma\} = \bigcap_{\gamma\in\Gamma} A_\gamma$$
$$= \{x \mid \forall\gamma \in \Gamma, x \in A_\gamma\}$$

**참 고** **1.11** $\Gamma = \{1, 2, \ldots, n\}$과 같이 유한 개의 원소일 경우는

$$\bigcup_{\gamma\in\Gamma} A_\gamma = \bigcup_{i=1}^{n} A_i = A_1 \cup A_2 \cup \cdots \cup A_n,$$
$$\bigcap_{\gamma\in\Gamma} A_\gamma = \bigcap_{i=1}^{n} A_i = A_1 \cap A_2 \cap \cdots \cap A_n$$

으로 간단히 나타낸다. 또한 $\Gamma = \mathbb{N}$일 때는

$$\bigcup_{i\in\mathbb{N}} A_i = \bigcup_{i=1}^{\infty} A_i, \quad \bigcap_{i\in\mathbb{N}} A_i = \bigcap_{i=1}^{\infty} A_i$$

등으로 표시한다.

**예** **1.12** $\mathcal{F} = \{A, B, C\}$이고 $A = \{1, 2, 3\}, B = \{1, 3, 4\}, C = \{1, 2, 4\}$라 하면, $\bigcup \mathcal{F} = \bigcup_{F\in\mathcal{F}} F = \{1, 2, 3, 4\}$이고, $\bigcap \mathcal{F} = \bigcap_{F\in\mathcal{F}} F = \{1\}$이다.

**예** **1.13** $F = \{1, 2, 3, 4\}$이고 $A_1 = \{1, 2, 3, 4\}, A_2 = \{1, 2, 4, 6, 8\}$,
$A_3 = \{1, 3, 6, 9\}, A_4 = \{1, 4, 8\}$라 하면,
$\bigcup_{i\in F} A_i = \bigcup_{i=1}^{4} A_i = \{1, 2, 3, 4, 6, 8, 9\}$이고,
$\bigcap_{i\in F} A_i = \bigcap_{i=1}^{4} A_i = \{1\}$이다.

**예** **1.14** (1) $\bigcup\{A, B, C\} = A \cup B \cup C$이고
$\bigcup\{\{a, b, c\}, \{c, d, e\}\} = \{a, b, c\} \cup \{c, d, e\} = \{a, b, c, d, e\}$이다.

(2) $\bigcup\{A_1, A_2, \ldots, A_n\} = A_1 \cup A_2 \cup \cdots \cup A_n$이다.

(3) 모든 집합 $A$에 대해

$$A = \bigcup\{\{a\} \mid a \in A\} = \bigcup_{a\in A} \{a\}\text{이고,}$$
$$A = \bigcup\{B \mid B \in P(A)\} = \bigcup_{B\in P(A)} B\text{이다.}$$

**예** **1.15** (1) $N = \{1, 2, 3, \ldots\}$이고
$A_n = \{x \in \mathbb{R} \mid -n \le x \le n\}$이라 하면,
$\bigcup_{i\in N} A_i = \bigcup_{i=1}^{\infty} A_i = \mathbb{R}$ 이고,
$\bigcap_{i\in N} A_i = \bigcap_{i=1}^{\infty} A_i = A_1 = [-1, 1]$이다.

(2) $\bigcup_{n=1}^{\infty}[-\frac{1}{n}, \frac{1}{n}] = [-1, 1]$ 이고,
$\bigcap_{n=1}^{\infty}[-\frac{1}{n}, \frac{1}{n}] = \{0\}$ 이다.

예 **1.16** 모든 양의 실수 $r \in \mathbb{R}^+$ 에 대해,
$A_r = \{x \in \mathbb{R} \mid -r < x < r\}$ 이라 하면,
$\bigcup_{r \in \mathbb{R}^+} A_r = \mathbb{R}$ 이고,
$\bigcap_{r \in \mathbb{R}^+} A_r = \{0\}$ 이다.

예 **1.17** 모든 $n \in \mathbb{N}$ 에 대해서,

$$A_n = \mathbb{Q} \cap [\sqrt{2} - \frac{1}{n}, \sqrt{2} + \frac{1}{n}]$$

라 하면 $\bigcap_{n=1}^{\infty} A_n = \emptyset$ 이다. 왜냐하면 $\sqrt{2} \notin \mathbb{Q}$ 이기 때문이다.

집합족에 대해서도 다음 드모르간 정리가 성립한다.

정 리 **1.18** [드모르간 정리(De Morgan's Theorem)]
집합족 $\{A_\gamma \mid \gamma \in \Gamma\}$ 에 대해 다음과 같은 사실이 성립한다.

(1) $(\bigcup_{\gamma \in \Gamma} A_\gamma)^c = \bigcap_{\gamma \in \Gamma} (A_\gamma)^c$

(2) $(\bigcap_{\gamma \in \Gamma} A_\gamma)^c = \bigcup_{\gamma \in \Gamma} (A_\gamma)^c$

【증명】 (1)

$$\begin{aligned} x \in (\textstyle\bigcup_{\gamma \in \Gamma} A_\gamma)^c &\equiv x \notin \textstyle\bigcup_{\gamma \in \Gamma} A_\gamma \\ &\equiv \sim [x \in \textstyle\bigcup_{\gamma \in \Gamma} A_\gamma] \\ &\equiv \sim [(\exists \gamma \in \Gamma)(x \in A_\gamma)] \\ &\equiv (\forall \gamma \in \Gamma)(x \notin A_\gamma) \\ &\equiv (\forall \gamma \in \Gamma)(x \in A_\gamma^c) \\ &\equiv x \in \textstyle\bigcap_{\gamma \in \Gamma} A_\gamma^c \end{aligned}$$

(2)

$$\begin{aligned} x \in (\textstyle\bigcap_{\gamma \in \Gamma} A_\gamma)^c &\equiv x \notin \textstyle\bigcap_{\gamma \in \Gamma} A_\gamma \\ &\equiv \sim [x \in \textstyle\bigcap_{\gamma \in \Gamma} A_\gamma] \\ &\equiv \sim [(\forall \gamma \in \Gamma)(x \in A_\gamma)] \\ &\equiv (\exists \gamma \in \Gamma)(x \notin A_\gamma) \\ &\equiv (\exists \gamma \in \Gamma)(x \in {A_\gamma}^c) \\ &\equiv x \in \textstyle\bigcup_{\gamma \in \Gamma} {A_\gamma}^c \end{aligned}$$

□

아무런 원소도 포함하지 않는 공집합인 함수족에 대해서는 아래와 같은 사실이 성립함을 알 수 있다.

**정 리 1.19** $\{A_\gamma \mid \gamma \in \emptyset\}$ 일 경우 아래 사실이 성립한다.

(1) $\bigcup_{\gamma\in\emptyset} A_\gamma = \emptyset$

(2) $\bigcap_{\gamma\in\emptyset} A_\gamma = U$ ($U$는 전체집합)

**참 고 1.20** 빈 합집합(empty union)이나 빈 교집합(empty intersection)의 경우 아래와 같이 쓸 수 있다.

(1) $\bigcup\emptyset = \bigcup_{B\in\emptyset} B = \bigcup\{B \mid B \in \emptyset\} = \bigcup\{A_\gamma \mid \gamma \in \emptyset\} = \bigcup_{\gamma\in\emptyset} A_\gamma = \emptyset$

(2) $\bigcap\emptyset = \bigcap_{B\in\emptyset} B = \bigcap\{B \mid B \in \emptyset\} = \bigcap\{A_\gamma \mid \gamma \in \emptyset\} = \bigcap_{\gamma\in\emptyset} A_\gamma = U$

## 1.2 함수

**정 의 1.21** 두 집합 $A, B$의 곱집합(product set)은 다음과 같이 정의된다.

$$A \times B = \{(a, b) \mid a \in A \;\; \text{그리고} \;\; b \in B\}$$

**예 1.22** $A = \{a, b, c\}, B = \{1, 2\}$ 일 때 곱집합 $A \times B$는 $\{(a,1), (a,2), (b,1), (b,2), (c,1), (c,2)\}$ 이다. 또한 $\{a\} \times \{b\} = \{(a, b)\}$ 이다.

**예 1.23** 실수의 집합 $\mathbb{R}$과 $\mathbb{R}$의 곱집합은 평면상의 점들의 집합과 같다.

$$\mathbb{R} \times \mathbb{R} = \mathbb{R}^2 = \{(x, y) \mid x, y \in \mathbb{R}\}$$

**정 의 1.24** $X \times Y$의 부분집합으로서, 다음 두 가지 조건을 만족시키는 $f$를 $X$에서 $Y$로 가는 함수(function)라 한다.

(1) $X$의 모든 원소 $x$에 대하여 $(x, y) \in f$ 인 $Y$의 원소 $y$가 존재한다.

(2) $(x, y) \in f$ 이고 $(x, z) \in f$ 이면, $y = z$ 이다.

---

$X$ 에서 $Y$ 로 가는 함수를 간단히

$$f : X \to Y$$

로 나타낸다. 이 때 $X$ 를 $f$ 의 정의역(domain), $Y$ 를 $f$ 의 공역(codomain)이라고 한다. $(x, y) \in f$ 일 때 $y = f(x)$ 라고 쓰며, $y$ 를 $f$ 에 대한 $x$ 의 함숫값(value) 또는 $x$ 의 상(image)이라 하고, $x$ 를 $y$ 의 원상(preimage)이라 한다. $f$ 의 함숫값을 모두 모아 놓은 집합

$$f(X) = \{f(x) \mid x \in X\}$$

를 함수 $f$ 의 치역(range)이라 한다.

---

**정 의 1.25** $f : X \to Y$ 와 $g : Z \to W$ 는 함수이다. $X = Z$, $Y = W$ 이고, $X$ 의 모든 원소 $x$ 에 대하여 $f(x) = g(x)$ 일 때, 두 함수 $f$ 와 $g$ 는 같다(equal)고 하며 $f = g$ 라고 쓴다.

---

**예 1.26** 함수 $1_X : X \to X$, $1_X(x) = x$ 를 항등함수(identity map)라고 한다. 항등함수를 순서쌍의 집합으로 표현하면 $\{(x, x) \mid x \in X\}$ 가 된다.

**예 1.27** $A$ 가 $X$ 의 부분집합일 때, $i_A : A \to X$, $i_A(a) = a$ 는 함수가 되고, 포함함수(inclusion map)라고 부르며, $i_A : A \hookrightarrow X$ 로 쓴다. 포함함수를 순서쌍의 집합으로 표현하면 $i_A = \{(x, x) \mid x \in A\}$ 가 된다.

**참 고 1.28** $X$ 와 $Y$ 중 적어도 하나가 공집합이면, $X \times Y$ 도 공집합이다. $X$ 가 공집합이면, $X$ 에서 $Y$ 로 가는 함수는 오직 한 개가 존재하며, 공집합함수(empty map)라고 한다. $X$ 는 공집합이 아니고 $Y$ 만 공집합이면, $X$ 에서 $Y$ 로 가는 함수는 존재하지 않는다.

**예 1.29** $X \neq \phi$ 가 집합이고 $A \subseteq X$ 일 때, 함수 $\chi_A : X \to \mathbb{R}$ 는

$$\chi_A(x) = \begin{cases} 1, & x \in A \text{일 때} \\ 0, & x \in X - A \text{일 때} \end{cases}$$

로 정의되는데, 이 함수를 $X$ 에서 $A$ 의 특성함수(characteristic function)라 한다.

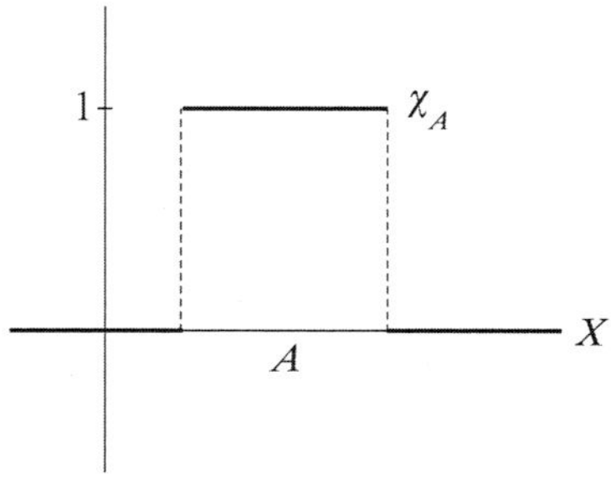


그림 1 특성함수

예를 들어 특성함수 $\chi_{[1,2]} : \mathbb{R} \to \mathbb{R}$은

$$\chi_{[1,2]}(x) = \begin{cases} 1, & x \in [1,2]\text{일 때} \\ 0, & x \in \mathbb{R} - [1,2]\text{일 때} \end{cases}$$

인 함수이다.

**예 1.30** 제1사영함수(first projection)는

$$\pi_1 : X \times Y \to X, \quad \pi_1((x,y)) = x$$

로 정의되며, 제2사영함수(second projection)는

$$\pi_2 : X \times Y \to Y, \quad \pi_2((x,y)) = y$$

로 정의된다. 집합 표현법으로는

$$\pi_1 = \{((x,y),x) \mid (x,y) \in X \times Y\},$$

$$\pi_2 = \{((x,y),y) \mid (x,y) \in X \times Y\}$$

로 나타낼 수 있다.

---

**정의 1.31** $f : X \to Y$와 $g : Y \to Z$가 함수일 때,

$$g \circ f : X \to Z, \quad (g \circ f)(x) = g(f(x))$$

도 함수이고, $f$와 $g$의 합성함수(composition)라고 한다. 이 때, $g \circ f$를 간단하게 $gf : X \to Z$ 혹은

$$X \xrightarrow{f} Y \xrightarrow{g} Z$$

으로 쓴다.

---

예 **1.32** 두 함수 $f : \mathbb{R} \to \mathbb{R}$, $f(x) = \sin x$ 와 $g : \mathbb{R} \to \mathbb{R}$, $g(x) = x^2$ 에 대해 합성함수를 구하면 $(f \circ g)(x) = \sin x^2$ 이고 $(g \circ f)(x) = (\sin x)^2$ 으로 $f \circ g \neq g \circ f$ 이다.

임의의 함수 $f : X \to Y$, $g : Y \to Z$, $h : Z \to W$ 에 대하여, 다음 등식이 성립한다.

$$f \circ 1_X = f, \quad 1_Y \circ f = f,$$
$$(h \circ g) \circ f = h \circ (g \circ f).$$

---

정의 **1.33** $f : X \to Y$ 는 함수이고, $A$ 는 $X$ 의 부분집합이다. 함수

$$A \xrightarrow{i_A} X \xrightarrow{f} Y$$

는 $f$ 의 정의역을 축소한 축소함수(restriction)라고 하고, $f|_A$ 라 쓴다. 축소함수는 $A$ 의 모든 원소 $a$ 에 대하여 다음을 만족시킨다.

$$(f|_A)(a) = f(a)$$

이와는 반대로, $g : A \to Y$ 가 함수이고 $A$ 가 $X$ 의 부분집합일 때, $f|_A = g$ 인 함수 $f : X \to Y$ 를 $g$ 의 정의역을 확대한 확대함수(extension)라 한다.

---

문제 **1.34** 함수 $f : \mathbb{Q} \to \mathbb{R}$, $\quad f(x) = \sin x$ 에 대해 축소함수와 확대함수의 예를 들어라.

【풀이】 축소함수 $g : \mathbb{N} \to \mathbb{R}$, $g(x) = \sin x$
확대함수 $h : \mathbb{R} \to \mathbb{R}$, $h(x) = \sin x$

---

정의 **1.35** $f : X \to Y$ 는 함수이다.

(1) $A$ 가 $X$ 의 부분집합일 때, $f$ 에 대한 집합 $A$ 의 상(image)은 다음의 식으로 정의된다.

$$f(A) = \{f(x) \mid x \in A\}$$

(2) $B$가 $Y$의 부분집합일 때, $f$에 대한 집합 $B$의 역상(inverse image)은 다음의 식으로 정의된다.

$$f^{-1}(B) = \{x \mid f(x) \in B\}$$

---

참 고 **1.36** (1) $x \in f^{-1}(B) \iff f(x) \in B$

(2) $y \in f(A) \iff \exists x \in A,\ f(x) = y$

예 **1.37** 함수 $f : \mathbb{R} \to \mathbb{R},\quad f(x) = x^2$ 에 대해 생각할 때,

$$f(\{0, -2, 3\}) = \{0, 4, 9\}$$
$$f^{-1}(\{0, 4, 9\}) = \{0, 2, -2, 3, -3\}$$

이 된다.

예 **1.38** 제1사영함수 $\pi_1 : X \times Y \to X$에 대해 $A \subseteq X$의 역상을 구하면 $\pi_1^{-1}(A) = A \times Y$이다. 그리고 제2사영함수 $\pi_2 : X \times Y \to Y$에 대해 $B \subseteq Y$의 역상을 구하면 $\pi_2^{-1}(B) = X \times B$이다. 또한 $A \times B = \pi_1^{-1}(A) \cap \pi_2^{-1}(B)$이다.

정 리 **1.39** $f : X \to Y$가 함수이고 $A,\ B \subseteq X$일 때, 다음 사실이 성립한다.

(1) $A \subseteq B \implies f(A) \subseteq f(B)$.

(2) $f(A \cup B) = f(A) \cup f(B)$.

(3) $f(A \cap B) \subseteq f(A) \cap f(B)$.

【증명】

(1) $y \in f(A) \implies \exists x \in A,\ f(x) = y$이므로 $x \in B$이고 $y = f(x) \in f(B)$이다. 즉 $f(A) \subseteq f(B)$.

(2)
$$\begin{aligned} f(A \cup B) &= \{f(x) \mid x \in A \cup B\} \\ &= \{f(x) \mid x \in A \ \text{ or } x \in B\} \\ &= \{f(x) \mid x \in A\} \cup \{f(x) \mid x \in B\} \\ &= f(A) \cup f(B). \end{aligned}$$

(3) $f(A \cap B) \subseteq f(A)$이고 $f(A \cap B) \subseteq f(B)$이므로 $f(A \cap B) \subseteq f(A) \cap f(B)$가 된다. □

**예 1.40** 함수 $f : \{1,2\} \to \{a,b\}$를 $f(1) = f(2) = a$라 하고 $A = \{1\}, B = \{2\}$라 하자. 그러면 $f(A \cap B) = f(\emptyset) = \emptyset$ 이고, $f(A) \cap f(B) = \{a\}$이다. 따라서 $f(A \cap B) \neq f(A) \cap f(B)$.

**정리 1.41** $f : X \to Y$가 함수이면 $X$의 브분집합족 $\{A_i\}$에 대해 다음 사실이 성립한다.

(1) $f(\bigcup A_i) = \bigcup f(A_i)$.

(2) $f(\bigcap A_i) \subseteq \bigcap f(A_i)$.

**정리 1.42** $f : X \to Y$가 함수이고 $C, D \subseteq Y$일 때, 다음이 성립한다.

(1) $C \subseteq D \implies f^{-1}(C) \subseteq f^{-1}(D)$.

(2) $f^{-1}(C \cup D) = f^{-1}(C) \cup f^{-1}(D)$.

(3) $f^{-1}(C \cap D) = f^{-1}(C) \cap f^{-1}(D)$.

**【증명】** (1) $x \in f^{-1}(C) \implies f(x) \in C \implies f(x) \in D \implies x \in f^{-1}(D)$. 따라서 $f^{-1}(C) \subseteq f^{-1}(D)$이다.

(2)
$$\begin{aligned} f^{-1}(C \cup D) &= \{x \mid f(x) \in C \cup D\} \\ &= \{x \mid f(x) \in C \text{ or } f(x) \in D\} \\ &= \{x \mid f(x) \in C\} \cup \{x \mid f(x) \in D\} \\ &= f^{-1}(C) \cup f^{-1}(D). \end{aligned}$$

(3)
$$\begin{aligned} f^{-1}(C \cap D) &= \{x \mid f(x) \in C \cap D\} \\ &= \{x \mid f(x) \in C \text{ and } f(x) \in D\} \\ &= \{x \mid f(x) \in C\} \cap \{x \mid f(x) \in D\} \\ &= f^{-1}(C) \cap f^{-1}(D). \end{aligned}$$

□

**정 리** **1.43** $f : X \to Y$가 함수이면 $Y$의 부분집합족 $\{A_i\}$에 대해 다음 사실이 성립한다.

(1) $f^{-1}(\bigcup A_i) = \bigcup f^{-1}(A_i)$.

(2) $f^{-1}(\bigcap A_i) = \bigcap f^{-1}(A_i)$.

**정 리** **1.44** $f : X \to Y$가 함수이고 $A \subseteq X$이고 $C \subseteq Y$일 때, 다음 사실이 성립한다.

(1) $f(f^{-1}(C)) \subseteq C$

(2) $A \subseteq f^{-1}(f(A))$

【증명】 (1) $y \in f(f^{-1}(C)) \Longrightarrow \exists x \in f^{-1}(C), f(x) = y$. 따라서 $f(x) \in C$. 그런데 $y = f(x)$이므로 $y \in C$. 그러므로 $f(f^{-1}(C)) \subseteq C$.

(2) $x \in A \Longrightarrow f(x) \in f(A) \Longrightarrow x \in f^{-1}(f(A))$. 그러므로 $A \subseteq f^{-1}(f(A))$이다.

□

**예** **1.45** 다음의 예에서 알 수 있는 것처럼 위 정리에서 등호가 성립하지 않는다.

(1) $f : \{1,2\} \to \{a,b\}$를 $f(1) = f(2) = a$라 하면
$f(f^{-1}(\{a,b\})) = \{a\} \neq \{a,b\}$.

(2) $f : \{1,2\} \to \{a,b\}$를 $f(1) = f(2) = a$라 하면
$f^{-1}(f(\{1\})) = f^{-1}(\{a\}) = \{1,2\} \neq \{1\}$.

**참 고** **1.46** (1) $f(A) \subseteq B \iff A \subseteq f^{-1}(B)$. 정의에 의해 성립.

(2) $f^{-1}(B) \subseteq A \quad \not\Rightarrow \quad B \subseteq f(A)$. (연습문제)

(3) $B \subseteq f(A) \quad \not\Rightarrow \quad f^{-1}(B) \subseteq A$. (연습문제)

**정의 1.47** 함수 $f : X \to Y$가 $X$의 모든 원소 $a$와 $b$에 대해

$$a \neq b \implies f(a) \neq f(b)$$

일 때, $f$ 를 단사(injective) 함수라 한다.

**예 1.48** (1) 함수 $g : \mathbb{R} \to \mathbb{R}$, $g(x) = 2x + 3$은 단사함수이다. 왜냐하면 $g(a) = g(b)$이면 $2a + 3 = 2b + 3$이 되고, 따라서 $a = b$가 되므로, 대우법칙에 의해 단사함수의 조건을 만족시킨다.

(2) 함수 $f : \mathbb{R} \to \mathbb{R}$, $f(x) = x^3$은 단사함수이다.
왜냐하면 $f(a) = f(b)$이면 $a^3 = b^3$이고, 따라서 $a = b$이기 때문이다.

(3) 함수 $f : \mathbb{R} \to \mathbb{R}$, $f(x) = x^2$은 단사함수가 아니다. 왜냐하면 $f(-1) = f(1)$이기 때문이다.

**정의 1.49** 함수 $f : X \to Y$가 $f(X) = Y$일 때, 전사(surjective) 함수라 한다.

**예 1.50** (1) 함수 $g : \mathbb{R} \to \mathbb{R}$, $g(x) = 2x + 3$은 전사함수이다.

(2) 함수 $f : \mathbb{R} \to \mathbb{R}$, $f(x) = x^3$은 전사함수이다.

(3) 함수 $f : \mathbb{R} \to \mathbb{R}$, $f(x) = x^2$은 전사함수가 아니다. 왜냐하면 $f(\mathbb{R}) = [0, \infty) \neq \mathbb{R}$ 이기 때문이다.

**정리 1.51** $f : X \to Y$가 단사함수이면 다음 사실이 성립한다.

$$\forall A \subseteq X,\ A = f^{-1}(f(A)).$$

【증명】 분명히 $A \subseteq f^{-1}(f(A))$은 성립한다. 또한

$$\begin{aligned} x \in f^{-1}(f(A)) &\implies f(x) \in f(A) \\ &\implies \exists y \in A,\ f(x) = f(y) \\ &\implies \exists y \in A,\ y = x \quad (\because f : \text{단사}) \\ &\implies x \in A \end{aligned}$$

이므로 $f^{-1}(f(A)) \subseteq A$이다. 따라서 $A = f^{-1}(f(A))$이다. □

**정리 1.52** $f: X \to Y$가 전사함수이면 다음 사실이 성립한다.

$$\forall B \subseteq Y,\ B = f(f^{-1}(B)).$$

【증명】 분명히 $f(f^{-1}(B)) \subseteq B$는 성립하므로 나머지 포함관계만 보이면 된다. 대우법칙을 이용하기 위해 어떤 $B \subseteq Y$에 대해

$$\begin{aligned}
B \not\subseteq f(f^{-1}(B)) &\implies \exists y \in B,\ y \notin f(f^{-1}(B)) \\
&\implies \exists y \in B,\ y \neq f(x)\ \forall x \in f^{-1}(B) \\
&\implies \exists y \in B,\ y \neq f(x),\ \forall f(x) \in B \\
&\implies \exists y \in B,\ y \notin B \cap f(X) \\
&\implies \exists y \in B \cap f(X)^c \\
&\implies \exists y \in B - f(X) \subseteq Y - f(X) \\
&\implies Y \neq f(X) \\
&\implies f\text{는 전사가 아니다.}
\end{aligned}$$

따라서 대우법칙에 의해 성립한다. □

---

**정의 1.53** 전사인 동시에 단사인 함수를 전단사(bijective) 함수 또는 일대일 대응(one-to-one correspondence)이라 한다.

---

**예 1.54** (1) 함수 $g: \mathbb{R} \to \mathbb{R},\quad g(x) = 2x + 3$은 전단사함수이다.
(2) 함수 $f: \mathbb{R} \to \mathbb{R},\quad f(x) = x^3$은 전단사함수이다.

---

**정의 1.55** 함수 $f: X \to Y$가 전단사함수일 때,

$$g \circ f = 1_X,\quad f \circ g = 1_Y$$

가 되는 함수 $g : Y \to X$가 오직 한 개(unique) 존재하는데 이것을 $f$의 역함수(inverse)라고 부르며, $g = f^{-1}$ 로 쓴다.

---

예 **1.56** (1) 전단사함수 $f : \mathbb{R} \to \mathbb{R}$, $f(x) = 2x + 1$의 역함수는 $g : \mathbb{R} \to \mathbb{R}$, $g(x) = \frac{x-1}{2}$ 이다.

(2) 전단사함수 $f : \mathbb{R} \to \mathbb{R}$, $f(x) = x^3$ 의 역함수는 $g : \mathbb{R} \to \mathbb{R}$, $g(x) = x^{\frac{1}{3}}$ 이다.

## 1.3 무한집합

---

정 의 **1.57** 두 집합 $X$와 $Y$ 사이에 전단사함수가 존재하면 $X$와 $Y$는 기수(cardinality)가 같다 또는 대등(equipotent)하다고 하며 $X \sim Y$ 혹은 $|X| = |Y|$로 나타낸다.

---

정 리 **1.58** 집합 $X, Y, Z$에 대해 아래 사실이 성립한다.

(1) $X \sim X$

(2) $X \sim Y \implies Y \sim X$

(3) $X \sim Y, \quad Y \sim Z \implies X \sim Z.$

【증명】 항등함수 $1_X : X \to X$가 전단사함수이므로 $X \sim X$가 된다. $X \sim Y$이면 $f : X \to Y$인 전단사함수가 존재하는데, 이 함수의 역함수 $f^{-1} : Y \to X$도 전단사함수이므로 $Y \sim X$가 된다. $X \sim Y$이고 $Y \sim Z$이면 전단사함수 $f : X \to Y$와 $g : Y \to Z$가 존재하므로, 그 합성함수를 생각하면 $g \circ f : X \to Z$가 전단사함수가 된다. 따라서 $X \sim Z$이다. □

위 사실에서 '두 집합의 기수가 같다'는 관계는 4절에서 배우는 동치관계가 됨을 알 수 있다.

예 **1.59** (1) $f(x) = \pi x - \frac{\pi}{2}$에 의해 $(0,1) \sim (-\frac{\pi}{2}, \frac{\pi}{2})$이고 $g(x) = \tan x$에 의해 $(-\frac{\pi}{2}, \frac{\pi}{2}) \sim \mathbb{R}$ 이므로, $(0,1) \sim \mathbb{R}$ 이 됨을 알 수 있다.

(2) 전단사함수 $f(x) = \frac{1}{2}x + \frac{1}{2}$에 의해 $(-1,1) \sim (0,1)$이고 $(0,1) \sim \mathbb{R}$ 이므로, $(-1,1) \sim \mathbb{R}$ 이다.

---

**정 의 1.60** 집합 $A$가 $B$의 적당한 부분집합과 기수가 같을 때, 집합 $A$의 기수는 집합 $B$의 기수보다 작거나 같다고 하며 $|A| \le |B|$로 나타낸다.

---

**참 고 1.61** (1) $A \subseteq B \implies |A| \le |B|$.
(2) $A$에서 $B$로 가는 단사함수가 존재하기 위한 필요충분조건이 $|A| \le |B|$이다.

---

**정 의 1.62**

(1) 집합 $X$가 공집합이거나, 적당한 자연수 $k$에 대하여 $X \sim \mathbb{N}_k = \{1, 2, 3, \cdots, k\}$일 때, $X$를 유한(finite) 집합이라 한다.

(2) 유한이 아닌 집합을 무한(infinite) 집합이라 한다.

(3) $X \sim \mathbb{N}$일 때, $X$를 가부번(denumerable) 집합이라 한다.

(4) 유한이거나 가부번인 집합을 가산(countable) 집합이라 한다.

(5) 가산이 아닌 집합을 비가산(uncountable) 집합 또는 비가부번(nondenumerable) 집합이라 한다.

---

**예 1.63** 자연수의 집합 $\mathbb{N}$, 홀수의 집합 $\mathbb{N}_o$, 짝수의 집합 $\mathbb{N}_e$, 정수의 집합 $\mathbb{Z}$, 유리수의 집합 $\mathbb{Q}$, $\mathbb{N} \times \mathbb{N}$ 등은 모두 가부번집합이다.

**예 1.64** 구간 $[0, 1]$, 실수의 집합 $\mathbb{R}$, 무리수의 집합 $\mathbb{Q}^c$, $\mathbb{R} \times \mathbb{R}$ 등은 모두 비가산 집합이다.

**정 리 1.65** [칸토어 정리(Cantor Theorem)]
$A$가 집합일 때, 멱집합 $P(A)$의 기수(cardinality)는 $A$의 기수보다 크다.

【증명】 $A = \emptyset$이면 $|A| = 0 < 1 = |P(A)|$로서 성립한다. 이제 $A \neq \emptyset$이라 하자. 함수 $g : A \to P(A)$를 $g(a) = \{a\}$라 하면, $g$가 단사함수이므로 $|A| \le |P(A)|$이다. 이제 $|A| \neq |P(A)|$임을 보이자. $|A| = |P(A)|$라 가정하면 적당한 전단사함수 $f : A \to P(A)$가 존재한다.

$$B = \{x \in A \mid x \notin f(x)\}$$

라 하면 $B \in P(A)$이고 $f$가 전사함수이므로, 적당한 $b \in A$가 존재하여 $f(b) = B$이다. $b \in B$이면 $b \notin f(b) = B$이므로 모순이다. $b \notin B$이면 $b \notin B = f(b)$이므로 $b \in B$이고 따라서 모순이다. 결국 $|A| \neq |P(A)|$이다. 그러므로 $|A| < |P(A)|$이다. □

**예 제** **1.66** 두 개의 가부번집합을 합집합하면 가부번집합이 됨을 보여라.

【풀이】 i) $A \cap B = \emptyset$이면 $A \sim \mathbb{N} \sim \mathbb{N}_e$, 즉 $A \sim \mathbb{N}_e$이고, $B \sim \mathbb{N} \sim \mathbb{N}_o$, 즉 $B \sim \mathbb{N}_o$이다. 따라서 $A \cup B \sim \mathbb{N}_e \cup \mathbb{N}_o = \mathbb{N}$이므로 $A \cup B$는 가부번집합이다.

ii) $A \cap B \neq \emptyset$이면 $C = B - A$라 하면 $A \cup B = A \cup C$이고 $A \cap C = \emptyset$이다. $C$가 가부번집합이면 i)의 경우에서 $A \cup B$는 가부번집합이다. $C$가 유한집합이면 $C \sim \mathbb{N}_k = \{1, 2, \cdots, k\}$이고 $A \sim \mathbb{N} \sim \mathbb{N}' = \{k+1, k+2, \cdots\}$이다. 그러므로

$$A \cup C \sim \mathbb{N}_k \cup \mathbb{N}' = \mathbb{N}$$

이다. 따라서 $A \cup C = A \cup B$는 가부번집합이다.

**문 제** **1.67** 가산집합과 가산집합의 합집합은 가산집합인가?

【풀이】 i) $A, B$가 모두 유한집합이면 $A \cup B$도 우한집합이고, 따라서 가산집합이다.

ii) $A$가 유한집합이면서 $B$가 가부번집합이거나, $A$가 가부번집합이면서 $B$가 유한집합이면 위 예제의 ii)와 같이 성립한다.

iii) $A, B$가 모두 가부번집합이면 위 예제에 의해 성립한다.

따라서 가산집합과 가산집합의 합집합은 가산집합이다.

## 1.4 곱집합과 관계

앞 1.2절에서 2개의 집합에 대한 곱집합을 정의했었는데, 여기서는 일반적인 곱집합에 대해 자세히 알아보기로 하자.

---

**정 의** **1.68** 유한 개의 집합 $A_1, \cdots, A_n$에 대한 곱집합은 다음과 같이 정의된다.

$$A_1 \times \cdots \times A_n = \prod_{i=1}^{n} A_i = \{(a_1, \cdots, a_n) \mid a_i \in A_i,\ i = 1, \cdots, n\}$$

---

예 **1.69** $n$차원 유클리드 공간은 $n$개의 실수의 집합 $\mathbb{R}$의 곱집합이다. 즉,

$$\mathbb{R}^n = \{(x_1, x_2, \cdots, x_n) \mid x_i \in \mathbb{R},\ i = 1, 2, \cdots, n\}$$

이다. 또한 $\{a\} \times \{b\} \times \{c\} = \{(a, b, c)\}$이다.

---

정 의 **1.70** 가산 개의 집합 $A_1, A_2, \cdots$ 에 대한 곱집합은 다음과 같이 정의된다.

$$\prod_{i=1}^{\infty} A_i = \{(a_1, a_2, \cdots) \mid a_i \in A_i,\ i = 1, 2, \cdots\}$$

---

예 **1.71** (1) 모든 $i \in \mathbb{N}$에 대해 $\mathbb{N}_i = \mathbb{N}$이라 할 때,

$$\prod_{i=1}^{\infty} \mathbb{N}_i = \{(a_1, a_2, \cdots) \mid a_i \in \mathbb{N}\}$$

로서 자연수로 이루어진 수열들의 집합이 된다.

(2) 모든 $i \in \mathbb{N}$에 대해 $\mathbb{R}_i = \mathbb{R}$ 이라 할 때,

$$\prod_{i=1}^{\infty} \mathbb{R}_i = \{(a_1, a_2, \cdots) \mid a_i \in \mathbb{R}\}$$

로서 실수로 이루어진 수열들의 집합이 된다.

(3) 모든 $i \in \mathbb{N}$에 대해 $A_i = \{a_i\}$라 하면,

$$\prod_{i=1}^{\infty} A_i = \prod_{i=1}^{\infty} \{a_i\} = \{(a_1, a_2, \cdots)\}$$

로서 한원소집합이 된다. 즉, 한원소집합들의 곱집합은 한원소집합이다.

이제 임의의 개수(비가산이 될 수도 있다)의 집합들을 곱집합으로 만들기 위해 곱집합에 대한 새로운 접근을 하기로 하자. 곱집합을 순서쌍들의 집합으로 생각하는 것이 아니라, 특별한 함수들의 집합으로 생각할 수 있다. 예를 들어

$$X_1 \times X_2 = \{(a, b) \mid a \in X_1 \ \text{그리고}\ b \in X_2\}$$

의 원소 $(a, b)$는

$$p : \{1, 2\} \to X_1 \cup X_2,$$

$$p(1) = a, \quad p(2) = b$$

인 함수 $p$ 라고 생각할 수 있다. 즉,

$$(a, b) \longleftrightarrow \{(1, a), (2, b)\} = p$$

와 같이 대응시켜 생각할 수 있다. 따라서

$$X_1 \times X_2 = \{p \mid p : \{1, 2\} \to X_1 \cup X_2,\ p(i) \in X_i,\ i = 1, 2\}.$$

예 **1.72** $X_1 = \{a, b\}$, $X_2 = \{x, y\}$ 일 때, $X_1 \times X_2$ 의 원소를 모두 나열하면

$$(a, x), (a, y), (b, x), (b, y)$$

이다. 각 원소에 대응하는 함수들을 구하면

$$\begin{aligned}
&p : \{1, 2\} \to X_1 \cup X_2,\ p(1) = a,\ p(2) = x,\\
&q : \{1, 2\} \to X_1 \cup X_2,\ q(1) = a,\ q(2) = y,\\
&r : \{1, 2\} \to X_1 \cup X_2,\ r(1) = b,\ r(2) = x,\\
&s : \{1, 2\} \to X_1 \cup X_2,\ s(1) = b,\ s(2) = y
\end{aligned}$$

이고, 이 함수들을 집합으로 표시하면,

$$\begin{aligned}
p &= \{(1, a), (2, x)\},\\
q &= \{(1, a), (2, y)\},\\
r &= \{(1, b), (2, x)\},\\
s &= \{(1, b), (2, y)\}
\end{aligned}$$

가 된다. 따라서

$$\begin{aligned}
X_1 \times X_2 &= \{p \mid p : \{1, 2\} \to X_1 \cup X_2,\ p(i) \in X_i\}\\
&= \{p,\ q,\ r,\ s\}\\
&= \{\{(1, a), (2, x)\},\ \{(1, a), (2, y)\},\ \{(1, b), (2, x)\},\ \{(1, b), (2, y)\}\}\\
&\cong \{(a, x),\ (a, y),\ (b, x),\ (b, y)\}
\end{aligned}$$

이다. 여기서 기호 $\cong$는 동일시할 수 있다는 뜻이다.

위 예에서와 마찬가지로

$$\prod_{i=1}^{\infty} A_i = \{(a_1, a_2, \cdots) \mid a_i \in A_i,\ i = 1, 2, \cdots\}$$

의 원소 $(a_1, a_2, \cdots)$는 $p : \mathbb{N} \to \bigcup A_i,\ p(i) = a_i$인 함수 $p$라고 생각할 수 있으므로,

$$\prod_{i=1}^{\infty} A_i = \{p \mid p : \mathbb{N} \to \bigcup A_i,\ p(i) \in A_i\}$$

로 나타낼 수 있다.

이러한 성질을 일반화하여 일반적인 곱집합을 다음과 같이 정의한다.

---

**정 의 1.73** 함수들의 집합

$$\prod_{i\in I} X_i = \{p \mid p : I \to \bigcup_{i\in I} X_i \text{는 함수이고 } p(i) \in X_i\}$$

를 $\{X_i \mid i \in I\}$의 곱집합(product set) 또는 카테션곱(cartesian product)이라 하고 간단히 $\prod X_i$로 쓰기도 한다.

이 경우, $p(i)$는 $p_i$로 쓰고, $p$는 $(p_i)_{i\in I}$나 $(p_i)$로 쓴다. $X_i$는 $\prod X_i$의 $i$ 번째 인수집합(factor set)이라 부른다.

$$\pi_j : \prod X_i \to X_j,\quad \pi_j((p_i)) = p_j$$

는 $\prod X_i$에서 $X_j$로 가는 사영함수(projection)라 하고, 간단히 $j$ 번째 사영함수라고 부른다.

---

**예 1.74** $\mathbb{R}^3 = \{(a_1, a_2, a_3) \mid a_1, a_2, a_3 \in \mathbb{R}\}$을 생각할 때,
$\mathbb{R}_1 = \mathbb{R}_2 = \mathbb{R}_3 = \mathbb{R}$이고 $I = \{1, 2, 3\}$이라 하면 각 점 $(a_1, a_2, a_3)$은

$$p(1) = a_1 \in \mathbb{R}_1,$$
$$p(2) = a_2 \in \mathbb{R}_2,$$
$$p(3) = a_3 \in \mathbb{R}_3$$

인 함수 $p : I \to \mathbb{R}$로 생각할 수 있다. 즉,

$$\begin{aligned}\mathbb{R}^3 &= \prod_{i \in I} \mathbb{R}_i \\ &= \{p \mid p : \{1,2,3\} \to \bigcup_{i \in I} \mathbb{R}_i \text{는 함수}, \ p(i) \in \mathbb{R}\} \\ &= \{p \mid p : \{1,2,3\} \to \mathbb{R}\text{은 함수}\}\end{aligned}$$

가 된다.

예 **1.75** (1) 모든 $i \in \mathbb{N}$에 대해 $\mathbb{R}_i = \mathbb{R}$ 이라 할 때,

$$\begin{aligned}\prod_{i=1}^{\infty} \mathbb{R}_i = \prod_{i \in \mathbb{N}} \mathbb{R}_i &= \{f \mid f : \mathbb{N} \to \bigcup_{i \in \mathbb{N}} \mathbb{R}_i, \ f(i) \in \mathbb{R}\} \\ &= \{f \mid f : \mathbb{N} \to \mathbb{R}\text{는 함수}\} = \mathbb{R}^{\mathbb{N}}\end{aligned}$$

로서 자연수가 정의역인 함수들의 집합이 된다. 실제로 자연수가 정의역인 함수들이 바로 수열이다. (예 1.71 참조)

(2) 모든 $i \in \mathbb{R}$에 대해 $\mathbb{R}_i = \mathbb{R}$ 이라 할 때,

$$\begin{aligned}\prod_{i \in \mathbb{R}} \mathbb{R}_i &= \{f \mid f : \mathbb{R} \to \bigcup_{i \in \mathbb{R}} \mathbb{R}_i, \ f(i) \in \mathbb{R}\} \\ &= \{f \mid f : \mathbb{R} \to \mathbb{R}\text{는 함수}\} = \mathbb{R}^{\mathbb{R}}\end{aligned}$$

로서 실수의 집합을 정의역으로 가지는 실함수들의 집합이 된다.

예 **1.76** $\pi_1 : \mathbb{R} \times \mathbb{R} \to \mathbb{R}$에 대해, $\pi_1^{-1}(A) = A \times \mathbb{R}$ 이고
$\pi_2 : \mathbb{R} \times \mathbb{R} \to \mathbb{R}$에 대해, $\pi_2^{-1}(B) = \mathbb{R} \times B$이다.
$\pi_2 : \mathbb{R} \times \mathbb{R} \times \mathbb{R} \to \mathbb{R}$에 대해, $\pi_2^{-1}(B) = \mathbb{R} \times B \times \mathbb{R}$ 이다.

문제 **1.77** $X = \{a, b, c\}, \ Y = \{1, 2\}$일 때, 다음을 구하여라.

(1) $X \times Y$

(2) $\pi_1(X \times Y)$

(3) $\pi_2(X \times Y)$

(4) $\pi_1^{-1}(\{a\})$

(5) $\pi_2^{-1}(\{2\})$

(6) $\pi_1^{-1}(\{a, c\})$

【풀이】

(1) $X \times Y = \{(a,1),(a,2),(b,1),(b,2),(c,1),(c,2)\}$

(2) $\pi_1(X \times Y) = X$

(3) $\pi_2(X \times Y) = Y$

(4) $\pi_1^{-1}(\{a\}) = \{(a,1),(a,2)\} = \{a\} \times Y$

(5) $\pi_2^{-1}(\{2\}) = \{(a,2),(b,2),(c,2)\} = X \times \{2\}$

(6) $\pi_1^{-1}(\{a,c\}) = \{(a,1),(a,2),(c,1),(c,2)\} = \{a,c\} \times Y$

---

정 의 **1.78** $X \times X$의 부분집합 $R$을 $X$의 관계(relation)라고 한다. 이 때 $(x,y) \in R$을 $x\,R\,y$로 나타내기도 한다.

---

예 **1.79** (1) $X$에서 $X$로 가는 모든 함수는 $X$의 관계이다.

(2) $R = X \times X$도 $X$의 관계이다.

예 **1.80** $R = \{(1,2),(1,3),(1,4),(1,5)\}$은 집합 $A = \{1,2,3,4,5\}$의 관계이다. 그러나 $S = \{(1,2),(1,3),(1,4),(1,5),(1,6)\}$는 집합 $A$의 관계가 아니다. 왜냐하면 $(1,6) \notin A \times A$이기 때문이다.

---

정 의 **1.81** $R$이 $X$에서의 관계일 때

(1) $\forall x \in X,\ xRx$이면 $R$을 반사적(reflexive)이라 한다.

(2) $xRy \Longrightarrow yRx$이면 $R$을 대칭적(symmetric)이라 한다.

(3) $xRy,\ yRz \Longrightarrow xRz$이면 $R$을 추이적(transitive)이라 한다.

(4) 위 세 가지를 모두 만족시키면 동치관계(equivalence relation)라 한다.

(5) $R$이 동치관계일 때,

$$R(x) = \{x^* \mid x^* R x\}$$

를 $X$의 동치류(equivalence class)라 하고, $R$에 관하여 혼동할 염려가 없을 때 $[x]$로 나타낸다.

---

문 제 **1.82** $X = \{a,b,c\},\ R = \{(a,a)\}$이다.

(1) $R$은 반사적인가?

(2) $R$은 대칭적인가?

(3) $R$은 추이적인가?

(4) $R$을 포함하는 가장 작은 동치관계 $R^*$를 만들어라.

(5) 위에서 얻은 $R^*$에 대해, $R^*(a)$, $R^*(b)$, $R^*(c)$를 구하여라.

【풀이】

(1) $(b, b), (c, c) \notin R$이므로 반사적이 아니다.

(2) 그렇다.

(3) 그렇다.

(4) $R^* = \{(a, a), (b, b), (c, c)\}$

(5) $R^*(a) = \{a\}$, $R^*(b) = \{b\}$, $R^*(c) = \{c\}$

**정 리 1.83** $R$은 $X$의 동치관계이고 $x$와 $y$가 $X$의 점이면, 다음을 만족시킨다.

(1) $R(x)$와 $R(y)$는 서로소(disjoint)이거나 서로 같다.

(2) $\bigcup\{R(x) \mid x \in X\} = X$이다.

【증명】 (1) $R(x) \cap R(y) \neq \emptyset$라고 가정하면 $\exists t \in R(x) \cap R(y)$이다.

$$\begin{aligned} \forall z \in R(x) &\implies (z, x) \in R,\ (t, x) \in R,\ (t, y) \in R \\ &\implies (z, x) \in R,\ (x, t) \in R,\ (t, y) \in R \\ &\implies (z, t) \in R, (t, y) \in R \\ &\implies (z, y) \in R \\ &\implies z \in R(y) \end{aligned}$$

즉, $R(x) \subseteq R(y)$이다. 마찬가지로 $R(x) \supseteq R(y)$도 증명할 수 있으므로 결국 $R(x) = R(y)$이다.

(2) $x \in X \implies (x, x) \in R \implies x \in R(x) \subseteq \bigcup\{R(x) \mid x \in X\}$이므로 $X = \bigcup\{R(x) \mid x \in X\}$이다. □

이 경우 $X/R = \{R(x) \mid x \in X\}$를 $R$에 관한 $X$의 상집합(quotient set)이라 하고, 함수 $q : X \to X/R,\ \ q(x) = R(x)$를 상함수(quotient map) 혹은 표준사상(natural map)이라고 부른다.

## 1.5 실수의 성질

실수의 집합은 수학에서 중요한 역할을 한다. 위상수학의 많은 개념도 $\mathbb{R}$에서 다루는 개념들을 일반화 또는 추상화시킨 것이므로, 위상수학에서도 $\mathbb{R}$는 중요한 연구 대상이다. 이 절에서는 $\mathbb{R}$의 성질에 대하여 정리한다.

---

**정 의 1.84** $A$는 $\mathbb{R}$의 부분집합이고 $u, l, m$은 실수라 하자.

(1) $A$의 모든 원소 $x$에 대하여 $x \leq u$를 만족시키는 실수 $u$가 존재할 때 $A$는 위로 유계(bounded above)라 하고, $u$를 $A$의 상계(upper bound)라 한다.

(2) 집합 $A$가 위로 유계일 때, $A$의 상계 중에서 최소인 원소 $m$이 존재하면, $m$을 $A$의 최소상계(least upper bound) 또는 상한(supremum)이라 하고 $\sup A$로 나타낸다.

(3) $A$의 모든 원소 $x$에 대하여 $l \leq x$를 만족시키는 실수 $l$이 존재할 때, $A$는 아래로 유계(bounded below)라 하고 $l$을 $A$의 하계(lower bound)라 한다.

(4) 집합 $A$가 아래로 유계일 때, $A$의 하계 중에서 최대인 원소 $m$이 존재하면, $m$을 $A$의 최대하계(greatest lower bound) 또는 하한(infimum)이라 하고 $\inf A$로 나타낸다.

(5) 집합 $A$가 위로도 유계이고 아래로도 유계일 때, 집합 $A$는 유계(bounded)이다라고 한다.

---

**예 1.85** 집합 $A = \{1, 2, 3, 4, 5\}$에 대해, 실수 5나 6은 모두 $A$의 상계가 되며 5는 $A$의 최소상계이다. 또한 실수 0이나 1은 모두 $A$의 하계가 되며 1은 $A$의 최대하계이다.

**예 1.86** 유한구간 $[a, b]$와 $(a, b)$ 모두 최대하계는 $a$이고, 최소상계는 $b$이다.

**예 1.87** 실수의 집합 $\mathbb{R}$에서 부분집합

$$A = \{q \in \mathbb{Q} \mid q > 0, q^2 < 2\}$$

는 위로 유계, 아래로 유계이다. 또한 집합 $A$의 최대하계는 0이고 최소상계는 $\sqrt{2}$이다.

다음 공리는 공리적 실수계의 공리 중 하나이며, 실수와 유리수를 구분지어 주는 중요한 성질이다. 제12장에서 다룰 거리공간의 완비성(completeness)과 동치인 성질이다.

> **공 리 1.88** [최소상계공리(least upper bound axiom)]
> $\mathbb{R}$의 공집합이 아닌 부분집합 $A$가 위로 유계이면, $A$의 최소상계가 $\mathbb{R}$에 존재한다.

**예 1.89** (1) 실수의 집합 $\mathbb{R}$은 최소상계공리를 만족시킨다.

(2) 유리수의 집합 $\mathbb{Q}$는 최소상계공리를 만족시키지 않는다. 왜냐하면 $\mathbb{Q}$에서 부분집합 $A = \{q \in \mathbb{Q} \mid q > 0, q^2 < 2\}$는 위로 유계이지만, 최소상계를 갖지 않는다. 실제로 $\sqrt{2}$는 유리수가 아니므로 $A$의 최소상계가 될 수 없다.

다음 성질은 아르키메데스[3] 순서성질로 알려진 실수의 성질인데 최소상계공리로부터 증명할 수 있다.

> **정 리 1.90** [아르키메데스 순서성질(Archimedean ordering property)]
> 자연수의 집합 $\mathbb{N}$은 위로 유계가 아니다.

**【증명】** $\mathbb{N}$이 위로 유계라고 가정하면 최소상계공리에 의하여 최소상계가 존재한다. $\sup(\mathbb{N}) = m$이라고 하면 모든 자연수 $n$에 대하여 $n \leq m$이다. $m - 1$은 상계가 아니므로 적당한 자연수 $n_0$가 존재하여 $m - 1 < n_0$이다. 즉 $m < n_0 + 1$이고 $n_0 + 1$은 역시 자연수이므로 $m$이 자연수의 집합의 상계가 될 수 없어서 모순이다. □

> **정 리 1.91** [축소구간성질(nested interval property)]
> $I_1 = [a_1, b_1],\ I_2 = [a_2, b_2],\ \cdots$ 등이 $I_1 \supseteq I_2 \supseteq \cdots$ 인 유계인 닫힌 구간들의 수열일 때, 다음 사실이 성립한다.
> $$\bigcap_{n \in \mathbb{N}} I_n \neq \emptyset.$$

**【증명】**

[3] 아르키메데스 Archimedes BC 287-BC 212. 고대 그리스의 수학자, 물리학자.

$$\begin{aligned} I_1 \supseteq & I_2 \supseteq \cdots \\ &\Rightarrow\ a_1 \le a_2 \le \cdots \le b_2 \le b_1 \\ &\Rightarrow\ \begin{cases} a_m < b_m \le b_n, & m > n \text{ 일 때} \\ a_m \le a_n < b_n, & m \le n \text{ 일 때} \end{cases} \end{aligned}$$

즉, 임의의 자연수 $n$에 대하여 $b_n$은 집합 $A = \{a_1, a_2, \cdots\}$의 상계이다. $A$는 $\mathbb{R}$의 부분집합이므로 최소상계공리에 의하여 최소상계 $p = \sup(A)$가 존재하여 $p \le b_n$이 된다. 더욱이 $p$는 $A$의 상계이므로 임의의 자연수 $n$에 대하여 $a_n \le p$이다. 즉, $a_n \le p \le b_n$이므로 $p$는 모든 닫힌 구간 $I_n$에 속한다. □

문 제 **1.92** 양수 $a, b$에 대하여 $b < n_0 a$인 자연수 $n_0$가 존재하는가?

【풀이】 모든 $n \in \mathbb{N}$에 대하여 $b \ge na$라 가정하면 $n \le \frac{b}{a}$이다. 따라서 $\frac{b}{a}$가 $\mathbb{N}$의 상계이다. 이것은 모순이다. 따라서 $b < n_0 a$인 자연수 $n_0$가 존재한다.

문 제 **1.93** 양수 $a$에 대하여 $0 < \frac{1}{n_0} < a$인 자연수 $n_0$가 존재하는가?

【풀이】 문제 1.92에서 $b = 1$이라 하면 $n_0 \in \mathbb{N}$가 존재하여 $b = 1 < n_0 a$이다. 결국 $\frac{1}{n_0} < a$이다.

문 제 **1.94** 서로 다른 실수 $a$와 $b$ 사이에는 항상 유리수가 존재하는가?

【풀이】 (i) $a < 0 < b$이면 0이 원하던 유리수이다.

(ii) $0 < a < b$이면 $b - a > 0$이므로 문제 1.93에 의하여 다음 사실이 성립한다.

$$\exists\, n_0 \in \mathbb{N}, 0 < \frac{1}{n_0} < b - a$$

$\frac{1}{n_0}$과 $b$가 양수이므로 문제 1.92에 의하여 $\frac{1}{n_0}$의 적당한 배수가 $b$보다 크다. 그 배수 중 가장 작은 자연수를 $m_0$라 하면 $\frac{m_0}{n_0} \ge b$이다. 따라서 $\frac{m_0 - 1}{n_0} < b$이고 $\frac{m_0 - 1}{n_0}$은 유리수이다. 이제 $\frac{m_0 - 1}{n_0}$이 $a$와 $b$ 사이에 있음을 보이자. $\frac{m_0 - 1}{n_0} < b$는 이미 보였으므로 $a \ge \frac{m_0 - 1}{n_0}$라고 가정하여 모순을 발견하면 된다.

$$\frac{m_0 - 1}{n_0} + \frac{1}{n_0} = \frac{m_0}{n_0} \le a + \frac{1}{n_0} < b$$

는 $m_0$의 정의와 모순이다. 따라서 $a < \frac{m_0 - 1}{n_0} < b$이다.

(iii) $a < b < 0$이면 $a^* = -a,\ b^* = -b$라 하고 (ii)를 이용하여 쉽게 증명할 수 있다.

(iv) $a = 0$ 또는 $b = 0$이면 문제 1.93에 의해 증명할 수 있다.

## 연습문제 1

1. 아래 주장이 성립하는지 알아보아라.

   (a) $\exists x \in \mathbb{R}, [0 < x \le \frac{1}{n},\ \forall n \in \mathbb{N}]$
   (b) $\exists x \in \mathbb{R}, [0 < x < \frac{1}{n},\ \forall n \in \mathbb{N}]$
   (c) $\exists x \in \mathbb{R}, [0 \le x < \frac{1}{n},\ \forall n \in \mathbb{N}]$
   (d) $\exists x \in \mathbb{R}, [0 \le 1 - x < \frac{1}{n},\ \forall n \in \mathbb{N}]$
   (e) $\exists x \in \mathbb{R}, [0 < x < q,\ \forall q \in \mathbb{Q}^+]$
   (f) $\exists x \in \mathbb{R}, [x < q,\ \forall q \in \mathbb{Q}]$

2. 아래 주장이 성립하는지 알아보아라.

   (a) 집합 $A$의 모든 원소 $x$에 대해 $x > 0$이면, $\inf A > 0$이다.
   (b) 집합 $A$의 모든 원소 $x$에 대해 $x \ge 0$이면, $\inf A \ge 0$이다.
   (c) 집합 $A$의 모든 원소 $x$에 대해 $x > 0$이면, $\inf A \ge 0$이다.
   (d) 집합 $A$의 모든 원소 $x$에 대해 $x < 0$이면, $\sup A < 0$이다.
   (e) 집합 $A$의 모든 원소 $x$에 대해 $x \le 0$이면, $\sup A \le 0$이다.
   (f) 집합 $A$의 모든 원소 $x$에 대해 $x < 0$이면, $\sup A \le 0$이다.

3. 아래 De Morgan 정리를 증명하여라.

   (a) $(\bigcup_i A_i)^c = \bigcap_i A_i^c$
   (b) $(\bigcap_i A_i)^c = \bigcup_i A_i^c$

4. $f : X \to Y$가 단사함수이면 대응하는 멱집합에서의 함수
   $g : P(X) \to P(Y),\ g(A) = f(A)$도 단사함수임을 보여라.

5. $f : X \to Y$가 전사함수이면 대응하는 멱집합에서의 함수
   $g : P(X) \to P(Y),\ g(A) = f(A)$도 전사함수임을 보여라.

6. $f : X \to Y$가 함수일 때

   a) $f^{-1}(B) \subseteq A \quad \not\Rightarrow \quad B \subseteq f(A)$인 예를 들어라.
   b) $B \subseteq f(A) \quad \not\Rightarrow \quad f^{-1}(B) \subseteq A$인 예를 들어라.

7. $f : X \to Y$가 함수이고 $A, B \subseteq Y$일 때, $f^{-1}(A - B) = f^{-1}(A) - f^{-1}(B)$임을 보여라.

8. $A$가 전체집합 $U$의 부분집합일 때 아래와 같이 정의된 $\chi_A : U \to \mathbb{R}$을 $A$의 특성함수(characteristic function)라 부른다.

$$\chi_A(x) = \begin{cases} 1, & x \in A \text{ 일 때} \\ 0, & x \notin A \text{ 일 때} \end{cases}$$

다음이 성립함을 보여라.

(a) $\chi_{A \cap B} = \chi_A \cdot \chi_B$

(b) $\chi_{A \cup B} = \chi_A + \chi_B - \chi_{A \cap B}$

9. 모든 무한집합은 가부번집합을 부분집합으로 가짐을 보여라.

10. $A$가 무한집합일 때 $A$의 적당한 진부분집합과 $A$ 사이에 전단사함수가 존재함을 보여라.

11. $\mathbb{Q}$가 가부번집합임을 보여라.

12. $A$와 $B$가 가부번집합일 때 $A \times B$도 가부번집합임을 보여라.

13. 가산집합의 부분집합은 가산집합임을 보여라.

14. $\mathbb{R}$ 이 비가산집합임을 보여라.

15. 구간 $[0, 1]$이 비가산집합임을 보여라.

16. $\mathbb{Q}^c$가 비가산집합임을 보여라.

17. 비가산집합을 부분집합으로 포함하는 집합은 비가산집합임을 보여라.

# 제 2 장

# 보통위상공간 $\mathbb{R}$과 $\mathbb{R}^2$

수학의 모든 분야에서 실수의 집합 $\mathbb{R}$은 중요한 역할을 한다. 일반 위상에서 다루는 많은 개념들은 실수의 성질을 추상화시킨 것이며, $\mathbb{R}$은 위상공간의 중요한 예로써 다루어진다. 이 장에서는 우리가 잘 알고 있는 보통순서(natural order)에 의하여 결정된 실수 $\mathbb{R}$과 평면 $\mathbb{R}^2$의 보통위상(usual topology)에 대하여 공부한다.

## 2.1 열린 집합

앞으로 특별한 이야기가 없는 한, 이 장에서 다루는 모든 집합은 실수의 집합 $\mathbb{R}$의 부분집합이다.

---

**정의 2.1** $A$가 $\mathbb{R}$의 부분집합이고 $p$는 $A$의 점이라 하자. $A$의 부분집합으로서 점 $p$를 포함하는 열린 구간(open interval) $B_p = (a, b)$가 존재할 때, 즉

$$p \in B_p \subseteq A$$

인 열린 구간 $B_p$가 존재할 때, $p$를 $A$의 내점(interior point)이라고 한다. $A$의 모든 점이 $A$의 내점일 때, $A$를 열린 집합(open set) 또는 개집합이라고 한다.

---

여기서 한가지 주의할 사항이 있는데, 위 정의에서 사용한 "열린 구간"이란 관습적 용어로서 "양 끝점을 포함하지 않는 구간"이란 뜻으로 사용했다. 그러나 다음의 예에서 볼 수 있듯이 열린 구간은 실제로 "열린 집합"인 구간이 된다.

**예 2.2** (1) 모든 집합은 자기 자신의 부분집합이므로, 유계인 열린 구간(bounded open interval) $(a, b)$는 열린 집합이다.

(2) $(a, \infty)$, $(-\infty, a)$ 등의 유계가 아닌 열린 구간(unbounded open interval)은 열린 집합이다.

(3) $\mathbb{R}$은 열린 집합이다.

(4) 공집합은 점이 하나도 없으므로 당연히 열린 집합의 정의를 만족시킨다. 따라서 공집합은 열린 집합이다.

**참고 2.3** 정의에 의해 $A$가 열린 집합이 아니기 위한 필요충분조건은 집합 $A$가 내점이 아닌 점을 적어도 한 개 포함하는 것이다.

**예 2.4** (1) 닫힌 구간 $B = [a, b]$는 $a$와 $b$가 $B$의 내점이 아니므로, 열린 집합이 아니다.

(2) 구간 $[a, b)$, $(a, b]$ 등은 내점이 아닌 점이 있으므로, 열린 집합이 아니다.

(3) 구간 $(-\infty, a]$, $[a, \infty)$ 등은 내점이 아닌 점 $a$를 가지고 있으므로, 열린 집합이 아니다.

**문제 2.5** (1) $\mathbb{R}$의 한원소집합 $\{p\}$는 열린 집합인가?

(2) $\mathbb{R}$의 공집합이 아닌 유한 부분집합은 열린 집합인가?

(3) $\mathbb{R}$의 무한 부분집합은 열린 집합인가?

【풀이】

(1) $p$가 $\{p\}$의 내점이 아니므로 $\{p\}$는 열린 집합이 아니다.

(2) $\mathbb{R}$에서 공집합이 아닌 유한집합 $F$의 어떠한 점도 내점이 아니므로 $F$는 열린 집합이 아니다.

(3) 자연수의 집합 $\mathbb{N}$은 무한집합이지만 열린 집합이 아니고, 구간 $(0,1)$은 무한집합으로서 열린 집합이다.

**정리 2.6** $\mathbb{R}$의 임의 개수의 열린 집합들의 합집합은 열린 집합이다. 즉, 모든 $i \in I$에 대해 $G_i$가 열린 집합이면, $\bigcup_{i\in I} G_i$도 열린 집합이다.

【증명】 모든 $i \in I$에 대해 $G_i$가 열린 집합이라 하자. 만일 $I = \emptyset$일 경우는 $\bigcup_{i\in\emptyset} G_i = \emptyset$이 되어 열린 집합이 되므로 $I \neq \emptyset$이라고 가정하자. 이제 $G = \bigcup_{i\in I} G_i$가 열린 집합임을 보이기 위하여, $G$의 임의의 원소 $p$를 택하자. 적당한 $I$의 원소 $i$가 존재하여 $p$는 $G_i$의 원소가 된다. $G_i$는 열린 집합이므로,

$$p \in B_p \subseteq G_i \subseteq G$$

인 열린 구간 $B_p$가 존재하여, $p$는 $G$의 내점이다. 따라서 $G$도 역시 열린 집합이다. □

**예 2.7** (1) 집합 $(0,1) \cup (1,2)$는 열린 집합이다.

(2) 집합 $(0,1) \cup (1,2) \cup (2,3) \cup \cdots$은 열린 집합이다.

(3) 집합 $(1, 1+\frac{1}{2}) \cup (2, 2+\frac{1}{2^2}) \cup (3, 3+\frac{1}{2^3}) \cup \cdots$은 열린 집합이다.

(4) 집합 $\bigcup_{n=1}^{\infty}(1+\frac{1}{n+1}, 3-\frac{1}{n+1})$은 열린 집합이다.

**정리 2.8** $\mathbb{R}$의 유한 개의 열린 집합들의 교집합은 열린 집합이다.

【증명】 집합 $G_1, G_2, \cdots, G_n$들이 열린 집합일 때, $\bigcap_{k=1}^{n} G_k = G$도 역시 열린 집합임을 보이자. 먼저 $G$가 공집합이면 당연히 성립한다. 이제 $G$가 공집합이 아닌 경우를

생각하자. $G$의 임의의 원소 $p$를 택하자. 모든 $k = 1, 2, \cdots, n$에 대하여 $p$는 $G_k$의 원소이고, 각 $G_k$가 열린 집합이므로, 열린 구간 $B_1, B_2, \cdots, B_n$이 존재해서

$$\text{모든 } k = 1, 2, \cdots, n \text{에 대하여, } p \in B_k \subseteq G_k$$

가 된다. $B_k = (a_k, b_k)$라 하고

$$a = \max\{a_k \mid k = 1, 2, \cdots, n\},$$

$$b = \min\{b_k \mid k = 1, 2, \cdots, n\}$$

라 하자. 그러면 $B = (a, b)$는 $p$를 포함하고, $G$에 포함되는 열린 구간이 된다. 즉, $p$는 $G$의 내점이므로 $G$는 열린 집합이다. 또한 빈 교집합 $\bigcap_{k \in \emptyset} G_k = \mathbb{R}$도 분명히 열린 집합이다. 따라서 유한 개의 열린 집합의 교집합은 열린 집합이다. □

참고 **2.9** 일반적으로 무한 개의 열린 집합들의 교집합은 반드시 열린 집합이 되지는 않는다. 예를 들어서, 열린 구간 $(-\frac{1}{n}, \frac{1}{n})$은 모든 자연수 $n$에 대하여 열린 집합이지만, 그들의 교집합인 한원소집합 $\{0\}$은 열린 집합이 아니다.

## 2.2 극한점

---

정의 **2.10** 점 $p$를 포함하는 모든 열린 집합 $G \subseteq \mathbb{R}$에 대하여,

$$A \cap (G - \{p\}) \neq \emptyset$$

일 때, $p$를 집합 $A$의 극한점(limit point) 또는 집적점(accumulation point)이라 한다. $A$의 모든 극한점으로 이루어진 집합을 $A$의 유도집합(derived set)이라 부르고, $A'$으로 쓴다.

---

예 **2.11** (1) $A = [0, 1]$일 때, 0과 1은 $A$의 극한점이다. 따라서 $0, 1 \in A'$이다. 실제로 모든 $A$의 원소는 $A$의 극한점이다.

(2) $A = (0, 1)$에 대해 유도집합 $A'$을 구하면 $[0, 1]$이다.

(3) 실수의 유한부분집합 $A = \{0, 1, 2\}$는 극한점을 갖지 않는다. 따라서 $A' = \emptyset$이다.

예 **2.12** 집합 $A = \{\frac{1}{n} \mid n \in \mathbb{N}\}$는 0을 극한점으로 가진다. 이를 보이기 위하여 0을 포함하는 열린 집합 $G$를 택하면, 0을 포함하는 열린 구간 $B_0 = (a, b)$가 존재하여 $G$의 부분집합이 된다. 따라서

$$A \cap (G - \{0\}) \supseteq A \cap (B_0 - \{0\})$$

이고, 아르키메데스 순서성질에 의하여 0 과 $b$ 사이에 $A$의 원소가 적어도 한 개 존재하므로 $A \cap (B_0 - \{0\}) \neq \emptyset$ 이다. 따라서 $A \cap (G - \{0\}) \neq \emptyset$ 이 되며, 결국 0은 $A$의 극한점이다.

예 **2.13** $\mathbb{Q}' = \mathbb{R}$이다. 이를 보이기 위해 $p$를 임의의 실수라 하자. $p$를 포함하는 모든 열린 집합은 열린 구간을 포함하며, 또 열린 구간은 무한히 많은 유리수를 포함한다. 따라서 $p$는 $\mathbb{Q}$의 극한점이며, $\mathbb{Q}$의 유도집합은 $\mathbb{R}$ 이다.

문 제 **2.14** 극한점의 정의를 부정하여 $p \notin A'$의 필요충분조건을 구하여라.

【풀이】 점 $p$를 포함하는 적당한 열린 집합 $G \subseteq \mathbb{R}$가 존재하여

$$A \cap (G - \{p\}) = \emptyset$$

이 되는 것이다.

예 제 **2.15** 정수의 집합 $\mathbb{Z}$의 유도집합을 구하여라.

【풀이】 임의의 실수 $p$를 택하자. 만일 $p \in \mathbb{Z}$이면

$$\left[(p - \frac{1}{2}, p + \frac{1}{2}) - \{p\}\right] \cap \mathbb{Z} = \emptyset$$

이고, $p \in \mathbb{Z}^c$이면 $p$에 가장 가까운 정수 $p_0$에 대하여

$$\left[(p - \frac{|p - p_0|}{2}, p + \frac{|p - p_0|}{2}) - \{p\}\right] \cap \mathbb{Z} = \emptyset$$

이다. 따라서 $\mathbb{Z}' = \emptyset$.

예 **2.16** 실수의 부분집합 $A = \{0, 1, 2, \ldots\}$는 극한점을 갖지 않는다. 따라서 $A' = \emptyset$ 이다.

집합의 극한점과 수열의 극한은 일반적으로 일치하지 않는다. 다음의 예는 집합의 극한점과 수열의 극한이 서로 같을 수도 있고, 다를 수도 있음을 보인다.

**예 2.17** 집합 $A = \{\frac{1}{n} \mid n \in \mathbb{N}\}$의 극한점은 0이고, 수열 $< \frac{1}{n} >$의 극한도 0이다. 그러나 집합 $B = \{1, \frac{1}{2}, 1, \frac{1}{3}, 1, \frac{1}{4}, 1, \cdots\}$의 극한점은 0인데, 수열

$$< 1, \frac{1}{2}, 1, \frac{1}{3}, 1, \frac{1}{4}, 1, \cdots >$$

은 수렴하지 않으므로 극한이 없다.

수열의 극한이 존재하는지의 여부가 해석학의 관심사이듯이, 집합의 극한점이 존재하는가에 관한 문제는 위상수학의 관심사이다. 보통위상공간의 경우, 모든 유한집합은 극한점을 갖지 않으며, 정수의 집합이나 자연수의 집합은 무한집합임에도 불구하고 극한점이 없다.

다음 볼차노[1]-바이어슈트라스[2] 정리는 극한점을 가질 조건을 제시한다.

**정 리 2.18** [볼차노-바이어슈트라스 정리(Bolzano-Weierstrass theorem)]
ℝ의 유계인 무한집합은 적어도 한 개의 극한점을 갖는다.

【증명】 실수의 부분집합 $A$가 유계인 무한집합이라고 하자. $A$가 유계이므로 $A$는 적당한 닫힌 구간 $[a, b]$의 부분집합이 된다. $[a, b]$를 중점 $\frac{a+b}{2} = m_1$에서 이등분하면, 두 개의 닫힌 구간

$$[a, m_1], [m_1, b]$$

를 얻을 수 있고, 둘 중 하나는 $A$와 무한 개의 점을 공유한다. 무한 개의 점을 공유하는 닫힌 구간을 $I_2$라고 하자. $I_2$를 다시 중점에서 이등분하면, 둘 중 하나는 $A$와 무한 개의 점을 공유하는데, 그 닫힌 구간을 $I_3$이라 하자. 같은 방법으로 계속 이등분하여 다음의 닫힌 구간들을 얻는다.

$$[a, b] = I_1 \supseteq I_2 \supseteq \cdots \supseteq I_n \supseteq \cdots$$

모든 자연수 $n$에 대하여, $I_n$은 $A$의 점을 무한 개 포함하며, 닫힌 구간이고 축소성(nested)을 갖는다. 따라서 축소구간성질(nested interval property)에 의하여 모든 구간 $I_n$에 속하는 점이 적어도 한 개 존재하는데 그 점을 $p$라 하자.

---

[1]볼차노 Bernhard Bolzano 1781-1848. 오스트리아 합스브르크 지방(현 체코공화국)의 수학자이자 철학자.

[2]바이어슈트라스 Karl Weierstrass 1815-1897. 독일의 수학자.

이제 $p$가 $A$의 극한점임을 보이자. $p$를 포함하는 임의의 열린 집합 $G$를 택하면, 정의에 의해 $G$의 부분집합으로서 $p$를 포함하는 열린 구간 $B_p = (c, d)$가 존재한다. 유한구간을 계속해서 이등분하므로, $n$이 무한대로 갈 때 $I_n$의 길이는 0으로 수렴하고, 따라서 적당히 큰 자연수 $n_0$에 대하여, $I_{n_0}$의 길이가 $\min\{p-c, d-p\}$보다 작아진다.

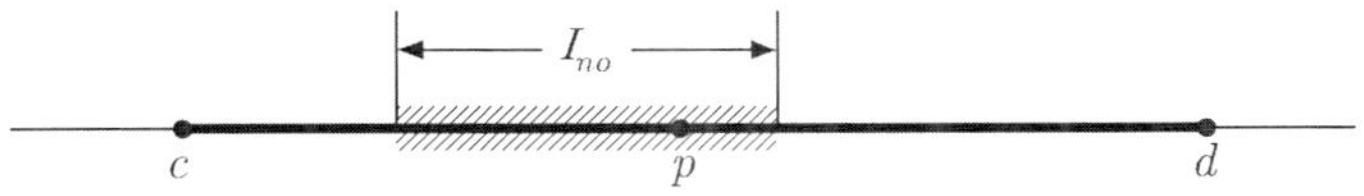


**그림 2**

그러므로 $I_{n_0}$는 $B_p$의 부분집합이다. $I_{n_0}$는 $A$와 무한 개의 점을 공유하므로, $B_p$도 $A$의 점을 무한 개 포함한다. 따라서 $G-\{p\}$와 $A$는 적어도 한 개의 점을 공유하여, $p$는 $A$의 극한점이다. □

예 **2.19** (1) $A = \{\frac{1}{n} \mid n \in \mathbb{N}\}$는 유계인 무한집합이므로 적어도 한 개의 극한점을 갖는다. 실제로 0은 이 집합의 유일한 극한점이다. 즉 $A' = \{0\}$이다.

(2) $a < b$일 때, 유한구간 $(a, b)$와 $[a, b]$는 모두 유계인 무한집합이므로, 적어도 한 개의 극한점을 갖는다. 실제로 $\frac{a+b}{2}$는 두 집합의 극한점 중 하나이고, 유도집합을 구하면 $(a, b)' = [a, b]' = [a, b]$이다.

---

정의 **2.20** $\mathbb{R} - A$가 열린 집합일 때, $A$를 닫힌 집합(closed set) 또는 폐집합이라 한다.

---

예 **2.21** (1) 구간 $[a, b]$는 닫힌 집합이다.

(2) 여집합 $(-\infty, a)$이 열린 집합이므로, 구간 $[a, \infty)$는 닫힌 집합이다.

(3) 임의의 실수 $p$에 대해서, $\{p\}^c = (-\infty, p) \cup (p, \infty)$가 열린 집합이므로, $\{p\}$는 닫힌 집합이다.

(4) $\mathbb{R}$과 $\emptyset$은 열린 집합인 동시에 닫힌 집합이다.

정리 **2.22** $\mathbb{R}$의 부분집합 $A$가 닫힌 집합이 되기 위한 필요충분조건은 $A$의 극한점이 모두 $A$에 포함되는 것이다. 즉, $A' \subseteq A$이 되는 것이다.

【증명】 $A$는 닫힌 집합인데, $A$에 포함되지 않는 $A$의 극한점 $p$가 존재한다고 가정하여 모순을 발견하자. $\mathbb{R}-A$는 $p$를 포함하는 열린 집합이고 $p$는 $A$의 극한점이므로,

$$((\mathbb{R}-A)-\{p\})\cap A \neq \emptyset$$

이다. 그런데

$$((\mathbb{R}-A)-\{p\})\cap A \subseteq (\mathbb{R}-A)\cap A$$

이지만

$$(\mathbb{R}-A)\cap A = \emptyset$$

이다. 이것은 모순이다. 따라서 닫힌 집합은 극한점을 모두 포함한다.

반대로, $A$의 극한점이 모두 $A$에 포함될 때, $A$가 닫힌 집합임을 보이기 위하여, $\mathbb{R}-A$가 열린 집합임을 보이자. $\mathbb{R}-A$의 임의의 점 $p$를 택하면, $p$는 $A$의 점이 아니므로 가정에 의해 $A$의 극한점도 아니다. 즉, $p$를 포함하는 적당한 열린 집합 $G$가 존재하여,

$$(G-\{p\})\cap A = \emptyset$$

이다. 따라서

$$G\cap A = \emptyset \text{ 또는 } G\cap A = \{p\}$$

이다. 그런데 $p$는 $A$에 속하지 않으므로, $G\cap A=\emptyset$ 이다. 즉 $p\in G\subseteq \mathbb{R}-A$이므로 $\mathbb{R}-A$는 열린 집합이고, 따라서 $A$는 닫힌 집합이다. □

**예 2.23** (1) 구간 $[a,b)$는 극한점 $b$를 포함하지 않으므로 닫힌 집합이 아니다.

(2) $A=\{\frac{1}{n}\mid n\in\mathbb{N}\}$은 극한점 0을 포함하지 않으므로 닫힌 집합이 아니다.

(3) $B=\{\frac{1}{n}\mid n\in\mathbb{N}\}\cup\{0\}$은 극한점을 모두 포함하므로 닫힌 집합이다.

**문제 2.24** (1) 닫힌 집합이 아니면 열린 집합인가?

(2) 열린 집합이 아니면 닫힌 집합인가?

【풀이】 $(a,b]$ 는 닫힌 집합도 아니고 열린 집합도 아니다. 즉, 열린 집합과 닫힌 집합 사이에는 여집합 관계가 있을 뿐이다.

---

**정의 2.25** 집합족 $\mathcal{G}=\{A_i \mid A_i\subseteq\mathbb{R}, i\in I\}$가

$$A\subseteq\bigcup_{i\in I}A_i$$

이면, $\mathcal{G}$를 $A$의 덮개(cover) 또는 피복이라 한다. 특히 $I$의 모든 원소 $i$에 대하여 $A_i$가 열린 집합이면, $\mathcal{G}$를 $A$의 열린 덮개(open cover) 또는 개피복이라 한다. $\mathcal{G}$의 유한부분집합 $\mathcal{G}^*$가 존재하여 $\mathcal{G}^*$도 역시 $A$의 덮개가 되면, $\mathcal{G}^*$는 $\mathcal{G}$의 유한부분덮개(finite subcover)라고 한다. $A$의 임의의 열린 덮개가 유한부분덮개를 가질 때, $A$를 콤팩트 집합(compact set)이라고 한다.

---

**예 2.26** (1) $\{[n, n+1] \mid n \in \mathbb{Z}\}$는 집합 $\mathbb{R}$의 덮개이다.

(2) $\{(n, n+2) \mid n \in \mathbb{Z}\}$는 집합 $\mathbb{R}$의 덮개이다. 또한 모든 집합이 열린 집합이므로 열린 덮개이다.

(3) $\{(n, n+1) \mid n \in \mathbb{Z}\}$는 정수들을 덮지 못하므로 집합 $\mathbb{R}$의 덮개가 아니다.

(4) $\{(n, n+2) \mid n \in \mathbb{Z}\}$는 구간 $[-2, 2]$의 열린 덮개이다. 또한

$$\{(-3,-1), (-2,0), (-1,1), (0,2), (1,3)\}$$

은 이 집합의 유한부분덮개이다.

(5) $\mathcal{G} = \{(\frac{1}{n+1}, 1) \mid n \in \mathbb{N}\}$은 구간 $(0,1)$의 열린 덮개이다.

(6) $\mathcal{G} = \{(0, 1 - \frac{1}{n+1}) \mid n \in \mathbb{N}\}$은 구간 $(0,1)$의 열린 덮개이다.

**문제 2.27** 콤팩트의 정의를 부정하여 집합 $A$가 콤팩트가 아니기 위한 필요충분조건을 구하여라.

【풀이】 집합 $A$의 어떤 열린 덮개 $\mathcal{G}$가 존재하여 $\mathcal{G}$의 유한 개의 원소로는 $A$를 덮을 수 없는 것이다.

**예 2.28** (1) 집합 $\{1, 2, 3, 4\}$는 콤팩트이다. 왜냐하면 임의의 열린 덮개 $\mathcal{G} = \{G_i \mid i \in J\}$에 대해 $1 \in G_{i_1}, 2 \in G_{i_2}, 3 \in G_{i_3}, 4 \in G_{i_4}$인 $\mathcal{G}$의 원소만 선택하면 $\{G_{i_1}, G_{i_2}, G_{i_3}, G_{i_4}\}$가 유한부분덮개가 되기 때문이다.

(2) 집합 $\mathbb{R}$은 콤팩트가 아니다. 왜냐하면 $\{(n, n+2) \mid n \in \mathbb{Z}\}$는 집합 $\mathbb{R}$의 열린 덮개이지만 유한부분덮개를 갖지 않는다.

(3) 무한구간 $A = [1, \infty)$는 콤팩트가 아니다. 왜냐하면 $A$의 열린 덮개 $\mathcal{G} = \{(0,2), (1,3), (2,4), \dots\}$는 유한부분덮개를 갖지 않는다.

(4) 구간 $(0,1)$은 콤팩트가 아니다. 왜냐하면 $\mathcal{G} = \{(\frac{1}{n+1}, 1) \mid n \in \mathbb{N}\}$은 집합 $(0,1)$의 열린 덮개이지만 유한부분덮개를 갖지 않기 때문이다.

(5) 집합 $(-3,3)$은 콤팩트가 아니다. 왜냐하면 $\mathcal{G} = \{(-3+\frac{1}{n}, 3-\frac{1}{n}) \mid n \in \mathbb{N}\}$은

$$\bigcup_{n \in \mathbb{N}} (-3 + \frac{1}{n}, 3 - \frac{1}{n}) = (-3, 3)$$

이므로 집합 $(-3,3)$의 열린 덮개이지만 유한부분덮개를 갖지 않기 때문이다.

(6) 위 (5)와 비슷하게 일반적으로 실수의 구간 $(a, b)$는 콤팩트가 아니다.

**예 제 2.29** $\mathbb{R}$의 모든 유한집합은 콤팩트 집합이다. 이를 보여라.

【풀이】 유한집합 $F = \{a_1, a_2, \cdots, a_n\}$이라 하고 $\mathcal{G} = \{G_i \mid i \in I\}$를 $F$의 열린 덮개라 하자. $k = 1, 2, \cdots, n$에 대하여 적당한 $G_{i_k} \in \mathcal{G}$가 존재하여 $a_k \in G_{i_k}$이다. 따라서 $\mathcal{G}^* = \{G_{i_k} \mid k = 1, 2, \cdots, n\}$이 $\mathcal{G}$의 유한부분덮개이므로 $F$는 콤팩트 집합이다. $F = \emptyset$일 경우 임의의 $G_{i_0} \in \mathcal{G}$에 대해 $\mathcal{G}^* = \{G_{i_0}\}$가 $\mathcal{G}$의 부분덮개이므로 $\emptyset$도 역시 콤팩트 집합이다.

**문 제 2.30** $\mathbb{R}$에서 모든 콤팩트 집합은 유한집합인가?

【풀이】 아래의 하이네[3]-보렐[4] 정리에 의해 구간 $[0, 1]$은 콤팩트 집합이지만 무한집합이다.

**정 리 2.31** [하이네-보렐 정리(Heine-Borel theorem)]
실수에서 유계인 닫힌 구간은 모두 콤팩트 집합이다. 즉, $A = [c, d]$의 임의의 열린 덮개는 반드시 유한부분덮개를 갖는다.

【증명】 $A = [c, d]$의 임의의 열린 덮개 $\mathcal{G} = \{G_i \mid i \in I\}$를 택하자. 이제 $\mathcal{G}$가 유한부분덮개를 갖지 않는다고 가정하여 모순을 발견하자. 중점 $\dfrac{c+d}{2}$에서 $A$를 이등분하면 두 개의 유계인 닫힌 구간을 얻는다. 만일 둘 다 $\mathcal{G}$의 유한 개의 원소로 덮을 경우, $A$ 자신도 $\mathcal{G}$의 유한 개의 원소로 덮을 수 있게 된다. 이는 가정에 모순이다. 따라서 둘 중 적어도 하나는 $\mathcal{G}$의 유한 개의 원소들로는 덮을 수 없다. 그것을 $I_2$라고 하자. $I_2$를 다시 중점에서 이등분하여 $\mathcal{G}$의 유한 개의 원소로 덮을 수 없는 유계인 닫힌 구간 $I_3$를 얻는다. 같은 방법을 되풀이하여 축소성을 갖고, 임의의 자연수 $n$에 대하여 $\mathcal{G}$의 유한 개의 원소들로 덮을 수 없는 유계인 닫힌 구간 $I_n$을 얻는다.

축소 구간의 성질에 의하여, 모든 $I_n$의 원소가 되는 $p$가 존재한다. $p$는 $A$의 원소이고 $\mathcal{G}$는 $A$의 덮개이므로, $p$를 원소로 포함하는 $G_{i_0}$가 적어도 한 개 $\mathcal{G}$에 존재한다.

$G_{i_0}$는 열린 집합이므로 $p \in (a, b) \subseteq G_{i_0}$인 열린 구간 $(a, b)$가 존재한다. $n$이 무한히 커지면 $I_n$의 길이는 0에 가까워져서, 적당한 자연수 $n^*$가 존재하여 $I_{n^*}$의 구간의 길이가 $\min\{p-a, b-p\}$보다 작아진다. 그러면 열린 구간 $(a, b)$ 안에 $I_{n^*}$가 포함되고, 따라서

[3]하이네 Eduard Heine 1821-1881. 독일의 수학자.

[4]보렐 Emile Borel 1871-1956. 프랑스의 수학자.

$I_{n^*} \subseteq G_{i_0}$이다. $I_{n^*}$가 $\mathcal{G}$의 원소 한 개로 덮을 수 있게 되었는데, 이는 $I_{n^*}$의 성질에 모순이 된다. 따라서 $\mathcal{G}$는 유한부분덮개를 갖는다. □

예 **2.32** 구간 $[0,1]$은 유계 닫힌 구간이므로 콤팩트이다. 마찬가지로 임의의 실수 $a < b$에 대해 구간 $[a,b]$도 콤팩트이다.

## 2.3 수열의 수렴

---

정 의 **2.33** 자연수의 집합 $\mathbb{N}$을 정의역으로 하는 함수를 수열(sequence) 또는 점열(sequence of points)이라고 부른다. 특히 $\mathbb{R}$이 공역이면 $\mathbb{R}$의 수열이라 하고, 집합 $X$가 공역이면 $X$에서의 수열이라 한다. 수열은

$$<s_1, s_2, \cdots, s_n, \cdots>$$

이나 $<s_n : n \in \mathbb{N}>$ 또는 $<s_n>$으로 쓴다. 수열 $<s_n>$의 치역 $\{s_n \mid n \in \mathbb{N}\}$이 유계집합(bounded set)일 때, $<s_n>$을 유계수열(bounded sequence)이라고 부른다.

---

예 **2.34** (1) 수열 $< 1, \frac{1}{2}, \frac{1}{3}, \cdots, \frac{1}{n}, \cdots >$은 유계수열이다.
(2) 수열 $< 1, 2, 3, \cdots, n, \cdots >$은 유계수열이 아니다.

문 제 **2.35** 수열 $< 1, -1, \frac{1}{2}, -\frac{1}{2}, \cdots, \frac{1}{n}, -\frac{1}{n}, \cdots >$은 유계수열인가?

【풀이】 $\{1, -1, \frac{1}{2}, -\frac{1}{2}, \cdots, \frac{1}{n}, -\frac{1}{n}, \cdots\}$이 유계집합이므로 이 수열은 유계수열이다.

---

정 의 **2.36** $<a_n>$을 실수에서의 수열이라 하자. 임의의 양수 $\epsilon$에 대하여 적당한 자연수 $n^*$가 존재하여,

$$n > n^* \text{일 때, } |a_n - b| < \epsilon$$

이면, 수열 $<a_n>$이 $b$로 수렴(converge)한다고 하며, $a_n \to b$로 나타낸다. 이 때, $b$를 수열 $<a_n>$의 극한(limit)이라고 한다. 수열이 어떤 점으로도 수렴하지 않을 때 발산(diverge)한다고 한다.

---

**문제 2.37** 정의 2.36에 의하여 $<\frac{1}{n}>$이 수렴함을 보여라.

【풀이】 임의의 양수 $\epsilon$에 대하여 $n^* = \left[\frac{1}{\epsilon}\right] + 1$라 하면 $n^* \in \mathbb{N}$이고 $n > n^*$일 때

$$\left|\frac{1}{n} - 0\right| = \frac{1}{n} < \frac{1}{n^*} < \epsilon$$

이므로 $<\frac{1}{n}>$은 0에 수렴한다. (단, 기호 $[x]$는 $x$보다 작거나 같은 최대 정수를 뜻한다.)

이제 수열의 극한의 정의를 열린 구간에 관한 식으로 나타내 보자.

$$|a_n - b| < \epsilon \Longleftrightarrow a_n \in (b-\epsilon, b+\epsilon)$$

이므로, 수열 $<a_n>$이 $b$로 수렴한다는 것은, 수열 $<a_n>$의 유한 개를 제외한 나머지 모든 (almost all 또는 all but finite) 항이 $b$를 포함하는 임의의 열린 구간의 원소가 된다는 것을 의미한다. 따라서 위 정의는 다음과 같이 바꿀 수 있다.

---

**정의 2.38** $b$를 포함하는 임의의 열린 집합 $G$에 대하여 적당한 자연수 $n^*$가 존재하여,

$$n > n^* \text{일 때, } a_n \in G$$

이면, 수열 $<a_n>$이 $b$로 수렴(converge)한다고 한다.

---

**예 2.39** (1) 수열 $< 1, 1, 1, \ldots >$과 $< 3, 3, 3, \ldots >$은 각각 1과 3으로 수렴하는 수열이다.

(2) 수열 $< 1, 0, \frac{1}{2}, 0, \frac{1}{3}, 0, \ldots >$은 0으로 수렴하는 수열이다.

(3) 수열 $< 1, -\frac{1}{2}, \frac{1}{3}, -\frac{1}{4}, \ldots >$은 0으로 수렴하는 수열이다.

(4) 수열 $< \frac{1}{2}, \frac{1}{4}, \frac{3}{4}, \frac{1}{8}, \frac{7}{8}, \frac{1}{16}, \frac{15}{16} \cdots >$은 수렴하지 않는 수열이다.

**예제 2.40** 정의 2.38에 의하여 $< \frac{1}{n} >$이 수렴함을 보여라.

【풀이】 0을 포함하는 임의의 열린 집합 $G$를 잡으면 $0 \in (a,b) \subseteq G$인 열린 구간 $(a,b)$가 존재한다. $0 < b$이므로 $0 < \frac{1}{n^*} < b$인 자연수 $n^*$가 존재하고 $n > n^*$이면 $\frac{1}{n} \in (a,b) \subseteq G$이다. 따라서 수열 $< \frac{1}{n} >$은 0에 수렴한다.

> **정 리** **2.41** 수열의 극한은 유일하다. 즉, $\lim a_n = b$, $\lim a_n = c$이면 $b = c$이다.

【증명】 $b \neq c$라고 하자. $\delta = |b - c|$이라 하면 $\delta > 0$이다. 이제

$$B = (b - \frac{1}{2}\delta, b + \frac{1}{2}\delta), \quad C = (c - \frac{1}{2}\delta, c + \frac{1}{2}\delta)$$

라 하면, 이들은 각각 $b$와 $c$를 포함하는 서로소인 열린 집합이다. $a_n$이 $b$로 수렴하므로 적당한 자연수 $n^*$가 존재하여, $n > n^*$이면 $a_n \in B$이다. 서로소라는 사실에서 $C$에는 $n \leq n^*$인 $a_n$만이 속할 수 있다. 이는 수열 $a_n$이 $c$로 수렴한다는 사실에 모순이 된다. 따라서 $b = c$이다. □

어떤 수열에서, 앞뒤 위치가 변하지 않도록 하면서 일부의 항들을 선택해 또 다른 수열을 만들면 이를 본래 수열의 부분수열이라 하는데 아래와 같이 수학적으로 정의한다.

---

**정 의** **2.42** 수열 $< a_1, a_2, a_3, \cdots >$을 생각하자. 수열 $< i_n >$이

$$i_1 < i_2 < i_3 < \cdots < i_n < \cdots$$

을 만족시키는 자연수의 수열이면, 수열

$$< a_{i_1}, a_{i_2}, a_{i_3}, \cdots >$$

를 $\langle a_n \rangle$의 부분수열(subsequence)이라고 한다.

---

**예** **2.43** (1) $< 1, \frac{1}{3}, \frac{1}{5}, \cdots >$은 $< \frac{1}{n} >$의 부분수열이고, $< 1, \frac{1}{4}, \frac{1}{3}, \cdots >$은 $< \frac{1}{n} >$의 부분수열이 아니다.

(2) 원래의 수열이 수렴하면 모든 부분수열은 수렴한다.

(3) 수렴하는 부분수열이 존재하더라도 원래의 수열은 일반적으로 수렴하지 않는다. 예를 들어 $<1, -1, 1, -1, 1, -1, \cdots>$은 수렴하지 않지만 부분수열 $<1, 1, 1, \cdots>$은 수렴한다.

수열은 수학뿐 아니라 자연 과학, 공학, 사회 과학의 많은 분야에서 응용되는데, 이 때 수열의 극한은 평형상태로의 접근을 의미한다. 수열의 극한을 구체적으로 구할 수 없는

경우라고 하더라도, 그 존재 여부를 알 수 있다면 실제로 많은 도움이 된다. 다음 정리는 수열의 극한에 대한 존재 여부를 가리는데 도움을 준다.

> 정리 **2.44** $\mathbb{R}$의 모든 유계수열은 수렴하는 부분수열을 갖는다.

【증명】 수열 $<a_n>$을 임의의 유계수열이라 하자.

(1) $\{a_n \mid n \in \mathbb{N}\}$이 유한집합이면, 유한 개의 수를 가지고 무한 개의 항을 가지는 수열을 만들어야 하므로, 적어도 한 개의 항 $a_{n^*}$는 수열 $<a_n>$에 무한 번 나타나야 한다. 따라서 $< a_{n^*}, a_{n^*}, a_{n^*}, \cdots >$가 $<a_n>$의 수렴하는 부분수열이다.

(2) $\{a_n \mid n \in \mathbb{N}\}$이 무한집합이면, Bolzano-Weierstrass 정리에 의하여 적어도 한 개의 극한점 $b$를 갖는다. $b$가 극한점이므로, 임의의 자연수 $n$에 대하여 $b$를 포함하는 열린 구간

$$B_n = (b - \frac{1}{n}, b + \frac{1}{n})$$

은 집합 $\{a_n \mid n \in \mathbb{N}\}$과 무한 개의 원소를 공유한다. 각각의 $B_n$에서

$$i_1 < i_2 < i_3 < \cdots$$

되는 원소 $a_{i_n}$을 택하여 부분수열 $< a_{i_n} >$을 만들자.

이제 $< a_{i_n} >$이 $b$로 수렴하는 것을 보이면 된다. $b$를 포함하는 열린 집합 $G$를 택하면,

$$b \in (d, e) \subseteq G$$

인 열린 구간 $(d, e)$가 존재한다. $k = \min\{b - d, e - b\} > 0$라 하면, 아르키메데스 순서성질에 의하여 $\frac{1}{n^*} < k$인 자연수 $n^*$가 존재한다. 따라서

$$B_{n^*} = (b - \frac{1}{n^*}, b + \frac{1}{n^*}) \subseteq (d, e) \subseteq G$$

가 된다. $n^*$보다 큰 모든 자연수 $n$을 택하면

$$a_{i_n} \in B_n \subseteq B_{n^*} \subseteq (d, e) \subseteq G$$

이므로, $< a_{i_n} >$은 $b$로 수렴한다.

그러므로 (1)과 (2)에 의하여, 모든 유계수열은 수렴하는 부분수열을 갖는다. □

예 **2.45** (1) 수열 $< 1, 2, 1, 2, \cdots >$는 수렴하지 않는 유계수열이다. 그러나 $< 1, 1, 1, \cdots >$, $< 2, 2, 2, \cdots >$, $< 1, 1, 2, 2, 2, 2, \cdots >$ 등의 수렴하는 부분수열을 갖는다.

(2) 수열 $< 1, 2, 3, \cdots >$은 유계수열이 아니며, 어떤 부분수열도 수렴하지 않는다.

문제 **2.46** $\mathbb{R}$에서 수열 $<a_n>$이 유계수열이 아니면, 모든 부분수열은 발산하는가?

【풀이】 수열 $< 2, \frac{1}{2}, 3, \frac{1}{3}, \cdots, n, \frac{1}{n}, \cdots >$은 유계수열이 아니지만 부분수열 $< \frac{1}{n} >$은 수렴한다.

## 2.4 완비 집합

이제 실수의 중요한 성질인 완비성에 대해 알아보기로 하자. 유리수의 집합과 실수의 집합은 둘 다 순서체(ordered field)를 이룬다. 그러나 유리수는 완비 집합이 아니지만 실수는 완비 집합으로서 두 집합이 구분된다. 완비성은 코시[5] 수열을 사용해서 정의하는데, 코시 수열의 정의는 다음과 같다.

---

정 의 **2.47** 임의의 양수 $\epsilon$에 대하여, 자연수 $n^*$가 존재하여

$$n, m > n^* \text{일 때} \quad |a_n - a_m| < \epsilon$$

이면, $<a_n>$을 코시 수열(Cauchy sequence)이라 한다.

---

예 **2.48** (1) 수열 $<\frac{1}{n}>$은 코시 수열이다.

(2) 수열 $<\frac{1}{n^2}>$은 코시 수열이다.

(3) $\sqrt{2}$의 근삿값인 유리수들로 이루어진 수열

$$< 1, 1.4, 1.41, 1.414, \cdots >$$

은 코시 수열이다.

예 **2.49** 정수의 집합 $\mathbb{Z}$에서 코시 수열은 유한 개를 제외한 수열의 모든 항이 같아진다. 왜냐하면, 수열 $<a_n>$이 정수로 이루어진 코시 수열이라면 적당한 자연수 $n^*$에 대하여, $n, m > n^*$ 일 때, 정수 $a_n$과 $a_m$의 차이가 임의의 양수보다 작아져야하고, 따라서 $a_n = a_m$일 수밖에 없다.

---

[5]코시 Baron Augustin Louis Cauchy 1789-1857. 프랑스의 수학자.

**예 제 2.50** 실수의 수열 중 수렴하는 수열은 모두 코시 수열이다. 이를 보여라.

【풀이】 수열 $<a_n>$이 $p$로 수렴한다고 하자. 그러면 임의의 양수 $\epsilon$에 대하여 자연수 $n^*$가 존재하여 $n > n^*$일 때 $|a_n - p| < \dfrac{\epsilon}{2}$이다. 따라서 $n, m > n^*$일 때

$$|a_n - a_m| \le |a_n - p| + |p - a_m| < \epsilon$$

이므로 $<a_n>$은 코시 수열이다.

**문 제 2.51** 코시 수열은 반드시 수렴하는가?

【풀이】 유리수의 집합 $\mathbb{Q}$에서 $\sqrt{2}$의 근삿값으로 이루어진 수열

$$< 1, 1.4, 1.41, 1.414, \cdots >$$

은 코시 수열이지만 $\mathbb{Q}$의 어떠한 점으로도 수렴하지 않는다.

---

**정 의 2.52** $A$의 원소로 이루어진 임의의 코시 수열 $<a_n>$이 $A$의 적당한 원소 $b$로 수렴할 때, $A$를 완비 집합(complete set)이라 한다.

---

**예 2.53** (1) $\mathbb{Z}$는 완비 집합이다. 왜냐하면 정수로 이루어진 임의의 코시 수열 $<a_n>$은 유한 개를 제외한 나머지 항들이 모두 같아지고, 따라서 수렴하기 때문이다.

(2) 유리수의 집합 $\mathbb{Q}$는 완비 집합이 아니다. 왜냐하면 $\sqrt{2}$의 근삿값인 유리수로 이루어진 수열 $< 1, 1.4, 1.41, 1.414, \cdots >$은 유리수의 코시 수열이지만 유리수로 수렴하는 수열은 아니기 때문이다.

(3) 무리수의 집합 $\mathbb{Q}^c$는 완비 집합이 아니다. 왜냐하면 수열 $< \frac{\sqrt{2}}{n} >$는 무리수의 코시 수열이지만 무리수로 수렴하지 않기 때문이다.

**정 리 2.54** 실수의 집합 $\mathbb{R}$은 완비 집합이다. 즉, 실수로 이루어진 모든 코시 수열은 반드시 실수로 수렴한다.

【증명】 수열 $<a_n>$을 실수로 이루어진 임의의 코시 수열이라 하자. 양수 1에 대해서 적당한 자연수 $n^*$가 존재하여 $n^*$보다 큰 $n$과 $m$에 대하여, $|a_n - a_m| < 1$이 된다.

따라서 $n_0 = n^* + 1$이라 하면 $n_0$보다 큰 $m$에 대하여

$$a_{n_0} - 1 < a_m < a_{n_0} + 1$$

이 된다. 이제 $a = \max\{a_1, \cdots, a_{n_0}, a_{n_0} + 1\}$, $b = \min\{a_1, \cdots, a_{n_0}, a_{n_0} - 1\}$이라고 하면, $a$와 $b$는 각각 $\{a_n \mid n \in \mathbb{N}\}$의 상계와 하계가 되어, 수열 $<a_n>$은 유계수열이 된다. 정리 2.44에 의하여 유계수열 $<a_n>$은 수렴하는 부분수열 $<a_{i_n}>$을 갖는다. 부분수열 $<a_{i_n}>$이 $p$로 수렴한다고 하자.

이제 수열 $<a_n>$도 $p$로 수렴함을 보이자. 코시 수열의 정의에 의하여, 임의의 양수 $\epsilon$을 택하면 적당한 자연수 $k$가 존재하여 $k$보다 큰 $n$과 $m$에 대하여,

$$|a_n - a_m| < \frac{\epsilon}{2}$$

이 된다. 또한 $<a_{i_n}>$이 $p$로 수렴하므로, 적당히 큰 자연수 $i_m$이 존재하여,

$$|a_{i_m} - p| < \frac{\epsilon}{2}$$

이 된다. 이제 $i_m$을 $k$보다 큰 자연수로 택하자. $k$보다 큰 모든 자연수 $n$에 대하여

$$\begin{aligned} |a_n - p| &= |a_n - a_{i_m} + a_{i_m} - p| \\ &\le |a_n - a_{i_m}| + |a_{i_m} - p| < \frac{\epsilon}{2} + \frac{\epsilon}{2} = \epsilon \end{aligned}$$

그러므로 코시 수열 $<a_n>$은 $p$로 수렴한다. □

예 **2.55** (1) 수열 $<\frac{1}{2^n}>$은 실수의 코시 수열이고 실수 0으로 수렴한다.

(2) 수열 $< \sqrt[2]{3}, \sqrt[3]{3}, \sqrt[4]{3}, \sqrt[5]{3}, \cdots >$은 실수의 코시 수열이고 실수 1로 수렴한다.

(3) 수열 $<\frac{\sqrt{2}}{2^n}>$는 실수의 코시 수열이고 실수 0으로 수렴한다.

## 2.5 함수의 연속

---

정 의 **2.56** 임의의 양수 $\epsilon$에 대하여

$$|x - a| < \delta \implies |f(x) - f(a)| < \epsilon$$

을 만족시키는 양수 $\delta$가 존재할 때 함수 $f : \mathbb{R} \to \mathbb{R}$는 점 $a$에서 연속(continuous)이라고 한다. $f$가 모든 점에서 연속이면 연속함수(continuous function)라고 한다.

---

위의 정의를 열린 구간의 형태로 바꾸어 보자.

$$|x-a| < \delta \implies |f(x) - f(a)| < \epsilon$$

의 식은 다음 식과 동치가 된다.

$$a - \delta < x < a + \delta \implies f(a) - \epsilon < f(x) < f(a) + \epsilon$$

또한 다음 식과 동치가 된다.

$$x \in (a - \delta, a + \delta) \implies f(x) \in (f(a) - \epsilon, f(a) + \epsilon)$$

즉,

$$f((a - \delta, a + \delta)) \subseteq (f(a) - \epsilon, f(a) + \epsilon).$$

따라서 다음과 같이 정의를 바꿀 수 있다.

---

**정 의 2.57** 함수 $f : \mathbb{R} \to \mathbb{R}$가 있을 때, $f(p)$를 포함하는 임의의 열린 집합 $V$에 대하여, $p$를 포함하는 열린 집합 $U$가 존재해서

$$f(U) \subseteq V$$

가 될 때, $f$는 $p$에서 연속(continuous)이라고 한다. $f$가 모든 점에서 연속이면 연속함수(continuous function)라고 한다.

---

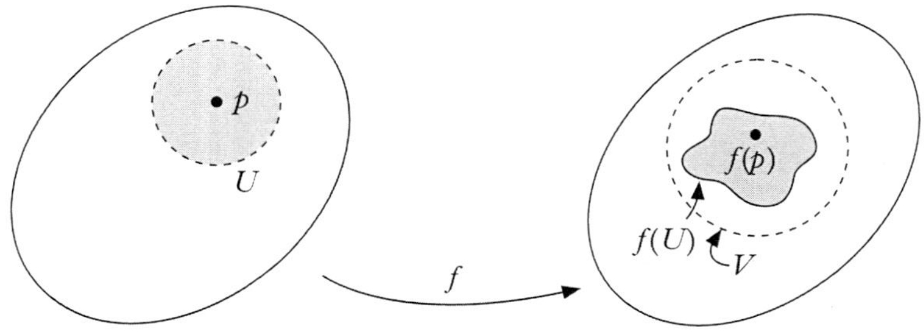

그림 3

> 정 리 **2.58** $f : \mathbb{R} \to \mathbb{R}$가 연속함수가 되기 위한 필요충분조건은 임의의 열린 집합의 역상(inverse image)이 열린 집합이 되는 것이다.

【증명】 $f$ 가 연속함수이고, $V$가 열린 집합이라 하자. $f^{-1}(V) = \emptyset$ 이면 열린 집합이다. $f^{-1}(V) \neq \emptyset$ 이면 $p \in f^{-1}(V)$가 존재한다. 따라서 $f(p) \in V$이다. $V$가 $f(p)$를 포함하는 열린 집합이므로, 연속함수의 정의에 의하여 $p$ 를 포함하는 열린 집합 $U$가 존재해서, $f(U) \subseteq V$가 된다. 따라서

$$p \in U \subseteq f^{-1}(V)$$

이므로, $p$ 는 $f^{-1}(V)$의 내점이고 $f^{-1}(V)$는 열린 집합이다.

역으로 $f$ 가 연속함수임을 보이기 위하여, 임의의 점 $p$ 를 택한다. $f(p)$를 포함하는 임의의 열린 집합 $V$를 잡으면, 조건에 의해 $f^{-1}(V)$도 열린 집합이다. $f^{-1}(V)$는 $p$ 를 포함하는 열린 집합이므로 $U = f^{-1}(V)$라 하면 $p \in U$이고

$$f(U) = f(f^{-1}(V)) \subseteq V$$

이므로 $f$ 는 $p$ 에서 연속이다. $p$ 는 임의의 점이므로, $f$ 는 연속함수이다. □

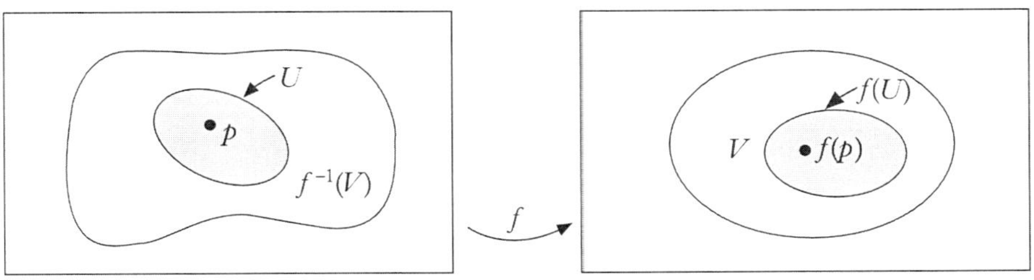


그림 4

예 제 **2.59** (1) $f : \mathbb{R} \to \mathbb{R}$인 상수함수는 모두 연속인가?

(2) $f : \mathbb{R} \to \mathbb{R}$인 항등함수(identity function)는 연속인가?

(3) $f, g : \mathbb{R} \to \mathbb{R}$가 연속일 때, $g \circ f$는 연속인가?

【풀이】 (1) 상수함수 $f : \mathbb{R} \to \mathbb{R}$를 $f(x) = c$라 하자. $V$를 임의의 열린 집합이라 하면,

$$f^{-1}(V) = \begin{cases} \mathbb{R}, & c \in V\text{일 때} \\ \emptyset, & c \notin V\text{일 때} \end{cases}$$

이다. 그런데 $\mathbb{R}$과 $\emptyset$ 이 열린 집합이므로 $f$는 연속함수이다.

(2) $f$를 항등함수라 하면 임의의 열린 집합 $V$에 대하여 $f^{-1}(V) = V$도 열린 집합이므로 $f$는 연속함수이다.

(3) 함수 $f$와 $g$를 연속함수라 하자. 그러면 임의의 열린 집합 $V$에 대하여 $(g \circ f)^{-1}(V) = f^{-1}(g^{-1}(V))$도 열린 집합이므로 $g \circ f$는 연속함수이다.

실수에서 구간의 중요한 성질인 연결성(connectedness)의 특징을 잘 보여주는 중간값의 정리에 대해 알아보자. 중간값 정리를 증명하려면, 다음의 보조정리들이 필요하다.

**보조정리 2.60** 함수 $f : \mathbb{R} \to \mathbb{R}$가 $p$에서 연속이면, 다음과 같은 사실이 성립한다.

(1) $f(p) > 0$일 때, $p$를 포함하는 열린 구간 $B$가 존재하여, $B$의 모든 점 $x$의 함숫값 $f(x)$는 양수가 된다.

(2) $f(p) < 0$일 때, $p$를 포함하는 열린 구간 $B$가 존재하여, $B$의 모든 점 $x$의 함숫값 $f(x)$는 음수가 된다.

【증명】 (1) $f(p) = \epsilon > 0$이라고 하자. $f$가 $p$에서 연속이므로 $f(p)$를 포함하는 열린 집합 $V = (f(p) - \epsilon, f(p) + \epsilon)$에 대해 $p$를 포함하는 적당한 열린 집합 $U$가 존재하여

$$f(U) \subseteq V$$

이다. 그런데 $p \in U$이므로, 열린 집합의 정의에 의해 적당한 열린 구간 $B$가 존재해서 $p \in B \subseteq U$이다. 결국 $f(B) \subseteq f(U) \subseteq V$이다. 열린 구간 $B$의 모든 점 $x$에 대하여

$$f(x) \in V = (0,\ 2\epsilon)$$

이므로, $x$의 함숫값은 항상 양이다.

(2) (1)과 같은 방법으로 증명할 수 있다. □

위의 정리에서 함수가 연속이 아니면, 그런 성질을 갖는 열린 구간은 존재하지 않을 수도 있다.

**보조정리 2.61** 함수 $f : \mathbb{R} \to \mathbb{R}$는 닫힌 구간 $[a, b]$에서 연속이다.

$$f(a) < 0 < f(b)$$

이면, $f(p) = 0$이 되는 $p$가 $[a, b]$ 사이에 적어도 하나 존재한다.

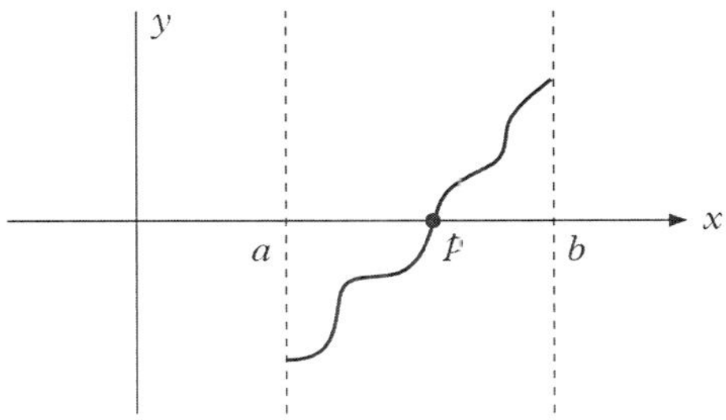


그림 5

【증명】 $A = \{x \mid x \in [a, b], f(x) < 0\}$이라 하자. $a \in A$이므로 $A$는 공집합이 아니다. 또한 $A \subseteq [a, b]$로서 위로 유계이므로 최소상계공리에 의해 최소상계 $\sup(A)$가 존재한다. $\sup(A) = p$라고 하자. $a \in A$이므로 $a \leq p$이고, $b$가 $A$의 상계이므로 $p \leq b$이다. 따라서 $p$는 닫힌 구간 $[a, b]$ 사이에 존재한다. 이제 $f(p) = 0$임을 보이자.

만약 $f(p) < 0$이라면, 보조정리 2.60에 의하여 $p$를 포함하는 적당한 열린 구간 $B = (p - \delta, p + \delta)$가 존재하여, $x \in B$일 때 $f(x)$의 값이 음수가 된다. 따라서

$$p + \frac{\delta}{2} \in A$$

이 되어, $p$는 $A$의 상계가 될 수 없다. 즉 $f(p) < 0$일 수 없다.

또한 $f(p) > 0$이라고 가정하면, 보조정리 2.60에 의하여 적당한 열린 구간 $B = (p - \delta, p + \delta)$가 존재하여, $x \in B$일 때 $f(x)$의 값이 양수가 된다. 따라서

$$(p - \delta, p + \delta) \cap A = \emptyset$$

이므로, $p$는 $A$의 최소상계가 될 수 없다. 따라서 $f(p) > 0$일 수 없으므로 $f(p) = 0$이 된다. □

**정 리 2.62** [중간값의 정리(intermediate value theorem)]
함수 $f : \mathbb{R} \to \mathbb{R}$가 닫힌 구간 $[a, b]$에서 연속함수일 때, $f(a)$와 $f(b)$ 사이의 모든 값 $y^*$에 대하여 $f(p) = y^*$인 $p$가 $a$와 $b$ 사이에 적어도 한 개 존재한다.

【증명】 $f(a) < y^* < f(b)$라고 가정하자. 이제 함수 $g : \mathbb{R} \to \mathbb{R}$를

$$g(x) = f(x) - y^*$$

로 정의하면 $g$는 연속함수이다. $g(a) < 0 < g(b)$이므로 보조정리 2.61에 의하여 $g(p) = f(p) - y^* = 0$인 $p$가 $(a, b)$에 존재한다. 따라서 $f(p) = y^*$가 된다. $f(b) < y^* < f(a)$인 경우에도 같은 방법으로 증명된다. □

**예 2.63** 방정식 $x^5 - 2 = 0$은 1과 2 사이에 적어도 하나의 근을 갖는다. 왜냐하면 $f(x) = x^5 - 2$는 연속함수로서

$$f(1) = -1 < 0 < 30 = f(2)$$

이므로 중간값의 정리에 의해 $f(p) = 0$이 되는 $p$가 구간 $(1, 2)$에 존재한다.

## 2.6 보통위상공간 $\mathbb{R}^2$

평면의 부분집합

$$\begin{aligned} D &= \{(x, y) \in \mathbb{R}^2 \mid (x - a)^2 + (y - b)^2 < r^2\} \\ &= \{q \in \mathbb{R}^2 \mid d(p, q) < r\} \end{aligned}$$

를 중심이 $p = (a, b)$이고 반지름이 $r$인 열린 원판(open disc)이라 한다. 여기서 $d(p, q)$는 $p$와 $q$ 사이의 거리를 의미한다. 보통위상공간 $\mathbb{R}$에서 열린 구간이 중요한 역할을 하듯이, 보통위상공간 $\mathbb{R}^2$에서 열린 원판이 중요한 역할을 한다. 여기서 "열린 원판"이란 경계선을 포함하지 않는 원판을 의미한다.

---

**정 의 2.64** $A$는 $\mathbb{R}^2$의 부분집합이고 $p$는 $\mathbb{R}^2$의 점이다.

$$p \in D \subseteq A$$

인 열린 원판 $D$가 존재할 때, $p$를 $A$의 내점(interior point)이라고 한다. $A$의 모든 점이 내점이면, $A$를 열린 집합(open set)이라고 한다.

---

예 **2.65** (1) 모든 열린 원판은 열린 집합이다.
(2) 공집합과 $\mathbb{R}^2$은 열린 집합이다.

예제 **2.66** 두 개의 열린 원판의 교집합은 열린 집합이다. 정의를 사용하여 이를 증명하여라.

**【풀이】** $A, B$를 각각 중심이 $\mathbf{u} = (u_1, u_2), \mathbf{v} = (v_1, v_2)$이고 반지름이 $r_1, r_2$인 열린 원판이라 하자. 이제 $A \cap B$에 속하는 임의의 점 $\mathbf{p} = (p_1, p_2)$를 택하자.

$$r = \min\{r_1 - d(\mathbf{u}, \mathbf{p}), r_2 - d(\mathbf{v}, \mathbf{p})\}$$

라 하면 $r$은 분명히 양수이고 $\mathbf{p}$를 중심으로 하는 원판

$$C = \{(x, y) \mid (x - p_1)^2 + (y - p_2)^2 < r^2\}$$

는 $A \cap B$의 부분집합이다. 따라서 $\mathbf{p}$는 $A \cap B$의 내점이다. 그런데 $\mathbf{p}$가 임의의 점이므로 $A \cap B$는 열린 집합이다.

---

정의 **2.67** $A$는 $\mathbb{R}^2$의 부분집합이고, $p$는 $\mathbb{R}^2$의 점이다. $p$를 포함하는 임의의 열린 집합 $G$가

$$A \cap (G - \{p\}) \neq \emptyset$$

을 만족시킬 때, $p$를 $A$의 극한점(limit point)이라 한다.

---

예 **2.68** $\mathbb{R}^2$의 두 부분집합

$$A = \{(x, y) \mid x^2 + y^2 < 1\}, \quad B = \{(x, y) \mid x^2 + y^2 = 1\}$$

에 대해, $B$의 모든 점은 $A$의 극한점이다.

예 **2.69** 보통위상공간 $(\mathbb{R}^2, \mathcal{U})$의 부분집합

$$A = \{(0, y) \in \mathbb{R}^2 \mid -1 \leq y \leq 1\},$$
$$B = \{(x, y) \in \mathbb{R}^2 \mid y = \sin\frac{1}{x},\ 0 < x \leq 1\}$$

을 생각하자. 집합 $A \cup B$를 위상수학자의 사인곡선(topologist's sine curve)이라 한다. 점 $p = (0, \frac{1}{2})$을 포함하는 모든 열린 원판은 $B$의 점을 무한히 많이 공유한다. 따라서 $p$는 $B$의 극한점이다. 실제로 $A$의 모든 점은 $B$의 극한점이다.

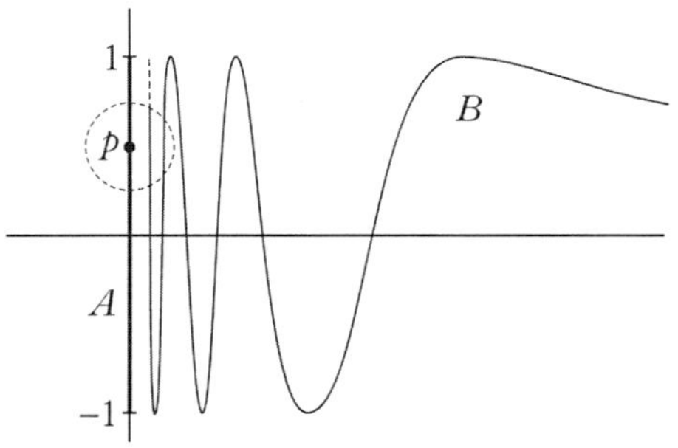


그림 6

---

**정 의 2.70** $\mathbb{R}^2$의 부분집합 $A$에 대해, 그 여집합 $\mathbb{R}^2 - A$가 열린 집합일 때 $A$를 닫힌 집합(closed set)이라고 한다.

---

실제로 $\mathbb{R}$에서 다룬 많은 정의와 정리들이 $\mathbb{R}^2$에서도 성립한다. 일반 위상을 정의한 후에 $\mathbb{R}^2$에 관하여 좀 더 생각해 보기로 하고, 기본적인 정리 몇 가지만을 나열한다.

**정 리 2.71** (1) $\mathbb{R}^2$의 열린 집합들의 합집합은 열린 집합이다.

(2) $\mathbb{R}^2$의 유한 개의 열린 집합들의 교집합은 열린 집합이다.

(3) $\mathbb{R}^2$의 부분집합 $A$가 닫힌 집합이기 위한 필요충분조건은 $A$의 극한점을 $A$가 모두 포함하는 것이다. 즉 $A' \subseteq A$이다.

【증명】 정리 2.6, 정리 2.8, 정리 2.22와 유사하게 증명할 수 있다. □

## 연습문제 2

1. 아래 내용이 참이면 O, 거짓이면 X로 나타내어라.

   (a) 공집합이 아닌 $\mathbb{R}$의 열린 집합은 모두 무한집합이다.

(b) 집합 $[0,2]\cup\{3\}$은 닫힌 집합이다.

(c) 집합 $\bigcap_{n=1}^{\infty}(n,\infty)$는 열린 집합이다.

(d) 집합 $\bigcap_{n=1}^{\infty}(n,\infty)$는 닫힌 집합이다.

(e) 집합 $\bigcap_{n=1}^{\infty}[-\frac{1}{n},2)$는 열린 집합이다.

(f) 집합 $\bigcap_{n=1}^{\infty}(-\frac{1}{n},2)$는 열린 집합이다.

(g) 집합 $\bigcup_{n=1}^{\infty}[\frac{1}{n},2)$는 열린 집합이다.

(h) 집합 $\bigcup_{n=1}^{\infty}[\frac{1}{n},2)$는 닫힌 집합이다.

(i) 집합 $\bigcup_{n=1}^{\infty}[\frac{1}{n},2]$ 는 열린 집합이다.

(j) 집합 $\bigcup_{n=1}^{\infty}[\frac{1}{n},2]$ 는 닫힌 집합이다.

2. 아래 내용이 참이면 O, 거짓이면 X로 나타내어라.

(a) 집합 $A=[0,2)$에서 2는 $A^c$의 극한점이다.

(b) 집합 $A=[0,2)\cup\{3,4\}$에서 4는 $A$의 극한점이다.

(c) 집합 $\mathbb{Q}^c$의 유도집합은 $\mathbb{R}$ 이다.

(d) 집합 $A=\{\frac{1}{n}\mid n\in\mathbb{N}\}$에서 1은 $A$의 극한점이다.

(e) 집합 $A=\{\frac{1}{n}\mid n\in\mathbb{N}\}$에서 0은 $A$의 극한점이다.

(f) 집합 $A=\{\frac{1}{n}\mid n\in\mathbb{N}\}$의 유도집합은 $A\cup\{0\}$이다.

(g) $\mathbb{R}$의 모든 무한집합은 콤팩트 집합이 아니다.

(h) $\mathbb{R}$의 부분집합 $[0,1]\cup\{2,3\}$은 콤팩트 집합이다.

3. 아래 내용이 참이면 O, 거짓이면 X로 나타내어라.

(a) 함수 $f:\mathbb{R}\to\mathbb{R}$가 상수함수이면 연속이다.

(b) 함수 $f:\mathbb{R}\to\mathbb{R}$가 연속이면 모든 열린 집합의 상이 열린 집합이다.

(c) 함수 $f:\mathbb{R}\to\mathbb{R}$가 연속이면 모든 열린 " 구간"의 역상이 열린 "구간"이다.

(d) 함수 $f:\mathbb{R}\to\mathbb{R}$가 연속이면 모든 열린 " 구간"의 역상이 열린 "집합"이다.

(e) 한 점에서만 양의 값을 갖는 연속함수 $f:\mathbb{R}\to\mathbb{R}$가 존재할 수 있다.

(f) 집합 $A=\{(x,y)\in\mathbb{R}^2\mid x^2+y^2<1\}$에 대해 $A'=\{(x,y)\in\mathbb{R}^2\mid x^2+y^2=1\}$이다.

(g) $\mathbb{Z}$에서 코시 수열은 모두 수렴한다.

(h) $\mathbb{Q}$에서 코시 수열은 모두 수렴한다.

4. $\mathbb{R}$의 열린 집합은 모두 열린 구간들의 합집합이고, 역으로 열린 구간들의 합집합은 열린 집합이다. 이를 증명하여라.

5. $A$가 $\mathbb{R}$의 유한부분집합일때 $A$의 유도집합은 공집합임을 보여라.

6. $A \subseteq B$이면 $A' \subseteq B'$이 됨을 보여라.

7. 수열 $<a_n>$이 $b$로 수렴하면 수열 $<|a_n - b|>$는 0으로 수렴함을 보여라.

8. 수열 $<a_n>$이 0으로 수렴하는 수열이고 수열 $<b_n>$이 유계수열일 때, 수열 $<a_n b_n>$이 0으로 수렴함을 보여라.

9. 수열 $<a_n>$이 $a$로 수렴하고 수열 $<b_n>$이 $b$로 수렴할 때, 수열 $<a_n + b_n>$이 $a + b$로 수렴함을 보여라.

10. 수열 $<a_n>$이 $a$로 수렴하고 수열 $<b_n>$이 $b$로 수렴할 때, 수열 $<a_n b_n>$이 $ab$로 수렴함을 보여라.

11. 열린 구간 $(0, 1)$에서 연속이면서 그 구간에서 유계가 아닌 함수 $f : \mathbb{R} \to \mathbb{R}$의 예를 들어라.

12. $f : \mathbb{R} \to \mathbb{R}$와 $g : \mathbb{R} \to \mathbb{R}$가 연속이라 하자. 두 함수의 합 $f + g : \mathbb{R} \to \mathbb{R}$, $(f + g)(x) = f(x) + g(x)$도 연속임을 보여라.

13. 실수에서 실수로 가는 함수 $f : \mathbb{R} \to \mathbb{R}$로서 모든 점에서 불연속인 함수의 예를 들어라.

14. 두 함수 $f : \mathbb{R} \to \mathbb{R}$와 $g : \mathbb{R} \to \mathbb{R}$가 모든 점에서 불연속이지만 두 함수의 합 $f + g : \mathbb{R} \to \mathbb{R}$는 연속함수가 되는 예를 들어라.

15. 실수에서 실수로 가는 함수 $f : \mathbb{R} \to \mathbb{R}$ 중 한 점에서만 연속이고 다른 모든 점에서는 불연속인 함수가 있을 수 있는가? 만일 있다면 그 함수를 구하여라. 연속함수의 정의를 참조할 것.

16. $f : \mathbb{R} \to \mathbb{R}$와 $g : \mathbb{R} \to \mathbb{R}$가 연속이라 하자. 집합 $\{x \in \mathbb{R} \mid f(x) = g(x)\}$가 닫힌 집합임을 보여라.

17. 모든 유리수의 함숫값이 0인 연속함수 $f : \mathbb{R} \to \mathbb{R}$는 상수함수임을 보여라.

18. 아래 집합이 $\mathbb{R}^2$에서 열린 집합인지, 닫힌 집합인지 알아보아라.

    (a) $A = \{(x, y) \in \mathbb{R} \times \mathbb{R} \mid x^2 + y^2 < 1\}$
    (b) $B = \{(x, y) \in \mathbb{R} \times \mathbb{R} \mid x^2 + y^2 \leq 1\}$

(c) $C = \{(x,y) \in \mathbb{R} \times \mathbb{R} \mid x^2 + y^2 = 1\}$
(d) $D = \{(x,y) \in \mathbb{R} \times \mathbb{R} \mid x^2 + y^2 \neq 1\}$

19. 아래 집합이 $\mathbb{R}^2$ 에서 열린 집합인지, 닫힌 집합인지 알아보아라.

(a) $(0,1) \times (0,1)$
(b) $(0,1) \times [0,1]$
(c) $[0,1] \times [0,1]$
(d) $[0,1] \times (0,1)$

20. 아래 집합이 $\mathbb{R}^2$ 에서 열린 집합인지, 닫힌 집합인지 알아보아라.

(a) $A = \{(x,0) \in \mathbb{R} \times \mathbb{R} \mid 0 \leq x \leq 1\}$
(b) $B = \{(x,0) \in \mathbb{R} \times \mathbb{R} \mid 0 \leq x < 1\}$
(c) $C = \{(x,0) \in \mathbb{R} \times \mathbb{R} \mid 0 < x < 1\}$

# 제 3 장

# 위상공간

제2장에서는 실수의 성질로부터 열린 집합을 도입하고 수열의 극한과 연속함수를 정의하였다. 이 장에서는 실수의 성질을 사용하지 않고 즉, '거리' 개념을 사용하지 않고, 단지 실수의 열린 집합이 갖는 몇 가지 성질만을 추상화시켜 일반위상공간을 도입하고, 이를 사용하여 연속함수와 수열의 극한을 이야기한다.

## 3.1 위상공간의 정의

앞으로 특별한 이야기가 없는 한 $X, Y, Z$ 등은 공집합이 아닌 임의의 집합을 말한다.

---

**정의 3.1** 공집합이 아닌 집합 $X$에 대하여, 멱집합 $P(X)$의 부분집합 $\mathcal{T}$가 다음의 세 가지 조건들을 만족시킬 때, $\mathcal{T}$를 $X$의 위상(topology)이라 한다.

(i) $X$와 $\emptyset$은 $\mathcal{T}$에 속한다.

(ii) $\mathcal{T}$의 원소들의 임의의 합집합은 $\mathcal{T}$에 속한다.

(iii) $\mathcal{T}$의 원소 두 개의 교집합은 $\mathcal{T}$에 속한다.

이 때 $\mathcal{T}$의 원소들을 $\mathcal{T}$-열린 집합($\mathcal{T}$-open set) 또는 열린 집합(open set)이라 정의하고, $(X, \mathcal{T})$를 위상공간(topological space)이라 부른다.

---

제2장에서는 집합의 모든 점이 내점인 집합을 열린 집합으로 정의하였다. 즉, 내점을 먼저 정의하고 열린 집합을 나중에 정의하였다. 그러나 이 장에서는 $\mathcal{T}$에 속하는 원소를 열린 집합으로 먼저 정의하고 내점을 나중에 정의한다.

**예 3.2** (1) $X$의 멱집합 $P(X)$는 위상이 되기 위한 세 조건을 모두 만족시킨다. 이 때, $P(X)$를 $\mathcal{D}$라 쓰며, $X$의 이산위상(discrete topology)이라 한다. 또한, $(X, \mathcal{D})$를 이산공간(discrete space)이라 부른다.

(2) $\mathcal{I} = \{X, \emptyset\}$는 $X$의 위상이 된다. 이 때 $\mathcal{I}$를 $X$의 비이산위상(indiscrete topology)이라 하고, $(X, \mathcal{I})$를 비이산공간(indiscrete space)이라 한다.

(3) $X = \{a,\ b\}$이고 $\mathcal{T} = \{X,\ \emptyset,\ \{a\}\}$이면 위상공간이 된다. 이 공간을 시에르핀스키 공간(Sierpinski space)[1] 이라 부른다.

(4) 2장에서 정의한 $\mathbb{R}$의 모든 열린 집합들의 집합족 $\mathcal{U}$는 위의 조건들을 만족시킨다. 즉 $\mathcal{U}$는 $\mathbb{R}$의 위상이다. 이 때 $\mathcal{U}$를 $\mathbb{R}$의 보통위상(usual topology)이라 하고, $(\mathbb{R}, \mathcal{U})$를 보통위상공간(usual topological space)이라 한다. 마찬가지로 $\mathbb{R}^2$의 모든 열린 집합들의 집합족 $\mathcal{U}$도 $\mathbb{R}^2$의 위상이 되는데, 이 때 $\mathcal{U}$를 $\mathbb{R}^2$의 보통위상이라 하고, $(\mathbb{R}^2, \mathcal{U})$를 보통위상공간이라 한다. 앞으로 특별히 언급하지 않을 경우 $\mathbb{R}$과 $\mathbb{R}^2$에서는 보통위상이 주어진 것으로 생각한다.

(5) $\mathcal{C}_f = \{X - F \mid F$는 유한집합 $\} \cup \{\emptyset\}$는 $X$의 위상이 된다. $\mathcal{C}_f$를 $X$의 여유한위상(cofinite topology) 이라 하며, $(X, \mathcal{C}_f)$를 여유한공간(cofinite space)이라 한다.

(6) 집합 $X$가 무한집합일 때 $\mathcal{C}_c = \{X - C \mid C$는 가산집합 $\} \cup \{\emptyset\}$는 $X$의 위상이 된다. $\mathcal{C}_c$를 $X$의 여가산위상(cocountable topology)이라 하며, $(X, \mathcal{C}_c)$를 여가산공간(cocountable space)이라 한다.

[1]시에르핀스키 Wacław Sierpiński 1882-1969. 폴란드의 수학자.

**예 3.3** (1) 집합 $X$가 두 개 이상의 원소를 가지는 집합이고, 공집합이 아닌, $X$의 진부분집합 $A$를 생각하자. $\mathcal{T} = \{X, \emptyset, A\}$는 $X$의 위상이 된다.

(2) $X = \{a, b, c, d, e\}$일 때, 다음의 집합들에 대해 생각해 보자.

$\mathcal{T}_1 = \{X, \emptyset, \{a\}, \{c, d\}, \{a, c, d\}, \{b, c, d, e\}\}$

$\mathcal{T}_2 = \{X, \emptyset, \{a\}, \{c, d\}, \{a, c, d\}, \{b, c, d\}\}$

$\mathcal{T}_3 = \{X, \emptyset, \{a\}, \{c, d\}, \{a, c, d\}, \{a, b, d, e\}\}$

$\mathcal{T}_1$은 위의 세 조건을 모두 만족시키므로 $X$의 위상이다.

$\mathcal{T}_2$는 $\{a, c, d\} \cup \{b, c, d\} = \{a, b, c, d\}$를 원소로 갖지 않으므로 $X$의 위상이 아니다.

$\mathcal{T}_3$는 $\{a, c, d\} \cap \{a, b, d, e\} = \{a, d\}$가 다시 원소가 되지 못하므로 $X$의 위상이 아니다.

**예 3.4** 집합 $X = \{a\}$에 정의할 수 있는 위상을 모두 구하면

$$\{\emptyset, X\} = \mathcal{I} = \mathcal{D}$$

로서 한 가지밖에 없다.

**예제 3.5** $X = \{a, b\}$에 정의할 수 있는 위상을 모두 구하여라.

【풀이】 $\mathcal{T}_1 = \{\emptyset, X\} = \mathcal{I}$,

$\mathcal{T}_2 = \{\emptyset, X, \{a\}\}$,

$\mathcal{T}_3 = \{\emptyset, X, \{b\}\}$,

$\mathcal{T}_4 = \{\emptyset, X, \{a\}, \{b\}\} = \mathcal{D}$.

위 예제에서처럼 한 개의 집합에 여러 가지 위상을 줄 수 있다. 이와 같은 경우 두 개의 위상의 크기를 비교할 수 있다.

---

**정의 3.6** 위상 $\mathcal{T}_1$과 $\mathcal{T}_2$가 같은 집합 $X$의 위상이면서

$$\mathcal{T}_1 \subseteq \mathcal{T}_2$$

일 때, $\mathcal{T}_1$은 $\mathcal{T}_2$보다 작은 위상(smaller topology), 약한 위상(weaker topology), 엉성한 위상(coarser topology)이라고 하며, 반대로 $\mathcal{T}_2$는 $\mathcal{T}_1$보다 큰 위상(larger topology), 강한 위상(srtonger topology), 세밀한 위상(finer topology)이라 한다.

---

예 **3.7** 위 예제에서 $\mathcal{T}_2$는 $\mathcal{T}_1$보다 큰 위상이고, $\mathcal{T}_2$는 $\mathcal{T}_4$보다 약한 위상이다.

문제 **3.8** $\mathcal{T}_1$과 $\mathcal{T}_2$가 $X$의 위상일 때 $\mathcal{T}_1 \cup \mathcal{T}_2$는 $X$의 위상인가?

【풀이】 $X = \{a, b, c\}$이고 $\mathcal{T}_1 = \{\emptyset, X, \{a\}\}$, $\mathcal{T}_2 = \{\emptyset, X, \{b\}\}$라 하자. 그러면 $\mathcal{T}_1$과 $\mathcal{T}_2$는 $X$의 위상이지만 $\mathcal{T}_1 \cup \mathcal{T}_2$은 $X$의 위상이 아니다.

예제 **3.9** $\mathcal{T}_1$과 $\mathcal{T}_2$가 $X$의 위상일 때 $\mathcal{T}_1 \cap \mathcal{T}_2$는 $X$의 위상인가?

【풀이】 위상이다. 왜냐하면;

(i) $X \in \mathcal{T}_1$이고 $X \in \mathcal{T}_2$이므로 $X \in \mathcal{T}_1 \cap \mathcal{T}_2$이다. 또한 $\emptyset \in \mathcal{T}_1$이고 $\emptyset \in \mathcal{T}_2$이므로 $\emptyset \in \mathcal{T}_1 \cap \mathcal{T}_2$이다.

(ii) 모든 $\alpha \in \Gamma$에 대해 $G_\alpha \in \mathcal{T}_1 \cap \mathcal{T}_2$라 하면 $G_\alpha \in \mathcal{T}_1$이고 $G_\alpha \in \mathcal{T}_2$이다. 그런데 $\mathcal{T}_1$과 $\mathcal{T}_2$가 각각 위상이므로 $\bigcup_{\alpha \in \Gamma} G_\alpha \in \mathcal{T}_1$이고 $\bigcup_{\alpha \in \Gamma} G_\alpha \in \mathcal{T}_2$이다. 따라서 $\bigcup_{\alpha \in \Gamma} G_\alpha \in \mathcal{T}_1 \cap \mathcal{T}_2$이다.

(iii) $G_1, G_2 \in \mathcal{T}_1 \cap \mathcal{T}_2$라 하면 $G_1, G_2 \in \mathcal{T}_1$이고 $G_1, G_2 \in \mathcal{T}_2$이다. 그런데 $\mathcal{T}_1$과 $\mathcal{T}_2$가 각각 위상이므로 $G_1 \cap G_2 \in \mathcal{T}_1$이고 $G_1 \cap G_2 \in \mathcal{T}_2$. 따라서 $G_1 \cap G_2 \in \mathcal{T}_1 \cap \mathcal{T}_2$이다.

결국 (i), (ii), (iii)에 의하여 $\mathcal{T}_1 \cap \mathcal{T}_2$는 위상이다.

문제 **3.10** $\{\mathcal{T}_i \mid i \in I\}$가 집합 $X$의 위상들의 집합일 때 아래 물음에 답하여라.

(1) $\bigcup_{i \in I} \mathcal{T}_i$는 $X$의 위상인가?

(2) $\bigcap_{i \in I} \mathcal{T}_i$는 $X$의 위상인가?

【풀이】 (1) 문제 3.8의 예와 같이 위상이 아니다.
(2) 예제 3.9와 같은 방법으로 위상임을 보일 수 있다.

참고 **3.11** 집합에 대해 성립하는 아래 사실에 의하여, 위상이 되기 위한 세 가지 조건은 사실상 두 가지 조건으로 생각할 수 있다.

$$\bigcup\{G_\alpha \mid \alpha \in \emptyset\} = \emptyset,$$

$$\bigcap\{G_\alpha \mid \alpha \in \emptyset\} = X$$

즉, 공집합 $\emptyset$가 $\mathcal{T}$의 원소가 된다는 것은 이미 두 번째 조건에 포함되며, 전체집합 $X$가 $\mathcal{T}$의 원소가 된다는 것은 세 번째 조건에서 "두 개"를 " 유한 개"로 확장시키면 된다. 즉, 아래 두 가지 조건을 만족시키는 $\mathcal{T}$가 위상이다.

(1) $\mathcal{T}$의 원소들의 임의의 합집합은 $\mathcal{T}$의 원소이다.

(2) $\mathcal{T}$의 원소들의 유한 교집합은 $\mathcal{T}$의 원소이다.

**문 제** **3.12** $(X, \mathcal{T})$는 위상공간이고 $f : X \longrightarrow Y$는 함수이다. 이 때 집합 $\mathcal{T}^* = \{f(G) \mid G \in \mathcal{T}\}$는 $Y$에서의 위상인가?

**【풀이】** $X = \{a, b\}, Y = \{c, d\}$이고 $X$의 위상을 $\mathcal{T} = \{\emptyset, X\}$라 하고 함수 $f : X \to Y$을 $f(a) = f(b) = c$라 하자. 그러면 $\mathcal{T}^* = \{\emptyset, \{c\}\}$이므로 $Y$의 위상이 아니다.

**예 제** **3.13** $(Y, \mathcal{T})$는 위상공간이고 $f : X \longrightarrow Y$는 함수이다. 이 때 집합 $\mathcal{T}^* = \{f^{-1}(G) \mid G \in \mathcal{T}\}$는 $X$의 위상이 됨을 보여라.

**【풀이】**

(i) $\emptyset = f^{-1}(\emptyset) \in \mathcal{T}^*$이고, $X = f^{-1}(Y) \in \mathcal{T}^*$이다.

(ii) $U_\alpha \in \mathcal{T}^*$라 하면, 적당한 $G_\alpha \in \mathcal{T}$가 존재하여 $U_\alpha = f^{-1}(G_\alpha)$이다. 따라서 $\bigcup U_\alpha = \bigcup f^{-1}(G_\alpha) = f^{-1}(\bigcup G_\alpha)$이다. 그런데 $\bigcup G_\alpha \in \mathcal{T}$이므로 $\bigcup U_\alpha \in \mathcal{T}^*$이다.

(iii) $U, V \in \mathcal{T}^*$라 하면, 적당한 $G, H \in \mathcal{T}$가 존재하여 $U = f^{-1}(G)$, $V = f^{-1}(H)$이다. 따라서 $U \cap V = f^{-1}(G) \cap f^{-1}(H) = f^{-1}(G \cap H)$이다. 그런데 $G \cap H \in \mathcal{T}$이므로 $U \cap V \in \mathcal{T}^*$이다.

## 3.2 극한점

**정 의** **3.14** $(X, \mathcal{T})$는 위상공간이고 $A \subseteq X$이며 $p$는 $X$의 점이다. $p$를 포함하는 임의의 열린 집합 $G$에 대해

$$(G - \{p\}) \cap A \neq \emptyset$$

일 때, 점 $p$를 집합 $A$의 극한점(limit point)이라 부른다. $A$의 극한점들을 모두 모은 집합을 $A$의 유도집합(derived set)이라 부르며, $A'$으로 쓴다.

예 **3.15** $(\mathbb{R}, \mathcal{U})$에서 $A=(0,1)$이면 $A'=[0,1]$이고, $B=[0,1]$이면 $B'=[0,1]$이다.

예제 **3.16** 집합 $X=\{a,b,c,d,e\}$ 위에 위상

$$\mathcal{T}=\{X,\emptyset,\{a\},\{c,d\},\{a,c,d\},\{b,c,d,e\}\}$$

가 주어져 있을 때 $A=\{a,b,c\}$의 유도집합을 구하여라.

【풀이】 $a$를 포함하는 열린 집합 $\{a\}$가

$$(\{a\}-\{a\})\cap A=\emptyset$$

이므로, $a$는 $A$의 극한점이 아니다.

$b$를 포함하는 열린 집합 $X$와 $\{b,c,d,e\}$는 $b$를 제외해도 $A$와 공유점이 있으므로, $b$는 $A$의 극한점이다.

$c$를 포함하는 열린 집합 $\{c,d\}$에서 $c$를 제외하면 $A$와 공유점이 없으므로, $c$는 $A$의 극한점이 아니다.

$d$를 포함하는 모든 열린 집합은 $d$를 제외해도 $A$와 공유점이 있으므로, $d$는 $A$의 극한점이다.

$e$를 포함하는 모든 열린 집합도 $e$를 뺀 차집합이 $A$와 만나므로, $e$는 $A$의 극한점이다.

따라서 $A$의 유도집합 $A'$은 $\{b,d,e\}$이다.

문제 **3.17** $p\notin A'$이 되기 위한 필요충분조건은 무엇인가?

【풀이】 $p$를 포함하는 적당한 열린 집합 $G$가 존재해서

$$(G-\{p\})\cap A=\emptyset$$

이 되는 것이다.

문제 **3.18** $(X,\mathcal{D})$는 이산공간이다. $X$의 부분집합 $A$에 대해 유도집합을 구하여라.

【풀이】 임의의 $x\in X$에 대하여, 집합 $\{x\}$는 $x$를 포함하는 열린 집합인데 $(\{x\}-\{x\})\cap A=\emptyset$이다. 따라서 $A'=\emptyset$이다.

**예 제 3.19** $(X, \mathcal{I})$는 비이산공간이다. $X$의 진부분집합 $A$에 대해 유도집합을 구하여라.

【풀이】 $A$가 공집합일 경우, 당연히 $A' = \emptyset$ 이다.

$A$가 한원소집합일 때를 생각하자. 즉, $A = \{x\}$라 하자. $x$를 포함하는 열린 집합 $X$를 생각하면 $(X - \{x\}) \cap \{x\} = \emptyset$ 이므로 $x \notin A'$이다. 이제 $p \neq x$일 경우를 생각하면 점 $p$를 포함하는 열린 집합은 $X$뿐이다. 따라서 $(X - \{p\}) \cap \{x\} \neq \emptyset$ 이 되어, 점 $p$는 $A$의 극한점이다.

$A$가 두 점 이상일 때는, 임의의 점 $p$에 대해 이 점을 포함하는 열린 집합은 $X$뿐이다. 따라서 $(X - \{p\}) \cap A \neq \emptyset$ 이 되어, 점 $p$는 $A$의 극한점이다. 요약하면

$$A' = \begin{cases} \emptyset, & A = \emptyset\text{일 때} \\ X - \{x\}, & A = \{x\}\text{일 때} \\ X, & \text{그 외의 경우, 즉 } |A| \geq 2\text{인 경우} \end{cases}$$

**예 제 3.20** 집합 $X = \mathbb{R}$에 위상 $\mathcal{T} = \{X, \emptyset, [0,1]\}$가 주어졌을 때 부분집합 $A = \{2\}$의 유도집합을 구하여라.

【풀이】 (1) $[0,1]$의 임의의 점 $p$에 대해, 구간 $[0,1]$은 점 $p$를 포함하는 열린 집합이고

$$([0,1] - \{p\}) \cap A = \emptyset$$

이므로 $p$는 $A$의 극한점이 아니다.

(2) $p = 2$일 경우, $p$를 포함하는 열린 집합은 $X$뿐이므로

$$(X - \{p\}) \cap A = \emptyset$$

이 되어, 점 $p$는 $A$의 극한점이 되지 못한다.

(3) $X - ([0,1] \cup \{2\})$에 포함되는 점 $p$를 생각하면, $p$를 포함하는 열린 집합은 $X$뿐이므로

$$(X - \{p\}) \cap A \neq \emptyset$$

가 되어 점 $p$는 $A$의 극한점이다.

결국 $A' = X - ([0,1] \cup \{2\})$이다.

일반적으로 $A$의 유도집합 $A'$은 $A$의 부분집합이 아니다. $A'$이 $A$의 부분집합이

되는가 하는 것이 수학적으로 중요한 의미를 갖는다. 이제 닫힌 집합을 정의하고, 닫힌 집합과 유도집합의 관계를 살피자.

---

**정의 3.21** $(X, \mathcal{T})$는 위상공간이고, $A$는 $X$의 부분집합이다. $A$의 여집합 $X - A$가 열린 집합일 때, $A$를 닫힌 집합(closed set)이라 한다.

---

**예 3.22** 집합 $X = \{a, b, c, d, e\}$ 위에 위상

$$\mathcal{T} = \{X, \emptyset, \{a\}, \{c, d\}, \{a, c, d\}, \{b, c, d, e\}\}$$

가 주어졌다고 하자. $X$의 닫힌 부분집합은 다음과 같다.

$$\emptyset, X, \{b, c, d, e\}, \{a, b, e\}, \{b, e\}, \{a\}$$

즉, $\mathcal{T}$의 원소들의 여집합이 닫힌 집합이다. 여기서 $X, \emptyset, \{a\}, \{b, c, d, e\}$ 등은 열린 집합인 동시에 닫힌 집합이며, $\{a, b\}$는 열린 집합도 아니고 닫힌 집합도 아니다.

**예 3.23** 이산공간에서는 모든 집합이 열린 집합이므로, 모든 집합이 닫힌 집합이다.

**정리 3.24** $(X, \mathcal{T})$가 위상공간일 때, 닫힌 집합들은 다음을 만족시킨다.

(1) $X$와 $\emptyset$은 닫힌 집합이다.

(2) 닫힌 집합들의 임의의 교집합은 닫힌 집합이다.

(3) 닫힌 집합 두 개의 합집합은 닫힌 집합이다

【증명】 $X - (X - A) = A$임을 이용하여 쉽게 보일 수 있다. □

**정리 3.25** $(X, \mathcal{T})$가 위상공간일 때, $X$의 부분집합 $A$가 닫힌 집합이 되기 위한 필요충분조건은 $A' \subseteq A$이다.

【증명】 $A$가 닫힌 집합이고 $p \notin A$라 하자. $p \in A^c$이고 $A^c$는 열린 집합이다. 그런데

$$(A^c - \{p\}) \cap A \subseteq A^c \cap A = \emptyset.$$

결국 $p$를 포함하는 열린 집합 $A^c$가 존재해서 $(A^c - \{p\}) \cap A = \emptyset$ 이므로 $p \notin A'$이다.

역으로 $A' \subseteq A$일 때 $A$가 닫힌 집합임을 보이기 위하여, $X - A$가 열린 집합임을 보이자. $X - A$가 공집합이면 당연히 열린 집합이므로 $A$는 닫힌 집합이다. $X - A$가 공집합이 아니라고 하자. $X - A$의 임의의 한 점 $p$를 택하면, $A' \subseteq A$라는 가정에 의하여 $p$는 $A$의 극한점이 아니다. 따라서 $p$를 포함하는 적당한 열린 집합 $G_p$가 존재하여, $(G_p - \{p\}) \cap A = \emptyset$ 이다. 따라서

$$G_p \cap A = \emptyset \ \text{ 또는 } \ G_p \cap A = \{p\}$$

가 된다. 그러나 $p$가 $A$의 원소가 아니므로, $G_p \cap A = \emptyset$이다. 즉,

$$G_p \subseteq X - A$$

이다. $X - A$의 모든 원소 $p$에 대하여 위 식을 만족시키므로,

$$X - A \subseteq \bigcup\{G_p \mid p \in X - A\} \subseteq X - A$$

이고, 따라서 집합

$$X - A = \bigcup\{G_p \mid p \in X - A\}$$

는 열린 집합들의 합집합이므로 열린 집합이다. 그러므로 $A$는 닫힌 집합이다. □

## 3.3 폐포

---

**정의 3.26** $(X, \mathcal{T})$는 위상공간이고 $A$는 $X$의 부분집합이다. $A$를 포함하는 모든 닫힌 집합들의 교집합을 $A$의 닫음(closure) 또는 폐포(closure)라 하고, $\text{cl}(A)$ 또는 $\overline{A}$ 라고 쓴다. 즉,

$$\text{cl}(A) = \bigcap\{F \mid A \subseteq F, F\text{는 닫힌 집합}\}$$

이다. 이 때 $\mathrm{cl}(A)$에 속하는 점을 $A$의 닫음점(closure point) 또는 폐포점이라 한다.

---

**참 고** **3.27** $p \in \mathrm{cl}(A) \iff A$를 포함하는 모든 닫힌 집합 $F$에 대해 $p \in F$이다.

**문 제** **3.28** $p \notin \mathrm{cl}(A)$가 되기 위한 필요충분조건은 무엇인가?

【풀이】 $A$를 포함하는 적당한 닫힌 집합 $F$가 존재하여 $p \notin F$이다.

닫힌 집합들의 교집합은 닫힌 집합이므로, $A$의 폐포 $\mathrm{cl}(A)$는 닫힌 집합이다. 또한 $\mathrm{cl}(A)$는 $A$를 포함하는 닫힌 집합 중에서 제일 작은 집합이다. 따라서 $A$가 닫힌 집합이기 위한 필요충분조건은 $A = \mathrm{cl}(A)$이다. 이와 같은 사실에서 다음 정리를 얻는다.

**정 리** **3.29** $A$의 폐포 $\mathrm{cl}(A)$는 다음을 만족시킨다.

(1) $\mathrm{cl}(A)$는 닫힌 집합이다.

(2) $F$가 $A$를 포함하는 닫힌 집합이면, $A \subseteq \mathrm{cl}(A) \subseteq F$가 된다.

(3) $A$가 닫힌 집합이기 위한 필요충분조건은 $A = \mathrm{cl}(A)$이다.

**예** **3.30** 집합 $X = \{a, b, c, d, e\}$에 위상

$$\mathcal{T} = \{X, \emptyset, \{a\}, \{c, d\}, \{a, c, d\}, \{b, c, d, e\}\}$$

가 주어졌다고 하자. $\emptyset, X, \{b, c, d, e\}, \{a, b, e\}, \{b\ e\}, \{a\}$가 닫힌 집합이므로,

$$\mathrm{cl}(\emptyset) = \emptyset,\ \mathrm{cl}(\{a\}) = \{a\},\ \mathrm{cl}(\{b\}) = \{b, e\},\ \mathrm{cl}(\{b, d\}) = \{b, c, d, e\}$$

가 된다.

**문 제** **3.31** (1) 이산공간 $(\mathbb{R}, \mathcal{D})$에서 $\mathrm{cl}(\mathbb{Q})$를 구하여라.

(2) 비이산공간 $(\mathbb{R}, \mathcal{I})$에서 $\mathrm{cl}(\mathbb{Q})$를 구하여라.

(3) 여유한공간 $(\mathbb{R}, \mathcal{C}_f)$에서 $\mathrm{cl}(\mathbb{Q})$를 구하여라.

(4) 여가산공간 $(\mathbb{R}, \mathcal{C}_c)$에서 $\mathrm{cl}(\mathbb{Q})$를 구하여라.

【풀이】

(1) 이산공간에서는 $\mathbb{Q}$도 닫힌 집합이므로 정의에 의해 $\text{cl}(\mathbb{Q}) = \mathbb{Q}$이다.

(2) 비이산공간에서는 $\mathbb{Q}$를 포함하는 닫힌 집합은 $\mathbb{R}$뿐이므로 $\text{cl}(\mathbb{Q}) = \mathbb{R}$이다.

(3) 여유한공간에서 닫힌 집합은 유한집합과 전체집합뿐이다. 따라서 $\mathbb{Q}$를 포함하는 닫힌 집합은 $\mathbb{R}$뿐이다. 그러므로 $\text{cl}(\mathbb{Q}) = \mathbb{R}$이다.

(4) 여가산공간에서 닫힌 집합은 가산집합과 전체집합뿐이다. 따라서 $\mathbb{Q}$도 $\mathbb{Q}$를 포함하는 닫힌 집합이다. 그러므로 $\text{cl}(\mathbb{Q}) = \mathbb{Q}$이다.

**예 제 3.32** 무한집합 $X$에 대한 여유한공간 $(X, \mathcal{C}_f)$에서 집합 $A$의 폐포 $\text{cl}(A)$를 구하여라.

【풀이】 여유한공간에서는 닫힌 집합은 유한집합과 전체집합 $X$뿐이다. 따라서 $A$가 유한집합일 경우, $A$가 닫힌 집합이므로 $\text{cl}(A) = A$이다. 또 $A$가 무한집합이면, $A$를 포함하는 닫힌 집합은 $X$뿐이다. 결국, $\text{cl}(A) = X$이다.

이제 유도집합과 폐포의 관계를 알아보자. 먼저 폐포점의 특징을 열린 집합을 사용해서 나타내면 다음 정리와 같다(비교: 3.27).

**정 리 3.33** 위상공간 $(X, \mathcal{T})$의 부분집합 $A$와 점 $p$에 대하여, 다음은 서로 동치이다.

(1) $p \in \text{cl}(A)$

(2) $p$를 포함하는 임의의 열린 집합 $G$에 대해 $G \cap A \neq \emptyset$ 이다.

【증명】 (1) $\Rightarrow$ (2) 점 $p$를 $\text{cl}(A)$의 원소라 하자. 결론을 부정하여, $p$를 포함하는 적당한 열린 집합 $G$가 존재하여 $G \cap A = \emptyset$ 이라 가정하자. 이 경우 $X - G$는 $A$를 포함하는 닫힌 집합이므로, 폐포의 성질에 의하여

$$A \subseteq \text{cl}(A) \subseteq X - G$$

이다. 따라서 $\text{cl}(A)$의 원소 $p$는 $X - G$와 $G$에 동시에 속해야 하므로 모순이다.

(2) $\Rightarrow$ (1) 점 $p$가 $\text{cl}(A)$의 원소가 아니라 가정하자. 폐포의 정의에 의해, $A$를 포함하는 적당한 닫힌 집합 $F$가 존재하여 $p \notin F$이다. 따라서 $X - F$는 $p$를 포함하는 열린 집합이며

$$A \cap (X - F) \subseteq A \cap (X - A) = \emptyset$$

을 만족시킨다. 즉, $p$ 를 포함하는 열린 집합 $X-F$가 존재하여 $A\cap(X-F)=\emptyset$ 이다. 따라서 조건 (2)에 모순이 된다. □

**참 고** **3.34** 위 정리의 대우명제에 의해, $p\notin \mathrm{cl}(A)$가 되기 위한 필요충분조건은 $p$ 를 포함하고 $G\cap A=\emptyset$인 적당한 열린 집합 $G$가 존재하는 것이다.

**따름정리** **3.35** 위상공간 $(X,\mathcal{T})$의 점 $p$ 가 부분집합 $A$의 극한점이면, $A$의 폐포점이 된다. 즉,

$$A'\subseteq \mathrm{cl}(A)$$

【증명】 $p\in A'$
$\Longleftrightarrow$ $p$를 포함하는 임의의 열린 집합 $G$에 대해 $(G-\{p\})\cap A\neq\emptyset$
$\Longrightarrow$ $p$를 포함하는 임의의 열린 집합 $G$에 대해 $G\cap A\neq\emptyset$
$\Longleftrightarrow$ $p\in \mathrm{cl}(A)$ □

**문 제** **3.36** $A$가 $B$의 부분집합일 때, $\mathrm{cl}(A)$는 $\mathrm{cl}(B)$의 부분집합인가?

【풀이】 $p\in\mathrm{cl}(A)$이고 $G$가 $p$를 포함하는 열린 집합이라 하자. 그러면 $G\cap A\neq\emptyset$이다. 그런데 $G\cap A\subseteq G\cap B$이므로, $G\cap B\neq\emptyset$. 따라서 $p\in\mathrm{cl}(B)$이다. 결국 $\mathrm{cl}(A)$는 $\mathrm{cl}(B)$의 부분집합이다.

**정 리** **3.37** $A$가 위상공간 $(X,\mathcal{T})$의 부분집합일 때, 다음 사실이 성립한다.

$$\mathrm{cl}(A)=A\cup A'$$

【증명】 $A\subseteq\mathrm{cl}(A)$이고 $A'\subseteq\mathrm{cl}(A)$이므로, $A\cup A'\subseteq\mathrm{cl}(A)$이다. $\mathrm{cl}(A)$가 $A\cup A'$의 부분집합임을 보이기 위하여, $X-(A\cup A')$의 원소 $p$ 를 택하자. $p$ 가 $A$의 극한점이 아니므로, $p$ 를 포함하는 적당한 열린 집합 $G$가 존재하여 $(G-\{p\})\cap A=\emptyset$가 된다. 따라서 $G\cap A=\{p\}$ 또는 $G\cap A=\emptyset$이다. 그런데 $p$ 는 $A$의 원소가 아니므로, $G\cap A=\emptyset$이다. 따라서 정리 3.33에 의하여, $p$ 는 $A$의 폐포점이 아니다. 대우명제에 의하여, 원하는 결과를 얻을 수 있다. □

**예** **3.38** 보통위상공간 $(\mathbb{R},\mathcal{U})$에서, 유리수 집합 $\mathbb{Q}$의 유도집합을 구하면 $\mathbb{Q}'=\mathbb{R}$이다. 따라서 $\mathbb{Q}$의 폐포는 $\mathrm{cl}(\mathbb{Q})=\mathbb{Q}\cup\mathbb{Q}'=\mathbb{Q}\cup\mathbb{R}=\mathbb{R}$ 이 된다.

**정의 3.39** 위상공간 $(X, \mathcal{T})$에서 $\text{cl}(A) = X$일 때, 부분집합 $A$가 $X$에서 조밀(dense)하다고 한다.

**예 3.40** (1) 보통위상공간 $(\mathbb{R}, \mathcal{U})$에서 $\mathbb{Q}$는 $\mathbb{R}$의 조밀한 부분집합이다.

(2) 이산공간 $(X, \mathcal{D})$에서 조밀한 부분집합은 전체집합 $X$뿐이다.

(3) 비이산공간 $(X, \mathcal{I})$에서 공집합을 제외한 $X$의 모든 부분집합은 $X$의 조밀한 부분집합이다.

**정리 3.41** 위상공간의 부분집합 $A, B$에 대해 다음 사실이 성립한다.

(1) $\text{cl}(\emptyset) = \emptyset$

(2) $A \subseteq \text{cl}(A)$

(3) $\text{cl}(A \cup B) = \text{cl}(A) \cup \text{cl}(B)$

(4) $\text{cl}(\text{cl}(A)) = \text{cl}(A)$

【증명】 (1) 공집합은 공집합을 포함하는 가장 작은 닫힌 집합이므로, 공집합의 폐포는 공집합이다.

(2) 폐포의 정의에 의하여 당연히 성립된다.

(3) $A$와 $B$는 $A \cup B$의 부분집합이므로 $\text{cl}(A)$와 $\text{cl}(B)$는 각각 $\text{cl}(A \cup B)$의 부분집합이다. 따라서 $\text{cl}(A) \cup \text{cl}(B)$는 $\text{cl}(A \cup B)$의 부분집합이다. 역으로, $\text{cl}(A \cup B)$가 $\text{cl}(A) \cup \text{cl}(B)$의 부분집합임을 보이자.

$$\begin{aligned} A \subseteq \text{cl}(A), B \subseteq \text{cl}(B) \ &\Rightarrow \ A \cup B \subseteq \text{cl}(A) \cup \text{cl}(B) \\ &\Rightarrow \ \text{cl}(A \cup B) \subseteq \text{cl}(\text{cl}(A) \cup \text{cl}(B)) \end{aligned}$$

여기서 $\text{cl}(A) \cup \text{cl}(B)$는 닫힌 집합이므로,

$$\text{cl}(\text{cl}(A) \cup \text{cl}(B)) = \text{cl}(A) \cup \text{cl}(B)$$

이고, 따라서 $\text{cl}(A \cup B) \subseteq \text{cl}(A) \cup \text{cl}(B)$이다. 결국, $\text{cl}(A \cup B) = \text{cl}(A) \cup \text{cl}(B)$이다.

(4) $\text{cl}(A)$는 닫힌 집합이므로, 정리 3.29의 (3)에 의하여 $\text{cl}(A) = \text{cl}(\text{cl}(A))$이다. □

위 정리의 네 가지 조건은 쿠라토프스키 폐포공리(Kuratowski closure axiom)[2]라고 불리며, 위 네 가지 조건을 만족시키는 함수가 있으면 위상을 유일하게 정의할 수 있다. (연습문제)

**문 제** **3.42** 여유한공간 $(\mathbb{R}, \mathcal{C}_f)$에서 다음 물음에 답하여라.

(1) $\mathbb{N}$은 열린 집합인가?

(2) $\mathbb{N}$은 닫힌 집합인가?

(3) $\mathrm{cl}(\mathbb{N})$을 구하여라.

(4) $\mathrm{cl}(\mathbb{Q})$를 구하여라.

【풀이】

(1) 열린 집합이 아니다.

(2) 닫힌 집합이 아니다.

(3) 자연수의 집합을 포함하는 닫힌 집합은 $\mathbb{R}$뿐이므로 정의에 의해 $\mathrm{cl}(\mathbb{N}) = \mathbb{R}$

(4) 유리수의 집합을 포함하는 닫힌 집합은 $\mathbb{R}$뿐이므로 정의에 의해 $\mathrm{cl}(\mathbb{Q}) = \mathbb{R}$

## 3.4 내부, 외부, 경계

---

**정 의** **3.43** $A$는 위상공간 $(X, \mathcal{T})$의 부분집합이다.

(1) $A$의 모든 열린 부분집합들의 합집합

$$\mathrm{int}(A) = \bigcup\{G \mid G\text{는 열린 집합}, G \subseteq A\}$$

를 $A$의 내부(interior)라고 하며 $\mathrm{int}(A)$ 또는 $A^\circ$라고 쓴다. 내부에 속하는 점을 $A$의 내점(interior point)이라고 한다.

(2) $\mathrm{int}(X - A)$를 $A$의 외부(exterior)라 하며, $\mathrm{ext}(A)$로 쓴다. $\mathrm{ext}(A)$의 임의의 점을 $A$의 외점(exterior point)이라 부른다.

(3) $X - (\mathrm{int}(A) \cup \mathrm{ext}(A))$를 $A$의 경계(boundary)라 하고, $\mathrm{b}(A)$로 쓴다. $\mathrm{b}(A)$의 임의의 점을 $A$의 경계점(boundary point)이라고 부른다. 즉, $A$의 내점도 아니고 외점도 아닌 점이 $A$의 경계점이다.

---

[2]쿠라토프스키 Kazimierz Kuratowski 1896-1980. 폴란드의 수학자.

**정 리** **3.44** $p$가 $A$의 내점이 되기 위한 필요충분조건은 $p$를 포함하는 $A$의 열린 부분집합 $G$가 존재하는 것이다.

【증명】 $p \in \text{int}(A)$
$\iff p \in \bigcup\{G \mid G\text{는 열린 집합}, G \subseteq A\}$
$\iff \exists\, G_p \in \mathcal{T},\ p \in G_p \subseteq A$ □

**참 고** **3.45** $\text{int}(A) \subseteq A$이고 $\text{ext}(A) \subseteq A^c$이므로 $\text{int}(A)$, $\text{ext}(A)$, $\text{b}(A)$는 모두 서로소이다.

**예** **3.46** $(\mathbb{R}, \mathcal{U})$에서 $A = [1, 2]$라 하면 $\text{int}(A) = (1, 2)$, $\text{ext}(A) = (-\infty, 1) \cup (2, \infty)$, $\text{b}(A) = \{1, 2\}$이다.

**예** **3.47** (1) 비이산공간 $(\mathbb{R}, \mathcal{I})$에서 부분집합 $\mathbb{Q}$에 대해 $\text{int}(\mathbb{Q})$는 공집합이고 $\text{ext}(\mathbb{Q}) = \text{int}(\mathbb{R} - \mathbb{Q}) = \text{int}(\mathbb{Q}^c)$도 역시 공집합이다. 따라서 $\text{b}(\mathbb{Q}) = \mathbb{R}$ 이다.

(2) 이산공간 $(\mathbb{R}, \mathcal{D})$의 부분집합 $\mathbb{Q}$에 대해 $\text{int}(\mathbb{Q}) = \mathbb{Q}$, $\text{ext}(\mathbb{Q}) = \mathbb{Q}^c$이므로 $\text{b}(\mathbb{Q})$는 공집합이다.

(3) 보통위상공간 $(\mathbb{R}, \mathcal{U})$의 부분집합 $\mathbb{Q}$에 대해 $\text{int}(\mathbb{Q})$와 $\text{ext}(\mathbb{Q})$는 공집합이므로 $\text{b}(\mathbb{Q}) = \mathbb{R}$ 이다.

(4) 보통위상공간 $(\mathbb{R}, \mathcal{U})$의 부분집합 $\mathbb{N}$에 대해 $\text{int}(\mathbb{N}) = \emptyset$ 이고, $\text{ext}(\mathbb{N}) = \text{int}(\mathbb{R} - \mathbb{N}) = \mathbb{R} - \mathbb{N}$이므로 $\text{b}(\mathbb{N}) = \mathbb{N}$이다.

**문 제** **3.48** 보통위상공간 $(\mathbb{R}, \mathcal{U})$의 부분집합에 대해 다음 물음에 답하여라.

(1) 열린 구간 $(a, b)$의 내부, 외부, 경계를 구하여라.

(2) 닫힌 구간 $[a, b]$의 내부, 외부, 경계를 구하여라.

(3) $A = \{1/n \mid n \in \mathbb{N}\}$의 내부, 외부, 경계를 구하여라.

【풀이】

(1) $\text{int}((a, b)) = (a, b)$, $\text{ext}((a, b)) = (-\infty, a) \cup (b, \infty)$, $\text{b}((a, b)) = \{a, b\}$

(2) $\text{int}([a, b]) = (a, b)$, $\text{ext}([a, b]) = (-\infty, a) \cup (b, \infty)$, $\text{b}([a, b]) = \{a, b\}$

(3) $\text{int}(A) = \emptyset$, $\text{ext}(A) = \mathbb{R} - (A \cup \{0\})$, $\text{b}(A) = A \cup \{0\}$

앞에서 여러 예와 문제에서 보았듯이, 위상공간에서 정의한 대부분의 개념은 집합에 의하여 결정되는 것이 아니고, 주어진 위상에 의하여 결정된다. 앞 장에서 다룬 보통위상의 성질을 추상화하여 일반적인 위상을 정의하였으나, 우리가 당연하다고 생각했던 실수의 많은 성질이 일반적인 위상공간에서는 성립되지 않는 경우가 많다. 지금까지 배운 실수의 개념에 대한 선입관에서 벗어나서, 새 의미를 받아들이는 자세가 필요하다.

**정 리 3.49** 위상공간 $(X, \mathcal{T})$의 부분집합 $A$의 내부 $\text{int}(A)$는 다음을 만족시킨다.

(1) $\text{int}(A)$는 열린 집합이다.

(2) $\text{int}(A)$는 $A$의 열린 부분집합 중에서 가장 크다.

(3) $A$가 열린 집합이기 위한 필요충분조건은 $A = \text{int}(A)$이다.

【증명】 $\text{int}(A)$의 정의에 의하여 쉽게 보일 수 있다. □

정리 3.49와 정리 3.29의 $\text{int}(A)$와 $\text{cl}(A)$의 성질을 비교하면, 많이 닮았다는 사실을 발견할 수 있다. 닫힌 집합을 열린 집합으로, 교집합을 합집합으로, 포함집합을 부분집합으로 바꾸면, 정리 3.29의 내용이 정리 3.49의 내용과 같아진다. 이와 같은 성질을 쌍대성 (duality)이라고 한다.

**정 리 3.50** 위상공간 $(X, \mathcal{T})$의 부분집합 $A, B$에 대해 다음 사실이 성립한다.

(1) $\text{int}(X) = X$

(2) $\text{int}(A) \subseteq A$

(3) $\text{int}(A \cap B) = \text{int}(A) \cap \text{int}(B)$

(4) $\text{int}(\text{int}(A)) = \text{int}(A)$

【증명】 앞 정리에 의해 (1),(2),(4)를 간단히 보일 수 있다.

(3) $\text{int}(A \cap B)$에서 임의의 원소 $x$를 택하면, $G \subseteq A \cap B$이면서 $x$를 포함하는 적당한 열린 집합 $G$가 존재한다. 그러면, $G$는 $A$에도 포함되고 $B$에도 포함되므로, $x$는 $A$의 내점이면서 $B$의 내점이다. 그러므로 $x \in \text{int}(A) \cap \text{int}(B)$이다.

역으로 $x \in \text{int}(A) \cap \text{int}(B)$라 하면 $x \in \text{int}(A)$이고 $x \in \text{int}(B)$이다. $x \in \text{int}(A)$이므로 정의에 의하여 $x$를 포함하는 $A$의 열린 부분집합 $U$가 존재한다. 마찬가지로 $x \in \text{int}(B)$이므로 $x$를 포함하는 $B$의 열린 부분집합 $V$가 존재한다. 그러면 $U \cap V \subseteq A \cap B$이므로 $x$는 $A \cap B$의 내점이 된다. 따라서 $\text{int}(A) \cap \text{int}(B) \subseteq \text{int}(A \cap B)$이다. □

**참 고** **3.51** 보통위상공간 $(\mathbb{R},\mathcal{U})$에서 $A=[0,1]$, $B=[1,2]$일 때, $\text{int}(A\cup B)=(0,2)$이지만 $\text{int}(A)\cup\text{int}(B)=(0,1)\cup(1,2)$이므로 $\text{int}(A\cup B)\neq\text{int}(A)\cup\text{int}(B)$이다.

**정 리** **3.52** 위상공간 $(X,\mathcal{T})$의 부분집합 $A$는 다음을 만족시킨다.

$$\text{cl}(A)=\text{int}(A)\cup\text{b}(A)$$

【증명】 먼저 $p\notin\text{int}(A)\cup\text{b}(A)$라 가정하자.

$$\text{b}(A)=X-(\text{int}(A)\cup\text{ext}(A))$$

이므로, $p$는 $\text{ext}(A)=\text{int}(X-A)$의 점이다. 적당한 열린 집합 $G$가 존재하여

$$p\in G\subseteq X-A$$

이므로, $G$와 $A$는 서로소이다. 따라서 정리 3.33에 의하여, $p\notin\text{cl}(A)$이다. 그러므로 $\text{cl}(A)\subseteq\text{int}(A)\cup b(A)$이다.

역으로, $p\notin\text{cl}(A)$라 하자. $G\cap A=\emptyset$인 $p$를 포함하는 적당한 열린 집합 $G$가 존재한다. 또한 $\text{int}(A)\subseteq A\subseteq\text{cl}(A)$이므로 $p\notin\text{int}(A)$이다. 이제 $p$가 $A$의 경계점이라 가정하자. $p$는 $A$의 외점이 될 수 없으므로, $p$는 $X-A$의 내점이 아니다. 즉, $p$를 포함하는 모든 열린 집합은 $X-A$의 부분집합이 될 수 없으므로, 위의 열린 집합 $G$도 $A$와 적어도 한 개의 점을 공유해야 한다. 이는 $G\cap A=\emptyset$라는 사실에 모순이다. 따라서 $p\notin\text{int}(A)\cup b(A)$이다. 결국 $\text{int}(A)\cup b(A)\subseteq\text{cl}(A)$이다. □

---

**정 의** **3.53** 위상공간 $(X,\mathcal{T})$의 부분집합 $A$에 대해

$$\text{int}(\text{cl}(A))=\emptyset$$

일 때, $A$는 어디서도 조밀하지 않다(nowhere dense)고 한다. 그렇지 않을 경우 어디선가 조밀하다(somewhere dense)고 한다.

---

**예** **3.54** (1) 보통위상공간 $(\mathbb{R},\mathcal{U})$의 부분집합 $\mathbb{N}$에 대해 $\text{int}(\overline{\mathbb{N}})=\text{int}(\mathbb{N})=\emptyset$이므로, $\mathbb{N}$은 어디서도 조밀하지 않다.

(2) 보통위상공간 $(\mathbb{R},\mathcal{U})$의 유한부분집합 $F$에 대해 $\text{int}(\overline{F}) = \text{int}(F) = \emptyset$ 이므로, $F$는 어디서도 조밀하지 않다.

(3) 보통위상공간 $(\mathbb{R},\mathcal{U})$의 부분집합 $A = \{1/n \mid n \in \mathbb{N}\}$를 생각하면, $\text{int}(\overline{A}) = \text{int}(A \cup \{0\}) = \emptyset$ 이므로, $A$는 어디서도 조밀하지 않다.

(4) 보통위상공간 $(\mathbb{R},\mathcal{U})$의 부분집합 $\mathbb{Q}$에 대해 $\text{int}(\overline{\mathbb{Q}}) = \text{int}(\mathbb{R}) = \mathbb{R} \neq \emptyset$ 이므로, $\mathbb{Q}$는 어디선가 조밀하다.

예 **3.55** 보통위상공간 $(\mathbb{R}^2,\mathcal{U})$에서 아래 집합들은 어디서도 조밀하지 않다.

(1) 유한 부분집합

(2) 좌표가 모두 정수인 점들의 집합

(3) 유한 개의 직선들의 모임

(4) 원

문제 **3.56** 여유한공간 $(\mathbb{R},\mathcal{C}_f)$에서 자연수의 집합 $\mathbb{N}$은 어디서도 조밀하지 않는가?

【풀이】 문제 3.42에 의해 $\text{cl}(\mathbb{N}) = \mathbb{R}$ 이므로 $\text{int}(\text{cl}(\mathbb{N})) = \text{int}(\mathbb{R}) = \mathbb{R} \neq \emptyset$ 이다. 즉, 어디선가 조밀하다(somewhere dense).

예제 **3.57** [칸토어 집합(Cantor set)]

보통위상공간 $\mathbb{R}$에서 $I_0 = [0,1]$이라 하고, 중간에서 1/3 길이의 열린 구간을 제거하여 $I_1$이라 하자. 즉,

$$I_1 = \left[0, \frac{1}{3}\right] \cup \left[\frac{2}{3}, 1\right]$$

이다. $I_1$에서 남아 있는 구간의 중간에서 각각 그 구간의 1/3 길이의 열린 구간을 제거하여 $I_2$라 하자. 즉,

$$I_2 = \left[0, \frac{1}{9}\right] \cup \left[\frac{2}{9}, \frac{1}{3}\right] \cup \left[\frac{2}{3}, \frac{7}{9}\right] \cup \left[\frac{8}{9}, 1\right]$$

이다. 다시 말하면, 모든 $k = 1, 2, 3, \ldots$ 에 대해 $I_{k-1}$의 각 구간에서 가운데 1/3 길이의 열린 구간을 제거하여 $I_k$를 구한다. 이제 집합 $C$를

$$C = \bigcap_{k=0}^{\infty} I_k$$

라 하면, 이 집합을 칸토어 집합이라 한다. 칸토어 집합은 어디서도 조밀하지 않다. 이를 보여라.

【풀이】 $I_k$ 각각은 유한 개의 닫힌 구간의 합집합이므로 닫힌 집합이다. 칸토어 집합은 닫힌 집합 $I_k$들의 교집합이므로 닫힌 집합이다. 또한 칸토어 집합은 어떤 열린 구간도 부분집합으로 포함하지 않는다. 왜냐하면 열린 구간은 항상 양의 길이를 가지므로 그 길이를 $\delta$라 하자. 모든 $I_k$는 각각의 성분 구간의 길이가 $\frac{1}{3^k}$이다. 따라서 길이가 $\delta$인 열린 구간은 각 성분 구간의 길이가 $\frac{1}{3^k} < \delta$인 $I_k$에 포함될 수 없고 결과적으로 칸토어 집합에 포함될 수 없다. 따라서 어떤 내점도 갖지 못한다. 그러므로 $\text{int}(\text{cl}(C)) = \text{int}(C) = \emptyset$이다.

---

**정 의 3.58** 위상공간 $(X, \mathcal{T})$의 점 $p$와 부분집합 $A$를 생각하자. 점 $p$가 $A$의 내점일 때, 집합 $A$를 점 $p$의 근방(neighborhood)이라고 한다. 즉, $p$를 포함하는 $A$의 열린 부분집합이 존재하면, $A$는 $p$의 근방이다.

---

**예 3.59** (1) 보통위상공간 $(\mathbb{R}, \mathcal{U})$의 점 $a$에 대해, 열린 구간 $(a-1, a+1)$은 열린 구간 $(a-1, a+1)$을 포함한다. 따라서 $(a-1, a+1)$은 $a$의 근방이다.

(2) 보통위상공간 $(\mathbb{R}, \mathcal{U})$의 점 $a$를 생각할 때 닫힌 구간 $[a-1, a+1]$은 열린 구간 $(a-1, a+1)$을 포함한다. 따라서 $[a-1, a+1]$은 $a$의 근방이다.

(3) 이산공간 $(X, \mathcal{D})$에서 $X$의 점 $p$에 대해, 집합 $\{p\}$는 점 $p$를 포함하고 $\{p\}$ 자신의 열린 부분집합이다. 따라서 $p$의 근방이다.

(4) 이산공간 $(X, \mathcal{D})$에서 $X$의 점 $p$를 포함하는 모든 부분집합은 $p$의 근방이다.

위의 예로 알 수 있듯이 일반적으로 한 점의 근방은 열린 집합일 필요가 없다. 특별히 근방이 열린 집합인 경우는 열린 근방(open neighborhood), 닫힌 집합인 경우는 닫힌 근방(closed neighborhood)이라고 부르기도 한다. 일반적으로 한 점을 포함하는 열린 집합의 경우는 그 열린 집합 자신이 근방이 된다.

**예 제 3.60** 집합 $X = \{a, b, c, d\}$ 위에 위상

$$\mathcal{T} = \{X, \emptyset, \{a\}, \{a, b\}, \{a, c, d\}\}$$

가 주어졌다. 각 점의 근방을 모두 구하여라.

【풀이】 집합 $\{a\}$가 $a$를 포함하는 열린 집합이므로 $\{a\}$의 포함집합(superset)들이 $a$의 근방이다. $a$의 근방을 모두 구하면

$$\{a\}, \{a, b\}, \{a, c\}, \{a, d\}, \{a, b, c\}, \{a, c, d\}, \{a, b, d\}, X$$

이다. $b$를 포함하는 가장 작은 열린 집합은 $\{a,b\}$이다. 따라서 $\{a,b\}$의 포함집합들이 $b$의 근방이다. 그러므로

$$\{a,b\},\{a,b,c\},\{a,b,d\},X$$

가 점 $b$의 근방들이다. 점 $c$를 포함하는 가장 작은 열린 집합은 $\{a,c,d\}$이다. 따라서

$$\{a,c,d\},X$$

가 모두 $c$의 근방들이다. 마찬가지로

$$\{a,c,d\},X$$

는 $d$ 의 근방들이다.

예 제 **3.61** 위상공간 $(X,\mathcal{T})$의 부분집합 $A$가 열린 집합이기 위한 필요충분조건은 $A$가 자신의 모든 원소의 근방이 되는 것이다. 이를 증명하여라.

【풀이】 $A$가 열린 집합이면 모든 $a\in A$에 대하여 $a\in A\subseteq A$이므로 $A$는 $a$의 근방이다. 역으로 모든 $a\in A$에 대하여 $A$를 $a$의 근방이라 하자. 그러면 적당한 열린 집합 $G_a\in\mathcal{T}$가 존재하여 $a\in G_a\subseteq A$이다. 따라서

$$A=\bigcup\{\{a\}\mid a\in A\}\subseteq\bigcup\{G_a\mid a\in A\}\subseteq A$$

이다. 결국 $A=\bigcup\{G_a\mid a\in A\}$이고 $G_a$ 각각이 열린 집합이므로 $A$도 열린 집합이다.

## 3.5 수열의 수렴

앞 장의 정의 2.33에서, $\mathbb{N}$에서 집합 $X$로 가는 함수를 $X$에서의 수열이라고 정의했다. 이제 일반적인 위상공간에서 수열의 수렴에 대해 알아보자.

---

정 의 **3.62** 위상공간 $(X,\mathcal{T})$에서의 수열 $<a_n>$을 생각하자. $X$의 점 $a$를 포함하는 임의의 열린 집합 $G$가 수열 $<a_n>$의 유한 개를 제외한 나머지 항들을 모두 포함할 때, $<a_n>$은 $a$로 수렴(converge)한다고 하며, $a_n\to a$로 나타낸다. 이 때, $a$를 수열 $<a_n>$의 극한(limit)이라고 부른다.

---

즉, $a_n\to a$의 의미는, $a$를 포함하는 임의의 열린 집합 $G$를 잡았을 때 적당한 자연수 $n^*$가 존재하여, $n>n^*$인 모든 자연수 $n$에 대하여 $a_n\in G$이다.

[예] **3.63** 보통위상공간 $(\mathbb{R},\mathcal{U})$에서

(1) 수열 $<\frac{1}{n}>$은 수렴하는 수열이다.

(2) 수열 $<1,1,1,\ldots>$과 $<3,3,3,\ldots>$은 수렴하는 수열이다.

(3) 수열 $<1,0,\frac{1}{2},0,\frac{1}{3},0,\ldots>$은 수렴하는 수열이다.

(4) 수열 $<1,-\frac{1}{2},\frac{1}{3},-\frac{1}{4},\ldots>$은 수렴하는 수열이다.

보통위상공간 $(\mathbb{R},\mathcal{U})$에서 수렴하는 수열은 오직 한 개의 극한을 가진다는 사실은 이미 잘 알려져 있다(정리 2.41). 그러나 일반 위상공간에서 수렴하는 수열은 두 개 이상의 극한을 가질 수 있다. 다음의 예를 살펴보자.

[예] **3.64** $<a_n>$은 비이산공간 $(X,\mathcal{I})$의 수열이다. $X$의 점 $a$를 포함하는 열린 집합은 $X$밖에 없고, $X$는 수열 $<a_n>$의 모든 항을 포함하므로, $<a_n>$은 $X$의 모든 점으로 수렴한다. 예를 들어, 수열 $<1,2,3,\cdots>$은 보통위상공간 $(\mathbb{R},\mathcal{U})$에서는 수렴하지 않지만, 비이산공간 $(\mathbb{R},\mathcal{I})$에서는 모든 실수로 수렴한다. 수열 $<1,1/2,1/3,\cdots>$은 보통위상공간 $(\mathbb{R},\mathcal{U})$에서는 0으로만 수렴하지만, 비이산공간 $(\mathbb{R},\mathcal{I})$에서는 모든 실수로 수렴한다.

[예] **3.65** $<a_n>$은 이산공간 $(X,\mathcal{D})$의 수열이다. $\{a\}$가 $X$의 점 $a$를 포함하는 열린 집합이므로, $<a_n>$이 수렴하기 위해서는 유한 개를 제외한 모든 항이 $a$이어야 한다. 즉 $<a_1,a_2,\cdots,a_{n^*},a,a,a,\cdots>$의 형태인 수열만 $a$로 수렴한다. 예를 들어 수열 $<1,1/2,1/3,\cdots>$은 $(\mathbb{R},\mathcal{D})$에서 수렴하지 않는다.

[예제] **3.66** 여가산공간(cocountable space)에서 수열 $<a_n>$이 $p$로 수렴한다고 하면, $<a_n>$의 형태는 $<a_1,a_2,\cdots,a_{n^*},p,p,p,\cdots>$이다. 이를 보여라.

【풀이】 집합 $A=\{a_n \mid a_n \neq p\}$를 생각하면 $A$는 가산집합이고 따라서 $X-A$는 $p$를 포함하는 열린 집합이다. 수열 $<a_n>$이 $p$로 수렴하므로 $X-A$는 $<a_n>$의 유한 개를 제외한 나머지 항들을 모두 포함하고 있다. 결국 $A$는 $<a_n>$의 유한 개의 항만을 포함한다. 그러므로 $<a_n>$의 형태는

$$<a_1,a_2,\cdots,a_{n^*},p,p,p,\cdots>$$

이다.

[예] **3.67** 실수의 여가산공간 $(\mathbb{R},\mathcal{C}_c)$에서는 수열 $<1,\frac{1}{2},\frac{1}{3},\cdots>$이 수렴하지 않는다.

**예 제** **3.68** 여유한공간 $(\mathbb{R}, \mathcal{C}_f)$에서 수열 $< 1, 2, 3, \cdots >$은 수렴하는가?

【풀이】 임의의 실수 $p$ 를 고정하고 $p$ 를 포함하는 임의의 열린 집합 $G$를 잡자. $G$가 공집합이 아닌 열린 집합이므로 $G^c$는 유한집합이다. 따라서 $G^c$는 위 수열의 유한 개의 항 만을 포함한다. 즉, $G$는 유한 개를 제외한 모든 항을 포함한다. 따라서 위 수열은 점 $p$ 로 수렴한다. 그런데 $p$ 가 임의의 점이므로 위 수열은 모든 실수로 수렴한다.

## 연습문제 3

1. $X = \{a, b, c\}$에 정의할 수 있는 위상을 모두 구하여라.

2. $X$를 무한집합이라하자. $X$의 모든 무한부분집합이 열린 집합이 되는 위상 $\mathcal{T}$가 있으면 이 위상은 이산위상이 됨을 보여라.

3. 직선이나 점을 모두 합쳐 유한 개만 가지는 집합을 $K$라 할 때, 모든 여집합 $K^c$와 공집합이 $\mathcal{T}$의 원소이면 $(\mathbb{R}^2, \mathcal{T})$는 위상공간이 됨을 보여라.

4. $p$ 가 $\mathbb{R}$에 포함되지 않는 점이고 $\mathbb{R}^* = \mathbb{R} \cup \{p\}$라 하자.

$$\mathcal{T} = P(\mathbb{R}) \cup \{\mathbb{R}^* - A \mid A\text{는 } \mathbb{R}\text{의 유한부분집합}\}$$

이라 하면 $\mathcal{T}$가 $\mathbb{R}^*$의 위상이 됨을 보여라.

5. 위상공간 $(X, \mathcal{T})$와 $X$에 포함되지 않는 점 $p$ 에 대해 $X^* = X \cup \{p\}$라 하자.

$$\mathcal{T}^* = \{G \cup \{p\} \mid G \in \mathcal{T}\} \cup \{\emptyset\}$$

라 하면 $\mathcal{T}^*$가 $X^*$에서 위상이 됨을 보여라.

6. 위상공간 $(X, \mathcal{T})$와 전사함수 $f : X \to Y$가 주어져 있다고 하자.

$$\mathcal{T}^* = \{G \mid f^{-1}(G) \in \mathcal{T}\}$$

라 하면 $\mathcal{T}^*$가 $Y$에서 위상이 됨을 보여라. 이런 위상을 상위상(quotient topology)라 한다.

7. $\mathcal{F}$가 $X$의 부분집합들로 이루어진 집합으로서 다음을 만족시킬 경우, $X$에 유일한 위상 $\mathcal{T}$가 존재하여, 이 위상에서 모든 닫힌 부분집합들을 모아 놓으면 $\mathcal{F}$가 된다. 이를 보여라.

(a) $X$와 $\emptyset$은 $\mathcal{F}$에 속한다.

(b) $\mathcal{F}$의 원소들의 임의의 교집합은 다시 $\mathcal{F}$에 속한다.

(c) $\mathcal{F}$의 두 개의 원소의 합집합은 다시 $\mathcal{F}$의 원소이다.

8. 위상공간에서 $A \subseteq B$이면 $A' \subseteq B'$이 됨을 보여라.

9. $A' \cup B' = (A \cup B)'$을 증명하여라.

10. $(X, \mathcal{C}_f)$가 여유한위상공간이면, $X$의 모든 부분집합 $A$에 대해 $A'$이 닫힌 집합이 됨을 보여라.

11. 수열 $\langle a_n \rangle$의 항들의 집합 $\{a_n \mid n \in \mathbb{N}\}$에 대한 극한점들이 무한집합이 되는 수열이 존재하는가?

12. $\mathbb{R}$ 위에 위상 $\mathcal{T} = \{\mathbb{R}, \emptyset\} \cup \{(a, \infty) \mid a \in \mathbb{R}\}$가 주어졌다고 하자.

(a) 구간 $[4, 10)$의 유도집합을 구하여라.

(b) 정수의 집합 $\mathbb{Z}$의 유도집합은 무엇인가?

13. $A$가 열린 집합이면 $A \cap \overline{B} \subseteq \overline{A \cap B}$이 됨을 보여라.

14. 무한집합에 대한 여유한위상에서는 모든 무한집합이 조밀한 부분집합이 됨을 보여라.

15. $\mathbb{R}$ 위에 위상 $\mathcal{T} = \{U \subseteq \mathbb{R} \mid 0 \notin U$ 또는 $U = \mathbb{R}\}$이 주어졌을 때 다음 물음에 답하여라.

(a) $\mathcal{T}$가 위상이 됨을 증명하여라.

(b) 이 위상에서 닫힌 집합들은 어떤 집합들인가?

(c) $\mathrm{cl}(\{1\})$을 구하여라.

16. 임의의 위상공간 $(X, \mathcal{T})$의 진부분집합 $A$에 대해 $\mathrm{int}(A) \cup \mathrm{ext}(A)$가 조밀한지 알아보아라.

17. 여유한공간 $(\mathbb{R}, \mathcal{C}_f)$에서 다음 집합을 구하여라.

(a) $\mathrm{int}(\mathbb{N})$

(b) $\mathrm{ext}(\mathbb{N})$

(c) $\mathrm{b}(\mathbb{N})$

(d) $\mathbb{N}'$

18. 예 3.60에서 $a, b, c, d$ 의 각각의 닫힌 근방을 모두 구하여라.

19. 실수에서 수열 $< 1, 2, 3, \cdots >$ 수렴하는 위상의 예를 3개 이상 들고 이 수열이 수렴함을 보여라.

20. 실수에서 수열 $< \frac{1}{2}, \frac{1}{3}, \frac{1}{4}, \cdots >$이 0으로 수렴하지 않는 위상의 예를 2개 이상 들고 이 수열이 수렴하지 않음을 보여라.

21. 함수 $k : P(X) \longrightarrow P(X)$가 다음 4개의 조건을 만족시킬 때, $k(A) = \mathrm{cl}(A)$가 되는 $X$의 위상이 유일하게 존재함을 보여다.

    (1) $k(\emptyset) = \emptyset$

    (2) $A \subseteq k(A)$

    (3) $k(A \cup B) = k(A) \cup k(B)$

    (4) $k(k(A)) = k(A)$

22. 함수 $i : P(X) \longrightarrow P(X)$가 다음 4개의 조건을 만족시킬 때, $i(A) = \mathrm{int}(A)$가 되는 $X$의 위상이 오직 하나 존재함을 보여라.

    (1) $i(X) = X$

    (2) $i(A) \subseteq A$

    (3) $i(A \cap B) = i(A) \cap i(B)$

    (4) $i(i(A)) = i(A)$

23. 위상공간 $(X, \mathcal{T})$에서 점 $p$의 근방들을 모두 모아놓은 집합을 $p$의 근방계(neighborhood system)라고 부르며 $\mathcal{N}_p$로 나타낸다. 점 $p$의 근방계 $\mathcal{N}_p$가 다음 성질을 만족시킴을 보여라.

    (1) $\mathcal{N}_p$는 공집합이 아니며, $\mathcal{N}_p$의 모든 원소는 $p$를 포함한다.

    (2) $\mathcal{N}_p$의 임의의 두 원소의 교집합은 다시 $\mathcal{N}_p$에 속한다.

    (3) $\mathcal{N}_p$의 원소의 포함집합은 $\mathcal{N}_p$에 속한다.

    (4) $\mathcal{N}_p$의 임의의 원소는 적당한 집합 $G$를 부분집합으로 갖는데, 여기서 $G$는 $\mathcal{N}_p$의 원소이며, $G$의 모든 원소 $g$의 근방이 된다.

24. 칸토어 집합의 측도(measure)는 0이지만 비가산집합이다. 이를 보여라.

제 4 장

# 기저와 부분공간

어떤 집합 위에 위상을 정의하기 위해서는 열린 집합이나 닫힌 집합을 명확히 나타내야 하는데, 현실적으로 어려울 경우가 많다. 이 장에서는 어떤 집합이 있을 때 위상을 정의하는 또 다른 두 가지 방법에 대해 알아보기로 하자. 기저와 부분기저를 사용하는 것인데, 일부의 집합을 가지고 나머지 모든 열린 집합들을 만들어 내는 방법이다.

## 4.1 기저

---

**정 의 4.1** 위상공간 $(X, \mathcal{T})$에서 $\mathcal{B}$가 위상 $\mathcal{T}$의 부분집합이라 하자. 임의의 열린 집합을 $\mathcal{B}$의 원소들의 합집합으로 나타낼 수 있을 때 $\mathcal{B}$를 위상 $\mathcal{T}$의 기저(base)라 하며, 위상 $\mathcal{T}$가 기저 $\mathcal{B}$에 의해 생성(generate)되었다고 한다.

---

정의에 따르면 기저의 원소는 모두 열린 집합이다. 그러므로 기저의 원소를 기저 열린 집합(basic open set)이라 부른다.

**정 리 4.2** 위상공간 $(X, \mathcal{T})$에서 위상 $\mathcal{T}$의 부분집합 $\mathcal{B}$가 기저가 되기 위한 필요충분조건은 $X$의 임의의 점 $p$와 이를 포함하는 임의의 열린 집합 $G$에 대하여,

$$p \in B \subseteq G$$

인 $B$가 $\mathcal{B}$에 존재하는 것이다.

【증명】 ($\Rightarrow$) 점 $p$를 포함하는 임의의 열린 집합 $G$를 택한다. $G$는 $\mathcal{B}$의 원소들의 합집합이므로, $p$는 적어도 한 개의 $\mathcal{B}$의 원소 $B$에 속하며, $B$는 $G$의 부분집합이다.

($\Leftarrow$) 임의의 열린 집합 $G$를 택하자. $G$가 공집합이면, $G$는 $\mathcal{B}$의 원소들의 빈 합집합(empty union)이다. 즉,

$$G = \emptyset = \bigcup_{B \in \emptyset} B$$

이다. $G$가 공집합이 아니라고 가정하고 $G$의 임의의 원소 $p$를 택하자. 가정에 의하여 $p$를 포함하는 $G$의 부분집합인 $B_p$가 $\mathcal{B}$에 존재하므로

$$G = \bigcup\{\{p\} \mid p \in G\} \subseteq \bigcup\{B_p \mid p \in G\} \subseteq G$$

이고 결국,

$$G = \bigcup\{B_p \mid p \in G\}$$

이다. 즉 $G$는 $\mathcal{B}$의 원소들의 합집합이다. 그러므로 $\mathcal{B}$는 위상의 기저이다. □

**예 4.3** (1) 모든 열린 구간들의 집합

$$\{(a, b) \mid a, b \in \mathbb{R},\ a < b\}$$

은 $\mathbb{R}$의 보통위상 $\mathcal{U}$의 기저가 된다. 왜냐하면 $G \subseteq \mathbb{R}$가 열린 집합이고 $p \in G$이면, 정의에 의해 $p \in (a, b) \subseteq G$인 열린 구간 $(a, b)$가 존재하기 때문이다.

(2) 마찬가지로 모든 열린 원판들의 집합은 $\mathbb{R}^2$의 보통위상 $\mathcal{U}$의 기저가 된다.

예 **4.4** 모든 열린 직사각형들의 집합은 $\mathbb{R}^2$의 보통위상 $\mathcal{U}$의 기저가 된다. 왜냐하면 $\mathbb{R}^2$의 임의의 열린 집합 $G$가 점 $p$를 포함하면 정의에 의해 $p \in D_p \subseteq G$인 열린 원판 $D_p$가 존재하고, 따라서 $p \in B \subseteq D_p \subseteq G$인 열린 직사각형 $B$가 존재하기 때문이다. 마찬가지로, 모든 열린 마름모들의 집합은 $\mathbb{R}^2$의 보통위상 $\mathcal{U}$의 기저가 된다.

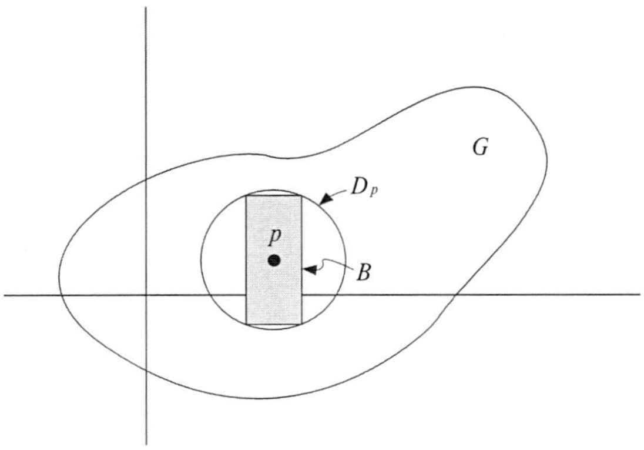


그림 **7**

예 **4.5** (1) 이산공간 $(X, \mathcal{D})$에서 한원소집합들을 모두 모은 집합 $\mathcal{B} = \{\{p\} \mid p \in X\}$는 $\mathcal{D}$의 기저가 된다.

(2) $\{X, \emptyset\}$는 비이산공간 $(X, \mathcal{I})$의 기저가 된다.

예 **4.6** 집합 $X = \{a, b, c\}$에 대해 $\mathcal{B} = \{\{a, b\}, \{b, c\}\}$는 이산위상 $\mathcal{D}$의 기저가 될 수 없다. 왜냐하면 이산위상 $\mathcal{D}$의 기저가 되려면 열린 집합 $\{b\}$를 $\mathcal{B}$의 원소들의 합집합으로 나타낼 수 있어야 한다. 그런데 $\{b\}$는 $\mathcal{B}$의 원소들의 합집합으로 나타낼 수 없다.

문 제 **4.7** $\{X\}$가 비이산공간 $(X, \mathcal{I})$의 기저가 되는가?

【풀이】 $X = \bigcup\{X\} = X$이고, $\emptyset = \bigcup\emptyset$ 이므로 $\{X\}$는 $(X, \mathcal{I})$의 기저가 된다.

열린 집합들의 적당한 모임은 정리 4.2의 조건을 만족시킬 때 주어진 위상의 기저가 된다. 일반적인 집합 $X$의 부분집합을 적당히 모아 놓은 $\mathcal{B}$가 $X$의 위상을 생성해낼 수 있는가하는 의문이 생긴다. 예를 들면 $X$는 어떤 위상공간에서도 열린 집합이므로, $X$는 $\mathcal{B}$의 원소들의 합집합으로 나타낼 수 있어야 한다. 따라서 $\mathcal{B}$의 모든 원소들의 합집합이 $X$가 아닐 때, $\mathcal{B}$는 $X$의 위상을 만드는 기저가 될 수 없다.

다음의 정리는 $X$의 부분집합을 임의로 모아 놓았을 때 기저가 될 조건을 나타낸다.

**정 리 4.8** $X$는 공집합이 아닌 집합이고, $\mathcal{B}$는 $P(X)$의 부분집합이다. $\mathcal{B}$가 적당한 위상공간 $(X, \mathcal{T})$의 기저가 되기 위한 필요충분조건은 다음의 두 조건을 만족시키는 것이다.

(1) $X = \bigcup\{B \mid B \in \mathcal{B}\}$

(2) $\mathcal{B}$의 임의의 두 원소 $B_1$과 $B_2$에 대하여, $B_1 \cap B_2$는 $\mathcal{B}$의 원소들의 합집합으로 나타낼 수 있다. 즉, 교집합 $B_1 \cap B_2$의 임의의 원소 $x$에 대하여,

$$x \in B_3 \subseteq B_1 \cap B_2$$

인 원소 $B_3$가 $\mathcal{B}$에 존재한다.

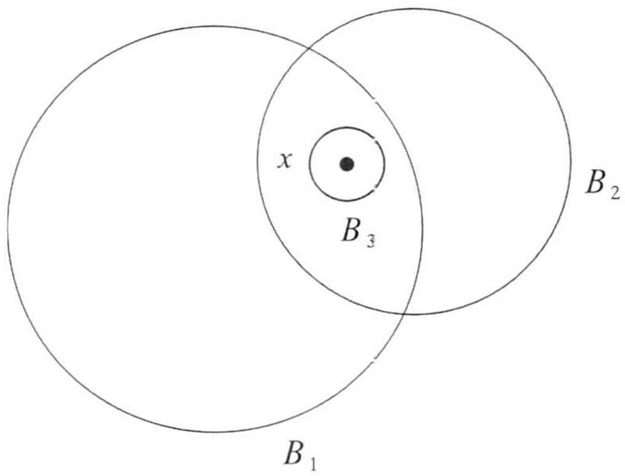


그림 8

【증명】 $\mathcal{B}$가 $X$의 위상을 생성하는 기저라고 하자. $X$는 열린 집합이므로, $X$는 $\mathcal{B}$의 원소들의 합집합으로 나타낼 수 있다. 따라서 (1)을 만족시킨다. 기저는 위상의 부분집합

이므로, $\mathcal{B}$의 원소들은 모두 열린 집합이다. 따라서 $B_1 \cap B_2$도 열린 집합이다. 그러므로 $B_1 \cap B_2$는 $\mathcal{B}$의 원소들의 합집합으로 나타낼 수 있다. 따라서 (2)를 만족시킨다.

역으로 (1), (2)를 만족시킨다고 가정하자. $\mathcal{B}$의 원소들의 합집합들을 모두 모아 놓은 집합을 $\mathcal{T}$라 하자. 즉,

$$\mathcal{T} = \{\bigcup \mathcal{B}^* \mid \mathcal{B}^* \subseteq \mathcal{B}\}$$

라 하자. 이제 $\mathcal{T}$가 $X$의 위상임을 보이면 $\mathcal{B}$가 $(X, \mathcal{T})$의 기저가 된다. (1)에 의하여, $X$는 $\mathcal{T}$의 원소가 된다. 공집합은 $\mathcal{B}^* = \emptyset$인 경우이므로, 공집합도 $\mathcal{T}$의 원소가 된다. $G_j (j \in J)$를 $\mathcal{T}$의 원소라 하자. $J$의 모든 원소 $j$에 대해,

$$G_j = \bigcup \mathcal{B}_j$$

인 $\mathcal{B}_j \subseteq \mathcal{B}$들이 존재하므로,

$$\bigcup\{G_j \mid j \in J\} = \bigcup\{\bigcup \mathcal{B}_j \mid j \in J\}$$

이다. 즉, $\bigcup G_j$는 $\mathcal{B}$의 원소들의 합집합으로 나타낼 수 있으므로, 역시 $\mathcal{T}$의 원소이다. $\mathcal{T}$의 원소 $G$와 $H$를 택하자. 적당한 $\mathcal{B}$의 부분집합 $\mathcal{B}^*$와 $\mathcal{B}^{**}$에 대해

$$G = \bigcup \mathcal{B}^*, \quad H = \bigcup \mathcal{B}^{**}$$

이므로,

$$G \cap H = (\bigcup \mathcal{B}^*) \cap (\bigcup \mathcal{B}^{**}) = \bigcup\{B^* \cap B^{**} \mid B^* \in \mathcal{B}^*, B^{**} \in \mathcal{B}^{**}\}$$

이다. (2)에 의하여 모든 $B^* \cap B^{**}$는 $\mathcal{B}$의 원소들의 합집합으로 나타낼 수 있다. 따라서 $G \cap H$ 역시 $\mathcal{B}$의 원소들의 합집합으로 나타낼 수 있다. 그러므로 $\mathcal{T}$는 $X$의 위상이다. □

예 **4.9** 집합 $X = \{1, 2, 3\}$을 생각하자.

(1) $\mathcal{B} = \{\{1\}, \{2\}, \{3\}\}$은 위의 두 조건을 만족시키므로 $X$의 위상을 생성하는 기저가 된다. 실제로 $\mathcal{B}$는 이산위상 $\mathcal{D}$를 생성한다.

(2) $\mathcal{B} = \{\{1\}, \{2\}\}$는 모든 원소들의 합집합이 $X$가 아니므로, $X$의 위상을 생성하는 기저가 될 수 없다.

(3) $\mathcal{B} = \{\{1, 2\}, \{2, 3\}\}$은 $X$의 위상을 생성하는 기저가 될 수 없다. 왜냐하면, $\{1, 2\}$와 $\{2, 3\}$의 교집합 $\{2\}$를 $\mathcal{B}$의 원소들의 합집합으로 나타낼 수 없기 때문이다.

예 **4.10** (1) 자연수의 집합 $\mathbb{N}$에서 집합 $\mathcal{B} = \{\{1,2\}, \{3,4\}, \{5,6\}, \ldots\}$은 위상을 생성하는 기저가 될 수 있다.

(2) $X$가 집합일 때 한원소집합들의 모임 $\mathcal{B} = \{\{x\} \mid x \in X\}$는 $X$의 위상을 생성하는 기저가 될 수 있다. 실제로 이산위상 $\mathcal{D}$의 기저가 된다.

---

정 리 **4.11** $\mathcal{B}$와 $\mathcal{B}'$을 각각 집합 $X$의 위상 $\mathcal{T}$와 $\mathcal{T}'$의 기저라 하자. 다음 두 명제는 동치이다.

(1) $\mathcal{T}'$이 $\mathcal{T}$보다 큰(finer) 위상이다.

(2) 임의의 $x \in X$와 이 점을 포함하는 임의의 기저의 원소 $B \in \mathcal{B}$에 대해

$$x \in B' \subseteq B$$

인 $B' \in \mathcal{B}'$이 존재한다.

---

【증명】 (1) $\Rightarrow$ (2) $x \in X$이고 $B \in \mathcal{B}$로서 $x \in B$라 하자. 기저의 정의에 의해 $B \in \mathcal{T}$이다. 그런데 $\mathcal{T} \subseteq \mathcal{T}'$이므로 $B \in \mathcal{T}'$이다. $\mathcal{T}'$은 $\mathcal{B}'$에 의해 생성되므로

$$x \in B' \subseteq B$$

인 $B' \in \mathcal{B}'$이 존재한다.

(2) $\Rightarrow$ (1) $U \in \mathcal{T}$라 하자. 임의의 점 $x \in U$를 택하면 $\mathcal{B}$가 $\mathcal{T}$의 기저이므로 $x \in B \subseteq U$인 $B \in \mathcal{B}$가 존재한다. 조건 (2)에 의해

$$x \in B' \subseteq B$$

인 $B' \in \mathcal{B}'$이 존재한다. 따라서 $x \in B' \subseteq U$가 되어 $U \in \mathcal{T}'$이다. □

예 **4.12** (1) $\mathbb{R}$의 모든 반열린 구간(half-open interval)들의 집합

$$\mathcal{B} = \{[a, b) \mid a, b \in \mathbb{R}, a < b\}$$

를 생각하자. $\mathcal{B}$의 원소의 합집합은 $\mathbb{R}$이 되고, 반열린 구간들의 교집합은 공집합이거나 반열린 구간이 되므로, 기저가 되기 위한 두 조건을 만족시킨다. $\mathcal{B}$에 의해 생성되는 위상을 $\mathbb{R}$의 아래끝 위상(lower limit topology)이라 하고, $\mathcal{T}_l$이라고 쓴다.

(2) $(-\infty, a)$, $[a,b), [a,\infty)$ 등은 아래끝 위상에서 열린 집합이다. 또한 이들의 여집합이 열린 집합이므로, 이들은 모두 닫힌 집합이다.

(3) $(a,b) = \bigcup_{t\in(a,b)} [t,b)$ 이므로, $(a,b), (a,\infty)$ 등은 아래끝 위상에서 열린 집합이다. 그러나 이들은 닫힌 집합이 아니다.

**예** **4.13** 마찬가지로, 집합

$$\mathcal{B}^* = \{(a,b] \mid a,b\in\mathbb{R}, a<b\}$$

는 $\mathbb{R}$의 위상을 생성하는데, 이 위상을 위끝 위상(upper limit topology)이라 하고, $\mathcal{T}_u$로 표시한다.

**예 제** **4.14** $\mathbb{R}$의 위상 $\mathcal{U}, \mathcal{T}_l, \mathcal{T}_u$의 크기를 비교하여라.

【풀이】 (i) $(a,b)\in\mathcal{U}$이면

$$(a,b) = \bigcup_{t\in(a,b)} [t,b)$$

이므로 $(a,b)\in\mathcal{T}_l$이다. 그런데 $[0,1)\in\mathcal{T}_l$이지만 $[0,1)\notin\mathcal{U}$이다. 따라서 $\mathcal{U}\subsetneq\mathcal{T}_l$이다.

(ii) $(a,b)\in\mathcal{U}$이면

$$(a,b) = \bigcup_{t\in(a,b)} (a,t]$$

이므로 $(a,b)\in\mathcal{T}_u$이다. 그런데 $(0,1]\in\mathcal{T}_u$이지만 $(0,1]\notin\mathcal{U}$이다. 따라서 $\mathcal{U}\subsetneq\mathcal{T}_u$이다.

**문 제** **4.15** 유리수를 양 끝점으로 하는 닫힌 구간들의 집합

$$\{[a,b] \mid a<b, a,b\in\mathbb{Q}\}$$

은 $\mathbb{R}$의 위상을 생성하는 기저가 될 수 있는가?

【풀이】 $[1,2]$와 $[2,3]$의 교집합 $\{2\}$는 닫힌 구간들의 집합

$$\{[a,b] \mid a<b, a,b\in\mathbb{Q}\}$$

의 원소들의 합집합으로 나타낼 수 없다. 따라서 기저가 아니다.

**예 제** **4.16** $\mathcal{B}$가 위상공간 $(X,\mathcal{T})$의 기저일 때, 위상 $\mathcal{T}$는 $\mathcal{B}$를 포함하는 $X$의 모든 위상들의 교집합임을 증명하여라.

【풀이】 $\{\mathcal{T}_i\}_{i\in J}$가 $\mathcal{B}$를 포함하는 $X$의 모든 위상들의 집합이라 하고,

$$\mathcal{T}^* = \bigcap_{i\in J} \mathcal{T}_i$$

라고 하자. 정의에 의해 $\mathcal{T}$는 $\mathcal{B}$를 포함하는 위상이고 $\mathcal{T}^*$는 그러한 위상들의 교집합이므로, $\mathcal{T}^* \subseteq \mathcal{T}$이다.

이제 $G \in \mathcal{T}$라고 가정하자. 그러면 $\mathcal{T}$의 정의에 의해, $G = \bigcup_{k\in J} B_k$이고, 이 때 $B_k \in \mathcal{B}$이다. 그러나 $\mathcal{B} \subseteq \mathcal{T}^*$이므로 모든 $k \in J$에 대해 $B_k \in \mathcal{T}^*$이다. 따라서

$$G = \bigcup_{k\in J} B_k \in \mathcal{T}^*$$

이다. 그러므로 $G \in \mathcal{T}$이면 $G \in \mathcal{T}^*$이다. 즉, $\mathcal{T} \subseteq \mathcal{T}^*$이다. 따라서 $\mathcal{T} = \mathcal{T}^*$이다.

## 4.2 부분기저

---

**정 의 4.17** $(X, \mathcal{T})$는 위상공간이고 $\mathcal{S} \subseteq \mathcal{T}$이다. $\mathcal{S}$의 유한 개의 원소들의 교집합들을 모두 모아놓은 집합이 $\mathcal{T}$의 기저가 될 때, $\mathcal{S}$를 $\mathcal{T}$의 부분기저(subbase)라고 하며, 위상 $\mathcal{T}$가 부분기저 $\mathcal{S}$에 의해 생성(generate)되었다고 한다. 즉, 임의의 원소 $B$를 기저 $\mathcal{B}$에서 택하면, $\mathcal{S}$의 적당한 유한부분집합 $\mathcal{S}^*$가 존재하여,

$$B = \bigcap \mathcal{S}^*$$

가 될 때 $\mathcal{S}$를 부분기저라 한다.

---

**예 4.18** 보통위상공간 $(\mathbb{R}, \mathcal{U})$의 기저 $\mathcal{B} = \{(a, b) \mid a, b \in \mathbb{R},\ a < b\}$의 원소인 열린 구간 $(a, b)$는 두 개의 무한 열린 구간의 교집합이다. 즉,

$$(a, b) = (a, \infty) \cap (-\infty, b)$$

이다. 따라서 무한 열린 구간들의 집합

$$\mathcal{S} = \{(a, \infty) \mid a \in \mathbb{R}\} \cup \{(-\infty, b) \mid b \in \mathbb{R}\}$$

은 보통위상 $\mathcal{U}$의 부분기저이다.

예 **4.19** (1) 아래끝 위상공간 $(\mathbb{R}, \mathcal{T}_l)$에서

$$\mathcal{S} = \{(-\infty, b) \mid b \in \mathbb{R}\} \cup \{[a, \infty) \mid a \in \mathbb{R}\}$$

은 부분기저이다.

(2) 위끝 위상공간 $(\mathbb{R}, \mathcal{T}_u)$에서

$$\mathcal{S} = \{(-\infty, b] \mid b \in \mathbb{R}\} \cup \{(a, \infty) \mid a \in \mathbb{R}\}$$

은 부분기저이다.

문 제 **4.20** 보통위상공간 $(\mathbb{R}^2, \mathcal{U})$의 부분기저를 구하여라.

【풀이】 $\{(a,b) \times (-\infty, \infty) \mid a, b \in \mathbb{R}\} \cup \{(-\infty, \infty) \times (c, d) \mid c, d \in \mathbb{R}\}$가 부분기저가 된다.

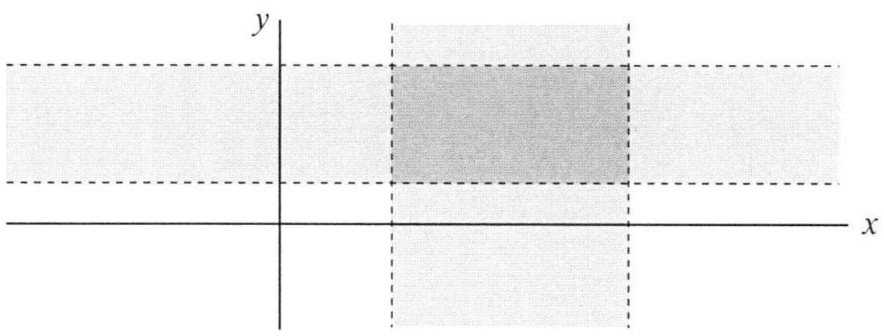


그림 9

멱집합 $P(X)$의 임의의 부분집합은 일반적으로 $X$의 위상을 생성하는 기저가 되지 못하지만, 항상 부분기저가 될 수 있음을 다음의 정리가 보여준다.

정 리 **4.21** $\mathcal{S}$가 공집합이 아니면서 $P(X)$의 부분집합이면, $\mathcal{S}$는 항상 적당한 위상공간 $(X, \mathcal{T})$의 부분기저가 된다.

【증명】 $\mathcal{S}$의 임의의 유한 개의 원소들의 교집합으로 이루어진 집합이 $X$의 위상을 생성하는 기저가 됨을 보이면 된다. 즉,

$$\mathcal{B} = \{\bigcap \mathcal{S}^* \mid \mathcal{S}^*\text{는 } \mathcal{S}\text{의 유한부분집합}\}$$

가 정리 4.8의 두 조건을 만족시킨다는 사실을 쉽게 보일 수 있다. □

예 **4.22** $X = \{a, b, c, d\}$ 이고, $\mathcal{S} = \{\{a, b\}, \{b, c\}, \{d\}\}$ 이다. $\mathcal{S}$의 원소들의 유한 개의 교집합들을 모두 모아 놓으면 다음과 같다.

$$\mathcal{B} = \{\{a, b\}, \{b, c\}, \{d\}, \{b\}, \emptyset, X\}$$

$\mathcal{B}$는 정리 4.8의 두 조건을 만족한다. 따라서 $\mathcal{B}$는 $X$의 위상을 생성하는 기저이고, $\mathcal{S}$는 부분기저이다.

문제 **4.23** 예 4.22에서 $\mathcal{S}$에 의해서 생성된 위상을 구하여라.

【풀이】 $\mathcal{B}$의 원소들의 합집합들을 다 포함하면 위상이 된다.

$$\mathcal{T} = \mathcal{B} \cup \{\{a, b, c\}, \{a, b, d\}, \{b, d\}, \{b, c, d\}\}$$

문제 **4.24** $X = \{1, 2, 3, 4, 5, 6\}$ 이고

$$\mathcal{S} = \{\{1, 2\}, \{2, 3\}, \{3, 4\}, \{4, 5, 6\}\}$$

이라 하자. 이 때 부분기저 $\mathcal{S}$에 의해 생성된 $X$의 위상 $\mathcal{T}$를 구하여라.

【풀이】 부분기저 $\mathcal{S}$로부터 생성된 기저는

$$\mathcal{B} = \{\{1, 2\}, \{2, 3\}, \{3, 4\}, \{4, 5, 6\}, \{2\}, \emptyset, \{3\}, \{4\}, X\}$$

이다. 따라서 기저 $\mathcal{B}$로부터 생성된 위상은

$$\begin{aligned}\mathcal{T} = \{&\emptyset, \{2\}, \{3\}, \{4\}, \{1, 2\}, \{2, 3\}, \{3, 4\}, \{4, 5, 6\},\\ &\{2, 4\}, \{2, 3, 4\}, \{2, 4, 5, 6\}, \{1, 2, 3\}, \{3, 4, 5, 6\},\\ &\{2, 3, 4, 5, 6\}, \{1, 2, 4\}, \{1, 2, 3, 4\}, \{1, 2, 4, 5, 6\}, X\}\end{aligned}$$

이다.

예 제 **4.25** $\mathcal{S}$가 $X$의 위상 $\mathcal{T}$를 생성하는 부분기저이면, $\mathcal{T}$는 $\mathcal{S}$를 포함하는 모든 위상들의 교집합임을 보여라.

【풀이】 $\mathcal{T}^*$가 $\mathcal{S}$를 포함하는 모든 위상들의 교집합이라 하자. 그러면 $\mathcal{S} \subseteq \mathcal{T}$이므로 $\mathcal{T}^* \subseteq \mathcal{T}$이다. 역으로 임의의 $G \in \mathcal{T}$는 $\mathcal{S}$의 유한 개의 원소들의 교집합과 그것들의 합집합으로 표시되므로 $G$가 $\mathcal{S}$를 포함하는 모든 위상의 원소이다. 따라서 $\mathcal{T} \subseteq \mathcal{T}^*$이다.

## 4.3 국소기저

**정의 4.26** $p$ 는 위상공간 $(X, \mathcal{T})$의 한 점이고 $\mathcal{B}_p$는 $p$ 를 포함하는 열린 집합들의 모임이다. 이 때 $p$ 를 포함하는 임의의 열린 집합 $G$에 대해

$$p \in B \subseteq G$$

인 $\mathcal{B}_p$의 원소 $B$가 적어도 하나 존재하면 $\mathcal{B}_p$를 $p$의 국소기저(local base)라고 한다.

**예 4.27** (1) 집합

$$\{(-\frac{1}{n}, \frac{1}{n}) \mid n \in \mathbb{N}\}$$

은 보통위상공간 $(\mathbb{R}, \mathcal{U})$에서 0의 국소기저이다.

(2) 실수 1을 포함하는 모든 열린 구간들의 집합

$$\{(1-r, 1+r) \mid r > 0\}$$

은 보통위상공간 $(\mathbb{R}, \mathcal{U})$에서 1의 국소기저이다.

(3) $\mathbb{R}^2$의 점 $p = (a, b)$를 중심으로 하는 모든 열린 원판들의 집합은 보통위상공간 $(\mathbb{R}^2, \mathcal{U})$에서 $p$의 국소기저이다.

**정리 4.28** $\mathcal{B}$는 위상공간 $(X, \mathcal{T})$의 기저이고, $p$ 는 $X$의 점이다. $\mathcal{B}$의 원소들 중에서 $p$ 를 포함하는 모든 원소들로 이루어진 집합은 $p$의 국소기저가 된다.

**【증명】** $\mathcal{B}^* = \{B \mid p \in B, B \in \mathcal{B}\}$라 하자. $p$ 를 포함하는 임의의 열린 집합 $G$에 대하여, $\mathcal{B}$가 기저이므로 적당한 $B \in \mathcal{B}$가 존재하여 $p \in B \subseteq G$이다. 따라서 $B \in \mathcal{B}^*$이고 $p \in B \subseteq G$이다. 그러므로 $\mathcal{B}^*$는 $p$의 국소기저이다. □

정의 3.14를 살펴보면, 어떤 점이 극한점이라는 것을 보이기 위해서는 그 점을 포함하는 모든 열린 집합에 대해 조사해야 하는데, 다음 예제와 같이 국소기저에 대해서만 조사해도 된다.

**예 제** **4.29** 위상공간 $(X, \mathcal{T})$의 점 $p$가 $X$의 부분집합 $A$의 극한점(limit point)이 되기 위한 필요충분조건은 $p$의 국소기저의 임의의 원소 $B_p$가

$$(B_p - \{p\}) \cap A \neq \emptyset$$

을 만족시키는 것이다. 이를 증명하여라.

【풀이】 $p \in A'$이라 하자. $p$의 국소기저의 임의의 원소 $B_p$도 열린 집합이므로

$$(B_p - \{p\}) \cap A \neq \emptyset$$

이다. 역으로 $G$가 $p$를 포함하는 임의의 열린 집합이라 하자. 그러면 적당한 $p$의 국소기저의 원소 $B_p$가 존재하여 $p \in B_p \subseteq G$이다. 따라서

$$\emptyset \neq (B_p - \{p\}) \cap A \subseteq (G - \{p\}) \cap A$$

이다. 즉, $(G - \{p\}) \cap A \neq \emptyset$ 이므로 $p \in A'$이다.

수열의 수렴성을 조사할 때도 모든 열린 집합에 대해 조사하는 대신 국소기저에 대해서만 조사해도 된다.

**예 제** **4.30** 위상공간 $(X, \mathcal{T})$의 수열 $<a_n>$이 $p$로 수렴하기 위한 필요충분조건은 $p$의 국소기저의 임의의 원소 $B_p$가 $<a_n>$의 유한 개를 제외한 나머지 모든 항을 다 포함하는 것이다. 이를 증명하여라.

【풀이】 수열 $<a_n>$이 $p$로 수렴하면 $p$의 국소기저의 임의의 원소 $B_p$도 열린 집합이므로 $B_p$가 $<a_n>$의 유한 개를 제외한 나머지 모든 항을 포함한다. 역으로 $G$가 $p$를 포함하는 임의의 열린 집합이라 하자. 그러면 적당한 $p$의 국소기저의 원소 $B_p$가 존재하여 $p \in B_p \subseteq G$이다. 그런데 가정에 의하여 $B_p$가 $<a_n>$의 유한 개를 제외한 나머지 모든 항을 포함하므로 $G$도 $<a_n>$의 유한 개를 제외한 나머지 모든 항을 포함한다. 따라서 $<a_n>$이 $p$로 수렴한다.

수학을 배우는 목적 중 하나가 시간과 노력을 절약하는데 있다면, 예제 4.30의 의미는 대단히 크다. 무한집합인 이산공간 $(X, \mathcal{D})$의 경우 열린 집합은 무한 개 존재하고, 따라서 수열의 수렴 여부와 $X$의 점이 극한점인가에 대한 판정을 일일이 조사하기는 불가능하다. 그러나 $\{\{p\}\}$가 $p$의 국소기저가 되므로, 무한 개의 열린 집합에 관한 조사 대신 단 한 개의 열린 집합에 대한 조사만으로 충분하다. 바로 이 점이 수학의 매력인 것이다.

## 4.4 부분공간

---

**정 의 4.31** $Y$는 위상공간 $(X, \mathcal{T})$의 공집합이 아닌 부분집합이다.

$$\mathcal{T}_Y = \{G \cap Y \mid G \in \mathcal{T}\}$$

를 $Y$의 상대위상(relative topology) 또는 부분위상(subspace topology)이라고 부르며, $(Y, \mathcal{T}_Y)$를 $X$의 부분공간(subspace)이라고 한다.

---

특별히 언급하지 않을 경우, 위상공간의 부분집합에 대해서 위상을 생각할 때는 부분위상이 주어진 것으로 생각한다.

**예 제 4.32** 위 정의에 주어진 $\mathcal{T}_Y$는 실제로 $Y$의 위상이다. 이를 보여라.

【풀이】

(i) $\emptyset = \emptyset \cap Y \in \mathcal{T}_Y$이고 $Y = X \cap Y \in \mathcal{T}_Y$이다.

(ii) $H_\alpha \in \mathcal{T}_Y$라 하면 적당한 $G_\alpha \in \mathcal{T}$가 존재하여 $H_\alpha = G_\alpha \cap Y$이다. 따라서 $\bigcup H_\alpha = \bigcup(G_\alpha \cap Y) = (\bigcup G_\alpha) \cap Y$이다. 그런데 $\bigcup G_\alpha \in \mathcal{T}$이므로 $\bigcup H_\alpha \in \mathcal{T}_Y$이다.

(iii) $U, V \in \mathcal{T}_Y$라 하면 적당한 $G, H \in \mathcal{T}$가 존재하여 $U = G \cap Y, V = H \cap Y$이다. 따라서 $U \cap V = (G \cap Y) \cap (H \cap Y) = (G \cap H) \cap Y$이다. 그런데 $G \cap H \in \mathcal{T}$이므로 $U \cap V \in \mathcal{T}_Y$이다.

**예 4.33** (1) 위상

$$\mathcal{T} = \{X, \emptyset, \{a\}, \{c, d\}, \{a, c, d\}, \{b, c, d, e\}\}$$

가 집합 $X = \{a, b, c, d, e\}$에 주어졌을 때 부분집합 $Y = \{a, d, e\}$를 생각하자. 집합 $Y$에 대한 부분위상을 구하면

$$\mathcal{T}_Y = \{Y, \emptyset, \{a\}, \{d\}, \{a, d\}, \{d, e\}\}$$

이다.

(2) 보통위상공간 $(\mathbb{R}, \mathcal{U})$에서 부분집합 $Y = [0, 2)$를 생각하자. 이 경우 $[0, 1)$은 부분공간 $(Y, \mathcal{U}_Y)$에서 열린 집합이다. 왜냐하면 $[0, 1) = (-1, 1) \cap Y$이고 $(-1, 1)$

은 $\mathbb{R}$에서 열린 집합이기 때문이다. 또한 여집합이 열린 집합이므로 $[1,2)$는 부분공간에서 닫힌 집합이다.

(3) 보통위상공간 $(\mathbb{R},\mathcal{U})$에서 부분집합 $Y = [3,5)$를 생각하자. 부분공간 $(Y,\mathcal{U}_Y)$에서 $[3,4)$는 열린 집합이고, $[4,5)$는 닫힌 집합이다.

예 **4.34** 보통위상공간 $(\mathbb{R},\mathcal{U})$에서 부분집합 $Y = [3,5]\cup\{7\}$을 생각하자. 이 경우 한원소집합 $\{7\}$은 부분공간 $(Y,\mathcal{U}_Y)$에서 열린 집합이다. 왜냐하면 $\{7\} = (6,8)\cap Y$이고 $(6,8)$은 $\mathbb{R}$에서 열린 집합이기 때문이다. 또한 $[3,5] = (2,6)\cap Y$이므로 집합 $[3,5]$는 부분공간에서 열린 집합이다. 따라서 그 여집합 $\{7\}$은 부분공간에서 닫힌 집합도 된다.

예 제 **4.35** 보통위상공간 $(\mathbb{R},\mathcal{U})$에서 부분공간 $(\mathbb{N},\mathcal{U}_{\mathbb{N}})$이 어떤 형태인지 알아보아라.

【풀이】 임의의 점 $p \in \mathbb{N}$에 대해, $(p-\frac{1}{2}, p+\frac{1}{2})$은 $(\mathbb{R},\mathcal{U})$에서 열린 집합이고

$$\{p\} = \mathbb{N} \cap \left(p-\frac{1}{2}, p+\frac{1}{2}\right)$$

이므로 $\{p\}$는 부분공간 $(\mathbb{N},\mathcal{U}_{\mathbb{N}})$에서 열린 집합이다. 모든 한원소집합이 열린 집합이 되므로 $(\mathbb{N},\mathcal{U}_{\mathbb{N}})$은 이산공간이다.

문 제 **4.36** (1) 이산공간 $(X,\mathcal{D})$의 부분공간은 이산 공간인가?

(2) 비이산공간 $(X,\mathcal{I})$의 부분공간은 비이산공간인가?

【풀이】 (1) $(Y,\mathcal{D}_Y)$를 이산공간 $(X,\mathcal{D})$의 부분공간이라 하자. 모든 $B \subseteq Y$에 대하여 $B \in \mathcal{D}$이므로 $B = B\cap Y \in \mathcal{D}_Y$이다. 모든 $Y$의 부분집합을 포함하는 위상공간이므로 $(Y,\mathcal{D}_Y)$는 이산공간이다.

(2) $(X,\mathcal{I})$에서는 $X$와 $\emptyset$만 열린 집합이므로 오직 $Y = X\cap Y$와 $\emptyset = \emptyset\cap Y$만 $(Y,\mathcal{I}_Y)$에서 열린 집합이다. 따라서 $(Y,\mathcal{I}_Y)$는 비이산공간이다.

문 제 **4.37** $Y$의 부분집합 $G$가 $X$에서 열린 집합이면, $G$는 부분공간 $(Y,\mathcal{T}_Y)$에서도 열린 집합인가?

【풀이】 $G \in \mathcal{T}$가 $Y$의 부분집합이면, $G = G\cap Y$이므로 $G \in \mathcal{T}_Y$이다. 즉, $G$는 $Y$에서도 열린 집합이다.

**정 리** **4.38** 위상공간 $(X, \mathcal{T})$의 부분공간 $(Y, \mathcal{T}_Y)$에 대해 다음 사실이 성립한다.

(1) $H$가 $Y$의 열린 집합이다. $\iff$ $H = G \cap Y$인 $X$의 열린 집합 $G$가 존재한다.

(2) $K$가 $Y$의 닫힌 집합이다. $\iff$ $K = F \cap Y$인 $X$의 닫힌 집합 $F$가 존재한다.

【증명】 (1) 정의에 의해 성립한다.

(2) $K$가 $(Y, \mathcal{T}_Y)$에서 닫힌 집합이라 하면 적당한 $X$의 열린 집합 $U$가 존재하여, $Y - K = Y \cap U$이다. 전체집합 $X$에서의 집합 $A$의 여집합을 $A^c$로 나타내기로 하면,

$$\begin{aligned} K &= Y - (Y - K) = Y - (Y \cap U) = Y \cap (Y \cap U)^c \\ &= Y \cap (Y^c \cup U^c) = (Y \cap Y^c) \cup (Y \cap U^c) = Y \cap U^c. \end{aligned}$$

이제 $U^c = F$라 하면 $F$는 $X$에서 닫힌 집합이고 $K = Y \cap F$이다.

역으로 $X$의 적당한 닫힌 집합 $F$에 대해 $K = Y \cap F$라 하면, $F^c$는 $X$의 열린 집합이고

$$\begin{aligned} Y - K &= Y - (Y \cap F) = Y \cap (Y \cap F)^c \\ &= Y \cap (Y^c \cup F^c) = (Y \cap Y^c) \cup (Y \cap F^c) = Y \cap F^c. \end{aligned}$$

그런데 $F^c$는 $X$에서 열린 집합이므로 $Y - K = Y \cap F^c$는 $(Y, \mathcal{T}_Y)$에서 열린 집합이다. 결국 $K$는 $(Y, \mathcal{T}_Y)$에서 닫힌 집합이다. □

**예** **4.39** (1) $(-\sqrt{2}, \sqrt{2}) \cap \mathbb{Q} = [-\sqrt{2}, \sqrt{2}] \cap \mathbb{Q}$이므로, 이 집합은 $(\mathbb{Q}, \mathcal{U}_{\mathbb{Q}})$에서 열린 집합이면서 동시에 닫힌 집합이다.

(2) 보통위상공간 $\mathbb{R}$의 부분공간 $(\mathbb{Q}, \mathcal{U}_{\mathbb{Q}})$에서 $\{0\} \cap \mathbb{Q} = \{0\}$이고 $\{0\}$이 $\mathbb{R}$에서 닫힌 집합이므로, 집합 $\{0\}$은 $(\mathbb{Q}, \mathcal{U}_{\mathbb{Q}})$에서 닫힌 집합이다.

(3) $(a, b) \cap \mathbb{Q} = \{0\}$인 $\mathbb{R}$의 열린 집합 $(a, b)$가 없으므로, $\{0\}$은 $(\mathbb{Q}, \mathcal{U}_{\mathbb{Q}})$에서 열린 집합이 아니다. 따라서 $(\mathbb{Q}, \mathcal{U}_{\mathbb{Q}})$는 이산위상이 아니다.

**예 제** **4.40** $Y$를 $(X, \mathcal{T})$의 부분공간이라 하자. $G$가 부분공간 $Y$에서 열린 집합이고 $Y$가 $X$에서 열린 집합이면, $G$는 $X$에서 열린 집합임을 보여라.

【풀이】 $G$가 부분공간 $Y$에서 열린 집합이므로 $G = H \cap Y$인 $X$의 열린 집합 $H$가 존재한다. 그런데 $Y$도 $X$에서 열린 집합이므로 $G = H \cap Y$는 $X$에서 열린 집합이다.

예 **4.41** $Y$가 열린 집합이 아닐 경우는 위 예제의 내용이 성립하지 않는다.

(1) 보통위상공간 $\mathbb{R}$의 부분집합 $Y = [0, 2]$에서 $G = [0, 1)$은 열린 집합이다. 그러나 $G = [0, 1)$는 $\mathbb{R}$에서는 열린 집합이 아니다. 실제로 집합 $Y$가 $\mathbb{R}$에서 열린 집합이 아니므로 이런 현상이 나타난다.

(2) 보통위상공간 $\mathbb{R}^2$의 부분집합

$$Y = \{(x, y) \in \mathbb{R}^2 \mid y = 0\}$$

을 생각하자. $Y$의 부분집합 $G = (0, 1) \times \{0\}$은 $Y$에서 열린 집합이다. 그런데 $\mathbb{R}^2$에서 $(0, 1) \times \{0\}$은 모든 점이 내점이 아니므로 $\mathbb{R}^2$에서 열린 집합이 아니다. 실제로 집합 $Y$가 $\mathbb{R}^2$에서 열린 집합이 아니므로 이런 현상이 나타난다.

예제 **4.42** $Y$를 $(X, \mathcal{T})$의 부분공간이라 하자. $F$가 부분공간 $Y$에서 닫힌 집합이고 $Y$가 $X$에서 닫힌 집합이면, $F$는 $X$에서 닫힌 집합임을 보여라.

【풀이】 $F$가 부분공간에서 닫힌 집합이므로 $F = K \cap Y$인 $X$의 닫힌 집합 $K$가 존재한다. 그런데 $Y$도 $X$에서 닫힌 집합이므로 $F = K \cap Y$는 $X$에서 닫힌 집합이다.

예 **4.43** 보통위상공간 $\mathbb{R}^2$의 부분집합인

$$Y = \{(x, y) \in \mathbb{R}^2 \mid y = 0\}$$

는 닫힌 집합이다. 또한 $Y$의 부분집합 $F = [0, 1] \times \{0\}$은 $Y$에서 닫힌 집합이므로, $F = [0, 1] \times \{0\}$은 $\mathbb{R}^2$에서도 닫힌 집합이다.

정리 **4.44** $Y$가 $X$의 부분집합이고, $\mathcal{B}$가 위상공간 $(X, \mathcal{T})$의 기저이면

$$\mathcal{B}_Y = \{B \cap Y \mid B \in \mathcal{B}\}$$

는 부분공간 $(Y, \mathcal{T}_Y)$의 기저가 된다.

【증명】 임의의 점 $a \in Y$와, $a$를 포함하는 부분공간의 임의의 열린 집합 $G$를 생각하자. 부분공간의 정의에 의해 $G = H \cap Y$인 $X$의 열린 집합 $H$가 존재한다. 따라서 $a \in H$이므로

$$a \in B \subseteq H$$

인 $\mathcal{B}$의 원소 $B$가 존재한다. 그러므로

$$a \in B \cap Y \subseteq H \cap Y$$

이고 $B \cap Y \in \mathcal{B}_Y$이다. 따라서 $\mathcal{B}_Y$가 부분공간의 기저이다. □

부분공간에서 내부와 폐포는 아래와 같은 성질을 갖는다. 여기서 $(\overline{E})_Y$, $(E^\circ)_Y$는 각각 부분공간 $Y$에서 $E$의 폐포와 내부를 나타내기로 하자.

> **정리 4.45** $(Y, \mathcal{T}_Y)$가 위상공간 $(X, \mathcal{T})$의 부분공간이고 $E$가 $Y$의 부분집합일 때, 다음 사실이 성립한다.
>
> (1) $(\overline{E})_Y = Y \cap \overline{E}$.
>
> (2) $(E^\circ)_Y \supseteq Y \cap E^\circ$.

**【증명】** 연습문제. □

**예 4.46** $Y = (0,1) \cup (2,3)$을 $(\mathbb{R}, \mathcal{U})$의 부분공간이라 하자. $A = (0, \frac{1}{2})$가 $Y$의 부분집합이라 할 때, 전체공간 $\mathbb{R}$에서의 폐포 $\overline{A}$를 구하면

$$\overline{A} = [0, \frac{1}{2}]$$

이고, $(0, \frac{1}{2}]$이 부분공간 $Y$에서 $A$를 포함하는 제일 작은 닫힌 집합이므로

$$(\overline{A})_Y = (0, \frac{1}{2}]$$

이다. 따라서 위 정리와 같이

$$(\overline{A})_Y = (0, \frac{1}{2}] = \overline{A} \cap Y$$

임을 알 수 있다.

**예 4.47** 위 정리에서 폐포와는 다르게, 부분공간의 내부에 대해서는 일반적으로 등호가 성립하지 않는다. 실제로,

$$Y = \{(x, y) \in \mathbb{R}^2 \mid y = 0\}$$

을 보통위상공간 $(\mathbb{R}^2, \mathcal{U})$의 부분공간이라 하고 $E = Y$를 생각하면
$E^\circ = \emptyset$이지만, $(E^\circ)_Y = Y$이므로 $(E^\circ)_Y = Y \neq \emptyset = Y \cap E^\circ$이다.

## 연습문제 4

1. 다음 내용이 성립하면 O, 아니면 X로 표시하여라.

   (a) $\{\{1\}, \{1,2\}, \{1,2,3\}, \ldots\}$은 자연수의 집합 $\mathbb{N}$에서 적당한 위상의 기저가 된다.
   (b) $\{\{1\}, \{1,2\}, \{1,2,3\}, \ldots\}$은 실수의 집합 $\mathbb{R}$에서 적당한 위상의 기저가 된다.
   (c) $\{\{1,2\},\ \{3,4\},\ \{5,6\},\ \ldots\}$은 자연수의 집합 $\mathbb{N}$에서 적당한 위상의 기저가 된다.
   (d) $\{\{1,2,3\}, \{4,5,6\}, \{7,8,9\}, ...\}$는 자연수의 집합 $\mathbb{N}$에서 적당한 위상의 기저가 된다.

2. $X = \{a, b, c, d, e\}$라 할 때 집합 $\mathcal{A} = \{\{a\}, \{a, b, c\}, \{c, d\}\}$에 의해 생성되는 $X$의 위상을 구하여라.

3. $\{[a, b] \mid a < b, a$는 유리수, $b$는 무리수 $\}$는 $\mathbb{R}$의 위상을 생성하는 기저가 될 수 있는가?

4. 임의의 집합 $X$의 이산위상에 대한 가장 작은(coarsest) 부분기저 $\mathcal{S}$를 구하여라.

5. $\mathcal{S}$가 $X$에 대한 위상의 부분기저가 되면 $\mathcal{S} - \{X, \emptyset\}$도 부분기저가 됨을 보여라.

6. $\mathcal{S} = \{[a, b] \mid a < b$이고 $a, b \in \mathbb{Q}\}$가 실수의 집합 $\mathbb{R}$에서 위상 $\mathcal{T}$의 부분기저가 된다고 하자. 그러면 $\mathcal{S} \cup \{\{p\} \mid p \in \mathbb{Q}\}$도 위상 $\mathcal{T}$에 대한 부분기저가 됨을 보여라.

7. 자연수의 집합 $\mathbb{N}$에 기저 $\{\{1,2\},\ \{3,4\},\ \{5,6\},\ \ldots\}$으로 생성된 위상이 주어졌다고 하자.

   (a) 수열 $< 1, 2, 3, \cdots >$은 어느 점으로 수렴하는가?
   (b) 수열 $< 1, 2, 1, 2, 1, 2, \cdots >$은 어느 점으로 수렴하는가?
   (c) 수열 $< 1, 3, 1, 3, 1, 3, \cdots >$은 어느 점으로 수렴하는가?

8. 실수의 집합 $\mathbb{R}$에 위끝 위상이 주어졌을 때, 아래 수열의 수렴여부를 알아보아라.

   (a) $< 1, 1/2, 1/3, \cdots >$
   (b) $< -1, -1/2, -1/3, \cdots >$
   (c) $< -1, 1/2, -1/3, 1/4, \cdots >$

9. 예 4.34의 $(Y, \mathcal{T}_Y)$에서 열린 집합이면서 동시에 닫힌 집합을 모두 구하여라.

10. $(X, \mathcal{T})$의 부분집합 $Y$와 원소 $p$가 있다고 하자. 전체 공간 $(X, \mathcal{T})$에서 $\mathcal{B}_p$가 $p$의 국소기저일 때, $\mathcal{B}_p^* = \{B \cap Y \mid B \in \mathcal{B}_p\}$는 부분공간 $(Y, \mathcal{T}_Y)$에서 $p$의 국소기저임을 보여라.

11. 위상공간 $(X, \mathcal{T})$의 부분공간 $(Y, \mathcal{T}_Y)$에 대해 다음 사실이 성립함을 보여라. 여기서 $(\overline{E})_Y, (E^\circ)_Y$는 각각 부분공간 $Y$에서 $E$의 폐포와 내부를 의미한다.

    (a) $E$가 $Y$의 부분집합일 때, $(\overline{E})_Y = Y \cap \overline{E}$.

    (b) $E$가 $Y$의 부분집합일 때, $(E^\circ)_Y \supseteq Y \cap E^\circ$.

# 제 5 장

# 연속함수

어떤 대상 전체를 조사할 경우 비슷한 것들을 하나로 분류하여 조사하면 시간과 노력을 절약할 수 있다. '비슷하다'의 개념은 주관적이므로, 수학적인 객관성을 갖는 정의로 나타낼 수 있어야 한다. 위상수학에서는 두 위상공간 사이에 연속인 열린 전단사함수, 즉 위상동형함수가 존재할 때 두 공간은 같다고 생각한다. 위상수학은 간단히 말하면 위상동형함수에 의하여 그대로 보존되는 성질을 연구하는 수학의 분야이다. 이 장에서는 연속함수와 위상동형함수 등에 대해 알아보기로 하자.

## 5.1 연속함수

---

**정 의 5.1** $(X, \mathcal{T})$와 $(Y, \mathcal{T}')$는 위상공간이다. 함수 $f : (X, \mathcal{T}) \to (Y, \mathcal{T}')$가

$$H \in \mathcal{T}' \implies f^{-1}(H) \in \mathcal{T}$$

를 만족시킬 때, 연속함수(continuous function)라 한다.

---

함수 $f : (X, \mathcal{T}) \to (Y, \mathcal{T}')$의 정의역과 공역에 주어진 위상 $\mathcal{T}$와 $\mathcal{T}'$를 구태여 나타낼 필요가 없을 때, 간단히 $f : X \to Y$라고 쓴다.

**예 5.2** (1) 임의의 위상공간 $(X, \mathcal{T})$에서 자기 자신으로 가는 항등함수 $1_X : (X, \mathcal{T}) \to (X, \mathcal{T})$는 연속함수이다.

(2) 이산공간 $(X, \mathcal{D})$에서 임의의 위상공간 $(Y, \mathcal{T})$로 가는 모든 함수는 연속함수이다.

(3) 임의의 위상공간 $(X, \mathcal{T})$에서 비이산공간 $(Y, \mathcal{I})$로 가는 함수 $f : X \to Y$는 연속이다. 왜냐하면, 비이산위상은 $\mathcal{I} = \{\emptyset, Y\}$인데, 이들의 역상을 구하면 $f^{-1}(\emptyset) = \emptyset, f^{-1}(Y) = X$이다. 따라서 $f$는 연속함수이다.

(4) $X$가 두 개 이상의 원소를 포함하는 경우, 비이산공간 $(X, \mathcal{I})$에서 이산공간 $(X, \mathcal{D})$로 가는 항등함수 $1_X$는 연속함수가 아니다.

**예 5.3** $f : (\mathbb{R}, \mathcal{U}) \to (\mathbb{R}, \mathcal{U})$가

$$f(x) = \begin{cases} 0, & x \leq 0 \text{일 때} \\ 1, & x > 0 \text{일 때} \end{cases}$$

와 같이 정의되었다고 하자. 집합 $A = (-\frac{1}{2}, \frac{1}{2})$은 공역에서 열린 집합이지만 $f^{-1}(A) = (-\infty, 0]$은 정의역에서 열린 집합이 아니다. 따라서 연속함수가 아니다.

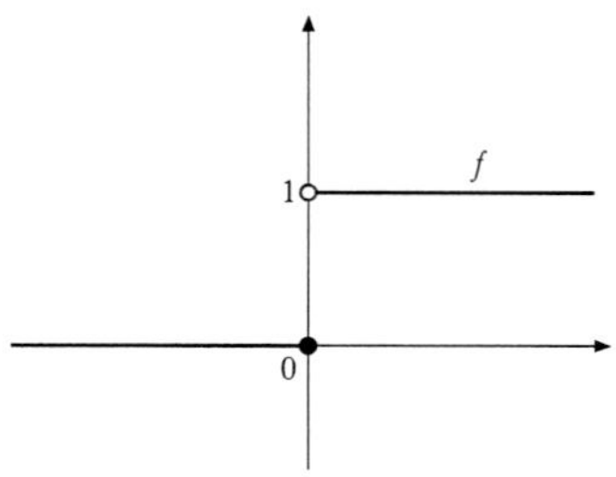


그림 10

예 **5.4** 이산공간에서 보통위상공간으로 가는 함수 $f : (\mathbb{R}, \mathcal{D}) \to (\mathbb{R}, \mathcal{U})$가

$$f(x) = \begin{cases} 0, & x \le 0 \text{일 때} \\ 1, & x > 0 \text{일 때} \end{cases}$$

와 같이 정의되었다고 하면 $f$는 연속함수이다. 왜냐하면 $(\mathbb{R}, \mathcal{U})$의 임의의 열린 집합 $A$에 대해 역상 $f^{-1}(A)$는 이산공간에서 열린 집합이기 때문이다. 함수의 그래프를 생각하면 절단된 부분이 있어서 연속이 아닌 것처럼 보이지만 이것은 정의역과 공역이 보통위상공간일 때만 나타나는 현상이다. 정의역에 이산위상이 주어져 있기 때문에 이 함수는 연속이 된다.

예 **5.5** 항등함수 $h = 1_{\mathbb{R}} : (\mathbb{R}, \mathcal{C}_c) \to (\mathbb{R}, \mathcal{U})$를 생각하자. 공역 $(\mathbb{R}, \mathcal{U})$의 열린 부분집합 $(0,1)$의 역상 $h^{-1}((0,1)) = (0,1)$이 $(\mathbb{R}, \mathcal{C}_c)$의 열린 부분집합이 아니므로, $h$는 연속함수가 아니다.

예 제 **5.6** 두 위상공간 사이에 정의된 상수함수는 연속함수인가?

【풀이】 임의의 상수함수 $f : (X, \mathcal{T}) \to (Y, \mathcal{T}')$를 생각하자. 상수함수는 하나의 함수값을 가지므로 $f(x) = c$라 하자. 임의의 $H \in \mathcal{T}'$에 대하여

$$f^{-1}(H) = \begin{cases} X, & c \in H \text{ 일 때} \\ \emptyset, & c \notin H \text{ 일 때} \end{cases}$$

이므로 $f^{-1}(H) \in \mathcal{T}$이다. 따라서 $f$는 연속함수이다.

정 리 **5.7** 연속함수와 연속함수의 합성함수는 연속함수이다.

【증명】 함수 $f : (X, \mathcal{T}) \to (Y, \mathcal{T}')$와 $g : (Y, \mathcal{T}') \to (Z, \mathcal{T}'')$ 를 연속함수라 하자. 임의의 $H \in \mathcal{T}''$에 대하여 $g$가 연속이므로 $g^{-1}(H) \in \mathcal{T}'$이고 또한 $f$가 연속이므로 $f^{-1}(g^{-1}(H)) \in \mathcal{T}$이다. 따라서 $(g \circ f)^{-1}(H) = f^{-1}(g^{-1}(H)) \in \mathcal{T}$이므로 $g \circ f$도 연속함수이다. □

연속함수인지 조사하려면 공역의 모든 열린 집합의 역상이 열린 집합인지 조사하여야 하지만, 다음 정리와 같이 공역의 기저 열린 집합(basic open set)의 역상이 열린 집합인지만 조사해도 된다.

**정 리** **5.8** 함수 $f : (X, \mathcal{T}) \to (Y, \mathcal{T}')$가 연속함수이기 위한 필요충분조건은 $\mathcal{T}'$의 기저 $\mathcal{B}'$의 임의의 원소 $B$에 대하여, $f^{-1}(B)$가 $X$의 열린 부분집합이 되는 것이다.

【증명】 $f$가 연속함수이고, $B$는 $\mathcal{B}'$의 임의의 원소라 하자. $B$가 열린 집합이므로, 연속함수의 정의에 의하여 $f^{-1}(B)$도 $X$의 열린 부분집합이다.

역으로 $f$가 연속함수임을 보이기 위하여, $Y$의 임의의 열린 집합 $H$를 택하자. $\mathcal{B}'$는 $\mathcal{T}'$의 기저이므로 $H$는 $\mathcal{B}'$의 원소들의 합집합으로 나타낼 수 있다. 즉,

$$H = \bigcup_{i \in I} B_i, \; B_i \in \mathcal{B}'$$

이다. 따라서

$$f^{-1}(H) = f^{-1}\left(\bigcup_{i \in I} B_i\right) = \bigcup_{i \in I} f^{-1}(B_i)$$

이다. 가정에 의하여 $f^{-1}(B_i)$는 $X$의 열린 부분집합이고, 열린 집합들의 합집합도 역시 열린 집합이므로, $f^{-1}(H)$는 $X$의 열린 부분집합이다. 따라서 $f$는 연속함수이다. □

**예** **5.9** 함수 $f : (\mathbb{R}, \mathcal{U}) \to (\mathbb{R}, \mathcal{U})$, $f(x) = 2x + 3$을 생각하자. 집합 $\{(a, b) \subseteq \mathbb{R} \mid a < b\}$는 공역 $(\mathbb{R}, \mathcal{U})$의 기저이다. 기저의 임의의 원소 $(a, b)$에 대한 역상

$$f^{-1}((a, b)) = \left(\frac{a-3}{2}, \frac{b-3}{2}\right)$$

은 정의역에서 열린 집합이다. 따라서 $f$는 연속함수이다.

**예** **5.10** 함수 $f : (\mathbb{R}, \mathcal{U}) \to (\mathbb{R}, \mathcal{U})$, $f(x) = x^2$을 생각하자. 집합 $\{(a, b) \subseteq \mathbb{R} \mid a < b\}$는 공역 $(\mathbb{R}, \mathcal{U})$의 기저이다. 기저의 임의의 원소 $(a, b)$에 대한 역상 $f^{-1}((a, b))$를 생각하면

$$f^{-1}((a, b)) = \begin{cases} (-\sqrt{b}, -\sqrt{a}) \cup (\sqrt{a}, \sqrt{b}), & 0 \le a < b\text{일 때} \\ \emptyset, & a < b \le 0\text{일 때} \\ (-\sqrt{b}, \sqrt{b}), & a < 0 < b\text{일 때} \end{cases}$$

으로서 모두 정의역에서 열린 집합이다. 따라서 $f$는 연속함수이다.

정리 5.8은 모든 열린 집합들의 역상에 관한 성질을 기저의 원소들의 역상에 관한 성질로 축소시킨 것이다. 실제로 기저의 원소를 모두 살필 필요 없이 부분기저의 역상만 조사해도 함수의 연속성을 알 수 있다.

**정리 5.11** 함수 $f : X \to Y$가 연속이기 위한 필요충분조건은 $Y$의 위상을 생성하는 부분기저의 임의의 원소 $S$에 대하여, $f^{-1}(S)$가 $X$의 열린 부분집합이 되는 것이다.

【증명】 함수 $f : (X, \mathcal{T}) \to (Y, \mathcal{T}')$를 연속함수라 하고 $\mathcal{S}'$을 $\mathcal{T}'$의 부분기저라 하자. 그러면 임의의 $S \in \mathcal{S}'$가 $Y$의 열린 부분집합이고 $f$가 연속이므로 $f^{-1}(S)$가 $X$의 열린 부분집합이다.

역으로 $\mathcal{B}'$를 $\mathcal{T}'$의 기저라 하고 $B$을 $\mathcal{B}'$의 임의의 원소라 하자. 그러면 $B$는 $\mathcal{S}'$의 유한 개의 원소 $S_1, S_2, \ldots, S_n$들의 교집합으로 나타낼 수 있다. 즉 $B = S_1 \cap \cdots \cap S_n$이다. 따라서

$$\begin{aligned} f^{-1}(B) &= f^{-1}(S_1 \cap \cdots \cap S_n) \\ &= f^{-1}(S_1) \cap \cdots \cap f^{-1}(S_n) \end{aligned}$$

이다. 가정에 의하여 모든 $f^{-1}(S_i)$는 $X$의 열린 부분집합이므로, $f^{-1}(B)$는 $X$의 열린 부분집합이다. 따라서 정리 5.8에 의하여 $f$는 연속함수이다. □

## 5.2 여러 가지 연속성

정의 5.1에서 연속함수의 정의를 알아 보았다. 이제 한 점에서 연속의 정의를 소개하고, 이 둘 사이의 관계를 알아보겠다.

**정의 5.12** $(X, \mathcal{T})$와 $(Y, \mathcal{T}')$는 위상공간이고, 점 $p$는 $X$의 한 점이다. $f(p)$의 모든 근방 $N$에 대해, 역상 $f^{-1}(N)$이 $p$의 근방이 될 때, 함수 $f$가 점 $p$에서 연속(continuous at a point $p$)이라고 한다.

정 리 **5.13** $(X, \mathcal{T})$와 $(Y, \mathcal{T}')$는 위상공간이고, $f$는 $X$에서 $Y$로 가는 함수일 때, 다음은 서로 동치이다.

(1) $f$는 $X$의 모든 점에서 연속이다.

(2) $X$의 임의의 부분집합 $A$에 대하여, $f$는 다음을 만족시킨다.

$$f(\mathrm{cl}(A)) \subseteq \mathrm{cl}(f(A))$$

(3) $Y$의 임의의 닫힌 부분집합 $F$에 대하여, $f^{-1}(F)$는 $X$의 닫힌 부분집합이다.

(4) $f$는 연속함수이다.

【증명】 (1) ⇒ (2) $f(\mathrm{cl}(A))$의 임의의 점 $y$를 택하면, $\mathrm{cl}(A)$의 점 $x$가 존재하여 $y = f(x)$가 된다. $y$가 $\mathrm{cl}(f(A))$에 속하는 것을 보이기 위하여, $y$를 포함하는 임의의 열린 집합 $H$를 택하면, $H$는 $y$의 근방이 된다. $f$는 $x$에서 연속이므로, $f^{-1}(H)$는 $x$의 근방이다. 따라서 열린 집합 $G$가 존재하여, 다음을 만족시킨다.

$$x \in G \subseteq f^{-1}(H)$$

한편 $x$가 $\mathrm{cl}(A)$의 점이므로 $A \cap G \neq \emptyset$ 이고, 따라서 $f(A \cap G) \neq \emptyset$ 이다. 그런데

$$f(G) \subseteq f(f^{-1}(H)) \subseteq H$$

이므로,

$$f(A) \cap H \supseteq f(A) \cap f(G) \supseteq f(A \cap G) \neq \emptyset$$

이 되어, $f(A)$와 $H$는 적어도 한 개의 점을 공유한다. 따라서 $y \in \mathrm{cl}(f(A))$이다.

(2) ⇒ (3) $Y$의 임의의 닫힌 집합 $F$를 택하면, $F = \mathrm{cl}(F)$이다. 따라서

$$\begin{aligned} & f(\mathrm{cl}(f^{-1}(F))) \subseteq \mathrm{cl}(f(f^{-1}(F))) \subseteq \mathrm{cl}(F) = F \quad (\because (2)) \\ & \Rightarrow \mathrm{cl}(f^{-1}(F)) \subseteq f^{-1}(F) \quad (\because \text{역상의 정의}) \\ & \Rightarrow \mathrm{cl}(f^{-1}(F)) = f^{-1}(F) \quad (\because \forall A,\ A \subseteq \mathrm{cl}(A)) \end{aligned}$$

가 되어, $f^{-1}(F)$는 $X$의 닫힌 부분집합이다.

(3) ⇒ (4) $Y$의 임의의 열린 집합 $H$를 택하면, $Y - H$는 닫힌 부분집합이다.

$$f^{-1}(Y - H) = f^{-1}(Y) - f^{-1}(H) = X - f^{-1}(H)$$

인데, 조건에 의해 이 집합은 $X$의 닫힌 부분집합이므로, $f^{-1}(H)$는 $X$의 열린 부분집합이다. 즉, $f$는 연속함수이다.

(4) ⇒ (1) $X$의 임의의 점 $p$에 대하여 $f(p)$의 근방 $N$을 택하면 정의에 의해 $f(p)$를 포함하는 $N$의 열린 부분집합 $H$가 존재한다. 즉, $f(p) \in H \subseteq N$이다. $f$가 연속함수이므로 $f^{-1}(H)$는 $X$의 열린 부분집합이고

$$p \in f^{-1}(H) \subseteq f^{-1}(N)$$

이므로, $f^{-1}(N)$은 $p$의 근방이다. □

예 **5.14** $f = 1_{\mathbb{R}} : (\mathbb{R}, \mathcal{U}) \to (\mathbb{R}, \mathcal{C}_f)$를 실수의 보통위상공간에서 실수의 여유한 공간으로 가는 항등함수라 하자. 공역의 닫힌 집합 $F$를 택하면, $F$는 유한집합이거나 전체집합이다. 그런데 $f^{-1}(F) = F$이고 보통위상공간에서 유한집합과 전체집합은 모두 닫힌 집합이므로, $f$는 연속함수이다.

예 **5.15** $g = 1_{\mathbb{R}} : (\mathbb{R}, \mathcal{U}) \to (\mathbb{R}, \mathcal{C}_c)$를 실수의 보통위상공간에서 실수의 여가산 공간으로 가는 항등함수라 하자. 공역에서 집합 $F = \{\frac{1}{n} \mid n \in \mathbb{N}\}$를 택하면, $F$는 가산집합이므로 닫힌 집합이다. 그런데 $g^{-1}(F) = F$는 보통위상공간에서 극한점 0을 포함하지 않으므로 닫힌 집합이 아니다. 따라서 $g$는 연속함수가 아니다.

정 리 **5.16** 함수 $f$가 위상공간 $X$에서 위상공간 $Y$로 가는 함수라 하고 $A$가 $X$의 부분공간이라 하자. $f : X \to Y$가 연속함수이면 축소함수 $f|_A : A \to Y$도 연속이 된다.

【증명】 $Y$의 임의의 열린 집합 $U$에 대해 역상

$$(f|_A)^{-1}(U) = \{x \in A \mid f(x) \in U\} = A \cap f^{-1}(U)$$

가 $A$에서 열린 집합이므로 $f|_A$는 연속이다. □

**정 리** **5.17** 함수 $f$가 위상공간 $X$에서 위상공간 $Y$로 가는 함수이고 $X = \bigcup_{\alpha\in\Gamma} U_\alpha$라 하자. 모든 $U_\alpha$가 $X$에서 열린 집합이고 모든 $f|_{U_\alpha}$가 연속이면 $f$도 연속이다.

【증명】 모든 $f|_{U_\alpha}$가 연속이고 모든 $U_\alpha$가 $X$에서 열린 집합이라 하자. $Y$의 열린 집합 $V$를 택하면

$$\begin{aligned} f^{-1}(V) &= f^{-1}(V) \cap X = f^{-1}(V) \cap (\bigcup_{\alpha\in\Gamma} U_\alpha) \\ &= \bigcup_{\alpha\in\Gamma} (f^{-1}(V) \cap U_\alpha) = \bigcup_{\alpha\in\Gamma} (f|_{U_\alpha})^{-1}(V) \end{aligned}$$

이다. 모든 $f|_{U_\alpha}$가 연속이므로, $(f|_{U_\alpha})^{-1}(V)$가 $U_\alpha$에서 열린 집합이다. 그런데 $U_\alpha$는 $X$에서 열린 집합이므로, $(f|_{U_\alpha})^{-1}(V)$는 $X$에서도 열린 집합이다. 열린 집합들의 합집합은 열린 집합이므로 $f^{-1}(V)$는 $X$에서 열린 집합이다. 따라서 $f$는 연속함수이다. □

**참 고** **5.18** 위 정리에서 $U_\alpha$가 열린 집합이 아니면 $f$가 연속함수가 안될 수 있다. 예를 들어 함수

$$f : \mathbb{R} \to \mathbb{R},\ f(x) = \begin{cases} 0, & x \in (-\infty, 0) \text{일 때} \\ 1, & x \in [0, \infty) \text{일 때} \end{cases}$$

는 연속함수가 아니지만, 두 축소함수

$$f|_{(-\infty,0)} : \mathbb{R} \to \mathbb{R},\ f(x) = 0,$$

$$f|_{[0,\infty)} : \mathbb{R} \to \mathbb{R},\ f(x) = 1$$

등은 상수함수로서 모두 연속이다.

닫힌 집합의 성질 때문에 두 개의 합집합에 대해서 아래와 같이 유사한 결과가 성립한다. 이 정리는 유한 개의 합집합으로 확장가능하다.

**정 리** **5.19** 함수 $f$가 위상공간 $X$에서 위상공간 $Y$로 가는 함수이고 $X = A \cup B$라 하자. $A$와 $B$가 $X$의 닫힌 집합이고 $f|_A$와 $f|_B$가 연속이면 $f$도 연속이다.

【증명】 $A$와 $B$가 $X$의 닫힌 집합이고 $f|_A$와 $f|_B$가 연속이라 하자. $F$를 $Y$의 닫힌 집합이라 하자.

$$\begin{aligned} f^{-1}(F) &= f^{-1}(F) \cap (A \cup B) \\ &= (f^{-1}(F) \cap A) \cup (f^{-1}(F) \cap B) \\ &= (f|_A)^{-1}(F) \cup (f|_B)^{-1}(F) \end{aligned}$$

이다. $f|_A$가 연속이므로 $(f|_A)^{-1}(F)$는 $A$의 닫힌 부분집합이다. 그런데 $A$가 $X$에서 닫힌 집합이므로 $(f|_A)^{-1}(F)$는 $X$에서도 닫힌 집합이다. 마찬가지로 $(f|_B)^{-1}(F)$도 $X$에서 닫힌 집합이다. 닫힌 집합 두 개의 합집합이므로 $f^{-1}(F)$는 $X$에서 닫힌 집합이다. 결국 $f$는 연속이다. □

---

**정 의 5.20** $f$는 위상공간 $(X, \mathcal{T})$에서 위상공간 $(Y, \mathcal{T}')$로 가는 함수이다. 점 $p \in X$로 수렴하는 $X$의 임의의 수열 $<a_n>$에 대하여, $Y$의 수열 $<f(a_n)>$이 $Y$의 점 $f(p)$로 수렴하면, $f$는 점 $p$에서 수열연속(sequentially continuous at $p$)이라고 한다. $X$의 모든 점 $p$에서 $f$가 수열연속일 때, $f$를 수열연속함수(sequentially continuous function)라 한다.

---

보통위상공간에서는 연속함수가 되기 위한 필요충분조건이 수열연속함수가 되는 것이다. 그러나 일반적으로 연속함수는 수열연속함수이지만, 그 역은 성립하지 않는다.

**정 리 5.21** $(X, \mathcal{T})$와 $(Y, \mathcal{T}')$가 위상공간일 때, $X$에서 $Y$로 가는 연속함수 $f$는 수열연속이다.

【증명】 $X$의 수열 $<a_n>$이 $p$로 수렴한다고 가정하자. $Y$의 수열 $<f(a_n)>$이 $f(p)$로 수렴하는 것을 보이기 위하여, $f(p)$를 포함하는 임의의 열린 집합 $H$를 택하자. $f$가 연속함수이므로 $f^{-1}(H)$는 $p$를 포함하는 $X$의 열린 집합이다. $<a_n>$이 $p$로 수렴하므로, 적당한 자연수 $n^*$가 존재하여,

$$n > n^* \implies a_n \in f^{-1}(H)$$

이다. 따라서 자연수 $n^*$에 대하여

$$n > n^* \implies f(a_n) \in H$$

이므로, 수열 $<f(a_n)>$은 $f(p)$로 수렴한다. 따라서 $f$는 수열연속이다. □

**예 5.22** 여가산공간 $(\mathbb{R}, \mathcal{C}_c)$에서 임의의 위상공간 $(X, \mathcal{T})$로 가는 모든 함수 $f$는 수열연속이다. 왜냐하면, $(\mathbb{R}, \mathcal{C}_c)$의 수열 $<a_n>$이 $p$로 수렴하려면 수열은 반드시 $< a_1, a_2, \cdots, a_n, p, p, p, \cdots >$와 같은 형태를 갖기 때문이다. 따라서 수열

$$<f(a_n)> =< f(a_1), f(a_2), \cdots, f(a_n), f(p), f(p), f(p), \cdots >$$

은 $X$의 위상에 관계 없이 항상 수렴한다.

**예 5.23** 함수 $f$가 항등함수 (identity function) $1_{\mathbb{R}}$인 경우를 생각하면,

$$1_{\mathbb{R}} : (\mathbb{R}, \mathcal{C}_c) \to (\mathbb{R}, \mathcal{U})$$

는 위 예에 의해 수열연속함수이다. 그러나 보통위상공간 $(\mathbb{R}, \mathcal{U})$의 열린 부분집합 $(0, 1)$의 역상인 $(0, 1)$이 $(\mathbb{R}, \mathcal{C}_c)$의 열린 부분집합이 아니므로, $1_{\mathbb{R}}$은 연속함수가 아니다.

---

**정 의 5.24** $f$는 위상공간 $(X, \mathcal{T})$에서 위상공간 $(Y, \mathcal{T}')$로 가는 함수이다.

(1) $X$의 임의의 열린 집합 $G$의 상 $f(G)$가 $Y$의 열린 집합일 때, $f$를 열린 함수(open function)라고 한다.

(2) $X$의 임의의 닫힌 집합 $F$의 상 $f(F)$가 $Y$의 닫힌 집합일 때, $f$를 닫힌 함수(closed function)라고 한다.

---

일반적으로 닫힌 집합의 역상이 닫힌 집합이 되는 것이, 열린 집합의 역상이 열린 집합이 되는 것, 즉, 연속함수의 조건과 동치인데 반하여, 열린 함수라고 해서 닫힌 함수가 되는 것은 아니며, 닫힌 함수도 열린 함수가 되는 것은 아니다.

**문 제 5.25** (1) 열린 함수이면서 닫힌 함수가 되지 않는 함수의 예를 들어라.

(2) 닫힌 함수이면서 열린 함수가 되지 않는 예를 들어라.

(3) 모든 연속함수는 열린 함수인가?

(4) 열린 함수와 열린 함수의 합성함수는 열린 함수인가?

**【풀이】** $X = \{1, 2\}, \mathcal{T} = \{X, \emptyset, \{1\}\}$이고 $Y = \{a, b\}, \mathcal{T}' = \{Y, \emptyset, \{a\}\}$라 하자.

(1) 함수 $f : X \to Y$를 $f(1) = f(2) = a$라 하면 $f$는 열린 함수이지만 닫힌 함수는 아니다.

(2) 함수 $g : X \to Y$를 $g(1) = g(2) = b$라 하면 $g$는 닫힌 함수이지만 열린 함수는 아니다.

(3) 앞의 함수 $g$는 연속이지만 열린 함수는 아니다.

(4) 열린 함수의 정의에 의해 합성함수도 열린 함수임을 쉽게 보일 수 있다.

문제 **5.26** 보통위상공간 $(\mathbb{R}, \mathcal{U})$에서 $(\mathbb{R}, \mathcal{U})$로 가는 함수 $f(x) = x^2$은 열린 함수인가?

【풀이】 구간 $(-1, 1)$이 열린 집합이지만 $f((-1, 1)) = [0, 1)$은 열린 집합이 아니다. 따라서 $f$는 열린 함수가 아니다.

## 5.3 위상동형함수

평면에서 사각형과 원은 위상동형이다. 즉 사각형을 연속적으로 변형하여 원을 만들 수 있다. 연속적으로 변형한다는 것은 위상동형함수를 사용해서 보낸다는 것이다. 이 절에서는 위상동형함수에 대해 알아보자.

---

정의 **5.27** 자기 자신과 역함수가 모두 연속인 전단사함수를 위상동형함수(homeomorphism)라 한다. $X$에서 $Y$로 가는 위상동형함수가 존재할 때, 두 위상공간 $(X, \mathcal{T})$와 $(Y, \mathcal{T}')$는 위상적으로 같다(topologically equivalent) 또는 위상동형(homeomorphic)이다라고 하며,

$$(X, \mathcal{T}) \cong (Y, \mathcal{T}')$$

로 나타낸다.

---

참고 **5.28** $X$에서 $Y$로 가는 열린 함수이며 연속인 전단사함수가 존재할 때, $X$와 $Y$는 위상동형이 된다. 왜냐하면 어떤 전단사함수가 열린 함수가 되기 위한 필요충분조건이 그 역함수가 연속이 되는 것이기 때문이다.

예 **5.29** $X = (-1, 1)$을 보통위상공간 $(\mathbb{R}, \mathcal{U})$의 부분공간이라 하자. 함수

$$f : (-1, 1) \to \mathbb{R}, \qquad f(x) = \tan \frac{\pi x}{2}$$

는 전단사함수이며 연속함수이고 열린 함수이므로, 위상동형함수이다. 즉 $((-1, 1), \mathcal{U}_{(-1,1)})$와 $(\mathbb{R}, \mathcal{U})$는 위상동형이다.

예 **5.30** $X$를 열린 구간 $(0, \infty)$이라 하자. $X$가 보통위상공간 $\mathbb{R}$의 부분공간일 때, 함수 $f : X \to X$, $f(x) = \frac{1}{x}$은 위상동형함수이다.

예 **5.31** $\mathbb{R}$의 부분공간인 구간 $(0,1)$과, 평면 $\mathbb{R}^2$의 부분공간인 $S^1 - \{(1,0)\}$을 생각하자. 이제 함수

$$f : (0,1) \to (S^1 - \{(1,0)\}), \qquad f(x) = (\cos 2\pi x, \sin 2\pi x)$$

를 정의하자. $f$는 전단사함수이며 연속함수이고 열린 함수이므로, 위상동형함수이다. 즉, 구간 $(0,1)$과 $S^1 - \{(1,0)\}$는 위상동형이다.

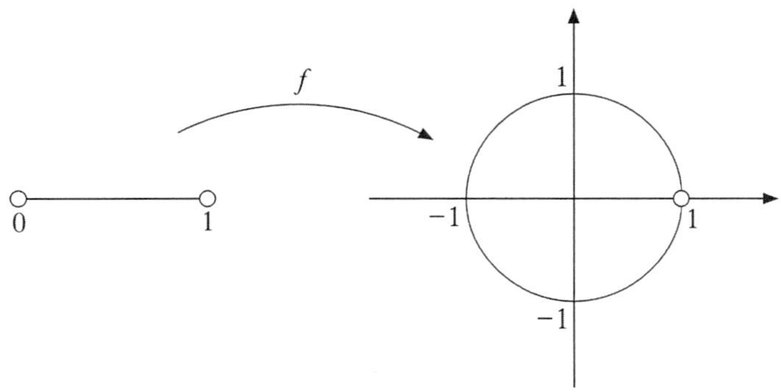


**그림 11**

예 **5.32** 그러나 $\mathbb{R}$의 부분공간인 구간 $[0,1)$과, 평면 $\mathbb{R}^2$의 부분공간인 $S^1$에 대해 함수

$$f : [0,1) \to S^1, \qquad f(x) = (\cos 2\pi x, \sin 2\pi x)$$

은 위상동형함수가 아니다. (연습문제)

예제 **5.33** 임의의 점 $p \in \mathbb{R}$에 대해 $\mathbb{R}$과 $\{p\} \times \mathbb{R}$은 위상동형임을 보여라. 단, $\{p\} \times \mathbb{R}$는 보통위상공간 $(\mathbb{R}^2, \mathcal{U})$의 부분공간이다.

【풀이】 함수 $f : \mathbb{R} \to \{p\} \times \mathbb{R}$를 $f(x) = (p, x)$로 정의하면 $f$는 전단사함수이며 연속함수이고 열린 함수이므로, 위상동형함수이다. 따라서 두 공간은 위상동형이다.

예 **5.34** 평면에서 원점을 중심으로 하는 반지름이 1인 단위원과 이 원에 외접하는 임의의 사각형은 ($\mathbb{R}^2$의 부분공간으로서) 위상동형이다. 왜냐하면 사각형의 임의의 점에서 원점 방향의 원주 위에 있는 점으로 가는 함수

$$f(x,y) = (\frac{x}{\sqrt{x^2+y^2}}, \frac{y}{\sqrt{x^2+y^2}})$$

는 위상동형함수이다. 마찬가지로 단위원과 이 원에 외접하는 임의의 삼각형도 위상동형이다.

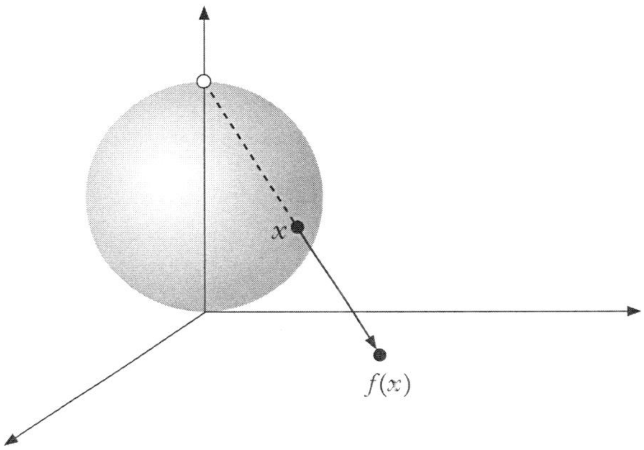


그림 12

예 **5.35** 기하학에서 배우는 입체사영(stereographic projection)은 구면에서 북극점을 제거한 $\mathbb{R}^3$의 부분공간 $S^2 - \{N\}$에서 $\mathbb{R}^2$으로 가는 함수

$$f : (S^2 - \{N\}) \to \mathbb{R}^2$$

이다. 이 함수는 전단사이고 연속이며 열린 함수이므로, 위상동형함수이다. 따라서 $S^2 - \{N\}$은 $\mathbb{R}^2$과 위상동형이 된다.

문제 **5.36** (1) 보통위상이 주어진 $\mathbb{R}$과 그 부분공간 $(0,1)$은 위상동형임을 증명하여라.

(2) 이산공간 $(X, \mathcal{D})$와 이산공간 $(Y, \mathcal{D})$가 위상동형이 되기 위한 필요충분조건을 구하여라.

(3) 비이산공간 $(X, \mathcal{I})$와 이산공간 $(Y, \mathcal{D})$는 위상동형이 될 수 있는가? 가능하다면 그 조건을 구하여라.

【풀이】

(1) 함수 $f : (0,1) \to \mathbb{R}$를 $f(x) = \tan\pi(x - \frac{1}{2})$라 하면 $f$는 위상동형함수이고 따라서 $(0,1)$과 $\mathbb{R}$은 위상동형이다.

(2) $|X| = |Y|$

(3) $|X| = |Y| = 1$

**정 리 5.37** "두 위상공간이 동형이다"라는 관계는 동치관계(equivalence relation)이다.

【증명】 $1_X : (X, \mathcal{T}) \to (X, \mathcal{T})$가 위상동형함수이므로, $(X, \mathcal{T})$는 자신과 위상동형이다. 따라서 반사적(reflexive)이다.

$(X, \mathcal{T})$와 $(Y, \mathcal{T}')$이 위상동형이라고 가정하면, 위상동형함수 $f : (X, \mathcal{T}) \to (Y, \mathcal{T}')$가 존재한다. 역함수 $f^{-1} : (Y, \mathcal{T}') \to (X, \mathcal{T})$ 도 역시 위상동형함수이므로, $(Y, \mathcal{T}')$과 $(X, \mathcal{T})$가 위상동형이다. 따라서 대칭적(symmetric)이다.

$(X, \mathcal{T})$와 $(Y, \mathcal{T}')$이 위상동형이고, $(Y, \mathcal{T}')$과 $(Z, \mathcal{T}'')$이 위상동형이면, 위상동형함수

$$f : (X, \mathcal{T}) \to (Y, \mathcal{T}'), \qquad g : (Y, \mathcal{T}') \to (Z, \mathcal{T}'')$$

가 존재한다. 이들의 합성함수

$$g \circ f : (X, \mathcal{T}) \to (Z, \mathcal{T}'')$$

도 역시 위상동형함수이므로, $(X, \mathcal{T})$와 $(Z, \mathcal{T}'')$이 위상동형이다. 따라서 추이적(transitive)이다. 위 세 가지 사실에 의해 두 위상공간이 동형인 것은 동치관계이다. □

**예 5.38** $f : (-1,1) \to (0,1), f(x) = \frac{1}{2}x + \frac{1}{2}$는 위상동형함수이므로, $(-1,1)$과 $(0,1)$이 위상동형이다. 따라서 앞 예에 의해 구간 $(-1,1)$과 $S^1 - \{(1,0)\}$도 위상동형이다. 또한 $\mathbb{R}$과 $S^1 - \{(1,0)\}$도 위상동형이다.

---

**정 의 5.39**

(1) 위상공간 $(X, \mathcal{T})$가 성질 $P$를 가지면 $(X, \mathcal{T})$와 위상동형인 모든 위상공간 $(Y, \mathcal{T}')$이 역시 성질 $P$를 가질 때, $P$를 위상적 성질(topological property)이다, 또는 성질 $P$는 위상불변(topologically invariant)이다라고 한다.

(2) 위상공간 $(X, \mathcal{T})$가 성질 $P$를 가지면 $(X, \mathcal{T})$의 모든 부분 공간 $(A, \mathcal{T}_A)$가 역시 성질 $P$를 가질 때, 성질 $P$를 유전적(hereditary)이라 한다.

---

사실 위상수학의 중요한 목적은 위상적 성질들을 연구하는 것이다.

예 **5.40** (1) 연속함수는 수열연속함수가 되므로, 수열의 수렴성은 위상적 성질이다. 즉, 수렴하는 수열이 있으면 위상동형함수로 보내준 함숫값의 수열도 수렴한다.

(2) 뒤에서 배울 콤팩트성, 연결성, 분리가능성, 제1가산성, 제2가산성, $T_1$ 공간, $T_2$ 공간, $T_3$ 공간, $T_4$ 공간이 되는 성질들은 모두 위상적 성질이다.

예 **5.41** 보통위상공간 $\mathbb{R}$과 그 부분공간 $(-1, 1)$은 위상동형이다. 그런데 $(-1, 1)$의 길이는 2이므로 유계이지만 $\mathbb{R}$은 유계가 아니다. 따라서 유계라는 성질은 위상적 성질이 아니다. 마찬가지로 무계(unboundedness)라는 성질은 유전적이 아니다.

예 **5.42** 보통위상공간 $\mathbb{R}$의 부분공간 $X = (0, \infty)$를 생각하자. 함수

$$f : X \to X, \qquad f(x) = \frac{1}{x}$$

은 위상동형함수이다. 수열 $\langle a_n \rangle = \langle 1, \frac{1}{2}, \frac{1}{3}, \cdots \rangle$은 $X$의 코시 수열이다. 그러나 이에 대응되는 수열 $\langle f(a_n) \rangle = \langle 1, 2, 3, \cdots \rangle$은 코시 수열이 아니다. 즉 코시 수열이라는 성질은 위상적 성질이 아니다.

참 고 **5.43** 위 예제에서 수열

$$\langle a_n \rangle = \langle 1, \frac{1}{2}, \frac{1}{3}, \cdots \rangle$$

은 수렴하지 않는다. 왜냐하면 공간 $(0, \infty)$에는 0이 포함되지 않기 때문이다.

문 제 **5.44** (1) 열린 집합이 되는 것은 위상적 성질인가?

(2) 닫힌 집합이 되는 것은 위상적 성질인가?

【풀이】

(1) 열린 집합의 위상동형함수에 의한 상은 열린 집합이므로 위상적 성질이다.

(2) 닫힌 집합의 위상동형함수에 의한 상은 닫힌 집합이므로 위상적 성질이다.

## 5.4 약한 위상, 역상위상

이 절에서는 위상공간과 함수를 사용하여 또 다른 위상공간을 만드는 방법에 대해 생각해 보기로 하자. 먼저 공역이 위상공간일 때, 이 함수를 연속으로 만들기 위해 정의역에 어떤 위상을 주어야 하는지 알아보자.

---

**정 의 5.45** $X$는 공집합이 아닌 임의의 집합이고, $(Y,\mathcal{T})$는 위상공간이다. 함수 $f : X \to Y$에 대하여,

$$\mathcal{T}^* = \{f^{-1}(H) \mid H \in \mathcal{T}\}$$

는 $X$의 위상이 되는데 이를 함수 $f$에 의해 유도된 역상위상(inverse image topology) 또는 약한 위상(weak topology)이라고 부른다.

---

**예 제 5.46** 역상위상은 실제로 $X$의 위상이다. 이를 보여라.

【풀이】

(1) $\emptyset \in \mathcal{T}$이므로 $\emptyset = f^{-1}(\emptyset) \in \mathcal{T}^*$이다. 또한 $Y \in \mathcal{T}$이므로 $X = f^{-1}(Y) \in \mathcal{T}^*$이다.

(2) $G_\alpha \in \mathcal{T}^*$라 하자. 그러면 적당한 $H_\alpha \in \mathcal{T}$가 존재하여 $G_\alpha = f^{-1}(H_\alpha)$이다. 따라서

$$\bigcup G_\alpha = \bigcup f^{-1}(H_\alpha) = f^{-1}(\bigcup H_\alpha)$$

이고 $\mathcal{T}$가 위상이므로 $\bigcup H_\alpha \in \mathcal{T}$이다. 그러므로 $\bigcup G_\alpha \in \mathcal{T}^*$이다.

(3) $G_1, G_2 \in \mathcal{T}^*$라 하자. 그러면 적당한 $H_1, H_2 \in \mathcal{T}$가 존재하여 $G_1 = f^{-1}(H_1)$이고 $G_2 = f^{-1}(H_2)$이다. 따라서

$$G_1 \cap G_2 = f^{-1}(H_1) \cap f^{-1}(H_2) = f^{-1}(H_1 \cap H_2)$$

이고 $\mathcal{T}$가 위상이므로 $H_1 \cap H_2 \in \mathcal{T}$이다. 그러므로 $G_1 \cap G_2 \in \mathcal{T}^*$이다.

**예 5.47** 위상공간 $(X,\mathcal{T})$에서 부분집합 $A$의 포함함수 $i_A : A \hookrightarrow X$에 의한 역상위상은

$$\{i_A^{-1}(G) \mid G \in \mathcal{T}\} = \{G \cap A \mid G \in \mathcal{T}\}$$

이므로 부분위상이 된다. 즉, 부분위상은 약한 위상이다.

**예 제** **5.48** $Y = \{a, b, c\}$에 주어진 위상 $\mathcal{T} = \{\{a\}, \{b\}, \{a, b\}, Y, \emptyset\}$에 대해서 함수 $f : \mathbb{R} \to Y$가 아래와 같이 정의되었을 때 $f$로부터 얻어지는 $\mathbb{R}$의 역상위상을 구하여라.

$$f(x) = \begin{cases} a, & x < 0\text{일 때} \\ b, & x = 0\text{일 때} \\ c, & x > 0\text{일 때} \end{cases}$$

【풀이】 역상위상의 정의에 의해 $f^{-1}(\{a\}) = (-\infty, 0)$, $f^{-1}(\{b\}) = \{0\}$, $f^{-1}(\{a, b\}) = (-\infty, 0]$ 등이 열린 집합이므로, 역상위상은 다음과 같다.

$$\mathcal{T}^* = \{\mathbb{R}, \emptyset, (-\infty, 0), \{0\}, (-\infty, 0]\}.$$

**문 제** **5.49** $X = \{1, 2, 3, 4\}$이고 $Y = \{a, b, c\}$라 하자. $Y$에 위상 $\mathcal{T} = \{\{b\}, \{c\}, \{b, c\}, Y, \emptyset\}$가 주어져 있고, 함수 $f : X \to Y$가 아래와 같이 정의되었을 때 $f$로부터 얻어지는 $X$의 역상위상을 구하여라.

$$f(x) = \begin{cases} a, & x = 1\text{일 때} \\ b, & x = 2, 3\text{일 때} \\ c, & x = 4\text{일 때} \end{cases}$$

【풀이】 역상위상의 정의에 의해 $f^{-1}(\{b\}) = \{2, 3\}$, $f^{-1}(\{c\}) = \{4\}$, $f^{-1}(\{b, c\}) = \{2, 3, 4\}$ 등이 열린 집합이므로,

$$\mathcal{T}^* = \{\{2, 3\}, \{4\}, \{2, 3, 4\}, X, \emptyset\}.$$

**문 제** **5.50** $\mathcal{T}^*$가 역상위상일 때, $f : (X, \mathcal{T}^*) \to (Y, \mathcal{T})$는 연속함수임을 보여라.

【풀이】 임의의 $H \in \mathcal{T}$에 대하여 $f^{-1}(H) \in \mathcal{T}^*$이므로 $f$는 연속함수이다.

**정 리** **5.51** 역상위상 $\mathcal{T}^*$는 $f : X \to Y$가 연속함수가 되기 위한 $X$의 위상 중에서 가장 작은 위상이다.

【증명】 문제 5.50에 의해 $f : (X, \mathcal{T}^*) \to (Y, \mathcal{T})$는 연속이다. 이제 역상위상이 가장 작은 위상임을 보이기 위해 $f : (X, \mathcal{V}) \to (Y, \mathcal{T})$를 연속함수라 하고 $G \in \mathcal{T}^*$라 하

자. 역상위상의 정의에 의해 적당한 $H \in \mathcal{T}$가 존재하여 $G = f^{-1}(H)$이다. 그런데 $f : (X, \mathcal{V}) \to (Y, \mathcal{T})$가 연속함수이므로 $G = f^{-1}(H) \in \mathcal{V}$이다. 따라서 $\mathcal{T}^* \subseteq \mathcal{V}$이다.
□

참고 **5.52** 실제로 정의역 $X$에 이산위상 $\mathcal{D}$를 주면 $f$는 항상 연속함수가 된다. 즉, 가장 큰(finer, 강한) 위상은 항상 존재하므로 얼마나 작은(coarser, 약한) 위상을 줄 수 있는가 하는 것이 관심사이다. 위와 같은 성질 때문에 $f$에 의해 생성되는 역상위상을 약한 위상(weak topology)라고 부른다.

정리 **5.53** 집합 $X$와 위상공간 $(Y, \mathcal{T})$에 대해 $f : X \to (Y, \mathcal{T})$에 의해 생성된 $X$의 역상위상을 $\mathcal{T}^*$라 하자. 임의의 위상공간 $(Z, \mathcal{V})$에 대해 $g : Z \to (X, \mathcal{T}^*)$가 연속이기 위한 필요충분조건은 합성함수 $f \circ g$가 연속이 되는 것이다.

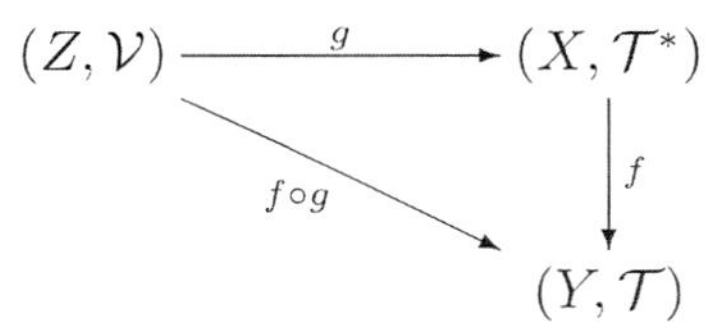


**그림 13**

【증명】 역상위상의 정의에 의해 $f$가 연속이므로, 만일 $g$가 연속이면 합성함수 $f \circ g$도 연속함수이다. 역으로 $f \circ g$를 연속함수라 하고 $G \in \mathcal{T}^*$라 하자. 그러면 적당한 $H \in \mathcal{T}$가 존재하여 $G = f^{-1}(H)$ 이다. 따라서

$$g^{-1}(G) = g^{-1}(f^{-1}(H)) = (f \circ g)^{-1}(H)$$

이고 $f \circ g$가 연속함수이므로 $(f \circ g)^{-1}(H) \in \mathcal{V}$. 따라서 $g^{-1}(G) \in \mathcal{V}$이다. 그러므로 $g$는 연속함수이다. □

문제 **5.54** $(Y_1, \mathcal{T}_1)$과 $(Y_2, \mathcal{T}_2)$가 위상공간이고, $X$는 공집합이 아닌 집합이다. $f_1 : X \to Y_1$과 $f_2 : X \to Y_2$가 함수일 때, 다음은 $X$의 위상이 되는가?

$$\mathcal{T}^* = \{f_j^{-1}(H_j) \mid H_j \in \mathcal{T}_j,\ j \in \{1, 2\}\}$$

【풀이】 $Y_1 = \{a,b\}, \mathcal{T}_1 = \{\emptyset, Y_1, \{a\}\}$이고 $Y_2 = \{1,2\}, \mathcal{T}_2 = \{\emptyset, Y_2, \{1\}\}$라 하자. 또한 $X = Y_1 \times Y_2$이고 두 사영함수를 생각하자. 즉, $f_1 = \pi_1, f_2 = \pi_2$라 하자. 그러면

$$\mathcal{T}^* = \{\emptyset, X, \{(a,1),(a,2)\}, \{(a,1),(b,1)\}\}$$

는 $X$의 위상이 아니다.

위 문제처럼 두 개 이상의 함수에 대해 역상을 구하면 위상이 안되지만, 적당한 위상을 생성하는 부분기저는 항상 된다. 이제 함수족에 의해 생성되는 약한 위상에 대해 알아보자.

---

**정 의 5.55** $X$는 공집합이 아닌 임의의 집합이고, 모든 $i \in J$에 대해 $(Y_i, \mathcal{T}_i)$는 위상공간이다. $X$에서 $Y_i$로 가는 함수 $f_i$ 들에 대하여, 집합

$$\mathcal{S} = \{f_i^{-1}(H) \mid H \in \mathcal{T}_i,\ i \in J\}$$

를 부분기저로 해서 생성되는 위상 $\mathcal{T}$를 함수족 $\{f_i\}_{i\in J}$에 의해 유도된 $X$의 약한 위상(weak topology) 이라고 부른다.

---

**예 5.56** (1) 역상위상은 한 개의 함수에 의해 얻어지는 약한 위상이다.
(2) 부분위상도 한 개의 함수(포함함수)에 의해 얻어지는 약한 위상이다.

**정 리 5.57** 함수족 $\{f_i\}_{i\in J}$에 의해 얻어지는 약한 위상 $\mathcal{T}$는 모든 함수 $f_i$를 연속으로 만드는 $X$의 위상 중에서 가장 작은 위상이다.

【증명】 함수 $f_i : (X, \mathcal{T}) \to (Y_i, \mathcal{T}_i)$에 대해, $H \in \mathcal{T}_i$이면 $f_i^{-1}(H) \in \mathcal{S} \subseteq \mathcal{T}$이다. 따라서 모든 $f_i$는 연속이다. 또 다른 위상 $\mathcal{V}$에 대해 모든 $f_i : (X, \mathcal{V}) \to (Y_i, \mathcal{T}_i)$가 연속이라 하면, 임의의 $H \in \mathcal{T}_i$에 대해 $f_i^{-1}(H) \in \mathcal{V}$이므로 $\mathcal{S} \subseteq \mathcal{V}$이다. 그런데 약한 위상 $\mathcal{T}$가 $\mathcal{S}$에 의해 생성된 위상이므로 $\mathcal{T} \subseteq \mathcal{V}$이다. □

**예 5.58** $\pi_1, \pi_2$를 $\mathbb{R}^2$에서 $\mathbb{R}$로 가는 사영함수라 하자. 즉,

$$\pi_1((x,y)) = x,\ \ \pi_2((x,y)) = y$$

이다. 사영함수에 대해 역상을 구하면

$$\pi_1^{-1}((a,b)) = (a,b) \times \mathbb{R},\ \ \pi_2^{-1}((a,b)) = \mathbb{R} \times (a,b)$$

이다. 즉, $\mathbb{R}$의 열린 구간 $(a,b)$의 역상은 열린 띠가 된다. 이런 열린 띠가 $\mathbb{R}^2$에서 보통위상의 부분기저를 이룬다. 따라서 $\mathbb{R}^2$의 보통위상은 함수족 $\{\pi_1, \pi_2\}$에 의해 유도되는 약한 위상이다. 또한 $\mathbb{R}^2$의 보통위상은 사영함수 $\pi_1, \pi_2$를 모두 연속으로 만드는 $\mathbb{R}^2$의 위상 중 가장 작은 위상이다.

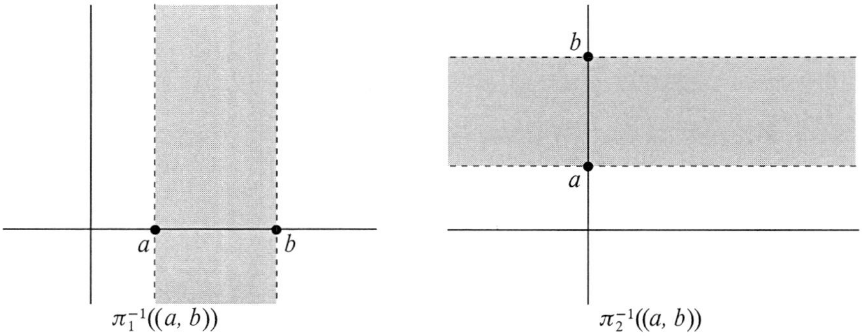


그림 14

> **정리 5.59** 집합 $X$와 위상공간들의 모임 $\{(Y_i, \mathcal{T}_i) \mid i \in J\}$가 있을 때 함수족 $f_i : X \to (Y_i, \mathcal{T}_i)$에 의해 생성된 $X$의 약한 위상을 $\mathcal{T}$라 하자. 임의의 위상공간 $(Z, \mathcal{V})$에 대해 함수 $g : (Z, \mathcal{V}) \to (X, \mathcal{T})$가 연속이기 위한 필요충분조건은 합성함수 $f_i \circ g$가 모두 연속이 되는 것이다.

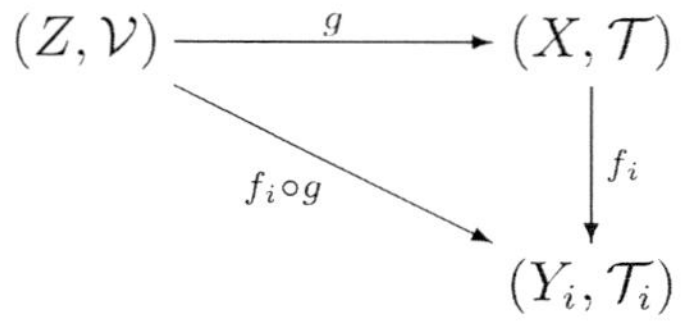


그림 15

【증명】 약한 위상의 성질에 의해 $f_i$가 연속함수이므로, $g$가 연속이면 합성함수 $f_i \circ g$도 연속이다. 역으로 모든 $f_i \circ g$를 연속함수라 하자. 집합

$$\mathcal{S} = \{f_i^{-1}(H) \mid H \in \mathcal{T}_i,\ i \in J\}$$

가 약한 위상 $\mathcal{T}$의 부분기저가 되므로, 부분기저 $\mathcal{S}$의 원소에 대한 역상이 열린 집합임을 보이면 $g$가 연속이 된다. $f_i^{-1}(H) \in \mathcal{S}$에 대해

$$g^{-1}(f_i^{-1}(H)) = (f_i \circ g)^{-1}(H)$$

이다. 그런데 $f_i \circ g$가 연속이므로 $(f_i \circ g)^{-1}(H) \in \mathcal{V}$이다. 그러므로 $g$는 연속함수이다. □

## 5.5 강한 위상, 상위상

앞 절의 상황과 반대로 정의역이 위상공간이면 주어진 함수를 사용하여 공역에 위상을 줄 수 있다. 공역에 비이산위상을 주면 함수가 항상 연속이 되므로, 즉 가장 작은(coarser, 약한) 위상은 항상 존재하므로, 얼마나 큰(finer, 강한) 위상을 줄 수 있는가 하는 것이 관심사이다. 이와 같은 위상이 강한 위상이다.

강한 위상에 대한 접근에는 세 가지 방법이 있다. 상공간, 분해공간, 동일화공간 등인데, 실제로 이 세 가지 개념은 모두 같은 것이다.

---

**정 의 5.60** $(X, \mathcal{T})$는 위상공간이고, $Y$는 공집합이 아닌 임의의 집합이라 하자. $X$에서 $Y$로 가는 함수 $f$에 대하여,

$$\mathcal{T}^* = \{H \subseteq Y \mid f^{-1}(H) \in \mathcal{T}\}$$

는 $Y$의 위상이 되는데 이를 함수 $f$에 의해 유도된 $Y$의 강한 위상(strong topology)이라 한다. 특히, $f$가 전사함수일 때 $\mathcal{T}^*$를 상위상(quotient topology)이라 부른다. $\mathcal{T}^*$가 상위상이면 $(Y, \mathcal{T}^*)$를 $X$의 상공간(quotient space)이라 하며 함수 $f$를 상함수(quotient map)라 한다.

---

**예 제 5.61** 위에서 정의한 강한 위상은 실제로 $Y$에서 위상이 됨을 보여라.

【풀이】

(1) $f^{-1}(Y) = X \in \mathcal{T}$이므로 $Y \in \mathcal{T}^*$이고, $f^{-1}(\emptyset) = \emptyset \in \mathcal{T}$이므로 $\emptyset \in \mathcal{T}^*$이다.

(2) 모든 $i \in J$에 대해 $G_i$가 $\mathcal{T}^*$의 원소라 하자. 모든 $i \in J$에 대해 $f^{-1}(G_i) \in \mathcal{T}$이므로 $f^{-1}(\bigcup_{i\in J} G_i) = \bigcup_{i\in J} f^{-1}(G_i) \in \mathcal{T}$이다. 강한 위상의 정의에 의해 $\bigcup_{i\in J} G_i \in \mathcal{T}^*$이다.

(3) $G, H \in \mathcal{T}^*$라 하자. 정의에 의해 $f^{-1}(G)$, $f^{-1}(H) \in \mathcal{T}$이다. $f^{-1}(G \cap H) = f^{-1}(G) \cap f^{-1}(H) \in \mathcal{T}$이므로 $G \cap H \in \mathcal{T}^*$이다.

따라서 강한 위상은 실제로 $Y$의 위상이 된다.

**예 제** **5.62** 보통위상공간 $\mathbb{R}$에서 $Y = \{a, b, c\}$로 가는 함수 $f : \mathbb{R} \to Y$가 아래와 같이 정의되었을 때, $f$로부터 얻어지는 $Y$의 강한 위상을 구하여라.

$$f(x) = \begin{cases} a, & x < 0\text{일 때} \\ b, & x = 0\text{일 때} \\ c, & x > 0\text{일 때} \end{cases}$$

【풀이】 강한 위상의 정의에 의해 $f^{-1}(\{a\}) = (-\infty, 0)$, $f^{-1}(\{c\}) = (0, \infty)$, $f^{-1}(\{a, c\}) = (-\infty, 0) \cup (0, \infty)$ 등이 열린 집합이므로, 강한 위상은

$$\begin{aligned} \mathcal{T}^* &= \{H \subseteq Y \mid f^{-1}(H) \in \mathcal{U}\} \\ &= \{Y, \emptyset, \{a\}, \{c\}, \{a, c\}\}. \end{aligned}$$

**예 제** **5.63** 보통위상공간 $X = (\mathbb{R}, \mathcal{U})$에서 $Y = \mathbb{R}$로 가는 함수 $f(x) = x^2$에 의해 얻어지는 강한 위상의 열린 집합들을 구하고, 이 위상이 보통위상이 아님을 보여라.

【풀이】 강한 위상의 정의에 의해

(1) $0 < a < b$일 때, $f^{-1}((a, b)) = (-\sqrt{b}, -\sqrt{a}) \cup (\sqrt{a}, \sqrt{b})$가 $X$에서 열린 집합이므로 $(a, b)$는 $Y$에서 열린 집합이다.

(2) $0 < b$일 때, $f^{-1}([0, b)) = (-\sqrt{b}, \sqrt{b})$가 $X$에서 열린 집합이므로 $[0, b)$는 $Y$에서 열린 집합이다.

(3) $a < 0$에 대해 $f^{-1}(\{a\}) = \emptyset$이 $X$에서 열린 집합이므로, 음수의 한원소집합 $\{a\}$는 $Y$에서 열린 집합이다.

따라서 (2)와 (3)으로부터 $f$에 의해 얻어지는 강한 위상은 보통위상과 다르다.

**참 고** **5.64** 상함수가 되기 위한 필요충분조건은

$$\Big[F\text{가 } Y\text{에서 닫힌 집합} \iff f^{-1}(F)\text{가 } X\text{에서 닫힌 집합}\Big]$$

와 같다. 왜냐하면 $f^{-1}(Y-F) = X - f^{-1}(F)$이기 때문이다.

> 정 리 **5.65** 강한 위상은 함수 $f$를 연속으로 만드는 $Y$의 위상 중 가장 큰(finest) 위상이다.

【증명】 $(X, \mathcal{T})$는 위상공간이고, $Y$는 공집합이 아닌 임의의 집합이라 하자. $X$에서 $Y$로 가는 함수 $f$에 의한 $Y$의 강한 위상을 $\mathcal{T}^*$라 하자. 강한 위상의 정의에 의해 $f$는 분명히 연속이다. 이제 $f$를 연속으로 하는 $Y$의 위상 $\mathcal{V}$가 있다고 하자. $G \in \mathcal{V}$라 하면 $f$의 연속성에 의해 $f^{-1}(G) \in \mathcal{T}$이다. 그러므로 강한 위상의 정의에 의해 $G \in \mathcal{T}^*$이다. 따라서 $\mathcal{V} \subseteq \mathcal{T}^*$이다. 즉, 강한 위상은 $f$를 연속으로하는 가장 큰 위상이다. □

참 고 **5.66** 위와 같은 성질 때문에 정의 5.60의 위상을 강한 위상(strong topology)이라 부른다.

> 정 리 **5.67** $(X, \mathcal{T})$와 $(Y, \mathcal{V})$가 위상공간이고, $f : X \to Y$가 연속인 전사함수라 하자. 함수 $f$가 열린 함수이거나 닫힌 함수이면, $f$는 상함수이다. 즉, $\mathcal{V}$는 상위상이다.

【증명】 열린 함수인 경우만 증명하기로 하자. $\mathcal{T}^*$를 $f$에 의해 생성되는 $Y$의 상위상이라 하고 $\mathcal{T}^* = \mathcal{V}$임을 보이자. 함수 $f$를 열린 함수라 하자. 위 정리에 의해 $\mathcal{T}^*$는 $f$를 연속으로 하는 가장 큰 위상이므로 $\mathcal{V} \subseteq \mathcal{T}^*$이다. 반대로 $U \in \mathcal{T}^*$라 하자. 상위상의 정의에 의해 $f^{-1}(U) \in \mathcal{T}$이다. $f$가 열린 전사함수이므로 $U = f(f^{-1}(U)) \in \mathcal{V}$이다. 결국 $\mathcal{T}^* \subseteq \mathcal{V}$이다. 그러므로 $\mathcal{T}^* = \mathcal{V}$이다. □

참 고 **5.68** 위 정리는 함수 $f : (X, \mathcal{T}) \to (Y, \mathcal{V})$가 연속이고 열린 전사함수이거나, 연속이고 닫힌 전사함수이면, $Y$가 상공간이 된다는 것을 의미한다.

예 **5.69** $X = [0, 2\pi]$, $Y = \{(x, y) \mid x^2 + y^2 = 1\}$이라 하고 보통위상의 부분위상을 생각하자. 함수

$$f : X \to Y,\ f(x) = (\cos x, \sin x)$$

를 생각하면, 함수 $f$는 연속이고 닫힌 전사함수이다. 따라서 $f$는 상함수이고, 원은 구간 $[0, 2\pi]$의 상공간이다.

예 **5.70** 사영함수 $\pi_1 : \mathbb{R}^2 \to \mathbb{R}$, $\pi_1(x, y) = x$를 생각하자. $\pi_1$은 연속이고 열린 전사함수이므로 상함수이다. 그러나

$$A = \{(x, \frac{1}{x}) \in \mathbb{R}^2 \mid x \in \mathbb{R},\ x > 0\}$$

은 닫힌 집합이지만 상을 구하면 $\pi_1(A) = (0, \infty)$로서 닫힌 집합이 아니므로, $\pi_1$은 닫힌 함수가 아니다.

예 **5.71** $X = [0,1] \cup [2,3]$와 $Y = [0,2]$를 보통위상공간 $\mathbb{R}$의 부분공간이라 하자. 함수 $p : X \to Y$를

$$p(x) = \begin{cases} x, & x \in [0,1]\text{일 때} \\ x - 1, & x \in [2,3]\text{일 때} \end{cases}$$

이라 정의하자. $p$는 연속이고 닫힌 전사함수이므로 상함수이다. 그러나 $X$의 열린 집합 $[0,1]$의 상 $p([0,1]) = [0,1]$이 $Y$에서 열린 집합이 아니므로, $p$는 열린 함수가 아니다.

예 **5.72** 상함수라 해도 열린 함수도 아니고 닫힌 함수도 아닌 경우가 있다.

$$X = \{(x, y) \in \mathbb{R}^2 \mid x \geq 0 \text{ 또는 } y = 0\}$$

라 하고, $X$에 대한 $\mathbb{R}^2$의 보통위상의 부분위상을 $\mathcal{T}$라 하자.

$$f : (X, \mathcal{T}) \to (\mathbb{R}, \mathcal{U}),\ f(x, y) = x$$

라 하면 정의에 의해 $f$는 상함수이다. 그런데 점 $(0, 2)$에서 반지름이 1인 열린 원판과 $X$의 교집합

$$G = S((0, 2), 1) \cap X$$

는 $X$에서 열린 집합이지만 $f(G) = [0, 1)$은 $\mathbb{R}$에서 열린 집합이 아니다. 따라서 $f$는 열린 함수가 아니다. 그리고

$$F = \{(x, \frac{1}{x}) \mid x > 0\}$$

는 $X$에서 닫힌 집합이지만 $f(F) = (0, \infty)$는 $\mathbb{R}$에서 닫힌 집합이 아니다. 따라서 닫힌 함수가 아니다.

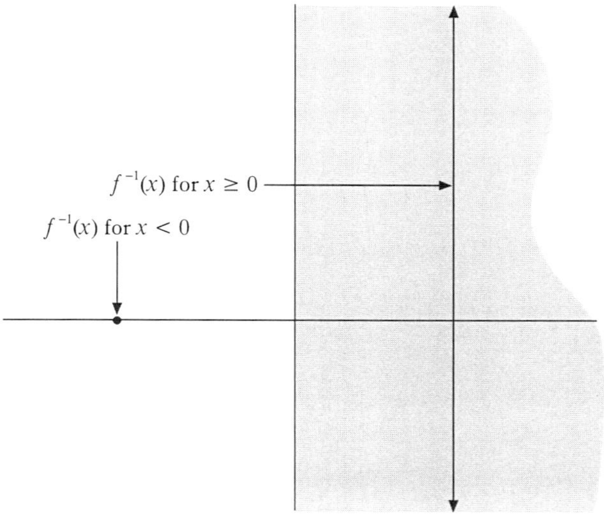


그림 16

예 **5.73** 상함수의 축소함수라 해서 상함수가 되는 것은 아니다. 예 5.71의 상함수를 생각하자. 이제 $A = [0,1] \cup (2,3]$를 $X$의 부분공간이라 하자. 축소함수 $q = p|_A : A \to [0,2]$를 생각하면 $q$는 연속인 전사함수이다. 하지만 상함수는 아니다. 왜냐하면

$$q^{-1}((1,2]) = (2,3]$$

은 정의역에서 닫힌 집합이지만 $(1,2]$는 $Y$에서 닫힌 집합이 아니다(참고 5.64).

정 리 **5.74** 상함수의 합성은 상함수이다.

【증명】 정의를 이용해 간단히 증명할 수 있으므로 각자 해 보기 바란다. □

정 리 **5.75** $(X,\mathcal{T})$를 위상공간, $Y$를 공집합이 아닌 집합, $f : X \to Y$를 전사함수라 하자. $\mathcal{T}^*$가 $f$에 의해 유도된 $Y$의 상위상이라 하자.

임의의 위상공간 $(Z,\mathcal{V})$에 대해 $g : Y \to Z$가 연속이기 위한 필요충분조건은 합성함수 $g \circ f$가 연속이 되는 것이다.

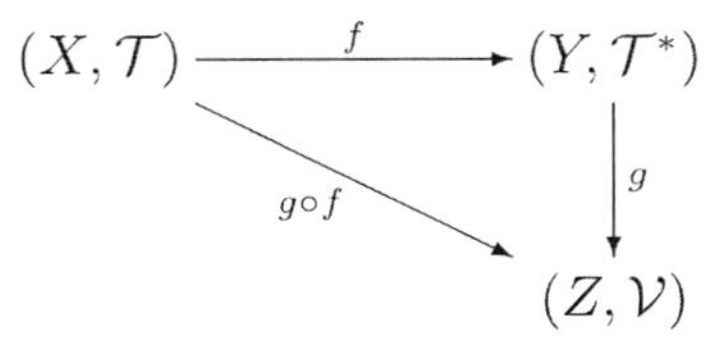


그림 17

【증명】 상함수의 정의에 의해 $f$가 연속이므로, 만일 $g$가 연속이면 합성함수 $g \circ f$도 연속함수이다. 역으로 $g \circ f$를 연속함수라 하고 $G \in \mathcal{V}$라 하자. $(g \circ f)^{-1}(G) \in \mathcal{T}$이고 $(g \circ f)^{-1}(G) = f^{-1}(g^{-1}(G))$이므로 $g^{-1}(G) \in \mathcal{T}^*$이다. 그러므로 $g$는 연속함수이다. □

이제 한 개의 함수가 아니라 함수족에 의해 생성되는 강한 위상에 대해서 알아보자.

---

**정 의** **5.76** $Y$는 공집합이 아닌 임의의 집합이고, 모든 $i \in J$에 대해 $(X_i, \mathcal{T}_i)$는 위상공간이다. $X_i$에서 $Y$로 가는 함수 $f_i$ 들에 대하여, 집합

$$\mathcal{T} = \{G \mid f_i^{-1}(G) \in \mathcal{T}_i, \forall i \in J\}$$

는 $Y$의 위상을 이루는데, 이 위상을 함수족 $\{f_i\}_{i \in J}$에 의해 생성된 $Y$의 강한 위상(strong topology)이라고 부른다.

---

**예 제** **5.77** 함수족 $\{f_i : (X_i, \mathcal{T}_i) \to Y \mid i \in J\}$에 의해 생성된 강한 위상은 실제로 $Y$의 위상이다.

【풀이】 연습문제.

**정 리** **5.78** 강한 위상은 모든 $f_i$를 연속으로 만드는 $Y$의 위상 중에서 가장 큰 위상이다.

【증명】 정의에 의해 모든 $f_i : (X_i, \mathcal{T}_i) \to (Y, \mathcal{T})$는 연속이다. 이제 모든 $f_i$가 연속이 되는 $Y$의 위상 $\mathcal{V}$가 있다고 하자. $G \in \mathcal{V}$라 하자. 모든 $i \in J$에 대해 $f_i$가 연속이므로 $f_i^{-1}(G) \in \mathcal{T}_i$이다. 강한 위상의 정의에 의해 $G \in \mathcal{T}$이다. 따라서 $\mathcal{V} \subseteq \mathcal{T}$이다. 즉, 강한 위상은 모든 $f_i$를 연속으로 만드는 가장 큰 위상이다. □

정 리 **5.79** 위상공간들의 모임 $\{(X_i, \mathcal{T}_i) \mid i \in J\}$와 공집합이 아닌 임의의 집합 $Y$가 있을 때 함수족 $f_i : (X_i, \mathcal{T}_i) \to Y$에 의해 생성된 $Y$의 강한 위상을 $\mathcal{T}$라 하자.

임의의 위상공간 $(Z, \mathcal{V})$에 대해 함수 $g : (Y, \mathcal{T}) \to (Z, \mathcal{V})$가 연속이기 위한 필요충분조건은 합성함수 $g \circ f_i$가 모두 연속이 되는 것이다.

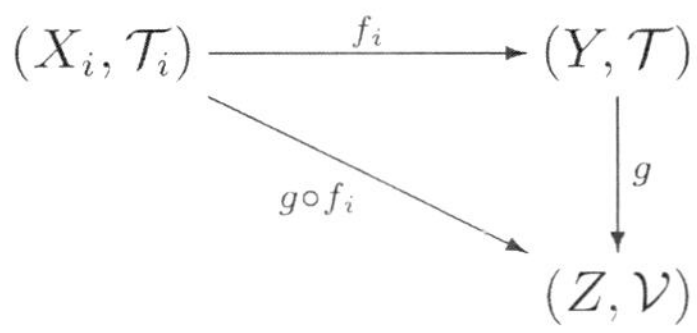


그림 18

【증명】 $g$가 연속이면 분명히 합성함수 $g \circ f_i$도 연속함수이다. 역으로 모든 $g \circ f_i$를 연속함수라 하고 $G \in \mathcal{V}$라 하자. 모든 $i \in J$에 대해 $(g \circ f_i)^{-1}(G) \in \mathcal{T}_i$이고 $(g \circ f_i)^{-1}(G) = f_i^{-1}(g^{-1}(G))$이므로 $g^{-1}(G) \in \mathcal{T}$이다. 그러므로 $g$는 연속함수이다. □

참 고 **5.80** 정리 5.53, 5.59, 5.75, 5.79 등에서 새로운 함수를 합성할 경우에, 어떤 경우는 정의역으로 들어오는 함수를, 어떤 경우는 공역에서 나가는 함수를 합성하여 혼동이 되는데, 다이어그램에서 약한 위상이나 강한 위상을 통과하도록(factor through) 합성함수를 만든다는 사실에 주목하면 된다.

## 5.6 분해공간, 동일화공간

이제 상집합에 위상을 주는 또 다른 접근 방법인 분해공간과 동일화공간에 대해 알아보자.

정 의 **5.81** $X$를 위상공간이라 하고 $\sim$을 $X$ 위에 정의된 동치관계라 하자. $\sim$에 의한 동치류(equivalence class)들을 모두 모아 놓은 집합 $Y$는 $X$의 분할(partition)이 된다. 이제 $Y$에 아래와 같이 위상을 주자.

$$V\text{가 } Y\text{에서 열린 집합} \iff \bigcup V\text{가 } X\text{에서 열린 집합}$$

이런 위상을 갖는 공간 $Y$를 $X$의 분해공간(decomposition space)이라 한다. 이 경우 분해공간 $Y$를 $X/\sim$로 나타낸다.

---

여기서 $\bigcup V$란 집합족 $V$에 속한 동치류(equivalence class)들을 모두 합집합을 한 것이다. 즉,

$$\bigcup V = \bigcup \{[x] \mid [x] \in V\} = \{x \mid [x] \in V\}$$

이다.

다음 두 정리에서 보는 바와 같이 분해공간은 실제로 상공간과 동일한 개념이다.

**정리 5.82** $X$를 위상공간이라 하자. $\sim$가 $X$ 위에 정의된 동치관계이고 $X/\sim$이 분해공간일 때, 표준사상(natural map)

$$q : X \to X/\sim, \ \ q(x) = [x]$$

는 상함수이다.

【증명】 $V$가 분해공간 $X/\sim$에서 열린 집합
$\iff \bigcup V$가 $X$에서 열린 집합
$\iff q^{-1}(V)$가 $X$에서 열린 집합 ($\because q^{-1}(V) = \bigcup V$)
$\iff V$가 상공간에서 열린 집합 □

**정리 5.83** $f : X \to Y$가 상함수이면

$$a \sim b \iff f(a) = f(b)$$

로 정의되는 관계는 $X$에서 동치관계이고 $Y$는 분해공간 $X/\sim$와 위상동형이다.

【증명】 위에서 정의한 $\sim$은 분명히 동치관계이다. 이 동치관계에 의한 동치류(equivalence class)는 $[x] = f^{-1}(\{f(x)\})$이다. 이제 함수

$$\psi : Y \to X/\sim$$

$$\psi(y) = f^{-1}(\{y\})$$

라 정의하면, 이 함수는 분명히 전단사함수가 되고 $\psi \circ f = q$이다. 그런데 $\psi \circ f = q$가 표준사상으로서 연속이고 $f$가 상함수이므로, $\psi$는 연속이다(정리 5.75). 한편 $\psi^{-1} \circ q = f$로서 연속이고 $q$가 상함수이므로, $\psi^{-1}$는 연속이다(정리 5.75). 따라서 $\psi$는 위상동형함수이다. □

예 **5.84** $X = [0, 2\pi]$, $Y = \{(x, y) \mid x^2 + y^2 = 1\}$이라 하고 각각 보통위상의 부분위상을 생각하자. 함수 $f : X \to Y$, $f(x) = (\cos x, \sin x)$를 생각하자. $X$에 주어진 동치관계는 $f(0) = f(2\pi)$에서 $0 \sim 2\pi$이고 나머지 원소는 자기 자신과만 관계가 있다. 이를 적용하여 동치류(equivalence class)들을 구하면 $[0] = \{0, 2\pi\}$이고 나머지는 모두 한원소집합들이다. 즉,

$$X/\!\sim = \{[x] \mid x \in X\} = \{\{x\} \mid x \in (0, 2\pi)\} \cup \{\{0, 2\pi\}\}.$$

참 고 **5.85** 분해공간 $X/\!\sim$은 가끔 동일화공간(identification space)이라고도 한다. 왜냐하면 각 동치류에 속한 점들을 한 점으로, 다시 말해

$$[x] \longleftrightarrow x$$

로 동일화 했다고 볼 수 있기 때문이다.

예 **5.86** 위 예 5.84에서는 구간 $[0, 2\pi]$의 두 끝점을 동일화해서 원을 얻었다고 생각할 수 있다.

예 **5.87** $\mathbb{R}^2$의 부분공간 $[0, 1] \times [0, 1]$을 생각하자. 동치관계를

$$(0, y) \sim (1, y),\ 0 \leq y \leq 1$$

라 정의하면, 즉 좌우 모서리를 서로 동일화하면 원주면 $S^1 \times [0, 1]$이 얻어진다.

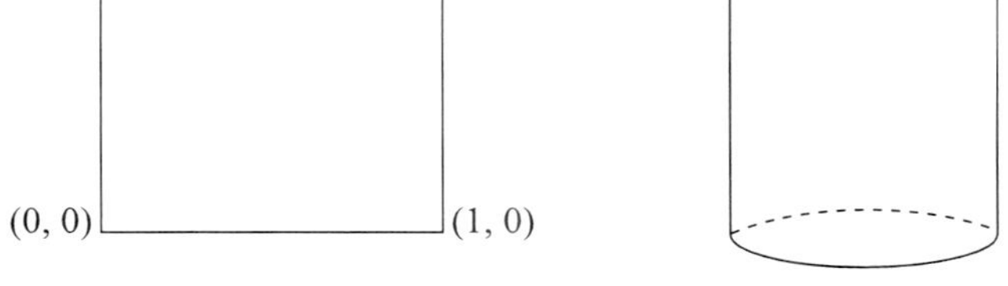


그림 19

예 **5.88** $\mathbb{R}^2$의 부분공간 $[0,1] \times [0,1]$을 생각하자. 동치관계를

$$(0, y) \sim (1, 1-y),\ 0 \le y \le 1$$

라 정의하면 뫼비우스 띠(Möbius strip)가 얻어진다.

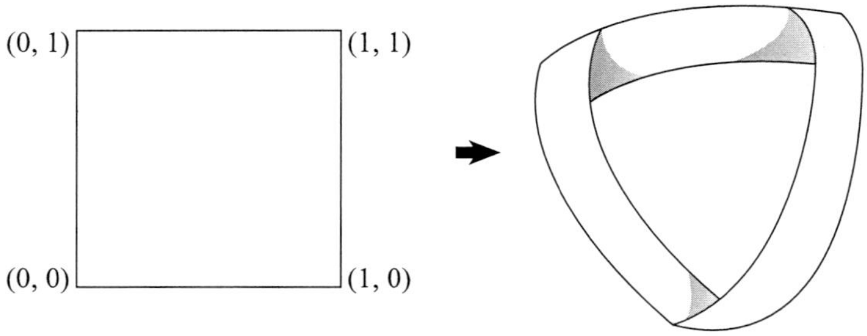


**그림 20**

예 **5.89** $\mathbb{R}^2$의 부분공간 $[0,1] \times [0,1]$을 생각하자. 동치관계를

$$(0, y) \sim (1, y),\ 0 \le y \le 1,$$
$$(x, 0) \sim (x, 1),\ 0 \le x \le 1$$

라 정의하면, 즉 좌우 모서리를 서로 동일화하고 상하 모서리를 서로 동일화하면 원환면(torus)이 얻어진다.

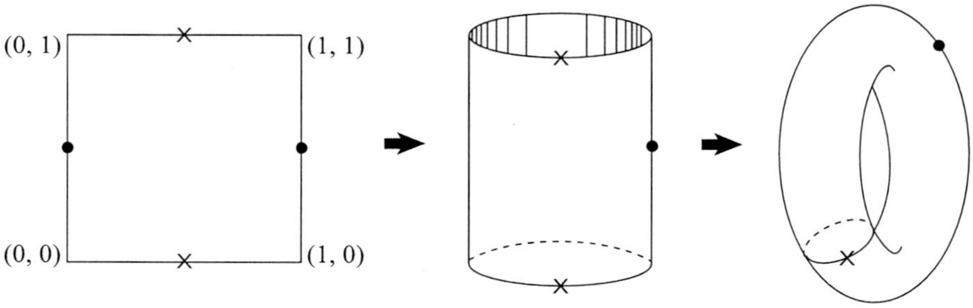


**그림 21**

예 **5.90** $\mathbb{R}^2$의 부분공간 $[0,1] \times [0,1]$을 생각하자. 동치관계를

$$(0, y) \sim (1, y),\ 0 \le y \le 1,$$

$$(x, 0) \sim (1-x, 1),\ 0 \le x \le 1$$

로 정의하면, 클라인 병(Klein bottle)이 얻어진다.

예 **5.91** $X = \mathbb{N}$이라 하고 보통위상의 부분위상을 주면 이산위상공간이 된다. $C_1 = \{n \in \mathbb{N} \mid n\text{은 홀수}\}$, $C_2 = \{n \in \mathbb{N} \mid n\text{은 짝수}\}$, $Y = \{C_1, C_2\}$라 하자. $Y$는 $X$의 분할이 되고 함수 $f : X \to Y$를 $n$이 홀수일 경우 $f(n) = C_1$, $n$이 짝수일 경우 $f(n) = C_2$라 하자. 이제 이 함수에 의한 분해공간을 만들면 이산공간 $(Y, \mathcal{D})$가 된다. 왜냐하면, $f^{-1}(\{C_1\})$과 $f^{-1}(\{C_2\})$가 모두 열린 집합이기 때문에 $\{C_1\}, \{C_2\}$가 모두 $Y$에서 열린 집합이 된다. 따라서 $\{Y, \{C_1\}, \{C_2\}, \emptyset\} = \mathcal{D}$이다.

예 **5.92** 보통위상공간 $\mathbb{R}$에서 $a - b = k\pi$인 짝수 $k$가 존재할 때 $a \sim b$라고 동치관계를 정의하자. 이 동치관계에 의해서 유도되는 상공간을 구하면 원이 된다. 이 경우 수직선(number line)을 단위원 주위에 감는 함수가 상함수가 된다.

## 연습문제 5

1. 실수의 집합 $\mathbb{R}$에 주어진 아래끝 위상 $\mathcal{T}_l$과 보통위상, 이산위상, 비이산위상에 대해 아래 내용이 성립하면 O, 아니면 X로 표시하여라.

    (a) $f : (\mathbb{R}, \mathcal{T}_l) \to (\mathbb{R}, \mathcal{D}),\ f(x) = x^3$은 연속함수이다.

    (b) $f : (\mathbb{R}, \mathcal{D}) \to (\mathbb{R}, \mathcal{T}_l),\ f(x) = \sin x$는 연속함수이다.

    (c) $f : (\mathbb{R}, \mathcal{T}_l) \to (\mathbb{R}, \mathcal{I}),\ f(x) = x^2$은 연속함수이다.

    (d) $f : (\mathbb{R}, \mathcal{I}) \to (\mathbb{R}, \mathcal{T}_l),\ f(x) = x^3$은 연속함수이다.

    (e) $f : (\mathbb{R}, \mathcal{T}_l) \to (\mathbb{R}, \mathcal{U}),\ f(x) = e^x$은 연속함수이다.

    (f) $f : (\mathbb{R}, \mathcal{U}) \to (\mathbb{R}, \mathcal{T}_l),\ f(x) = x^3$은 연속함수이다.

    (g) $f : (\mathbb{R}, \mathcal{U}) \to (\mathbb{R}, \mathcal{D}),\ f(x) = x^3$은 연속함수이다.

    (h) $f : (\mathbb{R}, \mathcal{D}) \to (\mathbb{R}, \mathcal{U}),\ f(x) = x^3 + 2x^2 + 3$은 연속함수이다.

    (i) $f : (\mathbb{R}, \mathcal{I}) \to (\mathbb{R}, \mathcal{U}),\ f(x) = x^3$은 연속함수이다.

    (j) $f : (\mathbb{R}, \mathcal{U}) \to (\mathbb{R}, \mathcal{I}),\ f(x) = x^3 + x$는 연속함수이다.

    (k) $f : (\mathbb{R}, \mathcal{D}) \to (\mathbb{R}, \mathcal{I}),\ f(x) = e^x + x^3 + 1$은 연속함수이다.

    (l) $f : (\mathbb{R}, \mathcal{I}) \to (\mathbb{R}, \mathcal{D}),\ f(x) = x$는 연속함수이다.

2. 실수의 부분공간에 대해 아래 물음에 답하여라. 위상동형일 경우 그 함수를 찾고, 아닐 경우 그 이유를 말하여라.

   (a) 공간 $[0,2]$ 는 $[0,1]$과 위상동형인가?

   (b) 공간 $[0,2)$는 $(0,1]$과 위상동형인가?

   (c) 공간 $(0,\infty)$는 $(0,1)$과 위상동형인가?

   (d) 공간 $[0,1)\cup(2,3]$은 $[0,1)\cup(3,4]$와 위상동형인가?

   (e) 공간 $[0,1)\cup(2,3]$은 $[0,2]-\{1\}$과 위상동형인가?

   (f) 공간 $[0,1)\cup(2,3]$은 $(1,2]\cup[3,4)$와 위상동형인가?

   (g) 공간 $[0,1)\cup\{2\}$는 $[0,1]$과 위상동형인가?

   (h) 공간 $[0,2]$ 는 $(0,1)$과 위상동형인가?

   (i) 공간 $[0,1]\cup(2,3]$은 $[0,2]$와 위상동형인가?

   (j) 공간 $[0,1)\cup[2,3]$은 $[0,1]$과 위상동형인가?

3. 시에르핀스키 공간이란 집합 $X=\{a,\ b\}$에 위상 $\mathcal{T}=\{X,\ \emptyset,\ \{a\}\}$가 주어진 위상공간을 말한다. 함수 $f:([0,1],\mathcal{U}_{[0,1]})\to(X,\mathcal{T})$가

$$f(x)=\begin{cases} a, & x\neq 1\text{일 때} \\ b, & x=1\text{일 때} \end{cases}$$

   로 주어질 때, 이 함수는 연속함수인가?

4. 함수 $f:X\to Y$가 연속이기 위한 필요충분조건은 모든 집합 $A\subseteq Y$에 대해 $f^{-1}(A^\circ)\subseteq(f^{-1}(A))^\circ$가 됨을 보여라.

5. 함수 $f:X\to Y$는 연속이다. $f(X)$가 상대위상을 가지면 함수 $f:X\to f(X)$가 연속함수임을 보여라.

6. 함수 $f:X\to Y$가 연속함수이고 $A$가 $X$의 부분공간일 때, 축소함수 $f|_A$가 연속함수가 됨을 보여라.

7. $X$가 위상공간이고 $\chi_A:X\to\mathbb{R}$가 집합 $A$에 대한 특성함수라 하자. 점 $p$가 $A$의 경계점이 아닐 때에만 함수 $\chi_A$가 $p$에서 연속이 됨을 보여라.

8. 함수 $f:(X,\mathcal{T})\to(Y,\mathcal{T}')$에 대해 다음을 보여라.

   (a) $f$가 닫힌 함수이다 $\iff$ $\overline{f(A)}\subseteq f(\overline{A})$.

(b) $f$ 가 열린 함수이다 $\iff f(A^\circ) \subseteq (f(A))^\circ$.

9. 함수 $f : (0, \infty) \to \mathbb{R}$, $f(x) = \sin \dfrac{1}{x}$ 은 연속함수이지만 열린 함수도 아니고 닫힌 함수도 아님을 보여라.

10. 함수 $f : X \to Y$ 가 열린 함수이지만 $f|_A$ 가 열린 함수가 안되는 예를 들어라.

11. 함수 $f : X \to Y$ 와 함수 $g : Y \to Z$ 가 연속이라 하자. 합성함수 $g \circ f : X \to Z$ 가 위상동형함수이고 $f$ 가 전사함수이면 $f$ 와 $g$ 가 위상동형함수임을 보여라.

12. 집합 $X = \{a, b, c\}$ 에 줄 수 있는 위상 중에서 서로 위상동형이 아닌 위상들을 모두 구하여라.

13. 집합 $Y = \{a, b, c, d\}$ 위에 위상 $\mathcal{T} = \{Y, \emptyset, \{a, b\}, \{c, d\}\}$ 가 주어졌다고 하자. $X = \{1, 2, 3, 4, 5\}$ 이고, 두 함수 $f : X \to Y$ 와 $g : X \to Y$ 가 아래와 같이 주어졌다고 하자.

$$f = \{(1, a), (2, a), (3, b), (4, b), (5, d)\},$$
$$g = \{(1, c), (2, b), (3, d), (4, a), (5, c)\}.$$

이 때 함수족 $\{f, g\}$ 에 의해 유도된 $X$ 의 약한 위상을 구하여라.

14. $f : \mathbb{R} \to (\mathbb{R}, \mathcal{U})$, $f(x) = ax + b$, $a, b \in \mathbb{R}$ 인 모든 일차함수를 연속으로 하는 $\mathbb{R}$ 의 가장 작은 위상(coarsest topology)은 보통위상이 됨을 보여라.

15. $X$ 에서 보통위상공간 $(\mathbb{R}, \mathcal{U})$ 로 가는 모든 함수가 연속이 되려면 $X$ 에 이산위상이 주어져야 한다. 이를 증명하여라.

16. 함수 $f : (\mathbb{R}, \mathcal{T}) \to (\mathbb{R}, \mathcal{U})$ 가

$$f(x) = \begin{cases} 0, & x \leq 0\text{일 때} \\ 1, & x > 0\text{일 때} \end{cases}$$

로 주어질 때, 이 함수가 연속이 되는 위상 $\mathcal{T}$ 의 예를 2개 이상 들어라.

17. $\mathcal{B}'$ 이 위상 $\mathcal{T}'$ 의 기저라 하고 함수 $f : (X, \mathcal{T}) \to (Y, \mathcal{T}')$ 가 연속이라 하자.

(a) $\{f^{-1}(B) \mid B \in \mathcal{B}'\}$ 는 위상 $\mathcal{T}$ 의 기저인가?

(b) $\{f^{-1}(B) \mid B \in \mathcal{T}'\}$ 는 위상 $\mathcal{T}$ 의 기저인가?

18. 위상공간 $(X, \mathcal{T})$ 에서 위상공간 $(Y, \mathcal{T}')$ 로 가는 함수 $f$ 가 연속이고 열린 전사함수이다. $\mathcal{B}$ 가 $\mathcal{T}$ 의 기저일 때, 집합 $\{f(A) \mid A \in \mathcal{B}\}$ 는 $\mathcal{T}'$ 의 기저가 되는가?

19. 함수족 $\{f_i : (X_i, \mathcal{T}_i) \to Y \mid i \in J\}$에 의해 생성된 강한 위상은 실제로 $Y$의 위상이다. 이를 보여라.

20. 함수 $f : [0,1) \to S^1$, $f(x) = (\cos 2\pi x, \sin 2\pi x)$가 위상동형이 아님을 보여라. 단 $[0,1)$은 실수의 부분공간이고, 단위원 $S^1$은 보통위상공간 $\mathbb{R}^2$의 부분공간이다.

21. 함수 $f : (\mathbb{R}, \mathcal{U}) \to (\mathbb{R}, \mathcal{T})$가

$$f(x) = \begin{cases} 0, & x \leq 0\text{일 때} \\ 1, & x > 0\text{일 때} \end{cases}$$

로 주어질 때, 이 함수가 연속이 되는 위상 $\mathcal{T}$의 예를 2개 이상 들어라.

22. 보통위상공간 $\mathbb{R}^2$에서 $(x_1, y_1) \sim (x_2, y_2) \iff y_1 = y_2$로 정의할 때, 동일화공간 $\mathbb{R}^2/\sim$을 구하여라.

# 제 6 장

# 거리공간

제2장에서 다룬 보통위상공간 $\mathbb{R}$과 $\mathbb{R}^2$은 거리가 주어진 공간이다. 이와 같은 위상공간은 해석학 분야에서 중요한 역할을 하는데 이 장에서는 이들 공간을 일반화시킨 거리공간에 대해 알아보자. 수학의 거리 개념은 물리학적인 거리의 개념을 일반화시킨 것인데 거리함수가 주어지면 여러 가지 계산이 편리해진다. 하지만 한편으로 거리함수가 되는 조건이 매우 강력하기 때문에 많은 곳에 적용할 수 없게 되기도 한다. 이런 이유에서 일반위상공간의 필요성이 대두되는 것이다.

## 6.1 거리공간

---

**정의 6.1** $X \times X$에서 $\mathbb{R}$로 가는 함수 $d$가 $X$의 임의의 원소 $a, b, c$에 대하여 아래의 네 가지 조건을 만족시킬 때, $d$를 $X$의 거리함수(metric)라 하고, $(X, d)$를 거리공간(metric space)이라 한다.

(1) $d(a, b) \geq 0,\ d(a, a) = 0$,

(2) $d(a, b) = d(b, a)$,

(3) $d(a, c) \leq d(a, b) + d(b, c)$,

(4) $a \neq b \Rightarrow d(a, b) > 0$.

이 경우 $d(a, b)$를 $a$와 $b$ 사이의 거리(distance)라고 한다. 함수 $d$가 조건 (1), (2), (3)을 만족시킬 때, $d$를 $X$의 유사거리함수(pseudometric)라고 한다.

---

거리함수의 정의에 따르면, 두 점 사이의 거리는 음수가 될 수 없고, 같은 점 사이의 거리는 항상 0이며, $a$와 $b$ 사이의 거리는 $b$와 $a$ 사이의 거리와 같다. 조건 (3)은 삼각부등식을 의미하며, 서로 다른 두 점 사이의 거리는 항상 0보다 크다.

**예 6.2** (1) $d : \mathbb{R} \times \mathbb{R} \longrightarrow \mathbb{R}$가 $d(a, b) = | a - b |$로 정의된 함수일 때, $d$는 $\mathbb{R}$의 거리함수가 된다. 이 때 $d$를 $\mathbb{R}$의 보통거리함수(usual metric)라고 한다.

(2) 함수 $d : \mathbb{R}^2 \times \mathbb{R}^2 \longrightarrow \mathbb{R}$가 $\mathbb{R}^2$의 두 점 $a = (a_1, a_2)$, $b = (b_1, b_2)$에 대하여

$$d(a, b) = \sqrt{(a_1 - b_1)^2 + (a_2 - b_2)^2}$$

로 정의되었을 때, $d$는 $\mathbb{R}^2$의 거리함수가 된다. 이 때 $d$를 $\mathbb{R}^2$의 보통거리함수(usual metric)라고 한다.

(3) 함수 $d_1 : \mathbb{R}^2 \times \mathbb{R}^2 \longrightarrow \mathbb{R}$가 $\mathbb{R}^2$의 두 점 $a = (a_1, a_2)$, $b = (b_1, b_2)$에 대하여

$$d_1(a, b) = \max\{| a_1 - b_1 |, | a_2 - b_2 |\},$$

로 정의된 함수도 $\mathbb{R}^2$의 거리함수가 된다.

(4) 함수 $d_2 : \mathbb{R}^2 \times \mathbb{R}^2 \longrightarrow \mathbb{R}$가 $\mathbb{R}^2$의 두 점 $a = (a_1, a_2)$, $b = (b_1, b_2)$에 대하여

$$d_2(a, b) = | a_1 - b_1 | + | a_2 - b_2 |$$

로 정의된 함수도 $\mathbb{R}^2$의 거리함수가 된다. 이 거리함수를 택시거리함수(taxicab metric) 라 한다.

예 **6.3** $d : X \times X \longrightarrow \mathbb{R}$가

$$d(a,b) = \begin{cases} 0, & a = b \text{ 일 때} \\ 1, & a \neq b \text{ 일 때} \end{cases}$$

로 정의된 함수일 때, $d$는 $X$의 거리함수가 된다. 이 때 $d$를 $X$의 이산거리함수(trivial metric)라고 한다.

문 제 **6.4** 유사거리함수는 되면서 거리함수가 되지 않는 예를 들어라.

【풀이】 함수 $d : X \times X \to \mathbb{R}$이 모든 $x, y \in X$에 대하여 $d(x,y) = 0$이면 $d$는 유사거리함수이지만 거리함수는 아니다.

---

정 의 **6.5** $d$는 $X$의 거리함수이다. $X$의 한 점 $p$와 $X$의 공집합이 아닌 부분집합 $A$ 사이의 거리(distance)는

$$d(p, A) = \inf\{d(p,a) \mid a \in A\}$$

로 정의된다. $X$의 부분집합 $A$와 $B$가 공집합이 아닐 때, 두 집합 $A$와 $B$ 사이의 거리(distance)는

$$d(A, B) = \inf\{d(a,b) \mid a \in A, \quad b \in B\}$$

로 정의된다. $X$의 부분집합 $A$가 공집합이 아닐 때, $A$의 지름(diameter)은

$$d(A) = \sup\{d(a,a') \mid a, a' \in A\}$$

로 정의된다. $d(A) < \infty$일 때 $A$는 유계(bounded)라 하며, $d(A) = \infty$일 때 $A$는 무계(unbounded)라고 한다.

---

예 **6.6** $d$는 $X$에서의 이산거리함수이다. $X$의 부분집합 $A, B$와 $X$의 한 점 $p$에 대하여, 다음 식을 얻을 수 있다.

$$d(p, A) = \begin{cases} 0, & p \in A\text{일 때} \\ 1, & p \notin A\text{일 때} \end{cases}$$

$$d(A, B) = \begin{cases} 1, & A \cap B = \emptyset\text{일 때} \\ 0, & A \cap B \neq \emptyset\text{일 때} \end{cases}$$

예 **6.7** $A = [0,1)$와 $B = (1,2]$ 는 $\mathbb{R}$의 부분집합이다. $d$가 $\mathbb{R}$의 보통거리함수이면 $d(A,B) = 0$이다. 그러나 $d^*$가 $\mathbb{R}$의 이산거리함수이면, $d^*(A,B) = 1$이다.

정 리 **6.8** $d$는 $X$의 거리함수이다. $X$의 부분집합 $A$와 $B$는 공집합이 아니고 $p$가 $X$의 한 점일 때, 다음을 만족시킨다.

(1) $d(p,A)$, $d(A,B)$, $d(A)$는 음수가 아니다.

(2) $p \in A$이면, $d(p,A) = 0$이다.

(3) $A \cap B \neq \emptyset$이면, $d(A,B) = 0$이다.

(4) $A$가 유한집합이면 $A$는 유계이다.

【증명】 정의에 의해 당연하다. □

문 제 **6.9** 위 정리 (2), (3), (4)의 역이 일반적으로 성립하는가?

【풀이】

(2) $d$를 $\mathbb{R}$의 보통거리함수라 하고 $A = (0,1), p = 0$라 하자. 그러면 $d(p,A) = 0$이지만 $p \notin A$이다.

(3) $d$를 $\mathbb{R}$의 보통거리함수라 하고 $A = (0,1), B = (1,2)$라 하자. 그러면 $d(A,B) = 0$이지만 $A \cap B = \emptyset$이다.

(4) $d$를 $\mathbb{R}$의 이산거리함수라 하고 $A = \mathbb{R}$이라 하자. 그러면 $d(A) \leq 1$이므로 $A$는 유계이지만 무한집합이다.

공집합에 대하여는 다음과 같이 약속하자.
$d(p,\emptyset) = \infty, \quad d(A,\emptyset) = d(\emptyset,A) = \infty, \quad d(\emptyset) = -\infty$

---

정 의 **6.10** $d$는 $X$의 거리함수이다. $X$의 한 점 $p$와 임의의 양수 $\delta$에 대하여,

$$B_d(p,\delta) = \{x \in X \mid d(p,x) < \delta\}$$

를, 중심이 $p$이고 반지름이 $\delta$인, 열린 공(open ball)이라 한다. 주어진 거리함수 $d$를 혼동할 염려가 없을 때는 $B(p,\delta)$로 쓴다.

---

예 **6.11** $d$가 $\mathbb{R}$의 보통거리함수이면, 열린 공 $B(p, \delta)$는 열린 구간 $(p-\delta, p+\delta)$가 된다.

예 **6.12** $p = (0, 0)$은 $\mathbb{R}^2$의 한 점이고, $\delta = 1$이라 하자. 이 때 $B(p, \delta)$는 주어진 거리함수 $d$에 따라서 다음과 같다.

(1) $d$가 $\mathbb{R}^2$의 보통 거리함수일 때, $B(p, \delta)$는 중심이 $(0, 0)$이고 반지름이 $1$인 원의 내부이다.

(2) $d_1, d_2$가 예 6.2에 주어진 거리함수일 때, $B(p, \delta)$는 다음 그림으로 나타낼 수 있다.

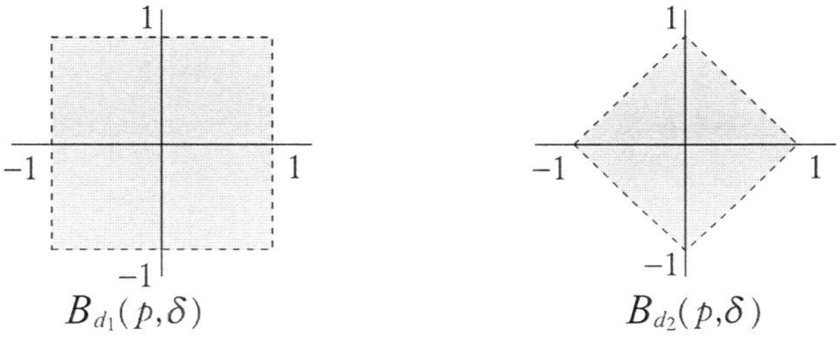


**그림 22**

예 **6.13** $d$가 $X$의 이산거리함수이고, $p$가 $X$의 한 점이라 하면, 열린 공 $B(p, \delta)$는 아래와 같다.

$$B(p, \delta) = \begin{cases} X, & \delta > 1\text{일 때} \\ \{p\}, & \delta \leqq 1\text{일 때} \end{cases}$$

문 제 **6.14** 두 개의 열린 공들의 교집합은 열린 공인가?

【풀이】 $\mathbb{R}^2$의 부분집합

$$G = B((0, 0), 1) = \{(x, y) \mid x^2 + y^2 < 1\},$$

$$H = B((-1, 0), 1) = \{(x, y) \mid (x+1)^2 + y^2 < 1\}$$

을 생각하면 $G \cap H$는 열린 공이 아니다.

보조정리 **6.15** 거리공간의 부분집합 $S$가 중심이 $p$이고 반지름이 $\delta$인 열린 공일 때, $S$ 안의 모든 점 $q$에 대하여, $q$를 중심으로 하고 $S$에 포함되는 열린 공 $T$가 존재한다.

【증명】 $S = B(p, \delta)$이라 하자. $q$가 $S$의 한 점이므로 $d(p, q) < \delta$이다.

$$\epsilon = \delta - d(p, q)$$

라 하면 $\epsilon > 0$이 되고, $T = B(q, \epsilon)$는 $q$를 중심으로 하고 $S$에 포함되는 열린 공이 된다. □

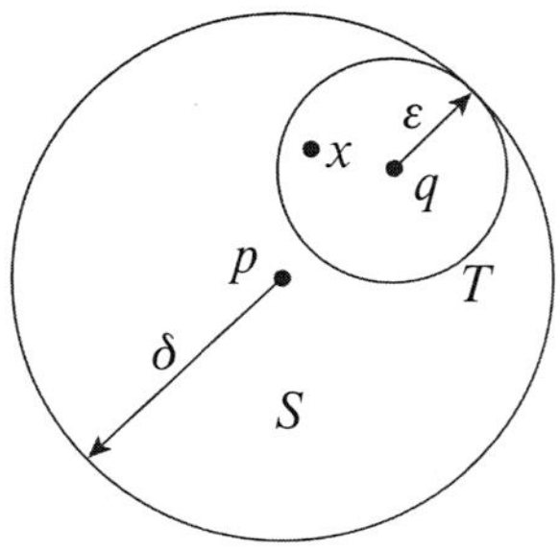


**그림 23**

> **정 리 6.16** $d$가 $X$의 거리함수일 때, $X$의 열린 공들의 집합
>
> $$\{B(p, \delta) \mid p \in X,\ \delta > 0\}$$
>
> 은 $X$의 위상을 생성하는 기저가 된다.

【증명】 $\mathcal{B} = \{B(p, \delta) \mid p \in X,\ \delta > 0\}$라 하자. $\mathcal{B}$가 기저가 되기 위한 필요충분조건은 (1) $\bigcup \mathcal{B} = X$, (2) $B_1, B_2 \in \mathcal{B}$이고 $p \in B_1 \cap B_2$일 때, $p \in B^* \subseteq B_1 \cap B_2$를 만족시키는 $B^*$가 $\mathcal{B}$ 안에 적어도 한 개 존재하는 것이다.

(1) $X$는 전체집합이므로 $\bigcup \mathcal{B} \subseteq X$는 당연하다. $X$의 임의의 점 $p$에 대하여 열린 공 $B(p, 1)$은

$$p \in B(p, 1) \subseteq \bigcup \mathcal{B}$$

가 되어, $X \subseteq \bigcup \mathcal{B}$이다. 따라서 $\bigcup \mathcal{B} = X$가 성립한다.

(2) 이제 $B_1, B_2 \in \mathcal{B}$이고 $p \in B_1 \cap B_2$라 하자. 위 보조정리에 의해 $p \in B_1$이므로 양수 $\delta_1$이 존재하여 $p \in B(p, \delta_1) \subseteq B_1$이 되고, $p \in B_2$이므로 양수 $\delta_2$가 존재하여 $p \in B(p, \delta_2) \subseteq B_2$가 된다. $\delta = \min\{\delta_1, \delta_2\}$라 하면, $\delta > 0$이므로, $B^* = B(p, \delta)$는 $\mathcal{B}$에 속하고, $p \in B^* \subseteq B_1 \cap B_2$가 된다.

결국 (1)과 (2)에 의해 $\mathcal{B}$는 $X$의 위상을 생성하는 기저가 된다. □

---

**정 의 6.17** $d$가 $X$의 거리함수일 때, 정리 6.16에 주어진 열린 공들에 의해서 생성된 위상을 거리위상(metric topology)이라 한다.

---

**참 고 6.18** 거리함수에 의해 유도되는 거리위상이 항상 존재하므로, 앞으로 거리공간을 언급할 때는 언제나 거리위상이 주어졌다고 가정하자.

**예 6.19** (1) $d$가 $\mathbb{R}$의 보통거리함수일 때, $\mathbb{R}$의 열린 공은 열린 구간이 된다. 따라서 $d$는 $\mathbb{R}$의 보통위상을 유도한다.

(2) $d$가 $\mathbb{R}^2$의 보통거리함수일 때, $\mathbb{R}^2$의 열린 공은 열린 원판이 된다. 따라서 $d$는 $\mathbb{R}^2$의 보통위상을 유도한다.

(3) $d$가 $X$의 이산거리함수이고 $p$가 $X$의 한 점이면 $B(p, \frac{1}{2}) = \{p\}$이다. 따라서 $X$의 모든 한원소집합이 열린 집합이고, 결과적으로 모든 부분집합이 열린 집합이 된다. 즉, 이산거리함수는 이산위상을 유도한다.

**예 6.20** $(X, d)$가 거리공간이고 $Y$가 $X$의 공집합이 아닌 부분집합이면 축소함수 $d|_Y$는 $Y$에서의 거리함수가 된다. 이 때 $(Y, d|_Y)$를 $(X, d)$의 거리부분공간(metric subspace)이라 한다. 사실상 $(Y, d|_Y)$는 $(X, d)$의 부분위상공간이다.

## 6.2 거리공간의 특성

거리공간의 위상이 거리함수에 의하여 유도되었으므로, 거리공간의 위상적 성질은 여러 가지 면에서 그 집합에 주어진 거리함수의 특성과 밀접한 관계가 있다.

**정 리 6.21** 거리공간 $(X, d)$의 임의의 점 $p$는 가산집합

$$\mathcal{B}_p = \{B(p, \frac{1}{n}) \mid n \in \mathbb{N}\}$$

를 국소기저(local base) 로 갖는다.

【증명】 분명히 $\mathcal{B}_p$의 모든 원소는 열린 집합이며 $p$를 포함한다. 이제 $G$가 $p$를 포함하는 임의의 열린 집합이라고 하자. $G$는 열린 공들에 의하여 생성되었으므로, 열린 공 $B$가

존재하여 $p \in B \subseteq G$이다. 보조정리 6.15에 의해 양수 $\delta$가 존재하여

$$p \in B(p, \delta) \subseteq B \subseteq G$$

가 된다. 그런데 모든 양수 $\delta$에 대하여 $\dfrac{1}{n_0} < \delta$가 되는 자연수 $n_0$이 존재하므로,

$$p \in B(p, \frac{1}{n_0}) \subseteq B(p, \delta) \subseteq B \subseteq G$$

를 만족시킨다. 따라서 $\mathcal{B}_p$는 $p$ 에서의 국소기저이다. □

**정 리 6.22** $A$가 거리공간 $(X, d)$의 부분집합일 때, $\mathrm{cl}(A)$는 다음과 같다.

$$\mathrm{cl}(A) = \{x \mid d(x, A) = 0\}.$$

【증명】 $d(p, A) = 0$이라 하자. 그러면 중심이 $p$ 이고 반지름이 0보다 큰 모든 열린 공은 $A$의 원소를 적어도 하나 포함한다. 따라서 $p$ 를 포함하는 모든 열린 집합도 $A$의 원소를 적어도 하나 포함한다. 결국 $p \in \mathrm{cl}(A)$이다. 한편 $d(p, A) = \epsilon > 0$인 $p$ 가 있다면, 열린 공 $B(p, \frac{\epsilon}{2})$는 $p$ 를 포함하지만 $A$의 원소를 포함하지 않는 열린 집합이다. 따라서 $p \notin \mathrm{cl}(A)$이다. 결국 $\mathrm{cl}(A) = \{x \mid d(x, A) = 0\}$이다. □

**문 제 6.23** $F$는 거리공간 $(X, d)$의 닫힌 부분집합이고, $p \notin F$이다. $p$와 $F$ 사이의 거리는 항상 0보다 큰가?

【풀이】 $d(p, F) = 0 \Longrightarrow p \in \mathrm{cl}(F) = F$이므로, 대우법칙에 의해 $p \notin F$이면 $d(p, F) > 0$이다.

**따름정리 6.24** 거리공간 $(X, d)$에서 모든 유한집합은 닫힌 집합이다.

【증명】 거리공간 $(X, d)$에서 $d(x, p) = 0$이면 $x = p$이다. 따라서

$$\mathrm{cl}(\{p\}) = \{x \mid d(x, \{p\}) = 0\} = \{p\}$$

가 되어 모든 한원소집합은 닫힌 집합이 되고, 결국 모든 유한집합은 닫힌 집합이 된다. □

**예 제** **6.25** 임의의 거리공간 $(X, d)$에서 $A \subseteq X$일 때 $d(A) = d(\mathrm{cl}(A))$임을 보여라.

【풀이】 $A \subseteq \mathrm{cl}(A)$이므로 $d(A) \leq d(\mathrm{cl}(A))$는 당연히 성립된다. 이제 $d(\mathrm{cl}(A)) \leq d(A)$임을 보이자. $\mathrm{cl}(A) = \{x \mid d(x, A) = 0\}$이므로, 임의의 양수 $\epsilon$과 $\mathrm{cl}(A)$에 속한 임의의 두 원소 $x$와 $y$에 대해,

$$d(x, a) < \frac{\epsilon}{3},\ d(y, b) < \frac{\epsilon}{3}$$

이 되는 $A$의 원소 $a$와 $b$가 각각 존재한다. 따라서

$$\begin{aligned} d(\mathrm{cl}(A)) &= \sup\{d(x, y) \mid x, y \in \mathrm{cl}(A)\} \\ &\leq \sup\{d(x, a) + d(a, b) + d(b, y) \mid x, y \in \mathrm{cl}(A)\} \\ &\leq \frac{\epsilon}{3} + d(A) + \frac{\epsilon}{3} < d(A) + \epsilon \end{aligned}$$

이다. 임의의 $\epsilon$에 대해 위 식이 성립하므로, $d(\mathrm{cl}(A)) \leq d(A)$이다. 결국, $d(\mathrm{cl}(A)) = d(A)$가 된다.

이와 같이 거리공간은 일반 위상공간이 갖지 않는 독특한 성질들을 갖는다. 다음의 정리는 거리공간이 갖는 특성 중의 하나인 분리성에 관한 것이다.

**정 리** **6.26** 집합 $A$와 $B$가 거리공간 $(X, d)$의 서로소인 닫힌 부분집합이면, $A \subseteq G, B \subseteq H$를 만족시키는 서로소인 열린 집합 $G$와 $H$가 존재한다.

【증명】 $A$ 또는 $B$가 공집합이면, $\emptyset$과 $X$가 우리가 원하는 서로소인 열린 집합이 된다. 이제 $A$와 $B$가 공집합이 아니라고 가정하자. $A$의 임의의 원소 $a$는 $B$에 속하지 않는다. $B$는 닫힌 집합이므로 $B = \mathrm{cl}(B)$이고, 따라서 $d(a, B) = \delta_a > 0$이다(문제 6.23). 마찬가지로 $B$의 모든 원소 $b$에 대하여 $d(b, A) = \delta_b > 0$이다.

$$B_a = B(a, \frac{1}{3}\delta_a),\ B_b = B(b, \frac{1}{3}\delta_b)$$

라고 하면, $a \in B_a, b \in B_b$이다.

$$G = \bigcup\{B_a \mid a \in A\}, \quad H = \bigcup\{B_b \mid b \in B\}$$

라 하고 $G$와 $H$가 위의 성질들을 만족시킴을 보이자.

$G$와 $H$는 열린 공들의 합집합이므로 역시 열린 집합이다. $A$의 임의의 원소 $a$에 대하여 $a \in B_a$이므로 $A \subseteq G$이고, $B$의 임의의 원소 $b$에 대하여 $b \in B_b$이므로 $B \subseteq H$이다.

$G \cap H \neq \emptyset$이라고 가정하면, $p \in G \cap H$에 대하여 $p \in B_{a^*}, p \in B_{b^*}$인 두 점 $a^*$와 $b^*$가 각각 $A$와 $B$에 존재한다. 그런데 $d(a^*, b^*) = \epsilon > 0$이고 $d(a^*, B) = \delta_{a^*} \leq \epsilon$, $d(b^*, A) = \delta_{b^*} \leq \epsilon$이다. 그러나 $d(a^*, p) < \frac{1}{3}\delta_{a^*}$이고 $d(p, b^*) < \frac{1}{3}\delta_{b^*}$이므로, 삼각부등식에 의하여

$$\begin{aligned}\epsilon = d(a^*, b^*) &\leq d(a^*, p) + d(p, b^*) \\ &< \frac{1}{3}\delta_{a^*} + \frac{1}{3}\delta_{b^*} \leq \frac{\epsilon}{3} + \frac{\epsilon}{3} = \frac{2}{3}\epsilon\end{aligned}$$

이 되어 모순이다. 따라서 $G \cap H = \emptyset$이다. □

서로소인 닫힌 집합 사이의 거리는 0보다 크다고 생각하기 쉽지만 다음의 예는 0이 될 수 있음을 보여준다.

예 **6.27** $\mathbb{R}^2$의 부분집합

$$A = \{(x, y) \mid xy \leq -1, x < 0\},$$

$$B = \{(x, y) \mid xy \geq 1, x > 0\}$$

는 서로소이며 닫힌 집합이다. 그러나 $d(A, B) = 0$이다.

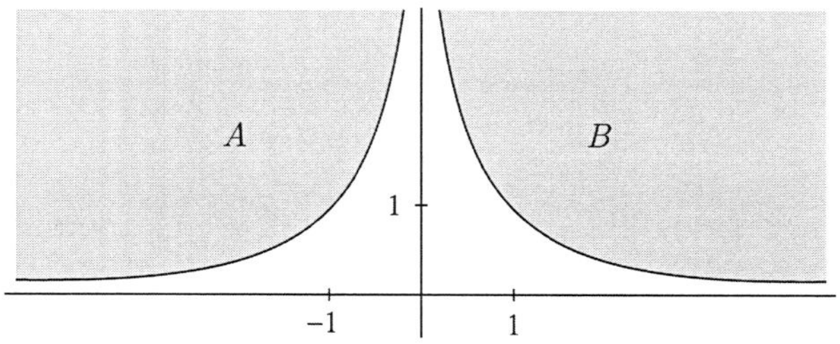


그림 24

앞에서 배운 수열의 수렴에 대한 정의는 거리공간에서 다음과 같이 쓸 수 있다.

---

**정 의** **6.28** 거리공간 $(X, d)$의 점들로 이루어진 수열 $<a_n>$이 $b$로 수렴(converge)한다는 것은 임의의 양수 $\epsilon$에 대해 양의 정수 $n_0$가 존재해서

$$n > n_0 \implies d(a_n, b) < \epsilon$$

이 된다는 것이다. 이 때 $b$를 수열 $<a_n>$의 극한(limit)이라 한다.

---

> **정 리** **6.29** $(X, d)$가 거리공간이고 $A \subseteq X$일 때, $x \in \mathrm{cl}(A)$가 되기 위한 필요충분조건은 $x$로 수렴하는 $A$의 수열이 존재하는 것이다.

【증명】 $x \in \mathrm{cl}(A)$라 하자. 모든 자연수 $n$에 대해 $B(x, \frac{1}{n})$은 $x$를 포함하는 열린 집합이므로 항상 $A$와 만난다. 각 $n$에 대해

$$x_n \in A \cap B(x, \frac{1}{n})$$

을 하나씩 택하면 $<x_n>$은 분명히 $A$의 수열이다. 임의의 $\epsilon$에 대해 $\frac{1}{n_0} < \epsilon$인 $n_0$를 택하자. $n > n_0$이면

$$d(x, x_n) < \frac{1}{n} < \frac{1}{n_0} < \epsilon$$

이므로 $<x_n>$은 $x$로 수렴한다.

역으로, $x$로 수렴하는 $A$의 수열 $<x_n>$이 존재한다고 하자. $U$가 $x$를 포함하는 열린 집합이라 하면 $B(x, \epsilon) \subseteq U$인 $B(x, \epsilon)$이 존재한다. $<x_n>$이 $x$로 수렴하므로 적당한 $n_0$에 대해 $n > n_0$이면 $d(x, x_n) < \epsilon$이다. 따라서 $x_n \in B(x, \epsilon) \cap A$이고 결국 $U \cap A \neq \emptyset$이다. 그러므로 $x \in \mathrm{cl}(A)$이다. □

앞에서 배운 연속함수의 정의는 거리공간에서 다음과 같이 쓸 수 있다.

---

**정 의** **6.30** $(X, d)$와 $(Y, d^*)$는 거리공간이다. $f$는 $X$에서 $Y$로 가는 함수이고, $p$는 $X$의 점이다. 임의의 양수 $\epsilon$에 대하여 양수 $\delta$가 존재하여,

$$d(p, x) < \delta \implies d^*(f(p), f(x)) < \epsilon$$

일 때, $f$ 는 $p$ 에서 연속(continuous)이라 하고, 모든 점에서 연속인 함수를 연속함수(continuous function)라 한다.

## 6.3 등거리공간

**정의 6.31** $X$ 의 거리함수 $d$ 와 $d^*$ 가 같은 위상공간을 유도할 때, $d$ 와 $d^*$ 를 서로 동치(equivalent)라고 한다. 즉, $d$ 에 의하여 생성된 열린 공들로 이루어진 기저와 $d^*$ 에 의하여 생성된 열린 공들로 이루어진 기저가 $X$ 의 같은 위상을 유도할 때, $d$ 와 $d^*$ 는 동치이다.

**예 6.32** 예 6.2에서 살펴본 $\mathbb{R}^2$ 의 거리함수 $d, d_1, d_2$ 는 보통위상을 유도한다. 따라서 이들 세 개의 거리함수는 서로 동치이다.

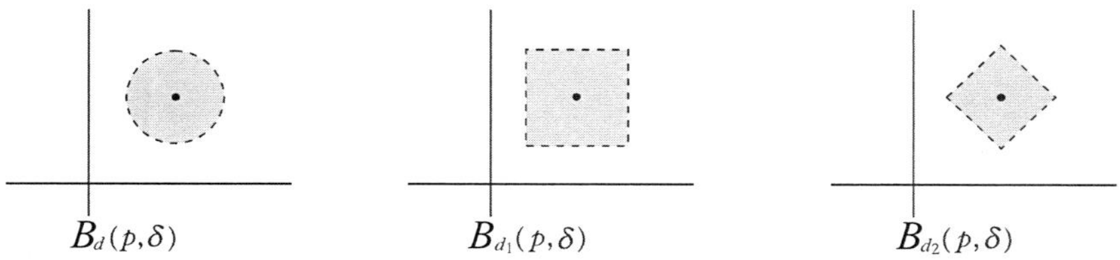


**그림 25**

**예 6.33** $d$ 가 다음과 같이 주어진 $X$ 의 거리함수이다.

$$d(a,b)=\begin{cases} 2, & a\neq b \text{일 때} \\ 0, & a=b \text{일 때} \end{cases}$$

열린 공 $B_d(p,1)=\{p\}$ 이므로 모든 한원소집합은 열린 집합이고, 따라서 $d$ 에 의해 유도된 거리공간은 이산공간이다. 즉 $d$ 와 이산거리함수는 서로 동치이다.

모든 거리함수는 거리위상을 유도한다. 그렇다면 모든 위상공간에 대하여 그 위상을 유도해내는 거리함수가 존재하는가?

즉 위상공간의 거리화 가능성에 대한 문제를 제기할 수 있다.

**예 6.34** 이산공간은 이산거리함수에 의하여 유도될 수 있고, 보통위상공간은 보통거리함수에 의하여 유도될 수 있다.

예 **6.35** 집합 $X = \{a, b\}$에 위상 $\mathcal{T} = \{X, \emptyset, \{a\}\}$가 주어졌을 때, 유한집합 $\{a\}$는 닫힌 집합이 아니다. 따라서 따름정리 6.24에 의해 이 위상공간은 거리함수에 의해 유도되는 위상공간이 아니다.

예 **6.36** 두 개 이상의 원소로 이루어진 비이산공간의 경우 닫힌 집합은 전체집합과 공집합밖에 없는데, 따름정리 6.24에 의하면 거리공간의 모든 유한부분집합은 닫힌 집합이어야 한다. 그러므로 이 공간을 유도해내는 거리함수는 존재하지 않는다.

위상공간이 거리공간이 되기 위한 필요충분조건은 1924년에 Urysohn에 의해 부분적으로 해결되었는데, 이 내용에 대해서는 제8장에서 다룰 것이다. 1950년에 이르러 드디어 완벽한 해를 구하였는데, 여기서는 다루기 어려운 내용이므로 관심있는 학생은 다른 서적을 참고하기 바란다.

---

정 의 **6.37** 두 거리공간 $(X, d)$와 $(Y, e)$에서 임의의 $p, q \in X$에 대하여,

$$d(p, q) = e(f(p), f(q))$$

가 되는 전단사함수 $f : X \longrightarrow Y$가 존재할 때, 거리공간 $(X, d)$는 거리공간 $(Y, e)$와 등거리(isometric)이다라고 하며,

$$(X, d) \equiv (Y, e)$$

로 쓴다. 이 때, 함수 $f$를 등거리함수(isometry)라 한다.

---

$(X, d) \equiv (Y, e)$일 때, $X$의 두 점 사이의 거리와 그 두 점에 대한 $Y$에서의 함숫값들 사이의 거리는 같다.

문 제 **6.38** '거리공간 $(X, d)$와 $(Y, e)$가 등거리공간이다'라는 관계는 동치관계(equivalence relation)임을 증명하여라.

【풀이】

(1) 반사적이다. 왜냐하면, 항등함수 $1_X : X \to X$가 등거리함수이다.

(2) 대칭적이다. 왜냐하면, $f : X \to Y$를 등거리함수라 하면 $f^{-1} : Y \to X$도 등거리함수이다.

(3) 추이적이다. 왜냐하면, $f : X \to Y, g : Y \to Z$를 등거리함수라 하면 $g \circ f : X \to Z$도 등거리함수이다.

정 리 **6.39** 두 거리공간 $(X, d)$와 $(Y, e)$가 등거리이면 위상동형이다. 즉, $(X, d) \equiv (Y, e)$이면 $(X, d) \cong (Y, e)$이다.

【증명】 $(X, d) \equiv (Y, e)$이므로 전단사함수 $f : X \longrightarrow Y$가 존재하여,

$$d(p, q) = e(f(p), f(q)) \ (p, q \in X)$$

가 된다. $f$가 열린 함수임을 보이기 위하여, $G$가 $X$의 임의의 열린 부분집합일 때 $f(G)$도 역시 $Y$의 열린 부분집합임을 보이자. $f(G)$의 임의의 원소 $y$에 대하여 $G$의 원소 $p$가 존재하여, $y = f(p)$가 된다. $G$는 열린 집합이므로,

$$p \in B_d(p, \delta) \subseteq G$$

인 양수 $\delta$가 존재한다. 따라서

$$f(p) \in f(B_d(p, \delta)) \subseteq f(G)$$

이므로, $f(B_d(p, \delta))$가 열린 집합임을 보이면 된다.

$$\begin{aligned} f(B_d(p, \delta)) &= \{f(q) \mid q \in B_d(p, \delta)\} \\ &= \{f(q) \mid d(p, q) < \delta\} \\ &= \{f(q) \mid e(f(p), f(q)) < \delta\} \\ &= B_e(f(p), \delta) \\ &= B_e(y, \delta) \end{aligned}$$

따라서 $f(B_d(p, \delta))$는 열린 집합이다. 마찬가지 방법으로 $f$가 연속함수임을 보일 수 있다. 따라서 $f$는 위상동형함수이다. □

예 **6.40** $X$가 둘 이상의 원소를 포함하는 집합이라 하자. 예 6.33의 거리함수를 $d$라 하고 이산거리함수를 $d^*$라 하면, 공간 $(X, d)$와 $(X, d^*)$는 둘 다 이산공간으로서 $(X, d) \cong (X, d^*)$이지만, $(X, d) \equiv (X, d^*)$는 아니다. 따라서 위 정리의 역은 성립하지 않는다.

## 6.4 Hilbert 공간, 노름공간

집합 $\mathbb{R}^n$에 줄 수 있는 가장 대표적인 거리함수는 유클리드 거리함수이다.

---

**정 의 6.41** $\mathbb{R}^n = \{(a_1, a_2, \cdots, a_n) \mid a_i \in \mathbb{R}, \quad i = 1, 2, \cdots, n\}$이라 하자. 함수

$$d : \mathbb{R}^n \times \mathbb{R}^n \to \mathbb{R}$$

가 임의의 점 $\mathbf{a} = (a_1, a_2, \cdots, a_n)$, $\mathbf{b} = (b_1, b_2, \cdots, b_n) \in \mathbb{R}^n$에 대하여,

$$d(\mathbf{a}, \mathbf{b}) = \{(a_1 - b_1)^2 + \cdots + (a_n - b_n)^2\}^{\frac{1}{2}}$$

로 정의되어 있을 때, $d$를 유클리드 거리함수(Euclidean metric)[1] 또는 보통거리함수(usual metric)라 부르며, 이 때 $(\mathbb{R}^n, d)$를 $n$차원 유클리드 공간(Euclidean space)이라 한다. 이 거리함수로부터 유도되는 거리위상 $\mathcal{U}$을 보통위상(usual topology)이라 하고, $(\mathbb{R}^n, \mathcal{U})$를 보통위상공간(usual topological space)이라 한다.

---

**정 리 6.42** 유클리드 거리함수는 거리함수의 공리를 만족시킨다. 즉, 실제로 거리함수가 된다.

【증명】 연습문제. □

---

**정 의 6.43** $\mathbb{R}^\infty = \{< a_n >\mid a_1^2 + a_2^2 + \cdots + a_n^2 + \cdots < \infty\}$이라 하자. 즉, 각 항의 제곱들로 이루어진 무한급수가 수렴하는 수열들의 모임이 $\mathbb{R}^\infty$이다.

---

**예 6.44** $\mathbf{a} =< 1, 1, 1, \cdots >$, $\mathbf{b} =< \frac{1}{n} >$일 때, $1^2 + 1^2 + \cdots$는 발산하므로 $\mathbf{a}$는 $\mathbb{R}^\infty$의 원소가 아니다. 그러나 $1^2 + (\frac{1}{2})^2 + \cdots + (\frac{1}{n})^2 + \cdots$은 수렴하므로, $\mathbf{b}$는 $\mathbb{R}^\infty$의 원소이다.

무한차원 공간인 $\mathbb{R}^\infty$에도 아래와 같이 힐베르트 거리함수를 줄 수 있다.

[1] 유클리드 Euclid  BC 300경에 활약한 고대 그리스 시대의 수학자.

**정 의 6.45** 함수 $d : \mathbb{R}^\infty \times \mathbb{R}^\infty \to \mathbb{R}$가 $\mathbb{R}^\infty$의 원소 $\mathbf{a} =< a_n >$와 $\mathbf{b} =< b_n >$에 대하여

$$d(\mathbf{a}, \mathbf{b}) = \sqrt{\sum_{n=1}^{\infty}(a_n - b_n)^2}$$

로 정의되어 있을 때, 이 함수를 힐베르트 거리함수(Hilbert metric)[2] 또는 $l_2$ 거리함수($l_2$ metric)라 하고, $(\mathbb{R}^\infty, d)$를 힐베르트 공간(Hilbert space), 혹은 $l_2$ 공간($l_2$ space)으로 부르며, $\mathbb{H}$로 나타낸다.

**정 리 6.46** $l_2$ 거리함수는 거리함수의 공리를 만족시킨다. 즉, 실제로 거리함수가 된다.

【증명】 연습문제. □

**문 제 6.47** $H_m = \{\langle a_n \rangle \in \mathbb{H} \mid n > m$일 때 $a_n = 0\}$은 힐베르트 공간 $\mathbb{H}$의 부분집합이다. 거리공간 $H_m$과 $\mathbb{R}^m$이 등거리공간임을 보여라.

【풀이】 함수 $f : H_m \to \mathbb{R}^m$를

$$f(< a_1, a_2, \cdots, a_m, 0, 0, 0, \cdots >) = (a_1, a_2, \cdots, a_m)$$

로 정의하면 $f$는 등거리함수이다.

**예 6.48** 힐베르트 공간의 점 $P_k = <a_{k_i}>$가

$$a_{k_i} = \begin{cases} 1, & i = k\text{일 때} \\ 0, & i \neq k\text{일 때} \end{cases}$$

[2]힐베르트 David Hilbert 1862-1943. 독일의 수학자.

로 정의되었다고 하자. 수열 $<P_n>$과 $\mathbf{0} = <0,0,0,\cdots>$을 생각하자.

$$P_1 =< 1,0,0,0,\cdots >$$
$$P_2 =< 0,1,0,0,\cdots >$$
$$P_3 =< 0,0,1,0,\cdots >$$
$$\vdots$$
$$\mathbf{0} =< 0,0,0,0,\cdots >$$

사영함수 $\pi_i$에 의하여 생성된 수열 $<\pi_i(P_n)>$은 각 사영공간에서 0으로 수렴한다. 그러나 힐베르트 공간에서 수열 $<P_n>$은 모든 자연수 $k$에 대하여 $d(P_k, \mathbf{0}) = 1$이므로, $\mathbf{0}$으로 수렴하지 않는다. 사실 수열 $<P_n>$은 수렴하는 부분수열을 갖지 않는다.

예 **6.49** $\mathbb{H}^* = \{< 0, a_1, a_2, a_3, \cdots >|< a_1, a_2, a_3, \cdots >\in \mathbb{H}\}$는 힐베르트 공간 $\mathbb{H}$의 진부분집합이다. 함수

$$f : \mathbb{H} \longrightarrow \mathbb{H}^*,\ f(< a_1, a_2, a_3, \cdots >) =< 0, a_1, a_2, a_3, \cdots >$$

는 등거리함수이므로, $\mathbb{H}$는 자신의 진부분집합과 등거리공간이다.

---

정 의 **6.50** $(V, +, \cdot\,)$가 벡터공간(vector space)이라 하자. $V$에서 $\mathbb{R}$로 가는 함수 $\|\ \|: V \to \mathbb{R}$가 $V$의 원소 $v, w$와 실수 $k$에 대하여 다음의 세 가지 조건을 만족시킬 때, 벡터공간 $V$의 노름(norm)이라 한다.

(N1) $\| v \|\geq 0$이고, $\left[\, \| v \|= 0 \iff v = 0\right]$ 이다.

(N2) $\| v + w \|\leq\| v \| + \| w \|$ .

(N3) $\| kv \|=| k |\| v \|$ .

이 때 $(V, \|\ \|)$을 노름공간(normed space)이라 정의하고, $\| v \|$를 벡터 $v$의 노름(norm)이라고 부른다.

---

정 리 **6.51** $V$가 노름공간일 때 함수

$$d : V \times V \longrightarrow \mathbb{R},\quad d(v, w) =\| v - w \|$$

는 $V$의 거리함수이다. 이 때 $d$를 $V$의 유도거리함수(induced metric)라 한다.

【증명】 거리함수의 4가지 조건이 만족되는지 조사하자.

(1) $d(v,w) = \|v-w\| \ge 0$이고 $d(v,v) = \|v-v\| = 0$이다.

(2) $d(v,w) = \|v-w\| = \|(-1)(w-v)\| = |-1|\|w-v\| = \|w-v\| = d(w,v)$

(3) $d(u,v) = \|u-v\| = \|(u-w)+(w-v)\| \le \|u-w\| + \|w-v\|$
$= d(u,w) + d(w,v)$

(4) $v \ne w$이면 $v - w \ne 0$이고, 따라서 $d(v,w) = \|v-w\| > 0$이다.

□

모든 노름공간은 거리함수, 즉 유도거리함수를 생성해 낸다. 따라서 모든 노름공간은 거리공간이 되고, 결국 위상공간이 된다.

---

**정 의 6.52** $(\mathbb{R}^m, +, \cdot)$은 $\mathbb{R}^m$의 원소 $(a_1, \cdots, a_m)$, $(b_1, \cdots, b_m)$와 실수 $k$에 대하여, 두 개의 연산인 덧셈$(+)$과 스칼라곱$(\cdot)$이 아래와 같이 정의된 벡터공간이다.

$$(a_1, \cdots, a_m) + (b_1, \cdots, b_m) = (a_1 + b_1, \cdots, a_m + b_m),$$
$$k \cdot (a_1, \cdots, a_m) = (ka_1, \cdots, ka_m).$$

이 때 $\mathbb{R}^m$에서 $\mathbb{R}$로 가는 함수 $\|\ \|$가

$$\|\ (a_1, a_2, \cdots, a_m)\ \| = \sqrt{\sum_{i=1}^{m} a_i^2}$$

로 정의된 경우, 이 함수를 유클리드 노름(Euclidean norm)이라고 부른다.

---

이제 유클리드 노름이 실제로 노름이 된다는 것을 알아보자. 이를 위해 먼저 코시-슈바르츠[3] 부등식을 증명하여 보자.

**정 리 6.53** [코시-슈바르츠 부등식(Cauchy-Schwarz inequality)]
$\mathbb{R}^m$의 점 $\mathbf{a} = (a_1, \cdots, a_m)$과 $\mathbf{b} = (b_1, \cdots, b_m)$에 대하여 $\|\ \|$가 유클리드 노름일

[3] 슈바르츠 Hermann Amandus Schwarz 1843-1921. 독일의 수학자.

때, 다음의 식을 만족시킨다.

$$\sum_{i=1}^{m} \mid a_i b_i \mid \le \parallel \mathbf{a} \parallel \parallel \mathbf{b} \parallel = \sqrt{\sum_{i=1}^{m} a_i^2}\sqrt{\sum_{i=1}^{m} b_i^2}$$

【증명】 $\mathbf{a} = \mathbf{0}$이거나 $\mathbf{b} = \mathbf{0}$일 때, 등식이 성립된다. $\mathbf{a} \neq \mathbf{0}, \mathbf{b} \neq \mathbf{0}$이라고 가정하면 $\parallel \mathbf{a} \parallel \neq 0$이고 $\parallel \mathbf{b} \parallel \neq 0$이다. 모든 실수 $x$와 $y$에 대하여 $0 \le (x-y)^2 = x^2 - 2xy + y^2$이므로, $2xy \le x^2 + y^2$이 된다.

$$x = \frac{\mid a_i \mid}{\parallel \mathbf{a} \parallel}, \; y = \frac{\mid b_i \mid}{\parallel \mathbf{b} \parallel}$$

에 대하여 위의 부등식을 적용시키면, 임의의 자연수 $i$에 대하여 다음의 부등식을 얻는다.

$$\frac{2 \mid a_i \mid \mid b_i \mid}{\parallel \mathbf{a} \parallel \parallel \mathbf{b} \parallel} \le \frac{\mid a_i \mid^2}{\parallel \mathbf{a} \parallel^2} + \frac{\mid b_i \mid^2}{\parallel \mathbf{b} \parallel^2}$$

양 변의 $i$를 1에서 $m$까지 더하고,

$$\sum_{i=1}^{m} \mid a_i \mid^2 = \parallel \mathbf{a} \parallel^2, \quad \sum_{i=1}^{m} \mid b_i \mid^2 = \parallel \mathbf{b} \parallel^2$$

을 대입하면 원하는 부등식을 얻는다. □

위에서 얻은 코시-슈바르츠 부등식을 이용하면 민코프스키[4] 부등식을 증명할 수 있다.

정 리 **6.54** [민코프스키 부등식(Minkowski inequality)]
$\mathbb{R}^m$의 두 점 $\mathbf{a}$와 $\mathbf{b}$에 대하여

$$\parallel \mathbf{a} + \mathbf{b} \parallel \le \parallel \mathbf{a} \parallel + \parallel \mathbf{b} \parallel$$

이 성립한다.

[4]민코프스키 Hermann Minkowski 1864-1909. 독일에서 활동한 러시아 출신 수학자.

【증명】 $\mathbf{a} = (a_1, a_2, \cdots, a_m)$이고 $\mathbf{b} = (b_1, b_2, \cdots, b_m)$이라 하자. 만일 $\|\mathbf{a}+\mathbf{b}\| = 0$이면 항상 성립한다. 이제 $\|\mathbf{a}+\mathbf{b}\| \neq 0$라 하자. 임의의 $a_i, b_i \in \mathbb{R}$에 대하여

$$|a_i + b_i| \leq |a_i| + |b_i|$$

이고, 따라서

$$\begin{aligned}\|\mathbf{a}+\mathbf{b}\|^2 &= \sum |a_i + b_i|^2 \\ &\leq \sum |a_i + b_i|(|a_i| + |b_i|) \\ &= \sum (|a_i + b_i||a_i| + |a_i + b_i||b_i|)\end{aligned}$$

이다. 코시-슈바르츠 부등식에 의하여

$$\sum |a_i + b_i||a_i| \leq \|\mathbf{a}+\mathbf{b}\|\|\mathbf{a}\| \text{이고 } \sum |a_i + b_i||b_i| \leq \|\mathbf{a}+\mathbf{b}\|\|\mathbf{b}\|$$

이다. 따라서

$$\|\mathbf{a}+\mathbf{b}\|^2 \leq \|\mathbf{a}+\mathbf{b}\|\|\mathbf{a}\| + \|\mathbf{a}+\mathbf{b}\|\|\mathbf{b}\| = \|\mathbf{a}+\mathbf{b}\|(\|\mathbf{a}\| + \|\mathbf{b}\|)$$

이다. $\|\mathbf{a}+\mathbf{b}\| \neq 0$이므로 $\|\mathbf{a}+\mathbf{b}\|$로 양변을 나누면, $\|\mathbf{a}+\mathbf{b}\| \leq \|\mathbf{a}\| + \|\mathbf{b}\|$이다. □

**정리 6.55** $\mathbb{R}^m$ 공간에서 유클리드 노름은 노름의 공리를 만족시킨다. 즉, 실제로 노름이 된다.

【증명】 연습문제. □

**예 6.56** 정리 6.51에 의해 $\mathbb{R}^m$ 공간에서 유클리드 노름 $\| \; \|$은 유클리드 거리함수를 유도한다.

유클리드 노름은 무한차원인 힐베르트 공간까지도 확장할 수 있다. 다음 예제를 살펴보자.

**예제 6.57** $\mathbb{R}^\infty$에서 노름을 $\| \langle a_n \rangle \| = \sqrt{\sum_{i=1}^{\infty} a_i^2}$이라 할 때, 민코프스키 부등식이 성립함을 보여라.

【풀이】 $\mathbb{R}^\infty$ 의 원소 $\mathbf{a} = \lt a_n \gt$와 $\mathbf{b} = \lt b_n \gt$에 대하여

$$\sqrt{\sum_{i=1}^{n} |a_i + b_i|^2} \le \sqrt{\sum_{i=1}^{n} |a_i|^2} + \sqrt{\sum_{i=1}^{n} |b_i|^2} \le \sqrt{\sum_{i=1}^{\infty} |a_i|^2} + \sqrt{\sum_{i=1}^{\infty} |b_i|^2} = \|\mathbf{a}\| + \|\mathbf{b}\|$$

이다. 그런데 위 부등식이 모든 자연수 $n$에 대해 성립하므로,

$$\|\mathbf{a} + \mathbf{b}\| = \sqrt{\sum_{i=1}^{\infty} |a_i + b_i|^2} = \lim_{n \to \infty} \sqrt{\sum_{i=1}^{n} |a_i + b_i|^2} \le \|\mathbf{a}\| + \|\mathbf{b}\|.$$

따라서 $\mathbb{R}^\infty$ 에서도 민코프스키 부등식이 성립한다.

## 연습문제 6

1. 아래 내용이 참이면 O, 거짓이면 X로 나타내어라.

 (a) 거리공간 $(X, d)$에서 서로 다른 두 점 사이의 거리는 0보다 크다.
 (b) 거리공간 $(X, d)$에서 $p \notin A$이면 $d(p, A) > 0$이다.
 (c) 거리공간 $(X, d)$에서 $A \cap B = \emptyset$ 이면 $d(A, B) > 0$이다.
 (d) 거리공간 $(X, d)$에서 $A \cap B = \emptyset$ 이고 $A, B$가 닫힌 집합이면 $d(A, B) > 0$이다.
 (e) 거리공간 $(X, d)$에서 $p \notin A$이고 $A$가 닫힌 집합이면 $d(p, A) > 0$이다.
 (f) 모든 거리함수는 위상을 생성한다.
 (g) 모든 집합에 거리함수를 주어 거리공간을 만들 수 있다.
 (h) 모든 노름공간은 거리공간이 된다.
 (i) 모든 위상공간은 거리함수를 주어 거리공간으로 만들 수 있다.
 (j) 거리공간에서 한원소집합은 닫힌 집합이다.
 (k) 등거리공간 끼리는 위상동형이다.
 (l) 모든 이산공간은 거리공간이다.
 (m) 모든 비이산공간은 거리공간이다.

2. $d$가 집합 $X$에서의 거리함수일 때 다음 함수 $e$도 $X$에서의 거리함수가 됨을 보여라.

$$e(a,b) = \frac{d(a,b)}{1+d(a,b)}$$

3. $d$는 $X$의 거리함수이다. $X$의 두 점 $a, b$에 대하여

$$d^*(a,b) = \min\{1, d(a,b)\}$$

는 X의 거리함수인가?

4. $\mathbb{R}^2$의 두 점 $a = (a_1, a_2)$, $b = (b_1, b_2)$에 대하여

$$d(a,b) = \min\{\mid a_1 - b_1 \mid, \mid a_2 - b_2 \mid\},$$

로 정의된 함수 $d : \mathbb{R}^2 \times \mathbb{R}^2 \longrightarrow \mathbb{R}$가 거리함수가 되는지 알아보아라.

5. $B(X,Y)$를 집합 $X$에서 거리공간 $(Y,d)$로 가는 모든 유계함수들의 집합이라고 할 때 아래 함수 $e$가 $B(X,Y)$에서 거리함수가 됨을 보여라.

$$e(f,g) = \sup\{d(f(x), g(x)) \mid x \in X\}$$

6. 아래의 두 조건을 만족하는 $d$는 $X$에서의 거리함수가 됨을 보여라.

   (i) $d(a,b) = 0 \iff a = b$

   (ii) $d(a,c) \leq d(a,b) + d(c,b), \quad \forall b \in X$

7. 아래 조건을 모두 만족시키는 $\mathbb{R}$의 두 개의 닫힌 부분집합 $A$와 $B$의 예를 들어라.

$$d(A,B) = 0,\ A \cap B = \emptyset$$

8. $B \subseteq \mathbb{R}^2$가 닫힌 집합이 되기 위한 필요충분조건은 $d(p,B) = 0 \implies p \in B$가 됨을 보여라.

9. $d$가 $X$에서의 거리함수일 때 임의의 집합 $A, B \subseteq X$에 대해 다음이 성립함을 보여라. (단, $A, B \neq \emptyset$)

$$d(A \cup B) \leq d(A) + d(B) + d(A,B)$$

10. $d$가 $X$에서의 거리함수이고 $A \subseteq X$일 때 함수

$$f : X \to \mathbb{R}, \quad f(x) = d(x, A)$$

가 연속함수임을 보여라.

11. 열린 공 $B(p, \delta) = \{x \mid d(p, x) < \delta\}$의 닫음과 닫힌 공(closed sphere) $\overline{B}(p, \delta) = \{x \mid d(p, x) \leq \delta\}$이 다른 예를 들어라. 즉, $\overline{B(p, \delta)} \neq \overline{B}(p, \delta)$의 예를 들어라.

12. 닫힌 공 $\overline{B}(p, \delta) = \{x \mid d(p, x) \leq \delta\}$은 닫힌 집합임을 보여라.

13. $C[0, 1] = \{f \mid f : [0, 1] \to \mathbb{R}$는 연속함수$\}$라 할 때,

$$||f|| = \sup\{|f(x)| \mid x \in [0, 1]\}$$

이 $C[0, 1]$에서 노름이 됨을 보여라.

14. $B(X, \mathbb{R})$가 $X$를 정의역으로 하는 모든 유계인 실함수들의 집합이라 할 때,

$$||f|| = \sup\{|f(x)| \mid x \in X\}$$

가 $B(X, \mathbb{R})$에서 노름이 됨을 보여라.

15. $X$가 노름공간일 때 함수 $f : X \to \mathbb{R}, \quad f(x) = ||x||$가 연속함수임을 보여라.

16. $n$차원 유클리드 공간의 거리함수가 실제로 거리함수가 됨을 정의를 사용해서 직접 보여라.

17. $\mathbb{R}^m$ 공간에서 유클리드 노름 $\| \, \|$은 노름의 공리를 만족시킴을 직접 보여라.

18. Hilbert 공간이 거리공간임을 보여라.

19. $n$차원 유클리드 공간 $\mathbb{R}^n$의 원점이 아닌 점 $\mathbf{a}$에 대해, $\mathbb{R}^n$의 부분공간 $Y = \{t\mathbf{a} \mid t \in \mathbb{R}\}$를 생각하자. 함수

$$f : \mathbb{R} \to Y, \; f(t) = t\mathbf{a}$$

가 위상동형함수임을 보여라.

# 제 7 장

# 가산공간

실수의 보통위상공간을 비롯하여 일반적으로 우리가 다루고 있는 위상공간은 대부분 무한집합으로 이루어진 위상공간이다. 그러나 우리가 실제로 쉽게 알 수 있는 집합은 유한 집합이다. 따라서 무한하긴 하지만 가장 유한 집합에 가까운 자연수의 집합에 대하여 관심을 가져보는 것은 당연하다. 이 장에서는 자연수의 성질을 사용하여 위상공간들의 특성을 분류하고, 그들의 성질을 연구하자.

## 7.1 제1가산공간

**정 의 7.1** 위상공간 $(X, \mathcal{T})$의 모든 점 $x$가 가산 국소기저(countable local base)를 가질 때, $(X, \mathcal{T})$를 제1가산공간(first countable space)이라 한다.

**예 7.2** (1) 거리공간 $(X, d)$의 점 $p$는 열린 공들의 집합

$$\{B(p, \frac{1}{n}) \mid n \in \mathbb{N}\}$$

을 국소기저로 가지므로, 모든 거리공간은 제1가산공간이다. 특히, 보통거리공간 $(\mathbb{R}, d), (\mathbb{R}^2, d)$ 등은 제1가산공간이다.

(2) 이산공간 $(X, \mathcal{D})$의 점 $p$는 한원소집합 $\{\{p\}\}$를 국소기저로 가지므로, 모든 이산공간은 제1가산공간이다. 예를 들어 $(\mathbb{R}, \mathcal{D})$는 제1가산공간이다.

(3) 비이산공간 $(X, \mathcal{I})$는 제1가산공간이다. 왜냐하면, $x \in X$에 대하여 $\{X\}$가 가산 국소기저이기 때문이다.

(4) 아래끝 위상공간 $(\mathbb{R}, \mathcal{T}_l)$은 제1가산공간이다. 왜냐하면 임의의 $x \in \mathbb{R}$에 대해

$$\mathcal{B}_x = \{[x, x + \frac{1}{n}) \mid n \in \mathbb{N}\}$$

이 가산 국소기저가 되기 때문이다.

**예 제 7.3** 실수의 여유한공간(cofinite space) $(\mathbb{R}, \mathcal{C}_f)$는 제1가산공간인가?

【풀이】 제1가산공간이 아니다. $(\mathbb{R}, \mathcal{C}_f)$가 제1가산공간이라고 가정하면 실수 1은 가산 국소기저

$$\mathcal{B} = \{B_k \mid k \in K\} \quad (K\text{는 가산집합})$$

을 갖는다. $B_k$는 1을 포함하는 열린 집합이므로, $\mathbb{R} - B_k$는 유한집합이고, 따라서 집합

$$A = \bigcup\{\mathbb{R} - B_k \mid k \in K\}$$

는 가산집합이다. $\mathbb{R}$이 비가산집합이므로, $A$의 원소가 아니면서 1이 아닌 실수 $p$가 존재한다.

$$p \in \mathbb{R} - A = \bigcap\{E_k \mid k \in K\}$$

이므로, 모든 $k \in K$에 대하여 $p$는 $B_k$ 의 원소가 된다.

그러나 집합 $\mathbb{R}-\{p\}$는 1을 원소로 가지는 열린 집합이므로, 국소기저의 정의에 의해 $1 \in B_{n^*} \subseteq \mathbb{R}-\{p\}$인 적당한 $K$의 원소 $n^*$가 존재한다. 그러면 $p$가 $B_{n^*}$의 원소가 아니므로 모순이다. 따라서 $(\mathbb{R}, \mathcal{C}_f)$는 제1가산공간이 아니다.

예 **7.4** $(\mathbb{R}, \mathcal{C}_c)$가 제1가산공간이 아님을 위 예제와 비슷하게 보일 수 있다.

참고 **7.5** 가산집합 $\{B_k \mid k \in K\}$은 $K$가 유한집합이거나, 자연수의 집합 $\mathbb{N}$과 일대일대응이 된다는 것을 의미하므로

$$\{B_k \mid k \in K\} = \{B_n \mid n \in \mathbb{N}\}$$

으로 나타낼 수 있다. 이 때 $K$가 가부번집합일 경우는, $K = \mathbb{N}$으로 생각하고, $K$가 유한집합일 경우는, 유한 개를 제외한 나머지 집합 $B_n$들이 모두 같다고 생각하면 된다. 즉, 적당한 자연수 $m$에 대하여 $n \geq m$일 때 $B_n = B_m$인 경우, $K$는 유한집합이다.

---

정의 **7.6** 집합족 $\mathcal{B} = \{B_n \mid n \in \mathbb{N}\}$가 모든 $n$에 대하여

$$B_{n+1} \subseteq B_n$$

일 때, 이 집합족이 축소성(nested property)을 갖는다고 한다.

위상공간의 가산 국소기저가 축소성을 가질 때, 축소가산 국소기저(nested countable local base)라고 한다.

---

예 **7.7** 거리공간 $(X, d)$에서 임의의 $x \in X$에 대해

$$\mathcal{B}_x = \{B_d(x, \frac{1}{n}) \mid n \in \mathbb{N}\}$$

는 축소가산 국소기저이다.

보조정리 **7.8** 제1가산공간의 모든 점은 축소가산 국소기저를 갖는다.

【증명】 점 $p$가 제1가산공간 $(X, \mathcal{T})$의 한 점이면, 점 $p$에서 가산 국소기저 $\mathcal{B}_p = \{B_n \mid n \in \mathbb{N}\}$가 존재한다. $G_m = \bigcap_{n=1}^{m} B_n$이라 정의하자. 이제 집합

$$\mathcal{B}_p^* = \{G_m \mid m \in \mathbb{N}\}$$

가 $p$의 축소가산 국소기저임을 보이자. $G_{n+1} \subseteq G_n$ 이므로 $\mathcal{B}_p^*$는 축소성을 갖는다. $\mathcal{B}_p^*$의 기수(cardinality)가 $\mathcal{B}_p$의 기수보다 클 수 없으므로, $\mathcal{B}_p^*$는 가산집합이다. $\mathcal{B}_p^*$의 원소 $G_n$은 $p$를 포함하는 열린 집합 $B_n$들을 유한 개 교집합한 것이므로, 역시 $p$를 포함하는 열린 집합이다. $p$를 포함하는 임의의 열린 집합 $G$를 택하면, $\mathcal{B}_p$의 원소 $B_n$이 존재하여 $p \in B_n \subseteq G$가 된다. $G_n$은 $p$를 포함하는 $B_n$의 부분집합이므로, $p \in G_n \subseteq B_n \subseteq G$가 된다. 따라서 $\mathcal{B}_p^*$는 $p$의 축소가산 국소기저이다. □

**보조정리 7.9** $\mathcal{B}_p = \{B_n \mid n \in \mathbb{N}\}$를 제1가산공간 $(X, \mathcal{T})$의 한 점 $p$의 축소가산 국소기저라 하자. $\mathcal{B}_p$의 모든 원소 $B_n$에서 한 점씩을 택하여 만든 수열 $<a_n>$은 $p$로 수렴한다.

【증명】 점 $p$를 포함하는 임의의 열린 집합 $G$를 택하면 $\mathcal{B}_p$는 $p$의 국소기저이므로, 적당한 $B_{n^*}$가 $\mathcal{B}_p$에 존재하여 $p \in B_{n^*} \subseteq G$가 된다. $\mathcal{B}_p$가 축소성을 가지므로 $n \geq n^*$일 때 $a_n \in B_n \subseteq B_{n^*} \subseteq G$가 되어, 수열 $<a_n>$은 $p$로 수렴한다. □

**정 리 7.10** $f$는 제1가산공간 $(X, \mathcal{T})$에서 위상공간 $(Y, \mathcal{T}')$로 가는 함수이다. $X$의 한 원소 $p$에 대하여 다음 두 조건은 서로 동치이다.

(1) $f$는 $p$에서 연속이다.

(2) $f$는 $p$에서 수열연속이다.

【증명】 (1) ⇒ (2)는 제5장에서 이미 증명하였으므로 (2) ⇒ (1)만 보이면 된다. $(X, \mathcal{T})$가 제1가산공간이므로, $p$는 축소가산 국소기저 $\mathcal{B}_p = \{B_n \mid n \in \mathbb{N}\}$를 갖는다. $f$가 $p$에서 연속이 아니라고 가정하면 $f(p)$를 포함하는 적당한 열린 집합 $H$가 존재하여, $p$를 포함하는 모든 열린 집합 $G$에 대해서

$$f(G) \not\subseteq H$$

가 된다. 따라서 모든 자연수 $n$에 대하여 $f(B_n) \not\subseteq H$이다. 즉 모든 자연수 $n$에 대하여 $a_n \in B_n$이지만 $f(a_n) \notin H$인 $a_n$이 존재한다. 그런데 보조정리 7.9에 의해 수열 $<a_n>$은 $p$로 수렴한다. $f$가 수열연속이므로 수열 $<f(a_n)>$도 $f(p)$로 수렴한다. 즉, 수열

$<f(a_n)>$ 의 유한 개를 제외한 나머지 항들이 열린 집합 $H$ 에 들어간다. 이는 모순이다. 따라서 $f$ 는 $p$ 에서 연속이다. □

예 **7.11** 거리공간은 제1가산공간이므로 거리공간의 함수 $f : (X, d) \to (Y, d')$ 가 연속이기 위한 필요충분조건은 수열연속이다.

문제 **7.12** 함수의 정의역이 제1가산공간이 아니면 위의 정리는 성립하지 않는다. 반례를 들어라.

【풀이】 예 5.23에서 살펴본 바와 같이 항등함수

$$1_{\mathbb{R}} : (\mathbb{R}, \mathcal{C}_c) \to (\mathbb{R}, \mathcal{U})$$

는 수열연속이지만 연속은 아니다.

## 7.2 제2가산공간

---

정의 **7.13** 위상공간 $(X, \mathcal{T})$가 가산 기저(countable base)를 가질 때, $(X, \mathcal{T})$를 제2가산공간(second countable space)이라 한다.

---

예 **7.14** (1) 보통위상공간 $(\mathbb{R}, \mathcal{U})$는 가산 기저

$$\mathcal{B} = \{(a, b) \mid a < b,\ a\text{와 } b\text{는 유리수 }\}$$

를 가지므로, 제2가산공간이다.

(2) 보통위상공간 $(\mathbb{R}^2, \mathcal{U})$도 가산 기저

$$\mathcal{B} = \{B((p, q), \frac{1}{n}) \mid (p, q) \in \mathbb{Q} \times \mathbb{Q},\ n \in \mathbb{N}\}$$

를 가지므로, 제2가산공간이다.

(3) $(\mathbb{N}, \mathcal{D})$는 제2가산공간이다.

(4) $(\mathbb{R}, \mathcal{D})$는 제1가산공간이지만 제2가산공간은 아니다.

(5) 이산공간 $(X, \mathcal{D})$의 모든 기저는, $X$ 의 한원소집합을 모두 포함해야 한다. 따라서 기저의 기수가 $X$ 의 기수보다 크거나 같다. 따라서 $X$가 비가산집합인 경우, 이산공간은 제2가산공간이 아니다.

예 **7.15** 칸토어 집합은 제2가산공간이다. 왜냐하면 실수의 위상공간 $(\mathbb{R}, \mathcal{U})$가 제2가산이므로 부분공간인 칸토어 집합도 제2가산이다. (연습문제 참조)

**정 리** **7.16** 제2가산공간은 제1가산공간이다.

【증명】 제2가산공간일 경우 가산 기저 $\mathcal{B}$가 존재한다. $X$의 점 $x$에 대하여 집합 $\{B_n \in \mathcal{B} \mid x \in B_n\}$는 $X$의 가산 국소기저가 된다. 따라서 $X$는 제1가산공간이다. □

---

**정 의** **7.17** $\mathcal{G}$는 집합 $X$의 멱집합 $P(X)$의 부분집합이다. $X$의 부분집합 $A$에 대하여

$$A \subseteq \bigcup \{E \mid E \in \mathcal{G}\}$$

일 때, $\mathcal{G}$를 $A$의 덮개(cover)라고 한다. 특히 $\mathcal{G}$의 모든 원소 $E$가 열린 집합이면, $\mathcal{G}$는 $A$의 열린 덮개(open cover)라 부른다. $\mathcal{G}$의 부분집합 $\mathcal{G}^*$가 존재하여 $\mathcal{G}^*$만으로 $A$를 덮을 수 있을 때, $\mathcal{G}^*$를 $\mathcal{G}$의 부분덮개(subcover)라 한다. 특히, $\mathcal{G}^*$ 가 유한집합이면 유한부분덮개(finite subcover), 가산집합이면 가산부분덮개(countable subcover) 라 부른다.

---

**예** **7.18** (1) 보통위상공간 $\mathbb{R}$에서 $\{(n, n+2) \mid n \in \mathbb{Z}\}$는 $\mathbb{R}$의 열린 덮개이다. 그러나 $\{(n, n+1) \mid n \in \mathbb{Z}\}$은 열린 집합들의 모임이지만 덮개가 되지 못하므로 열린 덮개가 아니다.

(2) 보통위상공간 $\mathbb{R}^2$에서

$$\{B(p, \frac{1}{n}) \mid p \in \mathbb{R}^2, n \in \mathbb{N}\}$$

는 $\mathbb{R}^2$의 열린 덮개이다. 이 덮개는 유한부분덮개를 갖지 않는다.

(3) 보통위상공간 $\mathbb{R}^2$에서 $\{B((0,0), n) \mid n \in \mathbb{N}\}$는 $\mathbb{R}^2$의 열린 덮개이다. 이 덮개는 유한부분덮개를 갖지 않는다.

(4) $\mathcal{B}$가 위상공간 $(X, \mathcal{T})$의 기저이면, $\mathcal{B}$는 $X$의 열린 덮개이다.

(5) $X$가 비가산집합인 이산공간 $(X, \mathcal{D})$에서 $X$의 열린 덮개 $\mathcal{G} = \{\{p\} \mid p \in X\}$는 유한부분덮개나 가산부분덮개를 갖지 않는다.

**문 제** **7.19** 무한 공간 $(X, \mathcal{T})$의 모든 열린 덮개가 유한부분덮개를 가지는 예를 들어라.

【풀이】 $X$가 무한집합일 때, 비이산공간 $(X, \mathcal{I})$의 모든 열린 덮개는 $\{X\}$를 유한부분덮개로 가진다.

**정의 7.20** 위상공간 $(X, \mathcal{T})$에서 $X$의 모든 열린 덮개가 가산부분덮개를 가질 때, $(X, \mathcal{T})$를 린델뢰프 공간(Lindelöf space)이라 한다.

**예 7.21** (1) 자연수의 임의의 위상공간 $(\mathbb{N}, \mathcal{T})$는 린델뢰프 공간이다. 왜냐하면, $\mathbb{N}$의 열린 덮개 $\mathcal{G}$가 있을 때, 임의의 $n \in \mathbb{N}$에 대해 $n$을 포함하는 $\mathcal{G}$의 원소 $U_n$이 존재하는데, 이런 덮개의 원소만을 모아놓은 집합 $\{U_n \in \mathcal{G} \mid n \in \mathbb{N}\}$은 분명히 $\mathcal{G}$의 가산 부분덮개가 된다.

(2) 유리수의 집합이 가산집합이므로, 유리수의 임의의 위상공간 $(\mathbb{Q}, \mathcal{T})$도 린델뢰프 공간이다.

(3) 실수의 이산공간 $(\mathbb{R}, \mathcal{D})$에서 $\mathbb{R}$의 열린 덮개 $\mathcal{G} = \{\{p\} \mid p \in \mathbb{R}\}$는 가산 부분덮개를 갖지 않는다. 따라서 린델뢰프 공간이 아니다.

이제 제2가산공간과 린델뢰프[1] 공간 사이의 관계를 알아보자.

**정리 7.22** 모든 제2가산공간은 Lindelöf 공간이다.

【증명】 $\mathcal{G}$를 제2가산공간 $(X, \mathcal{T})$의 임의의 열린 덮개라 하자. $X = \bigcup\{G \mid G \in \mathcal{G}\}$이므로, $X$의 모든 점 $p$에 대하여 $p$를 포함하는 $\mathcal{G}$의 원소 $G_p$가 존재한다. $X$가 제2가산공간이므로 적당한 가산 기저 $\mathcal{B}$가 존재한다. $\mathcal{B}$가 기저이므로, 각 $G_p$에 대하여 기저의 원소 $B_p$가 존재하여 $p \in B_p \subseteq G_p$가 된다. 따라서

$$X \subseteq \bigcup\{B_p \mid p \in X\}$$

이다. 그런데 $\{B_p \mid p \in X\}$는 가산집합 $\mathcal{B}$의 부분집합이므로 가산집합이다. 그러므로 $\{B_p \mid p \in X\} = \{B_n \mid n \in \mathbb{N}\}$으로 나타낼 수 있다. 각각의 $B_n$에 대하여, $B_n \subseteq G_n$이 되는 $\mathcal{G}$의 원소 $G_n$을 하나씩 택하면,

$$X \subseteq \bigcup\{B_n \mid n \in \mathbb{N}\} \subseteq \bigcup\{G_n \mid n \in \mathbb{N}\}$$

이므로, $\{G_n \mid n \in \mathbb{N}\}$은 $\mathcal{G}$의 가산부분덮개가 된다. □

[1] 린델뢰프 Ernst Leonard Lindelöf 1870-1946. 핀란드의 수학자.

## 7.3 분리가능한 공간

---

**정 의 7.23** 위상공간 $(X, \mathcal{T})$가 조밀한 가산 부분집합(countable dense subset)을 가지면, 분리가능한(separable) 공간이라고 한다.

---

**예 7.24** (1) 보통위상공간 $(\mathbb{R}, \mathcal{U})$는 가산 부분집합인 유리수의 집합 $\mathbb{Q}$가 존재하여 $\mathrm{cl}(\mathbb{Q}) = \mathbb{R}$이 되므로, 분리가능한 공간이다.

(2) 실수의 비이산공간 $(\mathbb{R}, \mathcal{I})$는 분리가능한 공간이다. 예를 들어 $\mathbb{N}$은 조밀한 가산 부분집합이다. 실제로 공집합이 아닌 모든 부분집합이 $(\mathbb{R}, \mathcal{I})$에서 조밀하다.

(3) 유리수의 보통위상공간 $(\mathbb{Q}, \mathcal{U}_{\mathbb{Q}})$는 $\mathbb{Q}$ 자신이 조밀한 가산 부분집합이므로, 분리가능한 공간이다.

(4) $X$가 가산집합일 때, 임의의 위상 $\mathcal{T}$에 대해 위상공간 $(X, \mathcal{T})$는 분리가능한 공간이다. 왜냐하면, $X$ 자신이 조밀한 가산 부분집합이기 때문이다.

(5) 아래끝 위상공간 $(\mathbb{R}, \mathcal{T}_l)$은 분리가능한 공간이다. 왜내하면, 조밀한 가산 부분집합 $\mathbb{Q}$가 존재하기 때문이다. (연습문제)

**예 7.25** 이산공간 $(X, \mathcal{D})$의 모든 부분집합은 열린 집합인 동시에 닫힌 집합이다. $A \subsetneq X$이면 $\mathrm{cl}(A) = A \neq X$이다. 따라서 $X$의 조밀한 부분집합은 $X$밖에 없다. 그러므로 $X$가 가산집합이면 $(X, \mathcal{D})$는 분리가능한 공간이고, 비가산집합이면 분리가능한 공간이 아니다. 예를 들어 $(\mathbb{N}, \mathcal{D})$는 분리가능한 공간이고, $(\mathbb{R}, \mathcal{D})$는 분리가능한 공간이 아니다.

**정 리 7.26** 모든 제2가산공간은 분리가능한 공간이다.

【증명】 $(X, \mathcal{T})$는 제2가산공간이고, $\mathcal{B} = \{B_n \mid n \in \mathbb{N}\}$는 $(X, \mathcal{T})$의 가산 기저라 하자. 각각의 $B_n$에서 한 원소 $d_n$을 택하여 만든 집합

$$D = \{d_n \mid n \in \mathbb{N}\}$$

가 $X$의 조밀한 가산 부분집합임을 보이자. $D$의 기수가 $\mathcal{B}$의 기수보다 클 수 없으므로 $D$는 가산집합이다. $D$가 $X$의 조밀한 부분집합임을 보이기 위하여, $X$의 한 원소 $p$를 포함하는 열린 집합 $G$를 택하자. $\mathcal{B}$가 $\mathcal{T}$의 기저이므로 $p$를 포함하는 $B_n$이 $\mathcal{B}$에 존재하여 다음을 만족시킨다.

$$p \in B_n \subseteq G$$

따라서 $G$와 $D$는 점 $d_n$을 공유하여, $D$는 $X$의 조밀한 가산 부분집합이 된다. □

**문 제 7.27** 모든 분리가능한 공간은 제2가산공간인가?

【풀이】 아래끝 위상공간 $(\mathbb{R}, \mathcal{T}_l)$은 분리가능한 공간이지만 제2가산공간은 아니다. (연습문제)

**정 리 7.28** 모든 분리가능한 거리공간은 제2가산공간이다.

【증명】 $(X, \mathcal{T})$가 분리가능한 거리공간이면, 조밀한 가산 부분집합 $D$를 갖는다. 집합

$$\mathcal{B} = \{B(d, \delta) \mid d \in D,\ \delta\text{는 양의 유리수}\}$$

는 분명히 가산집합이다. 이제 $\mathcal{B}$가 $(X, \mathcal{T})$의 기저임을 보이자. $p$는 $X$의 한 점이고 $G$가 $p$를 포함하는 열린 집합이라 하자. $(X, \mathcal{T})$에서는 열린 공들의 집합이 기저이므로, 적당한 열린 공 $B(p, \epsilon)$이 존재하여 다음을 만족시킨다.

$$p \in B(p, \epsilon) \subseteq G,\ \epsilon > 0$$

그런데 $D$가 $X$의 조밀한 부분집합이므로, 다음을 만족시키는 적당한 원소 $d^*$가 $D$에 존재한다.

$$d(p, d^*) < \frac{1}{3}\epsilon$$

$\delta^*$를 $\frac{\epsilon}{3}$과 $\frac{2\epsilon}{3}$ 사이의 유리수라 하면, 다음의 부등식을 만족시킨다.

$$p \in B(d^*, \delta^*) \subseteq B(p, \epsilon) \subseteq G$$

그런데 $B(d^*, \delta^*)$가 $\mathcal{B}$의 원소이므로 $\mathcal{B}$는 $(X, \mathcal{T})$의 가산 기저이다. □

**문 제 7.29** 모든 거리공간은 제2가산공간인가?

【풀이】 실수의 이산공간 $(\mathbb{R}, \mathcal{D})$는 이산거리함수 $d$에 의하여 유도되는 거리공간이지만, 예 7.14의 (5)에서 살펴본 바와 같이 제2가산공간이 아니다.

## 연습문제 7

1. 집합 $[a, b) \times [c, d) = \{(x, y) \mid a \leq x < b,\ c \leq y < d\}$들에 의해 생성된 평면 $\mathbb{R}^2$의 위상을 $\mathcal{T}$라 하자. 그러면 위상공간 $(\mathbb{R}^2, \mathcal{T})$는 제1가산공간이 됨을 보여라.
2. $\mathcal{T}$와 $\mathcal{T}^*$가 집합 $X$의 위상이고 $\mathcal{T} \subseteq \mathcal{T}^*$이다.
   (a) $(X, \mathcal{T})$가 제1가산공간이 아니면서 $(X, \mathcal{T}^*)$는 제1가산공간이 되는 예를 들어라.
   (b) $(X, \mathcal{T}^*)$가 제1가산공간이 아니면서 $(X, \mathcal{T})$는 제1가산공간이 되는 예를 들어라.
3. $m$차원 Euclid 공간의 가산 기저의 예를 들어라.
4. 제2가산공간 $(X, \mathcal{T})$의 모든 기저는 가산 부분기저를 갖는가?
5. 제1가산공간이 되는 것은 유전적(hereditary)인가?
6. 제1가산공간이 되는 것은 위상적 성질(topological property)인가?
7. 제2가산공간 $X$의 서로소인 열린 집합을 모두 모아서 $\mathcal{A}$라 할 때, $\mathcal{A}$가 가산집합이 됨을 보여라.
8. 아래끝 위상공간 $(\mathbb{R}, \mathcal{T}_l)$은 제2가산공간이 아님을 보여라.
9. 제2가산공간이 되는 것은 유전적인가?
10. 제2가산공간이 되는 것은 위상적 성질인가?
11. $l_2$-공간이 제2가산공간임을 보여라.
12. Lindelöf 공간이 되는 것은 위상적 성질인가?
13. Lindelöf 공간의 연속함수에 대한 상은 다시 Lindelöf 공간이 됨을 보여라.
14. 분리가능한 공간이 되는 것은 유전적인가?
15. 분리가능한 공간의 열린 부분집합은 분리가능함을 보여라.
16. 분리가능한 공간이 되는 것은 위상적 성질인가?
17. $m$차원 Euclid 공간이 분리가능한 공간임을 보여라.
18. 아래끝 위상공간 $(\mathbb{R}, \mathcal{T}_l)$은 분리가능한 공간임을 보여라.
19. $l_2$-공간이 분리가능한 공간임을 보여라.
20. 임의의 집합 $X \neq \emptyset$에 대해 $(X, \mathcal{C}_f)$는 분리가능한 공간임을 보여라.

제 8 장

# 분리공리

위상공간 $(X, \mathcal{T})$의 성질은 주어진 집합 $X$에 달려있는 것이 아니라 $X$의 위상 $\mathcal{T}$에 달려있다. 즉 $\mathcal{T}$의 원소인 열린 집합들에 의하여 위상공간의 성질이 결정되는 것이다. $X$가 열린 부분집합을 얼마나 많이 가지고 있는가에 의하여 구분되는 위상공간의 분리의 정도를 알아 보자.

## 8.1 $T_1$ 공간

---

정 의 **8.1** 위상공간 $(X, \mathcal{T})$의 임의의 서로 다른 두 점 $a$와 $b$에 대하여, 다음을 만족시키는 열린 집합 $G$와 $H$가 존재할 때, $(X, \mathcal{T})$를 $T_1$ 공간($T_1$ space)이라고 한다.

$$a \in G,\ b \notin G,\ b \in H,\ a \notin H$$

---

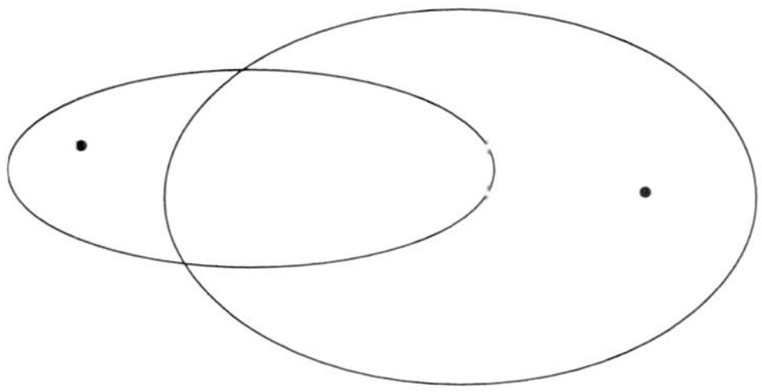

그림 **26**

위의 조건을 만족시키는 열린 집합 $G$와 $H$가 서로소일 필요는 없다. 다음의 정리는 $T_1$ 공간의 특성을 잘 나타내는 중요한 것이다.

정 리 **8.2** 위상공간 $(X, \mathcal{T})$가 $T_1$ 공간이기 위한 필요충분조건은 $X$의 모든 점 $p$에 대하여 한원소집합 $\{p\}$가 $X$의 닫힌 부분집합이 되는 것이다.

【증명】 $p$가 $T_1$ 공간 $(X, \mathcal{T})$의 한 점일 때 $X - \{p\}$가 $X$의 열린 부분집합임을 보이자. $X - \{p\}$의 한 원소 $x$를 택하면, $x$는 $p$가 아니다. $T_1$ 공간의 정의에 의해 $x$를 포함하고 $p$를 포함하지 않는 적당한 열린 집합 $G$가 존재한다. 즉,

$$x \in G \subseteq X - \{p\}$$

이므로 $x$는 $X - \{p\}$의 내점이다. 따라서 $X - \{p\}$는 열린 집합이고, 결과적으로 $\{p\}$는 닫힌 집합이다.

역으로 $(X, \mathcal{T})$가 $T_1$ 공간임을 보이기 위하여, $X$의 서로 다른 두 점 $a$와 $b$를 택하자. $\{a\}$와 $\{b\}$가 닫힌 집합이므로, $X - \{a\}$와 $X - \{b\}$가 우리가 원하는 열린 집합이 된다. 즉, $(X, \mathcal{T})$는 $T_1$ 공간이다. □

유한 개의 닫힌 집합들의 합집합은 역시 닫힌 집합이다. 따라서 다음의 따름정리를 얻는다.

**따름정리 8.3** 다음은 서로 동치이다.

(1) $(X, \mathcal{T})$는 $T_1$ 공간이다.

(2) $X$의 모든 유한 부분집합은 닫힌 집합이다.

**예 8.4** (1) 보통위상공간 $(\mathbb{R}, \mathcal{U})$는 $T_1$ 공간이다. 왜냐하면, $\mathbb{R}$에서 $a \neq b$라 하면, 실수의 성질에 의해 $a < b$이거나 $b < a$이다. 이제 $a < b$라 가정하자.

$$G = (a-1, \frac{a+b}{2}), \quad H = (\frac{a+b}{2}, b+1)$$

은 각 점을 포함하고 다른 점을 포함하지 않는 열린 집합이 된다.

(2) 모든 한원소집합이 닫힌 집합이므로, 이산공간 $(X, \mathcal{D})$는 $T_1$ 공간이다.

(3) 모든 유한 부분집합이 닫힌 집합이므로, 여유한공간 $(\mathbb{R}, \mathcal{C}_f)$는 $T_1$ 공간이다.

(4) $X$의 원소가 두 개 이상일 때, 비이산공간 $(X, \mathcal{I})$는 $T_1$ 공간이 아니다.

(5) 시에르핀스키 공간은 $T_1$ 공간이 아니다. 즉, $X = \{a,\ b\}$이고 $\mathcal{T} = \{X,\ \emptyset,\ \{a\}\}$일 때, 집합 $\{a\}$가 닫힌 집합이 아니므로 $(X, \mathcal{T})$는 $T_1$ 공간이 아니다.

(6) 자연수의 집합 $\mathbb{N}$에 $\{\{1,2\},\ \{3,4\},\ \{5,6\},\ \ldots\}$을 기저로 생성되는 위상이 주어졌다고 하면, 이 공간은 $T_1$이 아니다. 왜냐하면, 한원소집합 $\{1\}$이 닫힌 집합이 아니다.

## 8.2 Hausdorff 공간

미적분학에서 도함수나 정적분은 극한을 이용해서 정의된다. 이와 같은 경우, 수열이나 함수의 극한값이 존재하는가, 그리고 그 극한이 유일한가 하는 것이 중요한데, 극한값이 유일한 공간이 하우스도르프[1] 공간이다. 이에 대해 알아보자.

[1] 하우스도르프 Felix Hausdorff 1868-1942. 독일의 수학자.

---

**정 의** **8.5** 위상공간 $(X, \mathcal{T})$의 서로 다른 두 점 $a$와 $b$에 대하여 서로소인 열린 집합 $G$와 $H$가 존재하여 각각 $a$와 $b$를 포함할 때, $(X, \mathcal{T})$를 $T_2$ 공간($T_2$ space) 또는 하우스도르프 공간(Hausdorff space)이라고 부른다.

---

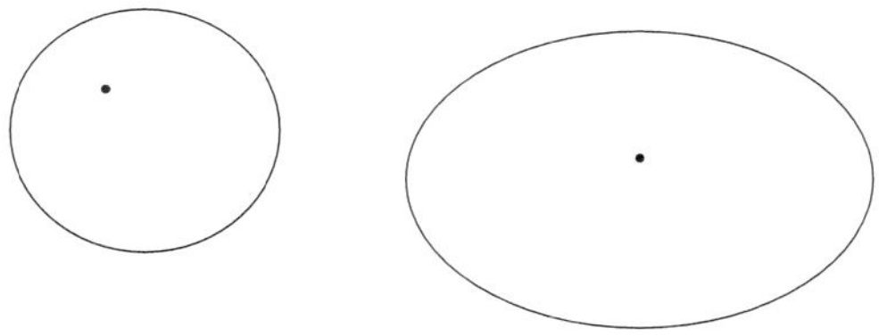

그림 27

**예** **8.6** (1) 보통위상공간 $(\mathbb{R}, \mathcal{U})$는 하우스도르프 공간이다. $\mathbb{R}$에서 $a \neq b$라 하면, 실수의 성질에 의해 $a < b$이거나 $b < a$이다. 이제 $a < b$라 가정하자.

$$G = (a-1, \frac{a+b}{2}), \quad H = (\frac{a+b}{2}, b+1)$$

은 각 점을 포함하는 서로소인 열린 집합이 된다.

(2) $X$의 원소가 두 개 이상일 때, 이산공간 $(X, \mathcal{D})$는 $T_2$ 공간이다. 왜냐하면, $X$의 서로 다른 두 점 $x, y$에 대하여 $\{x\}, \{y\}$가 각 점을 포함하는 서로소인 열린 집합이다.

(3) 실수의 집합 $\mathbb{R}$에 아래끝 위상 $\mathcal{T}_l$을 주면 $T_2$ 공간이다. 왜냐하면, 서로 다른 두 실수 $x \neq y$는 둘 중 하나가 크므로 그것을 $y$라 하자. 그러면 $[x, \frac{x+y}{2})$와 $[\frac{x+y}{2}, y+1)$은 각각 $x$와 $y$를 포함하는 서로소인 열린 집합이다.

(4) $X$의 원소가 두 개 이상일 때, 비이산공간 $(X, \mathcal{I})$는 $T_2$ 공간이 아니다. 왜냐하면, $\mathcal{I} = \{\emptyset, X\}$이므로 $X$의 서로 다른 두 점 $x, y$에 대하여 각 점을 포함하는 서로소인 열린 집합이 존재하지 않는다.

(5) 시에르핀스키 공간은 $T_2$ 공간이 아니다. 왜냐하면, $X = \{a, b\}$이고 $\mathcal{T} = \{X, \emptyset, \{a\}\}$일 때, $a$와 $b$를 각각 포함하는 서로소인 열린 집합이 없다.

(6) 자연수의 집합 $\mathbb{N}$에 $\{\{1,2\}, \{3,4\}, \{5,6\}, \ldots\}$을 기저로 생성되는 위상이 주어졌다고 하면, 이 공간은 $T_2$ 공간이 아니다. 왜냐하면, $1 \neq 2$인데 1과 2를 각각 포함하는 서로소인 열린 집합이 없다.

**예 제** **8.7** 여유한공간 $(\mathbb{R}, \mathcal{C}_f)$는 $T_2$ 공간이 아니다. 이를 보여라.

【풀이】 $(\mathbb{R}, \mathcal{C}_f)$가 $T_2$ 공간이라고 가정하자. $\mathbb{R}$의 서로 다른 두 점 $x$와 $y$에 대하여, 각 점을 포함하는 서로소인 열린 집합 $G, H$가 존재한다. $G$가 열린 집합이므로 $\mathbb{R} - G$는 유한집합이고 따라서 $G$는 무한집합이다. 마찬가지로 $\mathbb{R} - H$는 유한집합이다. 그런데 $G$와 $H$가 서로소이므로 $G \subseteq \mathbb{R} - H$이다. 무한집합 $G$가 유한집합 $\mathbb{R} - H$의 부분집합이 되므로 모순이다. $(\mathbb{R}, \mathcal{C}_f)$가 $T_2$ 공간이 아니다.

문 제 **8.8** $(\mathbb{R}, \mathcal{C}_c)$는 $T_2$ 공간인가?

【풀이】 아니다. 예제 8.7의 풀이와 비슷하게 보일 수 있다.

정 리 **8.9** 모든 거리공간은 $T_2$ 공간이다.

【증명】 거리공간 $(X, d)$의 서로 다른 두 점 $a, b$를 택하면, $a$와 $b$ 사이의 거리는 양의 값을 갖는다. 즉, $\epsilon = d(a, b) > 0$이 된다. 두 개의 열린 공

$$G = B(a, \frac{\epsilon}{3}), \ H = B(b, \frac{\epsilon}{3})$$

는 분명히 $a$와 $b$를 각각 포함하는 열린 집합이다. 만일 $G$와 $H$가 공유점 $p$를 포함한다면

$$\epsilon = d(a, b) \leq d(a, p) + d(p, b) < \frac{\epsilon}{3} + \frac{\epsilon}{3} = \frac{2\epsilon}{3}$$

이 되고 이는 $\epsilon > 0$이라는 사실과 모순이 된다. 따라서 $G$와 $H$는 서로소이다. 그러므로 $X$는 $T_2$ 공간이다. □

예 **8.10** 보통거리공간 $(\mathbb{R}, d), (\mathbb{R}^2, d)$ 등은 모두 $T_2$ 공간이다.

문 제 **8.11** $T_2$ 공간은 $T_1$ 공간인가? 그 역은 성립하는가?

【풀이】 $T_2$ 공간 $X$의 서로 다른 두 점 $x, y$에 대하여 각 점을 포함하는 서로소인 열린 집합 $G, H$가 존재한다. 따라서

$$x \in G, y \in H, x \notin H, y \notin G$$

이므로 $X$는 $T_1$ 공간이다. 그러나 역은 성립하지 않는다. 왜냐하면 $(\mathbb{R}, \mathcal{C}_f)$는 $T_1$ 공간이지만 $T_2$ 공간은 아니다.

앞에서, 위상공간에서 수렴하는 수열이 두 점 이상으로 수렴하는 경우를 보았다. 그러나 보통위상공간의 경우와 마찬가지로, $T_2$ 공간에서 수렴하는 수열은 오직 한 개의 극한값을 갖는다. 이는 $T_2$ 공간의 대표적인 성질이다.

> **정 리 8.12** $T_2$ 공간에서 수렴하는 임의의 수열은 오직 한 점으로 수렴한다.

【증명】 수열 $<a_n>$을 $T_2$ 공간 $(X, \mathcal{T})$의 수렴하는 수열이라 하자. 이제 $a_n \to a$, $a_n \to b$ 라고 가정하여 $a = b$ 임을 보이자. $a \neq b$ 이면 $a$와 $b$를 각각 원소로 포함하는 서로소인 열린 집합 $G, H$가 존재한다. $<a_n>$이 $a$로 수렴하므로, $<a_n>$의 유한 개를 제외한 나머지 모든 항이 $G$에 들어간다. 즉, 적당한 자연수 $n^*$에 대하여, $n > n^*$일 때, $a_n \in G$가 된다. 마찬가지로, 적당한 자연수 $n^{**}$에 대하여, $n > n^{**}$일 때, $a_n \in H$가 된다. 따라서 $m = \max\{n^*, n^{**}\}$에 대하여, $n > m$일 때 $a_n \in G \cap H = \emptyset$ 이므로 모순이다. 따라서 $a = b$이다. 즉, 수렴하는 수열은 오직 한 점으로 수렴한다. □

**예 8.13** 거리공간은 $T_2$ 공간이므로 $(\mathbb{R}, d)$, $(\mathbb{R}^2, d)$, $(\mathbb{R}^n, d)$ 등에서 수렴하는 수열은 오직 한 점으로 수렴한다.

> **정 리 8.14** $(X, \mathcal{T})$가 제1가산공간일 때, 다음은 서로 동치이다.
>
> (1) $(X, \mathcal{T})$는 $T_2$ 공간이다.
>
> (2) $(X, \mathcal{T})$의 수렴하는 임의의 수열은 오직 한 점으로 수렴한다.

【증명】 정리 8.12에 의하여 (1) ⇒ (2)는 항상 성립한다.

(2) ⇒ (1) $(X, \mathcal{T})$가 $T_2$ 공간이 아니라고 가정하고, 서로 다른 두 점 $a$와 $b$를 $X$에서 택하자. 보조정리 7.8에 의해, $a$와 $b$ 각각의 축소가산 국소기저(nested countable local base) $\{G_n \mid n \in \mathbb{N}\}$과 $\{H_n \mid n \in \mathbb{N}\}$이 존재한다. $X$가 $T_2$ 공간이 아니므로, $a$를 포함하는 열린 집합과 $b$를 포함하는 열린 집합이 항상 만나야 한다. 즉, 모든 자연수 $n$에 대하여, $G_n \cap H_n \neq \emptyset$이므로, $a_n \in G_n \cap H_n$을 택하여 만든 수열 $<a_n>$이 존재한다. 그런데 이 수열은 축소가산 국소기저에서 택한 수열이므로 $a$와 $b$로 각각 수렴한다(보조정리 7.9). 이것은 $X$의 수렴하는 수열이 한 점으로 수렴한다는 사실과 서로 모순이다. 따라서, $X$는 $T_2$ 공간이다. □

참고 **8.15** 일반적으로 제1가산공간이 아닌 경우, 위의 두 조건은 서로 동치가 아니다. 실제로 여가산공간 $(\mathbb{R}, \mathcal{C}_c)$에서 수렴하는 수열은 오직 한 점으로 수렴한다. 그러나 $(\mathbb{R}, \mathcal{C}_c)$는 $T_2$ 공간이 아니다.

예제 **8.16** $f : X \to Y$와 $g : X \to Y$가 모두 임의의 위상공간 $(X, \mathcal{T})$에서 $T_2$ 공간 $(Y, \mathcal{T}')$로 가는 연속함수일 때, 아래 집합 $A$는 $X$의 닫힌 부분집합이 됨을 보여라.

$$A = \{x \in X \mid f(x) = g(x)\}$$

【풀이】 $A^c$가 열린 집합임을 보이자. $x \in A^c$이면, $f(x) \neq g(x)$이고 $(Y, \mathcal{T}')$이 $T_2$ 공간이므로 서로소인 열린 집합 $G, H \in \mathcal{T}'$가 존재하여 $f(x) \in G$, $g(x) \in H$이다. $f$와 $g$가 연속함수이므로 $f^{-1}(G) \in \mathcal{T}$, $g^{-1}(H) \in \mathcal{T}$가 되어 $f^{-1}(G) \cap g^{-1}(H) \in \mathcal{T}$이고 $x \in f^{-1}(G) \cap g^{-1}(H)$이다.

이제 $f^{-1}(G) \cap g^{-1}(H) \subseteq A^c$임을 보이자. $t \in f^{-1}(G) \cap g^{-1}(H)$이면 $f(t) \in G, g(t) \in H$이고 $G \cap H = \emptyset$이므로 $f(t) \neq g(t)$이다. 정의에 의해 $t \in A^c$이다. 그러므로 $f^{-1}(G) \cap g^{-1}(H) \subseteq A^c$이다. 결국 $x$가 $A^c$의 내점이므로 $A^c$가 열린 집합이다.

정 리 **8.17** (1) $T_2$ 공간의 부분공간은 $T_2$ 공간이다.

(2) $T_2$ 공간의 연속함수에 의한 상은 $T_2$ 공간이 될 필요가 없다. 그러나 위상동형함수에 의한 상은 $T_2$ 공간이다.

【증명】 연습문제. □

문 제 **8.18** $(X, \mathcal{T})$는 $T_2$ 공간이다. $\mathcal{T} \subseteq \mathcal{T}^*$일 때 $(X, \mathcal{T}^*)$는 $T_2$ 공간인가?

【풀이】 그렇다. $X$의 서로 다른 두 점 $x, y$에 대하여 $(X, \mathcal{T})$가 $T_2$ 공간이므로 각 점을 포함하는 서로소인 열린 집합 $G, H \in \mathcal{T}$가 존재한다. 그런데 $\mathcal{T} \subseteq \mathcal{T}^*$이므로 $G, H \in \mathcal{T}^*$이다. 따라서 $(X, \mathcal{T}^*)$도 $T_2$ 공간이다.

예 **8.19** 보통위상공간 $(\mathbb{R}, \mathcal{U})$가 $T_2$ 공간이고 $\mathcal{U} \subseteq \mathcal{T}_l$이므로, 위 문제의 결과에 의해, 실수의 아래끝 위상공간은 $T_2$ 공간이다.

## 8.3 정칙공간과 정규공간

---

**정의 8.20** 위상공간 $(X, \mathcal{T})$의 점 $p$와, $p$를 포함하지 않는 닫힌 집합 $F$에 대하여, 서로소인 열린 집합 $G$와 $H$가 존재하여

$$p \in G \quad F \subseteq H$$

를 만족시킬 때, $(X, \mathcal{T})$를 정칙공간(regular space)이라 한다. 정칙 $T_1$ 공간을 $T_3$ 공간($T_3$ space)이라 한다.

---

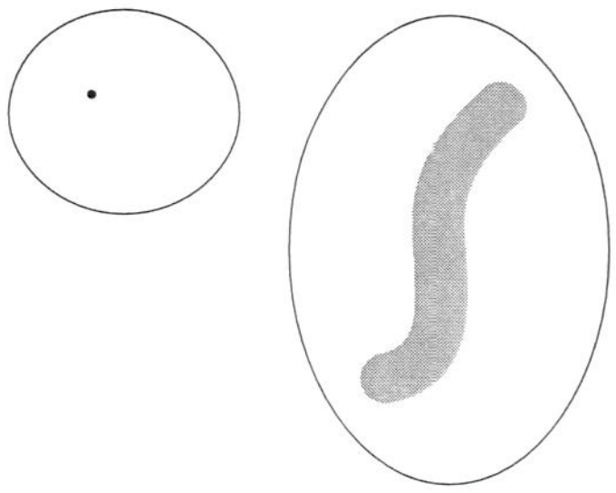

그림 28

**예 8.21** (1) $X$의 원소가 두 개 이상일 때, 이산공간 $(X, \mathcal{D})$는 $T_3$ 공간이다. 왜냐하면, $X$의 점 $x$를 포함하지 않는 닫힌 집합 $F$를 생각하면, $\{x\}$와 $F$ 자신이 점 $x$와 집합 $F$를 포함하는 서로소인 열린 집합이므로 정칙공간이다. 그리고 이산공간은 분명히 $T_1$ 공간이다. 따라서 $T_3$ 공간이다.

(2) $X$의 원소가 두 개 이상일 때, 비이산공간 $(X, \mathcal{I})$는 정칙공간이다. 왜냐하면, $X$의 점 $x$를 포함하지 않는 닫힌 집합 $F$를 생각해야 하는데, 그런 닫힌 집합은 공집합뿐이므로, $x \in X$와 $\emptyset \subseteq \emptyset$ 이면서 $X \cap \emptyset = \emptyset$으로 당연히 공리를 만족시킨다. 하지만 비이산공간은 $T_1$ 공간이 아니므로 $T_3$ 공간은 되지 못한다.

(3) $X = \{a, b, c\}$에 위상 $\mathcal{T} = \{X, \emptyset, \{a\}, \{b, c\}\}$가 주어졌다고 하자. 분명히 $(X, \mathcal{T})$는 정칙공간이다. 그러나 한원소집합 $\{b\}$가 닫힌 집합이 아니므로, $(X, \mathcal{T})$는 $T_1$ 공간이 아니고, 따라서 $T_3$ 공간이 아니다.

(4) 시에르핀스키 공간은 정칙공간이 아니다. 왜냐하면, $X = \{a, b\}$이고 $\mathcal{T} = \{X, \emptyset, \{a\}\}$일 때, $a \notin \{b\}$이고 $\{b\}$가 닫힌 집합인데, $a$와 $\{b\}$ 각각을 포함하는 서로소인 열린 집합이 없다.

**정 리 8.22** 모든 $T_3$ 공간은 $T_2$ 공간이다.

【증명】 $X$를 $T_3$ 공간이라 하자. $X$의 서로 다른 두 점 $x, y$에 대하여 $X$가 $T_1$ 공간이므로 $\{x\}$는 닫힌 집합이고 $y \notin \{x\}$이다. $X$가 정칙공간이므로 서로소인 열린 집합 $G, H$가 존재하여 $\{x\} \subseteq G, y \in H$이다. 따라서 $x \in G, y \in H$이다. 그러므로 $T_2$ 공간이다. □

**예 8.23** 모든 $T_2$ 공간이 $T_3$ 공간이 되는 것은 아니다. 이에 대해 알아보기로 하자. 실수의 집합 $\mathbb{R}$에서 $K = \{\frac{1}{n} \mid n \in \mathbb{N}\}$이라 하자. 이제 아래 두 가지 형태의 집합을 생각하자.

(1) $(a, b)$ 형태의 모든 열린 구간

(2) $(a, b) - K$ 형태의 모든 집합

위 두 가지 형태의 집합들의 교집합은 공집합이거나 그 중 한가지가 되므로 $\mathbb{R}$에서 기저를 이룸을 알 수 있다. 이 기저에 의해 생성되는 위상을 $K$ 위상($K$ topology)이라 한다.

$K$ 위상은 서로 다른 두 점에 대해서 각각을 포함하는 서로소인 열린 구간을 잡을 수 있으므로 $T_2$이다.

이제 이 위상이 $T_3$가 안되는 이유를 알아보자. $K$는 분명히 닫힌 집합이고 0을 포함하지 않는다. 만일 이 위상이 $T_3$가 된다면, 서로소인 열린 집합 $U$와 $V$가 있어서 $0 \in U$, $K \subseteq V$이다. $U$가 열린 집합이므로, 0을 포함하는 $U$의 부분집합인 기저의 원소가 존재한다. (1)번 형태의 기저의 원소는 $K$와 만나므로 이 기저의 원소는 (2)번 형태인 $(a, b) - K$가 되어야 한다. 그럴 경우 $a < 0 < b$이므로, 이제 $\frac{1}{n} \in (a, b)$가 되는 $n$을 택하자. $\frac{1}{n} \in V$이므로 열린 집합의 정의에 의해 $\frac{1}{n}$을 포함하고 $V$의 부분집합이 되는 기저의 원소가 존재한다. 이 기저의 원소는 $(c, d)$의 형태가 되어야 한다. 이제 $\max\{c, \frac{1}{n+1}\} < z < \frac{1}{n}$을 만족시키는 $z$를 택하자. 그러면 $z$는 $U$와 $V$에 동시에 포함된다. 따라서 두 집합이 서로소라는데 모순이다. 그러므로 이 위상은 정칙공간이 아니고, 따라서 $T_3$가 아니다.

결국 $K$ 위상은 $T_2$이지만 $T_3$가 아니다.

**정 리 8.24** 다음은 서로 동치이다.

(1) 위상공간 $(X, \mathcal{T})$는 정칙공간이다.

(2) $X$의 임의의 점 $p$와 $p \in U$인 임의의 열린 집합 $U$에 대해, 적당한 열린 집합 $G$가 존재하여 $p \in G \subseteq \mathrm{cl}(G) \subseteq U$가 된다.

【증명】 (1) ⇒ (2) $X$는 정칙공간이고, $p$는 열린 집합 $U$의 점이라 하자. $F = X - U$는 $p$를 포함하지 않는 닫힌 집합이므로, 서로소인 열린 집합 $G$와 $H$가 존재하여

$$p \in G,\ F \subseteq H$$

가 된다. 그런데

$$F = X - U \subseteq H \Rightarrow G \subseteq X - H \subseteq U,$$

이고 $X - H$가 닫힌 집합이므로,

$$p \in G \subseteq \mathrm{cl}(G) \subseteq X - H \subseteq U$$

가 된다.

(2) ⇒ (1) $F$는 $X$의 닫힌 부분집합이고, $p$는 $F$에 속하지 않는다고 하자. $X - F$가 $p$를 포함하는 열린 집합이므로, 가정에 의하여 적당한 열린 집합 $G$가 존재하여 다음을 만족시킨다.

$$p \in G \subseteq \mathrm{cl}(G) \subseteq X - F$$

$H = X - \mathrm{cl}(G)$라 하면, $H$는 분명히 $G$와 서로소인 열린 집합이다. 또한 $\mathrm{cl}(G) \subseteq X - F$이므로

$$F \subseteq X - \mathrm{cl}(G) = H$$

이다. 즉, $G$와 $H$가 $p \in G, F \subseteq H$인 서로소인 열린 집합이 되므로, $X$는 정칙공간이다.
□

**정 리 8.25** (1) $T_3$ 공간의 부분공간은 $T_3$ 공간이다.

(2) $T_3$ 공간의 연속함수에 의한 상은 $T_3$ 공간이 될 필요가 없다. 그러나 위상동형함수에 의한 상은 $T_3$ 공간이다.

【증명】 연습문제. □

---

**정 의 8.26** 위상공간 $(X, \mathcal{T})$의 서로소인 임의의 닫힌 집합 $F$와 $K$에 대하여, 서로소인 열린 집합 $G$와 $H$가 존재하여

$$F \subseteq G, \quad K \subseteq H$$

를 만족시킬 때, $(X, \mathcal{T})$를 정규공간(normal space)이라 한다. 정규 $T_1$ 공간을 $T_4$ 공간($T_4$ space)이라 한다.

---

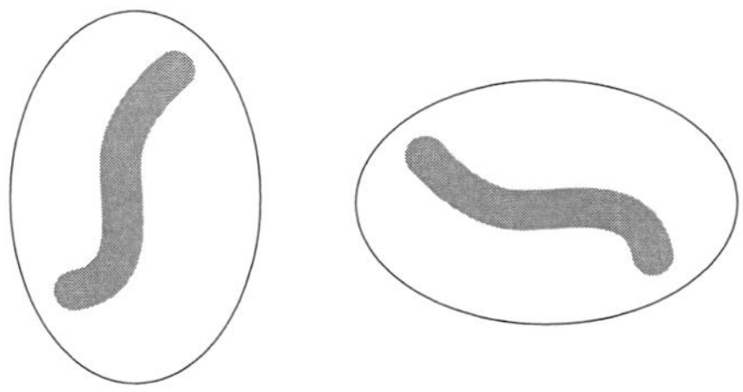

그림 29

예 **8.27** (1) $X$의 원소가 두 개 이상일 때, 이산공간 $(X, \mathcal{D})$는 $T_4$ 공간이다. 왜냐하면, 서로소인 닫힌 집합 $F, K$를 생각하면, $F$와 $K$ 자신이 각각 집합 $F$와 집합 $K$를 포함하는 서로소인 열린 집합이므로 정규공간이다. 그리고 분명히 $T_1$ 공간이다. 따라서 $T_4$ 공간이다.

(2) $X$의 원소가 두 개 이상일 때, 비이산공간 $(X, \mathcal{I})$는 정규공간이다. 왜냐하면, 서로소인 닫힌 집합들을 생각해야 하는데, 그런 닫힌 집합은 전체집합과 공집합뿐이므로, $X \subseteq X$와 $\emptyset \subseteq \emptyset$이면서 $X \cap \emptyset = \emptyset$으로 당연히 공리를 만족시킨다. 하지만 $T_1$ 공간이 아니므로 $T_4$ 공간은 아니다.

(3) 시에르핀스키 공간 $(\{a,\ b\}, \{X,\ \emptyset,\ \{a\}\})$는 정규공간이다. 왜냐하면, 예 8.21에서 살핀 당연한 경우를 제외하고는 서로소인 닫힌 집합이 없으므로 공리를 만족시킨다. 하지만 닫힌 집합이 아닌 한원소집합 $\{a\}$가 있으므로, $T_1$ 공간이 아니다. 따라서 $T_4$ 공간은 아니다.

(4) $X = \{a, b, c\}$에 위상 $\mathcal{T} = \{X, \emptyset, \{a\}, \{b, c\}\}$가 주어졌다고 하자. 서로소인 닫힌 집합은 당연한 경우를 제외하고는 $\{a\}$와 $\{b, c\}$밖에 없는데, 각각은 자신을 포함하는 열린 집합이므로, $(X, \mathcal{T})$는 정규공간이다. 하지만 닫힌 집합이 아닌 한원소집합 $\{b\}$가 있으므로, $T_1$ 공간이 아니다. 따라서 $T_4$ 공간은 아니다.

(5) 집합 $X = \{a, b, c\}$에 위상 $\mathcal{T} = \{X, \emptyset, \{a\}, \{a, b\}, \{a, c\}\}$가 주어졌다고 하자. $\{b\}$와 $\{c\}$는 서로소인 닫힌 집합인데, 이들을 각각 포함하는 서로소인 열린 집합은 존재하지 않는다. 따라서 $X$는 정규공간이 아니다.

참 고 **8.28** 일부 책에서는 정칙공간과 $T_3$ 공간을, 정규공간과 $T_4$ 공간을 바꾸어 정의한다. 참고 서적을 읽을 때, 정의의 차이에 유의하기 바란다.

**정 리** **8.29** 다음은 서로 동치이다.

(1) 위상공간 $(X, \mathcal{T})$는 정규공간이다.

(2) $X$의 임의의 닫힌 집합 $A$와, $A$를 포함하는 임의의 열린 집합 $U$에 대하여, 다음을 만족시키는 열린 집합 $G$가 존재한다.

$$A \subseteq G \subseteq \mathrm{cl}(G) \subseteq U$$

【증명】 (1) ⇒ (2) $U$가 닫힌 집합 $A$를 포함하는 열린 집합이라 하면 $A$와 $X-U$는 서로소인 닫힌 집합이다. $(X, \mathcal{T})$가 정규공간이므로 서로소인 열린 집합 $G, H$가 존재하여 $A \subseteq G, X-U \subseteq H$이다. 그런데 $G \cap H = \emptyset$이므로 $G \subseteq X-H$이다. 또한 $X-H$가 닫힌 집합이므로 $\mathrm{cl}(G) \subseteq \mathrm{cl}(X-H) = X-H \subseteq U$이다. 결국 $A \subseteq G \subseteq \mathrm{cl}(G) \subseteq U$이다.

(2) ⇒ (1) $K$와 $F$를 서로소인 닫힌 집합이라 하면 $X-F$는 닫힌 집합 $K$를 포함하는 열린 집합이다. 따라서 $G \in \mathcal{T}$가 존재하여 $K \subseteq G \subseteq \mathrm{cl}(G) \subseteq X-F$이다. $U = X - \mathrm{cl}(G)$라 하면 $G, U$는 각각 $K, F$를 포함하는 서로소인 열린 집합이다. 따라서 $X$는 정규공간이다. □

**정 리** **8.30** 모든 $T_4$ 공간은 $T_3$ 공간이다.

【증명】 $T_4$ 공간 $X$의 점 $p$와, $p$를 포함하지 않는 닫힌 집합 $F$를 생각하자. $X$가 $T_1$ 공간이므로 $\{p\}$도 닫힌 집합이고 $F \cap \{p\} = \emptyset$이다. $X$가 정규공간이므로 서로소인 열린 집합 $G, H$가 존재하여 $\{p\} \subseteq G,\ F \subseteq H$이다. 따라서 $p \in G, F \subseteq H$이다. 그러므로 $X$는 $T_3$ 공간이다. □

**정 리** **8.31** (1) $T_4$ 공간의 부분공간은 $T_4$ 공간일 필요가 없다.

(2) $T_4$ 공간의 연속함수에 의한 상은 $T_4$ 공간이 될 필요가 없다. 그러나 위상동형함수에 의한 상은 $T_4$ 공간이다.

【증명】 연습문제. □

**정 리** **8.32** 모든 거리공간은 $T_4$ 공간이다.

【증명】 정리 6.26과 정리 8.9에 의해 성립한다. □

**예** **8.33** 보통거리공간 $(\mathbb{R}, d), (\mathbb{R}^2, d)$ 등은 $T_4$ 공간이다.

분리공리에 의하여 정의된 공간들의 관계는 아래와 같이 나타낼 수 있다.

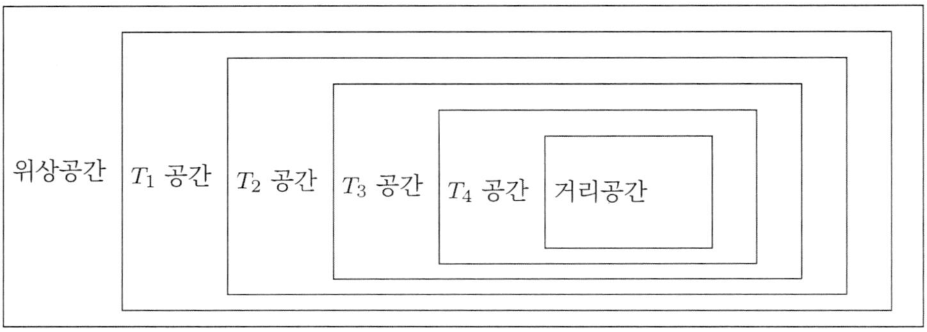


그림 30

정리 8.32의 역이 제2가산공간에서 성립한다는 것이 우리손 거리화정리이다. 다음 우리손[2] 보조정리와 우리손 거리화정리는 정규공간의 특성을 잘 보여주는 정리인데 증명 없이 결과만 알아두기로 하자. 증명에 관심있는 학생은 다른 참고 서적을 참조하기 바란다.

**정 리** **8.34** [우리손 보조정리(Urysohn lemma)]
집합 $F_1$과 $F_2$가 정규공간 $X$의 서로소인 닫힌 집합일 때,

$$f(x) = \begin{cases} 0, & x \in F_1 \text{ 일 때} \\ 1, & x \in F_2 \text{ 일 때} \end{cases}$$

이 되는 연속함수 $f : X \to [0, 1]$가 존재한다.

---

[2]우리손 Pavel Samuilovich Urysohn 1898-1924. 러시아의 수학자.

정 리 **8.35** [우리손 거리화정리(Urysohn metrization theorem)]
모든 제2가산 $T_4$ 공간은 거리화 가능(metrizable)하다. 즉, 적당한 거리함수가 있어서 이 거리함수로부터 유도되는 위상이 공간의 원래 위상과 일치한다.

정칙공간 중 일부에 대해서도 우리손 보조정리와 비슷한 정리를 얻을 수 있는데 이런 공간이 티코노프[3] 공간이다.

정 의 **8.36** $(X, \mathcal{T})$는 위상공간이다. 임의의 닫힌 부분집합 $F$와, $F$에 속하지 않는 점 $p$에 대하여,

$$f(p) = \begin{cases} 0, & x = p \text{ 일 때} \\ 1, & x \in F \text{ 일 때} \end{cases}$$

을 만족시키는 연속함수 $f : X \to [0,1]$가 존재할 때, $(X, \mathcal{T})$를 완전정칙공간(completely regular space)이라 하고 완전정칙 $T_1$ 공간을 티코노프 공간(Tychonoff space) 또는 $T_{3\frac{1}{2}}$ 공간($T_{3\frac{1}{2}}$ space)이라 한다.

정 리 **8.37** 완전정칙공간은 정칙공간이다.

【증명】 $(X, \mathcal{T})$는 완전정칙공간이고 $F$는 $X$의 닫힌 부분집합이며, $p$는 $F$에 속하지 않는 $X$의 점이라 하자. $F$가 공집합이면, $X$와 공집합이 $p$와 $F$를 포함하는 서로소인 열린 집합이다. $F$가 공집합이 아니면, 완전정칙공간이므로 연속함수 $f : X \longrightarrow [0,1]$가 존재하여 $f(p) = 0$이고 모든 $x \in F$에 대해 $f(x) = 1$이 된다.

$$G = f^{-1}([0, \frac{1}{3})), \ H = f^{-1}((\frac{2}{3}, 1])$$

는 서로소인 열린 집합이며, $p \in G, F \subseteq H$를 만족시킨다. 따라서 $(X, \mathcal{T})$는 정칙공간이다. □

[3]티코노프 Andrei Nikolaevich Tikhonov(Tychonoff), 1906-1993. 러시아의 수학자.

**정 리** **8.38** 완전정칙공간의 부분공간은 완전정칙공간이다.

【증명】 $(X, \mathcal{T})$가 완전정칙공간이고 $(A, \mathcal{T}_A)$를 $X$의 부분공간이라 하자. $F$가 점 $p \in A$를 포함하지 않는 $A$의 닫힌 부분집합이면 $X$의 닫힌 부분집합 $K$가 존재하여 $F = K \cap A$이다. 그런데 $p \notin K$이므로, 연속함수 $f : X \to [0,1]$가 존재하여 $f(p) = 0$이고 $x \in F$에 대해 $f(x) = 1$이 된다. 따라서 축소함수 $f|_A : A \to [0,1]$는 연속이고 $(f|_A)(p) = f(p) = 0$이며, 모든 $x \in F$에 대해 $(f|_A)(x) = f(x) = 1$이다. 따라서 부분공간 $(A, \mathcal{T}_A)$는 완전정칙공간이다. □

## 연습문제 8

1. 세 개의 원소를 가지는 집합 $\{a, b, c\}$에 주어진 다음 위상에 대해 아래 물음에 답하여라.

   $\mathcal{T}_1 = \{\emptyset, X\} = \mathcal{I}$,

   $\mathcal{T}_2 = \{\emptyset, X, \{a\}\}$,

   $\mathcal{T}_3 = \{\emptyset, X, \{a, b\}\}$,

   $\mathcal{T}_4 = \{\emptyset, X, \{a, b\}, \{a\}\}$,

   $\mathcal{T}_5 = \{\emptyset, X, \{a, b\}, \{c\}\}$,

   $\mathcal{T}_6 = \{\emptyset, X, \{a\}, \{b\}, \{a, b\}\}$,

   $\mathcal{T}_7 = \{\emptyset, X, \{a, b\}, \{b, c\}, \{b\}\}$,

   $\mathcal{T}_8 = \{\emptyset, X, \{a, b\}, \{b, c\}, \{b\}, \{a\}\}$,

   $\mathcal{T}_9 = \{\emptyset, X, \{a\}, \{b\}, \{c\}, \{a, c\}, \{b, c\}, \{a, b\}\} = \mathcal{D}$.

   (a) $T_1$ 공간이 되는 위상은 어떤 것인가?

   (b) $T_2$ 공간이 되는 위상은 어떤 것인가?

   (c) $T_3$ 공간이 되는 위상은 어떤 것인가?

   (d) $T_4$ 공간이 되는 위상은 어떤 것인가?

2. $X$의 서로 다른 원소 $a, b$에 대해, 둘 중 하나만을 포함하는 열린 집합이 존재할 때 $T_0$ 공간($T_0$ space)이라고 한다.

   (a) $T_0$이면서 $T_1$이 안되는 공간의 예를 들어라.

(b) 모든 $T_1$ 공간은 $T_0$ 공간이 됨을 보여라.

3. 시에르핀스키 공간에 대해 아래 물음에 답하여라. 시에르핀스키 공간이란 집합 $X = \{a,\ b\}$에 위상 $\mathcal{T} = \{X,\ \emptyset,\ \{a\}\}$가 주어진 위상공간을 말한다.

   (a) $T_0$ 공간인가?

   (b) $T_1$ 공간인가?

   (c) $T_2$ 공간인가?

   (d) 정칙공간인가?

   (e) $T_3$ 공간인가?

   (f) 정규공간인가?

   (g) $T_4$ 공간인가?

4. $(X, \mathcal{T})$가 $T_1$ 공간이 되기 위한 필요충분조건은 $\mathcal{T}$가 여유한위상 $\mathcal{C}_f$를 포함하는 것이다. 이를 증명하여라.

5. $(X, \mathcal{T})$가 $T_1$ 공간이 되기 위한 필요충분조건은 임의의 부분집합 $A \subseteq X$에 대해 $A = \bigcap\{G \in \mathcal{T} \mid A \subseteq G\}$가 되는 것이다. 이를 증명하여라.

6. 위상공간이 $T_1$ 공간이 되는 것은 유전적(hereditary)인가?

7. $T_1$ 공간의 연속함수에 의한 상(image)이 $T_1$ 공간이 안되는 예를 들어라.

8. 위상공간이 $T_1$ 공간이 되는 것은 위상적 성질인가?

9. $T_1$ 공간에서 집합 $A$의 극한점을 $p$라 하면, $p$의 모든 근방은 $A$와 무한히 많은 점에서 만난다. 이를 보여라.

10. $T_2$ 공간이 되는 성질은 유전적인가?

11. $T_2$ 공간의 연속함수에 의한 상은 $T_2$ 공간인가?

12. 위상공간이 $T_2$ 공간이 되는 것은 위상적 성질인가?

13. 자연수의 집합 $\mathbb{N}$에 기저 $\{\{1, 2\},\ \{3, 4\},\ \{5, 6\},\ \ldots\}$으로 생성된 위상이 주어졌다고 하자.

    (a) 수열 $< 1, 2, 1, 2, 1, 2, \cdots >$는 1과 2로 모두 수렴함을 보여라.

    (b) 위 공간의 어떤 성질 때문에 수열이 두 점으로 수렴할 수 있는가?

14. $T_3$ 공간이 되는 성질은 유전적인가?

15. 정칙공간의 연속함수에 의한 상은 정칙공간인가?

16. 정칙공간이 되는 성질은 위상적 성질인가?

17. $T_4$ 공간은 티코노프 공간이 됨을 보여라.

18. $T_4$ 공간이 되는 성질은 유전적인가?

19. $T_4$ 공간의 연속함수에 의한 상은 $T_4$ 공간인가

20. $T_4$ 공간이 되는 성질은 위상적 성질인가?

21. 정규공간 $X$에 대해 아래 두 조건은 서로 동치임을 보여라.

    (a) $X$가 정칙공간이다.

    (b) $X$가 완전정칙공간이다.

22. 위상공간 $X$에서, 서로소인 닫힌 집합 $F_1$과 $F_2$에 대해

$$f(x) = \begin{cases} 0, & x \in F_1 \text{ 일 때} \\ 1, & x \in F_2 \text{ 일 때} \end{cases}$$

    인 연속함수 $f : X \to [0,1]$이 존재하면, $X$는 정규공간이 됨을 보여라.

제 9 장

# 콤팩트 공간

모든 사람은 반드시 죽는다. 즉 사람은 유한한 존재이다. 그러나 우리가 다루고 있는 집합은 유한하지 않은 경우가 빈번하다. 자연수의 집합, 유리수의 집합, 실수의 집합 등은 모두 무한집합이다. 이 무한집합에도 적당한 위상을 주면 콤팩트 공간이 되는데, 비록 유한하지는 않더라도 유한 개의 원소로 구성된 덮개로 덮을 수 있으므로, 유한화 공간이라고 생각하면 이해하는데 도움이 될 것이다.

## 9.1 콤팩트 공간

정의 7.17에서 배운 열린 덮개를 사용해서 다음과 같이 콤팩트의 개념을 정의한다.

---

**정 의 9.1**

(1) 위상공간 $(X, \mathcal{T})$에서 $X$의 모든 열린 덮개가 유한부분덮개를 가질 때, $(X, \mathcal{T})$를 콤팩트 공간(compact space)이라 한다.

(2) 위상공간 $(X, \mathcal{T})$의 부분집합 $A$의 모든 열린 덮개가 유한부분덮개를 가질 때, $A$를 $X$의 콤팩트 부분집합(compact subset)이라고 부르거나, $A$는 콤팩트(compact)이다라고 한다.

---

**예 9.2** (1) $X$가 유한집합일 때, 임의의 위상 $\mathcal{T}$에 대하여 $(X, \mathcal{T})$는 콤팩트 공간이다.

(2) Heine-Borel 정리에 의하여 보통위상공간의 닫힌 구간 $[a, b]$는 $\mathbb{R}$의 콤팩트 부분집합이다.

(3) $X$가 무한집합일 때, 이산공간 $(X, \mathcal{D})$는 콤팩트 공간이 아니다.

(4) 보통위상공간 $(\mathbb{R}, \mathcal{U})$는 콤팩트 공간이 아니다. 왜냐하면, $\{(n, n+2) \mid n \in \mathbb{Z}\}$는 $\mathbb{R}$의 열린 덮개이지만 유한부분덮개를 갖지 않는다.

**예 제 9.3** 보통위상공간 $(\mathbb{R}, \mathcal{U})$의 부분집합인 열린 구간 $(0, 1)$은 콤팩트 부분집합이 아니다. 이를 보여라.

【풀이】 구간 $(0, 1)$을 콤팩트라고 가정하면 열린 덮개

$$\mathcal{N} = \{(\frac{1}{n+1}, 1) \mid n \in \mathbb{N}\}$$

이 유한부분덮개

$$\mathcal{N}^* = \{(a_1, 1), (a_2, 1), \cdots, (a_n, 1)\}$$

를 갖는다. 그런데 $a = \min\{a_1, a_2, \cdots, a_n\} > 0$이므로,

$$(a_1, 1) \cup (a_2, 1) \cup \cdots \cup (a_n, 1) \subseteq (a, 1)$$

이 되어, $\mathcal{N}^*$는 $(0, a]$ 구간을 덮을 수 없다. 이것은 부분덮개라는 사실에 모순이 된다. 따라서 구간 $(0, 1)$은 콤팩트가 아니다.

참 고 **9.4** 위의 예에 의하면 구간 $[0, 1]$은 콤팩트이지만, 부분집합 $(0, 1)$은 콤팩트가 아니다. 즉, 콤팩트성은 유전적이 아니다.

예 **9.5** $\mathcal{T}$가 $\mathcal{B} = \{\{1,2\}, \{3,4\}, \{5,6\}, \cdots\}$를 기저로 하여 생성된, 자연수의 집합 $\mathbb{N}$에 주어진 위상이라 하면 $(\mathbb{N}, \mathcal{T})$는 콤팩트가 아니다. 왜냐하면 $\mathcal{B}$ 자신이 $\mathbb{N}$의 열린 덮개이지만 유한부분덮개를 갖지 않기 때문이다.

예 **9.6** 모든 유한집합은 가산집합이므로, 모든 콤팩트 공간은 Lindelöf 공간이다. 그러나 일반적으로 그 역은 성립하지 않는다. 예를 들면, 자연수의 집합 $\mathbb{N}$에 대하여 이산공간 $(\mathbb{N}, \mathcal{D})$는 Lindelöf 공간이지만, 콤팩트 공간은 아니다.

어떤 집합이 콤팩트가 되는 성질, 즉 콤팩트성은 절대적 성질(absolute property)이다. 다시 말해, $A$가 $(X, \mathcal{T})$의 콤팩트 부분집합이면 $(X, \mathcal{T})$의 부분 공간 $(A, \mathcal{T}_A)$도 역시 콤팩트 공간이 되고, 그 역도 성립한다. 그러나 이를 유전적 성질(hereditary)과 혼동해서는 안된다. 콤팩트 집합 $A$는 위상이 부분위상으로 바뀌어도 역시 콤팩트이지만, 일반적으로 콤팩트 집합의 부분집합은 콤팩트가 아니다. 이제 콤팩트성이 절대적 성질임을 보이기로 하자.

예 제 **9.7** $A$가 위상공간 $(X, \mathcal{T})$의 부분집합일 때 다음은 서로 동치임을 보여라.

(1) $A$는 $(X, \mathcal{T})$의 콤팩트 부분집합이다.

(2) $(A, \mathcal{T}_A)$는 콤팩트 공간이다.

【풀이】 (1) $\Rightarrow$ (2) $A$가 $(X, \mathcal{T})$의 콤팩트 부분집합이라 하자. $\{G_\alpha \mid \alpha \in \Gamma\}$가 $(A, \mathcal{T}_A)$에 관한 $A$의 임의의 열린 덮개이면, $G_\alpha = H_\alpha \cap A$인 $\mathcal{T}$-열린 집합 $H_\alpha$가 존재한다. 그러면 $\{H_\alpha \mid \alpha \in \Gamma\}$가 다시 $A$의 열린 덮개가 되고 $A$가 $X$의 콤팩트 부분집합이므로,

$$A \subseteq H_{\alpha_1} \cup H_{\alpha_2} \cup \cdots \cup H_{\alpha_n}$$

인 유한 개의 $H_{\alpha_k}$가 존재한다. 따라서

$$\begin{aligned} A &= (H_{\alpha_1} \cup \cdots \cup H_{\alpha_n}) \cap A \\ &= (H_{\alpha_1} \cap A) \cup \cdots \cup (H_{\alpha_n} \cap A) \\ &= G_{\alpha_1} \cup \cdots \cup G_{\alpha_n} \end{aligned}$$

이므로 $(A, \mathcal{T}_A)$는 콤팩트이다.

(2) $\Rightarrow$ (1) $(X, \mathcal{T})$에 관한 $A$의 임의의 열린 덮개 $\{H_\alpha \mid \alpha \in \Gamma\}$를 택하면 $A \subseteq \bigcup\{H_\alpha \mid \alpha \in \Gamma\}$이다. 따라서 $A = \bigcup\{H_\alpha \cap A \mid \alpha \in \Gamma\}$로서 $\{H_\alpha \cap A \mid \alpha \in \Gamma\}$가

콤팩트 부분공간 $(A, \mathcal{T}_A)$의 열린 덮개가 되므로, 유한부분덮개 $\{H_{\alpha_1} \cap A, \cdots, H_{\alpha_n} \cap A\}$가 존재한다. 그러면

$$\begin{aligned} A &\subseteq (H_{\alpha_1} \cap A) \cup \cdots \cup (H_{\alpha_n} \cap A) \\ &\subseteq H_{\alpha_1} \cup \cdots \cup H_{\alpha_n} \end{aligned}$$

이다. 따라서 $\{H_{\alpha_1}, \cdots, H_{\alpha_n}\}$는 유한부분덮개이다.

> **정 리** **9.8** 함수 $f : (X, \mathcal{T}) \to (Y, \mathcal{T}')$가 연속함수일 때, $A$가 $X$의 콤팩트 부분집합이면 $f(A)$도 $Y$의 콤팩트 부분집합이다.

【증명】 $\mathcal{G} = \{G_\lambda \mid \lambda \in \Lambda\}$를 $f(A)$의 임의의 열린 덮개라고 하면

$$f(A) \subseteq \bigcup_{\lambda \in \Lambda} G_\lambda$$

이다.

$$A \subseteq f^{-1}\left(\bigcup_{\lambda \in \Lambda} G_\lambda\right) = \bigcup_{\lambda \in \Lambda} f^{-1}(G_\lambda)$$

이다. 그런데 $f$가 연속이므로 모든 $f^{-1}(G_\lambda)$가 $X$의 열린 집합이 되어,

$$\mathcal{G}^* = \{f^{-1}(G_\lambda) \mid \lambda \in \Lambda\}$$

는 $A$의 열린 덮개가 된다. 가정에 의하여 $A$가 콤팩트이므로, $\mathcal{G}^*$의 유한 개의 원소

$$f^{-1}(G_{\lambda_1}), f^{-1}(G_{\lambda_2}), \cdots, f^{-1}(G_{\lambda_n})$$

가 존재하여 $A$의 열린 부분덮개가 된다. 즉,

$$A \subseteq f^{-1}(G_{\lambda_1}) \cup f^{-1}(G_{\lambda_2}) \cup \cdots \cup f^{-1}(G_{\lambda_n})$$

이므로,

$$f(A) \subseteq f(f^{-1}(G_{\lambda_1}) \cup f^{-1}(G_{\lambda_2}) \cup \cdots \cup f^{-1}(G_{\lambda_n}))$$
$$= \bigcup_{k=1}^{n} ff^{-1}(G_{\lambda_k}) \subseteq \bigcup_{k=1}^{n} G_{\lambda_k}$$

가 된다. 즉 $\{G_{\lambda_1}, G_{\lambda_2}, \cdots, G_{\lambda_n}\}$은 $\mathcal{G}$의 유한부분덮개이다. 따라서 $f(A)$는 $Y$의 콤팩트 부분집합이다.

□

위의 정리에 의하면, 콤팩트 공간의 위상동형함수에 의한 상(image)도 역시 콤팩트가 된다. 즉, 콤팩트성은 위상적 성질이다.

**따름정리 9.9** 콤팩트성은 위상적 성질이다.

**예 9.10** 원 $S^1$과 실수의 집합 $\mathbb{R}$은 위상동형이 아니다. 만일 위상동형함수 $f : S^1 \to \mathbb{R}$가 존재하면 제11장에서 배울 예 11.17에 의해 $S^1$이 콤팩트이다. 따라서 위 따름정리에 의해 $\mathbb{R}$도 콤팩트가 되어야 하는데, 이는 모순이다.

**정 리 9.11** (1) 콤팩트 공간의 닫힌 부분집합은 콤팩트이다. 즉 콤팩트성은 닫힌 집합에 대하여 유전적이다(closed hereditary).

(2) $T_2$ 공간의 콤팩트 부분집합은 닫힌 집합이다.

【증명】 (1) $(X, \mathcal{T})$가 콤팩트 공간, $F$는 $X$의 닫힌 부분집합이라 하자. $F$의 임의의 열린 덮개 $\mathcal{G} = \{G_\lambda \mid \lambda \in \Lambda\}$를 택하면,

$$X = F \cup (X - F) \subseteq (\bigcup\{G_\lambda \mid \lambda \in \Lambda\}) \cup (X - F)$$

이므로 $\mathcal{G} \cup \{X - F\}$는 $X$의 열린 덮개이다. $X$가 콤팩트이므로, 유한 개의 $G_{\lambda_1}, \cdots, G_{\lambda_n}$이 존재하여,

$$X = G_{\lambda_1} \cup G_{\lambda_2} \cup \cdots \cup G_{\lambda_n}$$

또는

$$X = G_{\lambda_1} \cup G_{\lambda_2} \cup \cdots \cup G_{\lambda_n} \cup (X - F)$$

이다. 어느 경우든지 $F$와 $(X - F)$는 서로소이므로,

$$F \subseteq G_{\lambda_1} \cup G_{\lambda_2} \cup \cdots \cup G_{\lambda_n}$$

가 된다. 즉 $F$는 콤팩트이다.

(2) $K$가 $T_2$ 공간 $(X, \mathcal{T})$의 콤팩트 부분집합이라 하자. $K = X$일 때 $K$는 분명히 닫힌 집합이므로 $K \neq X$이라 하자. $K$가 닫힌 집합임을 보이기 위하여 $(X - K)$가 열린 집합임을 보이자. $(X - K)$의 임의의 한 점 $p$를 택한다. $K$의 임의의 점 $k$에 대하여, 서로소인 열린 집합 $G_k$와 $H_k$가 존재하여 다음을 만족시킨다.

$$k \in G_k, \ p \in H_k$$

$\{G_k \mid k \in K\}$는 콤팩트 집합 $K$의 열린 덮개이므로, 유한부분덮개

$$\{G_{k_1}, G_{k_2}, \cdots, G_{k_n}\}$$

을 갖는다. 이제 집합 $G$와 $H$를

$$G = G_{k_1} \cup G_{k_2} \cup \cdots \cup G_{k_n}, \ H = H_{k_1} \cap H_{k_2} \cap \cdots \cap H_{k_n}$$

와 같이 정의하면, $G$와 $H$는 각각 $K$와 $p$를 포함하는 열린 집합이고 서로소이다. 따라서

$$p \in H \subseteq X - G \subseteq X - K$$

이므로 $p$는 $X - K$의 내점이고, $X - K$는 열린 집합이다. 따라서 $K$는 닫힌 집합이다.
□

예 **9.12** (1) $\mathbb{R}$에서 $(a, b), (a, b], [a, b)$ 등은 콤팩트가 아니다. $\mathbb{R}$은 $T_2$ 공간이므로, 이들이 콤팩트이면 닫힌 집합이 되어야 하는데 그렇지 않기 때문이다.

(2) $T_2$ 공간이 아닌 경우 콤팩트 집합은 닫힌 집합일 필요가 없다. $X = \{a, b\}$일 때 비이산공간 $(X, \mathcal{I})$의 부분집합 $\{a\}$는 콤팩트이지만 닫힌 집합이 아니다.

예 **9.13** 칸토어 집합은 닫힌 구간들의 교집합이므로 닫힌 집합이다. 따라서 $\mathbb{R}$의 유계인 닫힌 부분집합이다. 모든 $\mathbb{R}$의 유계인 닫힌 집합은 콤팩트이므로(연습문제), 칸토어 집합도 콤팩트이다.

문 제 **9.14** $(Y, \mathcal{T}^*)$는 $(X, \mathcal{T})$의 부분공간이고, $A$는 $Y$의 부분집합이라 하자. $A$가 $X$의 콤팩트 부분집합이기 위한 필요충분조건은 $A$가 $Y$의 콤팩트 부분집합임을 보여라.

【풀이】 $A$는 $\mathcal{T}$-콤팩트 $\Leftrightarrow$ $A$는 $\mathcal{T}_A$-콤팩트 $\Leftrightarrow$ $A$는 $\mathcal{T}^*$-콤팩트

문 제 **9.15** 유한 개의 콤팩트 집합들의 합집합은 콤팩트임을 보여라.

【풀이】 유한집합을 유한 개 합집합하면 역시 유한집합이므로 유한 개의 콤팩트 집합들의 합집합도 콤팩트이다.

예 제 **9.16** 위상공간 $X$에서 $E$가 콤팩트 집합이고 $F$가 닫힌 집합일 때, $E \cap F$는 콤팩트임을 보여라.

【풀이】 $F$가 닫힌 집합이므로, $E \cap F$는 $E$의 닫힌 부분집합이다. 그런데 $E$는 콤팩트이므로, $E \cap F$는 $E$에서 콤팩트이다. 또한 콤팩트성은 절대적 성질이므로 $E \cap F$는 $X$에서 콤팩트이다.

## 9.2 콤팩트의 여러 성질

---

정 의 **9.17** 집합족 $\mathcal{B} = \{A_i \mid i \in I\}$의 임의의 유한부분집합 $\{A_{i_k} \mid k = 1, 2, \cdots, n\}$에 대해, 조건

$$\bigcap_{k=1}^{n} A_{i_k} \neq \emptyset$$

이 만족될 때, $\mathcal{B}$는 유한교차성(finite intersection property)을 갖는다고 한다.

---

예 **9.18** (1) 실수에서 열린 구간들의 모임

$$\mathcal{B} = \{(0, 1), (0, 1/2), \cdots, (0, 1/n), \cdots \mid n \in \mathbb{N}\}$$

는 유한교차성을 갖는다. 그러나 $\mathcal{B}$의 모든 원소들의 교집합은 공집합이 된다.

(2) 닫힌 집합들의 모임

$$\mathcal{B} = \{\cdots, (-\infty, -2], (-\infty, -1], (-\infty, 0], (-\infty, 1], (-\infty, 2], \cdots\}$$

는 유한교차성을 갖는다. 그러나 $\mathcal{B}$의 전체 원소들의 교집합은 공집합이다.

(3) $\mathcal{B} = \{(n, n+2) \mid n \in \mathbb{N}\}$는 유한교차성을 갖지 않는다. 왜냐하면 $(1,3) \cap (4,6) = \emptyset$ 이다.

유한교차성과 콤팩트성은 아래와 같이 관련이 있다.

**정 리 9.19** 다음은 서로 동치이다.

(1) 위상공간 $(X, \mathcal{T})$는 콤팩트이다.

(2) $X$의 임의의 닫힌 부분집합들로 이루어진 집합

$$\mathcal{B} = \{F_i \mid F_i\text{는 닫힌 집합},\ i \in I\}$$

가 유한교차성을 가지면, $\bigcap \mathcal{B} \neq \emptyset$ 이다.

【증명】 (1) ⇒ (2) $\mathcal{B} = \{F_i \mid F_i\text{는 닫힌 집합},\ i \in I\}$가 유한교차성을 갖지만 $\bigcap \mathcal{B} = \emptyset$ 라고 가정하자.

$$X = \emptyset^c = (\bigcap_i F_i)^c = \bigcup_i F_i^c$$

이고 $F_i$들이 닫힌 집합이므로, $\{F_i^c \mid i \in I\}$는 $X$의 열린 덮개이다. 가정에 의해 $X$가 콤팩트이므로, 적당한 유한 개의 집합 $F_{i_1}^c, F_{i_2}^c, \ldots, F_{i_n}^c$ 에 대해

$$X = F_{i_1}^c \cup F_{i_2}^c \cup \cdots \cup F_{i_n}^c$$

이다. 따라서

$$\emptyset = X^c = (F_{i_1}^c \cup F_{i_2}^c \cup \cdots \cup F_{i_n}^c)^c = F_{i_1} \cap F_{i_2} \cap \cdots \cap F_{i_n}$$

이 되어 유한교차성을 갖는다는 사실과 서로 모순이다. 따라서 $\bigcap \mathcal{B} \neq \emptyset$ 이다.

(2) ⇒ (1) $\mathcal{G} = \{G_i \mid i \in I\}$를 $X$의 열린 덮개라 하자. $X = \bigcup_i G_i$이므로

$$\emptyset = X^c = (\bigcup_i G_i)^c = \bigcap_i G_i^c$$

이다. 모든 $G_i$들이 열린 집합이므로 $\{G_i^c \mid i \in I\}$는 닫힌 집합들의 모임이다. 가정에

의해 적당한 유한 개의 집합 $G^c_{i_1}, G^c_{i_2}, \ldots, G^c_{i_n}$ 이 존재하여

$$G^c_{i_1} \cap G^c_{i_2} \cap \cdots \cap G^c_{i_n} = \emptyset$$

이다. 따라서

$$X = \emptyset^c = (G^c_{i_1} \cap G^c_{i_2} \cap \cdots \cap G^c_{i_n})^c = G_{i_1} \cup G_{i_2} \cup \cdots \cup G_{i_n}$$

이다. 따라서 $\mathcal{G}$는 유한부분덮개를 갖고, 결국 $X$는 콤팩트이다. □

**문 제** **9.20** 다음은 서로 동치임을 보여라.

(1) $(X, \mathcal{T})$는 콤팩트 공간이다.

(2) $X$의 닫힌 부분집합들로 이루어진 임의의 집합 $\mathcal{B} = \{F_i \mid i \in I\}$에 대하여 $\bigcap \mathcal{B} = \emptyset$이면, $\mathcal{B}$의 유한 부분집합 $\mathcal{B}^* = \{F_{i_1}, F_{i_2}, \cdots, F_{i_n}\}$가 존재하여, $\bigcap \mathcal{B}^* = \emptyset$이 된다.

【풀이】 정리 9.19의 대우로 쉽게 증명할 수 있다.

분리공리와 콤팩트성은 서로 밀접한 관계를 가지고 있다. 지금부터는 이들 관계에 대해 알아보자. 정리 9.11에서 $T_2$ 공간의 콤팩트 부분집합은 닫힌 집합임을 알아보았다. 이제 콤팩트 $T_2$ 공간이 정규공간임을 보이자.

**정 리** **9.21** $A$와 $B$가 $T_2$ 공간 $(X, \mathcal{T})$의 서로소인 콤팩트 집합들일 때, 서로소인 열린 집합 $G$와 $H$가 존재하여 $A \subseteq G,\ B \subseteq H$를 만족시킨다.

【증명】 $A$ 또는 $B$가 공집합이면 자명하므로 $A, B$가 공집합이 아닌 경우를 살피자. $A$의 임의의 점 $a$는 $B$의 점이 아니므로 $X - B$에 속한다. $B$가 콤팩트이므로 정리 9.11 - (2)의 증명과 비슷하게 서로소인 적당한 열린 집합 $G_a$와 $H_a$가 존재하여 다음을 만족시킨다.

$$a \in G_a,\ B \subseteq H_a$$

$\mathcal{A} = \{G_a \mid a \in A\}$는 콤팩트 집합 $A$의 열린 덮개이므로, $\mathcal{A}$의 유한부분덮개

$$\{G_{a_1}, G_{a_2}, \cdots, G_{a_n}\}$$

가 존재하고

$$B \subseteq H_{a_1} \cap H_{a_2} \cap \cdots \cap H_{a_n}$$

이 된다. 이제

$$G = G_{a_1} \cup G_{a_2} \cup \cdots \cup G_{a_n},\ H = H_{a_1} \cap H_{a_2} \cap \cdots \cap H_{a_n}$$

이라 하면, $G$와 $H$는 서로소인 열린 집합으로, $A \subseteq G, B \subseteq H$이다. □

콤팩트 $T_2$ 공간에서 모든 닫힌 부분집합은 콤팩트 집합이 된다. 따라서 정리 9.21에 의하여 다음의 따름정리를 얻는다.

**따름정리 9.22** 모든 콤팩트 $T_2$ 공간은 정규공간이다.

다음 정리는 기하학에서 매우 중요한 역할을 한다.

**정 리 9.23** 콤팩트 공간 $(X, \mathcal{T})$에서 $T_2$ 공간 $(Y, \mathcal{T}')$로 가는 연속인 단사함수 $f$가 존재하면, $(X, \mathcal{T})$와 $(f(X), \mathcal{T}'|_{f(X)})$는 위상동형이다.

【증명】 함수 $f : X \to Y$가 단사 연속함수이므로, 공역을 치역으로 축소한 $f : X \to f(X)$는 전단사 연속함수가 된다. 따라서 역함수 $f^{-1} : f(X) \to X$가 존재한다. $f^{-1}$가 연속함수임을 보이기 위하여 $X$의 임의의 닫힌 집합 $F$를 택하면, $F$는 콤팩트이다. $f$는 연속함수이므로 $f(F)$도 역시 콤팩트이다. $Y$는 $T_2$ 공간이고 $T_2$ 공간이 되는 성질은 유전적이므로, $f(X)$도 역시 $T_2$ 공간이다. $f(F)$는 $T_2$ 공간 $f(X)$의 콤팩트 부분집합이므로, 닫힌 부분집합이다. $f(F) = (f^{-1})^{-1}(F)$이므로 $f^{-1}$는 연속함수임을 알 수 있다. 따라서 $f : X \to f(X)$는 위상동형함수이다. □

**따름정리 9.24** $(X, \mathcal{T})$가 콤팩트 공간이고 $(Y, \mathcal{T}')$가 하우스도르프 공간일 때, $f : X \to Y$가 연속인 전단사함수이면 $f$는 위상동형함수이다.

정의역이 콤팩트가 아니면 위 정리가 성립되지 않는다는 사실을 다음 예에서 알 수 있다.

예 **9.25** 아래 함수

$$f : [0, 1) \to \mathbb{R}^2,$$
$$f(t) = (\cos 2\pi t,\ \sin 2\pi t)$$

는 $[0, 1)$에서 $\mathbb{R}^2$로 가는 연속인 단사함수이다. 따라서 $f$는 $[0, 1)$에서 단위원 $S^1$으로 가는 연속인 전단사함수이다. 그러나 단위원은 콤팩트이고 $[0, 1)$은 콤팩트가 아니므로 서로 위상동형이 아니다. 따라서 콤팩트 집합이 아닌 $[0, 1)$의 경우 위의 정리가 적용되지 않는다.

문 제 **9.26** $(X, \mathcal{T})$는 콤팩트 공간이고, $(X, \mathcal{T}')$는 하우스도르프 공간이다. $\mathcal{T}' \subseteq \mathcal{T}$이면 $\mathcal{T}' = \mathcal{T}$임을 보여라.

【풀이】 $\mathcal{T}' \subseteq \mathcal{T}$이므로, 항등함수 $1_X : (X, \mathcal{T}) \to (X, \mathcal{T}')$는 연속인 전단사함수이다. 따름정리 9.24에 의하여 $1_X$는 위상동형함수이다. 따라서 $\mathcal{T}' = \mathcal{T}$이다.

## 9.3 여러 가지 콤팩트성

---

**정 의** **9.27** 집합 $A$는 위상공간 $(X, \mathcal{T})$의 부분집합이다. $A$의 원소로 이루어진 모든 수열이 $A$의 점으로 수렴하는 부분수열을 가질 때, $A$는 수열콤팩트(sequentially compact) 또는 점열콤팩트라고 정의한다.

---

예 **9.28** 위상공간 $(X, \mathcal{T})$의 유한부분집합 $A$는 모두 수열콤팩트 집합이다. 왜냐하면, $A$의 원소로 이루어진 수열 $< a_1, a_2, \cdots >$은 유한 개의 원소로 무한 개의 항을 나열해야 하므로, $a_n$들 중 적어도 하나는 무한 번 반복되어 나타난다. 그 원소를 $a_0$라고 하자. 그러면 수열 $<a_n>$은 수렴하는 부분수열 $< a_0, a_0, \cdots, a_0, \cdots >$를 갖는다.

예 **9.29** 보통위상공간 $(\mathbb{R}, \mathcal{U})$의 부분집합 $(0, 1)$은 수열콤팩트 집합이 아니다. 왜냐하면, 수열

$$<a_n> = < \frac{1}{2}, \frac{1}{3}, \cdots, \frac{1}{n+1}, \cdots >$$

이 0으로 수렴하므로 모든 부분수열도 0으로 수렴할 수밖에 없는데, 0은 $(0, 1)$에 속하지 않으므로, $<a_n>$은 구간 $(0, 1)$의 점으로 수렴하는 부분수열을 갖지 않는다.

예 **9.30** 비이산공간으로서 실수의 구간 $(0, 1)$은 수열콤팩트 집합이다. 왜냐하면, 모든 수열이 수렴하므로 자신을 부분수열로 가질 수 있기 때문이다.

**예 9.31** $\mathcal{B} = \{\{1,2\},\{3,4\},\{5,6\},\cdots\}$를 기저로 하여 생성된 위상 $\mathcal{T}$가 주어진 자연수의 집합 $(\mathbb{N},\mathcal{T})$는 수열콤팩트가 아니다. 왜냐하면 자연수로 이루어진 수열 $< 1,2,3,\cdots >$이 수렴하는 부분수열을 갖지 않기 때문이다.

**참고 9.32** 일반적으로 수열콤팩트 집합은 콤팩트 집합이 될 필요가 없으며, 그 역도 마찬가지로 성립되지 않는다. 그러나 거리공간에서는 수열콤팩트와 콤팩트는 서로 동치이다. 정리 9.75에서 이것을 증명할 것이다.

**예 9.33** 수열콤팩트 집합의 부분집합은 수열콤팩트일 필요가 없다. 보통거리 공간 $\mathbb{R}$에서, 구간 $[0,1]$은 콤팩트이고, 따라서 수열콤팩트인데(정리 9.75), 부분집합 $(0,1)$은 수열콤팩트가 아니다.

**정리 9.34** 수열콤팩트 집합의 닫힌 부분집합은 수열콤팩트이다.

【증명】 $X$가 수열콤팩트이고 $A$를 $X$의 닫힌 부분집합이라 하자. $A$의 원소로 이루어진 수열 $<a_n>$을 택하자. $X$가 수열콤팩트이므로 $<a_n>$은 $p \in X$로 수렴하는 부분수열 $<a_{i_n}>$을 갖는다. 이제 $p \in A$임을 보이자. $p \notin A$라 가정하면 $p \in A^c$이고 $A^c$가 열린 집합이므로 $<a_{i_n}>$의 유한 개를 제외한 나머지 모든 항들을 포함해야 한다. 그런데 $a_{i_n}$들은 $A$의 원소이므로 모순이다. 따라서 $A$도 수열콤팩트이다. □

**예제 9.35** $(X,\mathcal{T})$의 부분집합 $A$가 수열콤팩트이다. $\Longleftrightarrow$ $(A,\mathcal{T}_A)$가 수열콤팩트 공간이다. 즉, 수열콤팩트성은 절대적 성질임을 증명하여라.

【풀이】 $(X,\mathcal{T})$의 부분공간 $(A,\mathcal{T}_A)$를 수열콤팩트라 하자. 그러면 $A$의 원소로 이루어진 수열 $<a_n>$은 $\mathcal{T}_A$에 관해 $A$의 점 $p$로 수렴하는 부분수열 $<a_{i_n}>$을 갖는다. $p$를 포함하는 임의의 $\mathcal{T}$-열린 집합 $G$를 택하면 $G \cap A$는 $p$를 포함하는 $\mathcal{T}_A$-열린 집합이고 따라서 $G \cap A$는 $<a_{i_n}>$의 유한 개를 제외한 나머지 모든 항을 포함한다. 그러므로 $G$도 $<a_{i_n}>$의 유한 개를 제외한 나머지 모든 항을 포함한다. 결국 $<a_{i_n}>$은 $\mathcal{T}$에 관해 점 $p$로 수렴한다. 따라서 부분집합 $A$가 수열콤팩트이다. 역도 유사하게 보일 수 있다.

**예제 9.36** 수열콤팩트성은 위상적 성질임을 증명하여라.

【풀이】 $X$를 수열콤팩트라 하고 $f : X \to Y$를 위상동형함수라 하자. $Y$의 원소로 이루어진 임의의 수열 $<b_n>$을 택하자. 그러면 모든 $n \in \mathbb{N}$에 대하여 적당한 $a_n \in X$가 존재하여 $f(a_n) = b_n$이다. 그런데 $X$가 수열콤팩트이므로 수열 $<a_n>$은 $X$의 점 $x_0$로

수렴하는 부분수열 $<a_{i_n}>$을 갖는다. 또한 $f$가 연속함수이므로 수열연속이고 따라서 $<f(a_{i_n})> = <b_{i_n}>$이 $Y$의 점 $f(x_0)$로 수렴한다.

**문제 9.37** $X$는 무한집합이고 $\mathcal{C}_c$는 $X$에 주어진 여가산위상이다. $X$의 모든 무한 부분집합은 수열콤팩트 집합이 아님을 보여라. 따라서, 여가간공간 $(\mathbb{R}, \mathcal{C}_c)$에서 집합 $[0, 1]$은 수열콤팩트가 아니다.

【풀이】 여가산위상공간에서 수렴하는 수열의 형태는

$$<a_1, a_2, \cdots, a_{n^*}, p, p, p, \cdots>$$

이다. $A$를 $X$의 무한 부분집합이라하고 $<b_n>$을 $A$의 서로 다른 원소로 이루어진 수열이라 하자. 그러면 $<b_n>$은 위와 같은 형태의 부분수열을 갖지 못하므로, 수렴하는 부분수열을 갖지 못한다. 따라서 수열콤팩트가 아니다.

---

**정의 9.38** $A$는 위상공간 $(X, \mathcal{T})$의 부분집합이다. $A$의 임의의 무한 부분집합 $B$가 $A$ 안에 극한점(limit point)을 가질 때, $A$를 극한점콤팩트(limit point compact)라 정의한다.

---

위의 정의는 보통위상공간에서 유계인 무한 부분집합은 반드시 극한점을 갖는다는 볼차노-바이어슈트라스 정리를 동기로 하여 만들어진 것이다. 몇 개의 예를 들어서 극한점콤팩트 집합의 의미를 살펴보자.

**예 9.39** (1) 보통위상공간 $(\mathbb{R}, \mathcal{U})$에서 닫힌 구간 $A = [a, b]$는 볼차노-바이어슈트라스 정리에 의해 극한점콤팩트이다.

(2) 정의에 의해, 어떤 집합이 극한점을 갖지 않으면 극한점콤팩트가 아니다. 예를 들어, 보통위상공간 $(\mathbb{R}, \mathcal{U})$에서 자연수의 집합 $\mathbb{N}$은 극한점콤팩트가 아니다.

**예 9.40** 보통위상공간 $(\mathbb{R}, \mathcal{U})$에서 $A = (0, 1)$은 극한점콤팩트가 아니다. 이를 보이기 위하여 $A$의 무한 부분집합

$$B = \{\frac{1}{n} \mid n \in \mathbb{N} - \{1\}\}$$

를 택한다. $B$는 오직 한 점 0을 극한점으로 갖는데 , 0은 $A$에 속하지 않으므로 $A$는 극한점콤팩트가 될 수 없다.

**예 9.41** $\mathcal{B} = \{\{1, 2\}, \{3, 4\}, \{5, 6\}, \cdots\}$를 기저로 하여 생성된 위상 $\mathcal{T}$가 주어진 자연수의 집합 $(\mathbb{N}, \mathcal{T})$는 극한점콤팩트이다. 왜냐하면 $\mathbb{N}$의 임의의 무한 부분집합 $A$를 택하면 적당한 자연수 $n_0$가 $A$에 존재한다. 만약 $n_0$가 홀수이면 $n_0 + 1$이 $A$

의 극한점이 되고, $n_0$가 짝수이면, $n_0 - 1$이 $A$의 극한점이 된다. 따라서 $(\mathbb{N}, \mathcal{T})$는 극한점콤팩트이다.

일반적으로 콤팩트 집합은 극한점콤팩트이고, 수열콤팩트 집합도 극한점콤팩트이다. 그러나 두 경우 모두 그 역은 성립하지 않는다. 다음의 정리와 예는 이를 설명한다.

**정리 9.42** (1) 위상공간 $(X, \mathcal{T})$의 콤팩트 부분집합은 극한점콤팩트이다.

(2) 위상공간 $(X, \mathcal{T})$의 수열콤팩트 부분집합은 극한점콤팩트이다.

【증명】 (1) $A$를 $X$의 콤팩트 부분집합이라 하자. $A$의 임의의 무한 부분집합 $B$를 택하자. $B$가 $A$ 안에 극한점을 갖지 않는다고 하자. 즉, 임의의 점 $p \in A$는 $B$의 극한점이 아니다. 따라서 열린 집합 $G_p$가 존재하여 다음을 만족시킨다.

$$p \in G_p, \quad (G_p - \{p\}) \cap B = \emptyset$$

이 경우, $G_p \cap B$는 공집합이거나 기껏해야 한원소집합 $\{p\}$이다. $\{G_p \mid p \in A\}$는 집합 $A$의 열린 덮개이고, $A$가 콤팩트이므로 유한부분덮개 $\{G_{p_1}, G_{p_2}, \cdots, G_{p_n}\}$이 존재한다. 따라서

$$B \subseteq A \subseteq G_{p_1} \cup \cdots \cup G_{p_n}$$

이므로,

$$B = B \cap (G_{p_1} \cup \cdots \cup G_{p_n}) = (B \cap G_{p_1}) \cup \cdots \cup (B \cap G_{p_n})$$

가 되고, 따라서 $B$는 많아야 $n$개의 원소를 가질 수밖에 없으므로 결국 유한집합이다. 이는 $B$가 무한집합이라는 사실과 서로 모순이다. 즉 $B$는 반드시 $A$의 원소를 극한점으로 가지며, 따라서 $A$는 극한점콤팩트이다.

(2) $A$를 $X$의 수열콤팩트 부분집합이라 하자. 수열콤팩트 집합 $A$의 임의의 무한 부분집합 $B$를 택하자. $B$가 무한 부분집합이므로 $B$의 서로 다른 점들로 이루어진 수열 $< a_1, a_2, \cdots >$를 만들 수 있다. $A$가 수열콤팩트이므로 수열 $<a_n>$은 $A$의 점 $p$로 수렴하는 부분수열 $<a_{i_n}>$을 갖는다. 그런데 $p$를 포함하는 임의의 열린 집합 $G_p$는 수열 $<a_{i_n}>$의 항 중에서 무한 개를 포함한다. 원래의 수열이 서로 다른 항들로 이루어져 있으므로 부분수열도 서로 다른 항으로 이루어졌고, 따라서 $(G_p - \{p\}) \cap B$는 무한집합이므로 공집합이 아니다. 즉, $p$는 $B$의 극한점이다. 즉 $B$의 극한점 $p$가 $A$의 원소이므로 $A$는 극한점콤팩트이다. □

예 **9.43** 자연수의 집합 $\mathbb{N}$에 $\mathcal{B} = \{\{1,2\},\{3,4\},\{5,6\},\cdots\}$를 기저로 하여 생성된 위상 $\mathcal{T}$가 주어진 공간 $(\mathbb{N},\mathcal{T})$는 극한점콤팩트이다. 그러나 $(\mathbb{N},\mathcal{T})$는 콤팩트가 아니다. 왜냐하면 $\mathcal{B}$ 자신이 $\mathbb{N}$의 열린 덮개이지만 유한부분덮개를 갖지 않기 때문이다. 게다가 $(\mathbb{N},\mathcal{T})$는 수열콤팩트도 아니다. 왜냐하면 자연수로 이루어진 수열 $< 1,2,3,\cdots >$이 수렴하는 부분수열을 갖지 않기 때문이다.

예 제 **9.44** $A$가 $X$의 극한점콤팩트 부분집합이다. $\Longleftrightarrow$ $(A,\mathcal{T}_A)$는 극한점콤팩트 공간이다. 즉, 극한점콤팩트성은 절대적 성질임을 증명하여라.

【풀이】

$A$가 $X$의 극한점콤팩트 부분집합이다.

$\Longleftrightarrow$ $A$의 모든 무한 부분집합 $B$에 대하여 $A$의 점 $p$가 존재하여 $p \in B'$이다.

$\Longleftrightarrow$ $A$의 모든 무한 부분집합 $B$에 대하여 $A$의 점 $p$가 존재하고 점 $p \in A$를 포함하는 임의의 $\mathcal{T}$-열린 집합 $G$에 대하여 $(G - \{p\}) \cap B \neq \emptyset$.

$\Longleftrightarrow$ $A$의 모든 무한 부분집합 $B$에 대하여 $A$의 점 $p$가 존재하고 점 $p \in A$를 포함하는 임의의 $\mathcal{T}_A$-열린 집합 $G \cap A$에 대하여 $(G \cap A - \{p\}) \cap B \neq \emptyset$.

$\Longleftrightarrow$ $(A,\mathcal{T}_A)$는 극한점콤팩트 공간이다.

예 제 **9.45** 극한점콤팩트성은 위상적 성질임을 증명하여라.

【풀이】 $X$를 극한점콤팩트라 하고 $f : X \to Y$를 위상동형함수라 하자. $Y$의 무한 부분집합 $K$를 택하자. 그러면 $f^{-1}(K)$는 극한점콤팩트 집합 $X$의 무한 부분집합이므로 극한점 $p \in X$를 갖는다. 이제 $f(p)$를 포함하는 $Y$의 열린 부분집합 $H$를 택하자. 그러면 $f^{-1}(H)$는 $p$를 포함하는 $X$의 열린 부분집합이고, $p$가 극한점이므로

$$(f^{-1}(H) - \{p\}) \cap f^{-1}(K) \neq \emptyset$$

이다. 그런데 $f$가 전단사이므로

$$(H - \{f(p)\}) \cap K \neq \emptyset$$

이다. 그러므로 $f(p)$는 $K$의 극한점이다. 따라서 $Y$는 극한점콤팩트이다.

문 제 **9.46** 극한점콤팩트성은 유전적인가?

【풀이】 보통위상공간에서 $[0,1]$은 극한점콤팩트이지만 $(0,1)$은 극한점콤팩트가아니다. 왜냐하면 $(0,1)$의 무한 부분집합 $\{\frac{1}{n+1} \mid n \in \mathbb{N}\}$은 $(0,1)$ 안에 극한점을 갖지 못하기 때문이다. 따라서 극한점콤팩트성은 유전적이 아니다.

정 리 **9.47** 극한점콤팩트 공간의 닫힌 부분집합은 극한점콤팩트이다.

【증명】 $X$가 극한점콤팩트이고 $F$가 $X$의 닫힌 부분집합이라 하자. $F$가 유한집합이면 콤팩트이고 따라서 극한점콤팩트이다. $F$를 무한집합이라 하고 $A$를 $F$의 무한 부분집합이라 하자. 그러면 $A$는 $X$의 무한 부분집합이고 $X$가 극한점콤팩트이므로 $A$는 $X$에서 극한점 $p$를 갖는다. $p \in A' \subseteq F' \subseteq \overline{F} = F$이므로 $p \in F$이다. 따라서 $F$는 극한점콤팩트이다. □

## 9.4 가산콤팩트

정 의 **9.48** $A$는 위상공간 $(X, \mathcal{T})$의 부분집합이다. $A$의 임의의 가산 열린 덮개가 유한부분덮개를 가질 때, $A$를 가산콤팩트(countably compact) 집합이라고 한다.

예 **9.49** (1) 정의에 의해 모든 콤팩트 공간은 가산콤팩트이다.

(2) Lindelöf 공간의 임의의 열린 덮개는 반드시 가산부분덮개를 갖는다. 따라서 가산콤팩트 Lindelöf 공간은 콤팩트 공간이다.

예 **9.50** $\mathcal{B} = \{\{1,2\}, \{3,4\}, \{5,6\}, \cdots\}$를 기저로 하여 생성된 위상 $\mathcal{T}$가 주어진 자연수의 집합 $(\mathbb{N}, \mathcal{T})$는 가산콤팩트가 아니다. 왜냐하면 $\mathcal{B}$가 $\mathbb{N}$의 가산 열린 덮개이지만 유한부분덮개를 갖지 않는다.

문 제 **9.51** 가산콤팩트성은 절대적 성질임을 보여라.

【풀이】 예제 9.7과 유사하게 보일 수 있다.

정 리 **9.52** $A$는 위상공간 $(X, \mathcal{T})$의 부분집합이다. $A$가 수열콤팩트 집합이면 가산콤팩트이다.

【증명】 집합 $A$가 수열콤팩트 집합이지만 가산콤팩트가 아니라 가정하자. 그러면 유한부분덮개를 갖지 않는 적당한 $A$ 의 가산 열린 덮개 $\mathcal{G} = \{U_n \mid n \in \mathbb{N}\}$가 존재한다. 그러면 모든 $n \in \mathbb{N}$에 대해, $\{U_i \mid i \leq n\}$는 $A$의 덮개가 아니다. 이제

$$a_n \in A - \bigcup_{i=1}^{n} U_i.$$

인 점 $a_n$을 택하자. $A$가 수열콤팩트이므로 $\langle a_n \rangle$은 수렴하는 부분수열 $\langle a_{i_n} \rangle$을 가지는데, 그 극한점을 $a \in A$라 하자. $\mathcal{G}$가 $A$ 의 덮개이므로, 적당한 $j$에 대해 $a \in U_j$이다. 그러면 $i_n \geq j$에 대해, $a_{i_n} \notin U_j$가 되고 이는 부분수열이 $a$로 수렴한다는 사실에 모순이 된다. 따라서 $A$는 가산콤팩트이다. □

---

**정 리** **9.53** 모든 가산콤팩트 공간은 극한점콤팩트이다.

---

【증명】 $X$를 가산콤팩트라 하고 $A$를 $X$의 무한 부분집합이라 하자. $A$는 서로 다른 원소로 이루어진 가부번집합 $B = \{x_i \mid i \in \mathbb{N}\}$를 포함한다. $B$가 $X$에서 극한점을 갖지 않는다고 가정하자. 모든 $n \in \mathbb{N}$에 대하여 집합 $C_n = \{x_i \in B \mid i \geq n\}$도 극한점을 갖지 않는다. 즉, $C'_n = \emptyset$ 이다. 따라서 $\overline{C}_n = C_n$. 그러므로 $C_n$은 닫힌 집합이고

$$\bigcap_{k=1}^{n} C_k = \{x_n, x_{n+1}, \ldots\} \neq \emptyset$$

이다. $X$가 가산콤팩트이며 임의의 닫힌 집합들로 이루어진 집합들이 유한교차성을 가지므로 $\bigcap_{n=1}^{\infty} C_n \neq \emptyset$ 이다(증명은 정리 9.19와 유사). 그런데, 분명히 $\bigcap_{n=1}^{\infty} C_n = \emptyset$ 이므로 모순이다. 결국 $B$는 $X$에서 극한점을 갖고, $B \subseteq A$이므로 $A$도 $X$에서 극한점을 갖는다. 따라서 $X$는 극한점콤팩트이다. □

결국, 네 가지 콤팩트성은 아래와 같은 관계를 갖는다.

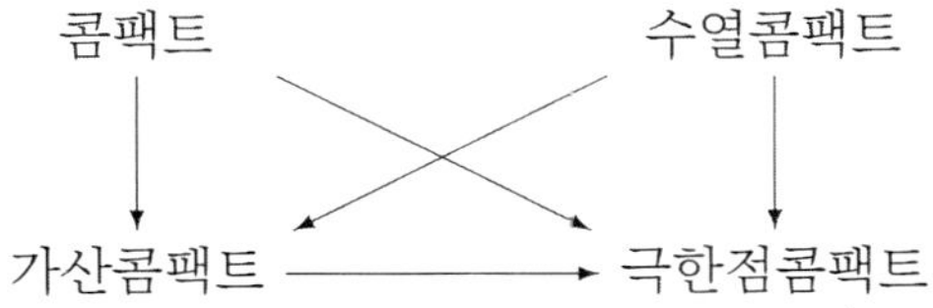


**그림 31**

**예 제** **9.54** 가산콤팩트성은 위상적 성질임을 증명하여라.

【풀이】 $X$를 가산콤팩트라 하고 $f : X \to Y$를 위상동형함수라 하자. $\mathcal{G} = \{G_i \mid i \in I\}$를 $Y$의 임의의 가산 열린 덮개라 하면 $Y = \bigcup \mathcal{G}$이고

$$X = f^{-1}(Y) = f^{-1}(\bigcup \mathcal{G}) = \bigcup f^{-1}(\mathcal{G})$$

이다. $f^{-1}(\mathcal{G})$가 $X$의 가산 열린 덮개이므로 유한부분덮개 $\{f^{-1}(G_1), \cdots, f^{-1}(G_n)\}$을 갖는다. 즉,

$$X = f^{-1}(G_1) \cup \cdots \cup f^{-1}(G_n).$$

그러므로

$$Y = f(X) = ff^{-1}(G_1) \cup \cdots \cup ff^{-1}(G_n) = G_1 \cup \cdots \cup G_n.$$

따라서 $\mathcal{G}$는 유한부분덮개를 가진다. 그러므로 $Y$는 가산콤팩트이다.

**문 제** **9.55** 가산콤팩트성은 유전적인가?

【풀이】 보통위상에서 $[0, 1]$은 가산콤팩트이지만 $(0, 1)$은 가산콤팩트가 아니다.

**참 고** **9.56** 자연수의 집합 $\mathbb{N}$에

$$\mathcal{B} = \{\{1, 2\}, \{3, 4\}, \{5, 6\}, \cdots\}$$

를 기저로 하여 생성된 위상 $\mathcal{T}$가 주어진 공간 $(\mathbb{N}, \mathcal{T})$는 극한점콤팩트이지만(예 9.41) 가산콤팩트는 아니다(예 9.50). 실제로 이 공간은 $T_1$ 공간이 아니다. 다음 정리와 같이 $T_1$ 공간에서는 두 성질이 일치한다.

**정 리** **9.57** $(X, \mathcal{T})$가 $T_1$ 공간이면 아래 두 명제는 동치이다.

(1) $X$는 가산콤팩트이다.

(2) $X$는 극한점콤팩트이다.

【증명】 (1) $\Rightarrow$ (2) 정리 9.53.

(2) ⇒ (1) $(X, \mathcal{T})$가 극한점콤팩트이지만 가산콤팩트가 아니라 가정하자. 그러면 유한부분덮개를 갖지 않는 $X$의 가산 열린 덮개 $\{U_n \mid n \in \mathbb{N}\}$이 존재한다. 유한부분덮개를 갖지 않으므로, 모든 $n \in \mathbb{N}$에 대해

$$C_n = X - \bigcup_{i=1}^{n} U_i$$

는 공집합이 아닌 닫힌 집합이다. 모든 $n \in \mathbb{N}$에 대해 $p_n \in C_n$을 택하고 $A = \{p_n \mid n \in \mathbb{N}\}$이라 하자.

i) 만일 $A$가 유한집합이면 적당한 $p \in A$가 존재하여 $p_n = p$가 무한히 많은 $n \in \mathbb{N}$에 대해 성립한다. 그런데 $C_n$은 축소성을 가지므로, 모든 $n \in \mathbb{N}$에 대해 $p \in C_n$이다. $\{U_n \mid n \in \mathbb{N}\}$이 $X$의 덮개이므로 이것은 모순이다.

ii) 만일 $A$가 무한집합이면 가정에 의해 $A$의 극한점 $p \in X$가 존재한다. $X$가 $T_1$ 공간이므로 $p$의 모든 근방은 $A$와 무한히 많은 점에서 만난다(8장 연습문제 9). 따라서 모든 $n \in \mathbb{N}$에 대해 $p$는 $A_n = \{p_i \mid i > n\}$의 극한점이다. 모든 $n \in \mathbb{N}$에 대해 $A_n \subseteq C_n$이고 $C_n$이 닫힌 집합이므로, $p \in C_n$이다. $\{U_n \mid n \in \mathbb{N}\}$이 $X$의 덮개이므로 이것은 모순이다.

i)과 ii) 두 경우 모두 모순이 생기므로 가정이 잘못되었다. 따라서 $X$는 가산콤팩트이다. □

---

**정 의 9.58** 위상공간 $(X, \mathcal{T})$의 임의의 점 $p$가 콤팩트인 근방(compact neighborhood)을 가질 때 $(X, \mathcal{T})$를 국소콤팩트(locally compact)라 한다.

---

**예 9.59** (1) 모든 콤팩트 공간은 국소콤팩트이다. 왜냐하면 콤팩트 공간 $(X, \mathcal{T})$의 임의의 점은 $X$를 콤팩트인 근방으로 갖기 때문이다.

(2) 보통위상공간 $(\mathbb{R}, \mathcal{U})$는 국소콤팩트 공간이다. 왜냐하면 모든 실수 $p$는 $[p-\delta, p+\delta]$를 콤팩트인 근방으로 갖기 때문이다. 그러나 $(\mathbb{R}, \mathcal{U})$는 콤팩트 공간이 아니다. 즉 (1)의 역은 성립하지 않는다.

(3) 모든 이산공간 $(X, \mathcal{D})$의 점 $p \in X$에 대하여, $\{p\}$가 점 $p$의 콤팩트 근방이므로 국소콤팩트 공간이다. 예를 들어 이산위상공간 $(\mathbb{R}, \mathcal{D})$는 국소콤팩트 공간이다.

(4) 모든 비이산공간은 콤팩트 공간이므로 국소콤팩트이다.

(5) 아래끝 위상공간 $(\mathbb{R}, \mathcal{T}_l)$는 국소콤팩트가 아니다(연습문제).

정 리 **9.60** $(X, \mathcal{T})$는 국소콤팩트 공간이고, $(Y, \mathcal{T}')$는 임의의 위상공간이다. 함수 $f : X \to Y$가 연속이고 열린 전사함수이면, $Y$는 국소콤팩트 공간이다.

【증명】 $y \in Y$를 택하자. 그러면 $f$가 전사함수이므로 적당한 $x \in X$가 존재하여 $y = f(x)$이다. $X$가 국소콤팩트이므로 $x$의 콤팩트 근방 $K$가 존재한다. 그러면 $f(K)$도 콤팩트이다. 이제 $f(K)$가 $y$의 근방임을 보이자. $K$가 $x$의 근방이므로 적당한 열린 집합 $G$가 존재하여 $x \in G \subseteq K$이다. 따라서 $f(x) = y \in f(G) \subseteq f(K)$이고 $f$가 열린 함수이므로 $f(G)$도 열린 집합이다. 그러므로 $f(K)$는 $y$의 콤팩트 근방이다. □

참 고 **9.61** 국소콤팩트성은 위상적 성질이지만 유전적 성질은 아니다. 예를 들면 $(\mathbb{R}, \mathcal{U})$는 국소콤팩트이지만 $(\mathbb{Q}, \mathcal{U}_{\mathbb{Q}})$는 국소콤팩트가 아니다(연습문제 9-19 참조).

정 리 **9.62** $(X, \mathcal{T})$가 국소콤팩트 공간이고 $A$가 $X$의 닫힌 부분집합이면, 부분공간 $(A, \mathcal{T}_A)$는 국소콤팩트 공간이다.

【증명】 $p \in A$를 택하면 $X$에서 적당한 $p$의 콤팩트 근방 $K$가 존재한다. 그러면 적당한 열린 집합 $G$가 존재하여 $p \in G \subseteq K$이다. $p \in G \cap A \subseteq K \cap A$이고 $G \cap A$는 $A$에서 열린 집합이므로, $K \cap A$는 $(A, \mathcal{T}_A)$에서 $p$의 근방이다. 또한 $A$가 닫힌 집합이므로 $K \cap A$는 $K$에서 닫힌 집합이고, $K$가 콤팩트이므로 $K \cap A$는 $K$에서 콤팩트이다. 따라서 $K \cap A$는 $X$에서 콤팩트 집합이다(예제 9.16). 결국 $K \cap A$는 $A$에서 콤팩트 집합이다(예제 9.7). 따라서 $K \cap A$는 $(A, \mathcal{T}_A)$에서 $p$의 콤팩트 근방이다. □

## 9.5 거리공간에서의 콤팩트성

앞에서 언급했던 대로, 거리공간에서는 콤팩트성, 극한점콤팩트성, 그리고 수열콤팩트성이 서로 동치가 된다. 이를 증명하기 위하여 몇 가지 정의와 보조정리가 필요하다. 그것들을 먼저 설명하자.

---

정 의 **9.63** $A$는 거리공간 $(X, d)$의 부분집합이다. $\epsilon$은 임의의 양수이고 $K = \{x_1, x_2, \cdots, x_m\}$는 $A$의 유한 부분집합이다. 만일 모든 $p \in A$에 대

하여 $d(p, x_i) < \epsilon$인 $x_i$가 항상 $K$에 존재하면, $K$를 $A$의 $\epsilon$-그물($\epsilon$-net)이라 부른다.

---

**예 9.64** $A = \{(x, y) \mid x^2 + y^2 < 4\}$는 유클리드 공간 $\mathbb{R}^2$의 부분집합이다. $\epsilon = 3/2$일 때,

$$K = \{(1, -1), (1, 0), (1, 1), (0, -1), (0, 0), (0, 1), (-1, -1), (-1, 0), (-1, 1)\}$$

는 $A$의 $\epsilon$-그물이 된다. 그러나 $\epsilon = 1/2$일 때, $K$는 $A$의 $\epsilon$-그물이 될 수 없다. 왜냐하면, $p = (1/2, 1/2)$는 $A$의 점이지만, $K$의 어떤 원소와의 거리도 1/2보다 크기 때문이다.

---

**정의 9.65** 거리공간 $(X, d)$의 부분집합 $A$가 임의의 양수 $\epsilon$에 대하여 항상 $\epsilon$-그물을 가질 때, $A$를 완전유계(totally bounded)인 집합이라고 한다.

---

**예 9.66** 유클리드 공간 $\mathbb{R}$은 어떤 $\epsilon > 0$에 대해서도 $\epsilon$-그물을 갖지 않는다. 따라서, $\mathbb{R}$은 완전유계가 아니다.

**예제 9.67** $A$가 거리공간 $(X, d)$의 부분집합일 때, 다음은 서로 동치임을 보여라.

(1) $A$는 완전유계인 집합이다.

(2) 임의의 양수 $\epsilon$에 대하여 지름이 $\epsilon$보다 작은 유한 개의 $A$의 부분집합 $B_1, B_2, \cdots, B_n$이 존재하여,

$$A = B_1 \cup \cdots \cup B_n$$

이 된다.

【풀이】 (1) ⇒ (2) $A$가 완전유계인 집합이면 임의의 양수 $\epsilon$에 대해 $\frac{\epsilon}{2}$-그물 $\{k_1, \ldots, k_n\}$이 존재한다. $B_i = B(k_i, \frac{\epsilon}{2}) \cap A$ $(i = 1, \ldots, n)$라 하면 (2)가 성립한다.

(2) ⇒ (1) $\epsilon$이 주어지면 조건에 의해 $d(B_i) < \epsilon$인 적당한 $B_1, \cdots, B_n$에 의해 $A = B_1 \cup \cdots \cup B_n$이다. 모든 $i$에 대해 $B_i$는 공집합이 아니라 가정할 수 있으므로, 각 $B_i$에서 한 점씩 $x_i$를 택하면 $\{x_1, \ldots, x_n\}$이 $A$의 $\epsilon$-그물이 된다.

**보조정리 9.68** 거리공간에서 완전유계인 집합은 항상 유계이다.

**【증명】** $A$가 거리공간 $(X, d)$의 완전유계인 부분집합이면, $\epsilon = 1$에 대하여 $\epsilon$-그물이 되는 유한 부분집합 $F$가 존재한다.

$$m = \max\{d(e_x, e_y) \mid e_x, e_y \in F\}$$

라 하자. $F$가 $A$의 $\epsilon$-그물이므로, 모든 $x \in A$에 대해 $d(x, e_x) < 1$인 $e_x \in F$를 찾을 수 있다. 그러므로

$$\begin{aligned} d(A) &= \sup\{d(x,y) \mid x, y \in A\} \\ &\le \sup\{d(x, e_x) + d(e_x, e_y) + d(e_y, y) \mid x, y \in A\} \\ &\le m + 2 \end{aligned}$$

따라서 $A$는 유계이다. □

다음 예에서 보는 바와 같이 위 정리의 역은 성립하지 않는다.

예 **9.69** Hilbert 공간의 원소

$$e_1 = < 1, 0, 0, \cdots >$$
$$e_2 = < 0, 1, 0, \cdots >$$
$$e_3 = < 0, 0, 1, \cdots >$$

등으로 이루어진 수열 $A = \{e_n \mid n \in \mathbb{N}\}$을 생각하자. 임의의 $i \ne j$에 대하여 $d(e_i, e_j) = \sqrt{2}$이므로,

$$d(A) = \sup\{d(e_i, e_j) \mid e_i, e_j \in A\} = \sqrt{2}.$$

따라서 $A$는 유계이다. 그러나 $\epsilon = 1/2$인 경우 지름이 $\epsilon$보다 작은 $A$의 부분집합은 공집합이거나 한원소집합이고, 따라서 무한집합인 $A$는 $\epsilon$보다 지름이 작은 집합들의 유한 개의 합집합에 포함될 수 없다. 따라서 예제 9.67에 의하여, $A$는 완전유계가 아니다.

보조정리 **9.70** 거리공간 $(X, d)$의 수열콤팩트 부분집합은 완전유계이다.

**【증명】** $A$가 완전유계가 아니라고 가정하고, $A$가 수열콤팩트 집합이 아님을 보이자. $A$가 완전유계가 아니면, 적당한 양수 $\epsilon$에 대하여 $A$는 $\epsilon$-그물을 갖지 않는다. 한 점 $a_1 \in A$

를 택하자. $A$가 $\epsilon$-그물을 갖지 않으므로 적당한 $a_2 \in A$에 대하여 $d(a_1, a_2) \geq \epsilon$이 된다. 그렇지 않으면 $\{a_1\}$이 $A$의 $\epsilon$-그물이 되기 때문이다. 같은 과정을 반복하면, $i \neq j$일 때

$$d(a_i, a_j) \geq \epsilon$$

을 만족시키는 수열 $< a_1, a_2, \cdots >$를 얻는다. 이 수열은 분명히 수렴하는 부분수열을 갖지 않으므로, $A$는 수열콤팩트가 아니다. □

이제 수열콤팩트 집합과 르베그[1] 수 사이의 관계를 알아보자.

---

**정 의** **9.71** $\mathcal{G} = \{G_i \mid i \in I\}$는 거리공간 $(X, d)$의 부분집합 $A$의 임의의 덮개이다.

$$B \subseteq A, d(B) < \delta \implies \exists G_i \in \mathcal{G}, B \subseteq G_i$$

를 만족시키는 양수 $\delta$가 존재하면, $\delta$를 $\mathcal{G}$의 르베그 수(Lebesgue number)라 부른다.

---

**예** **9.72** $A = [0, 3]$일 때, $A$의 열린 덮개 $\mathcal{G} = \{(-1, 1), (0, 2), (1, 3), (2, 4)\}$는 르베그 수 1을 갖는다. 왜냐하면 $d(B) < 1$인 $A$의 임의의 부분집합 $B$는 $\mathcal{G}$의 적당한 원소 $G$의 부분집합이기 때문이다.

**예** **9.73** $X = [0, 1]$일 때, 보통거리공간 $(X, d)$에서 $X$의 덮개 $\mathcal{G} = \{\{p\} \mid p \in X\}$는 르베그 수를 갖지 않는다.

**보조정리** **9.74** $A$가 거리공간 $(X, d)$의 수열콤팩트 부분집합이면, $A$의 열린 덮개는 르베그 수를 갖는다.

【증명】 $A$의 열린 덮개 $\mathcal{G} = \{G_i \mid i \in I\}$가 르베그 수를 갖지 않는다고 가정하면, 임의의 자연수 $n$에 대하여 $A$의 부분집합 $B_n$이 존재하여 다음을 만족시킨다.

$$0 < d(B_n) < \frac{1}{n}, \quad B_n \not\subseteq G_i \quad \forall G_i \in \mathcal{G}$$

---

[1] 르베그 Henri Leon Lebesgue 1875-1941. 프랑스의 수학자.

각각의 자연수 $n$에 대하여 $B_n$의 원소 $b_n$을 택하자. $A$가 수열콤팩트이므로, 수열 $<b_n>$은 $A$의 점 $p$로 수렴하는 부분수열 $<b_{i_n}>$을 갖는다. $p$는 $A$의 점이고 $\mathcal{G}$는 $A$의 열린 덮개이므로, $p$는 적당한 $\mathcal{G}$의 원소인 열린 집합 $G_p$에 속한다. 따라서 적당한 양수 $\epsilon$이 존재하여 다음을 만족시킨다.

$$p \in B(p, \epsilon) \subseteq G_p$$

수열 $<b_{i_n}>$이 $p$로 수렴하므로 다음을 만족시키는 적당한 자연수 $i_{n^*}$가 존재한다.

$$d(p, b_{i_{n^*}}) < \frac{\epsilon}{2}, \quad b_{i_{n^*}} \in B_{i_{n^*}}, \quad d(B_{i_{n^*}}) < \frac{\epsilon}{2}$$

삼각 부등식(triangle inequality)에 의하여,

$$B_{i_{n^*}} \subseteq B(p, \epsilon) \subseteq G_p$$

가 되는데, 이는 $B_{i_{n^*}}$가 $\mathcal{G}$의 어떤 원소에도 포함될 수 없다는 사실에 위배된다. 따라서 $\mathcal{G}$는 르베그 수를 갖는다. □

이제 거리공간에서 네 가지 종류의 콤팩트성이 서로 동치임을 보일 준비가 되었다. 위의 보조정리들을 이용하여 다음을 증명하자.

**정 리 9.75** $A$가 거리공간 $(X, d)$의 부분집합일 때, 다음은 서로 동치이다.

(1) $A$는 콤팩트이다.

(2) $A$는 극한점콤팩트이다.

(3) $A$는 수열콤팩트이다.

(4) $A$는 가산콤팩트이다.

【증명】 (1) ⇒ (2) 정리 9.42-(1)에서 증명하였다.

(2) ⇒ (3) 집합 $A$에서 임의의 수열 $<a_n>$을 택하자. 수열의 각 항들의 집합 $B = \{a_n \mid n \in \mathbb{N}\}$가 유한집합이면, $a_n$ 중에서 적어도 하나, $a_{n_0}$가 무한 번 나타나므로 $<a_n>$은 수렴하는 부분수열 $<a_{n_0}, a_{n_o}, \cdots>$을 갖는다. 따라서 $A$는 수열콤팩트이다. $B$가 무한집합이면, 극한점콤팩트의 정의에 의하여 $A$의 적당한 원소 $p$가 $B$의 극한점이다. $(X, d)$는 거리공간이므로 수열 $<a_n>$은 $p$로 수렴하는 부분수열을 갖는다. 즉 $A$는 수열콤팩트이다.

(3) $\Rightarrow$ (1) $A$의 임의의 열린 덮개 $\mathcal{G} = \{G_i \mid i \in I\}$를 택하자. $A$가 수열콤팩트이므로 보조정리 9.74 에 의해 $A$의 열린 덮개 $\mathcal{G}$는 르베그 수 $\delta$를 갖는다. 또한 $A$는 수열콤팩트이므로 완전유계이다. 예제 9.67에 의하여 지름이 $\delta$보다 작은 유한 개의 $A$의 부분집합 $B_1, B_2, \cdots, B_n$이 존재하여

$$A = B_1 \cup B_2 \cup \cdots \cup B_n$$

이 된다. 그런데 여기서 $\delta$는 르베그 수이므로, 유한 개의 $\mathcal{G}$의 원소 $G_{i_1}, G_{i_2}, \cdots, G_{i_n}$이 존재하여 $B_1 \subseteq G_{i_1}, B_2 \subseteq G_{i_2}, \cdots, B_n \subseteq G_{i_n}$이다. 따라서

$$A = B_1 \cup B_2 \cup \cdots \cup B_n \subseteq G_{i_1} \cup G_{i_2} \cup \cdots \cup G_{i_n}$$

이 된다. 즉 $A$는 콤팩트이다.

(2) $\Leftrightarrow$ (4) 거리공간은 $T_1$ 공간이므로 정리 9.57에 의해 성립한다. □

다음 예제에서 보는 바와 같이 콤팩트 집합은 유한집합과 비슷한 성질을 가지고 있다.

**예 제 9.76** 거리공간 $(X, d)$에서 다음을 증명하여라.

(1) $X$의 임의의 부분집합 $B$와 콤팩트 집합 $A$에 대하여 $d(A, B) = d(p, B)$인 $A$의 점 $p$가 존재한다.

(2) $A$는 콤팩트이고 $B$는 닫힌 집합이다. $A$와 $B$가 서로소이면 $d(A, B) > 0$이다.

【풀이】 (1) $d(A, B) = k$라 하자.

$$d(A, B) = \inf\{d(a, b) \mid a \in A, b \in B\}$$

이므로 모든 $n \in \mathbb{N}$에 대하여 적당한 $a_n \in A, b_n \in B$가 존재하여

$$k \leq d(a_n, b_n) < k + \frac{1}{n}$$

이다. 그런데 $A$가 콤팩트이므로 $A$는 수열콤팩트이고, 따라서 수열 $\langle a_n \rangle$은 적당한 $p \in A$로 수렴하는 부분수열을 갖는다. 이제 $d(p, B) = k$임을 보이자. $d(p, B) > k$, 즉 $d(p, B) = k + \epsilon$, $\epsilon > 0$이라 하자. 그러면 $\langle a_n \rangle$의 부분수열이 $p$로 수렴하므로 $\frac{1}{n_0} < \frac{\epsilon}{2}$이면서 $d(p, a_{n_0}) < \frac{\epsilon}{2}$인 적당한 $n_0$가 존재한다. 그러면

$$d(a_{n_0}, b_{n_0}) < k + \frac{1}{n_0} < k + \frac{\epsilon}{2}$$

이다. 따라서

$$d(p, a_{n_0}) + d(a_{n_0}, b_{n_0}) < \frac{\epsilon}{2} + k + \frac{\epsilon}{2} = d(p, B) \le d(p, b_{n_0})$$

이고 이것은 삼각부등식에 모순이다. 따라서 $d(p, B) \le k$이다. 그런데 정의에 의해 $k = d(A, B) \le d(p, B)$이므로, $d(p, B) = k$이다.

(2) $d(A, B) = 0$라 하자. 그러면 (1)에 의하여 적당한 $p \in A$가 존재하여 $d(p, B) = d(A, B) = 0$이다. 그런데 $B$는 닫힌 집합이므로 $d(x, B) = 0$인 모든 $x$를 포함한다. 따라서 $p \in B$이고, 결국 $p \in A \cap B$이다. 이것은 $A \cap B = \emptyset$에 모순이다. 따라서 $d(A, B) > 0$이다.

**문제 9.77** 위 예제에서 콤팩트 조건이 없을 경우 성립하지 않는 예를 들어라.

【풀이】 유클리드 공간 $(\mathbb{R}^2, d)$에서 아래 두 집합을 생각하자.

$$A = \{(x, y) \in \mathbb{R}^2 \mid y \ge \frac{1}{x}, x > 0\},$$

$$B = \{(x, y) \in \mathbb{R}^2 \mid y \le -\frac{1}{x}, x > 0\}.$$

그러면 $d(A, B) = 0$이지만 $d(p, B) = 0$이 되는 점 $p \in A$가 없다. 또 $A$와 $B$가 서로 소인 닫힌 집합이지만 두 집합 사이의 거리는 $d(A, B) = 0$으로 양수 값이 아니다.

---

**정의 9.78** $f$가 거리공간 $(X, d)$에서 $(Y, e)$로 가는 함수일 때, 주어진 임의의 양수 $\epsilon$에 대해

$$a, b \in X,\ d(a, b) < \delta \implies e(f(a), f(b)) < \epsilon$$

를 만족시키는 양수 $\delta$가 존재하면, $f$를 고른 연속(uniform continuous) 함수라 한다.

---

**정리 9.79** 거리공간 $(X, d)$에서 거리공간 $(Y, e)$로 가는 고른 연속함수는 연속이다.

【증명】 연습문제. □

위 정리의 역은 일반적으로 성립하지 않는다. 그러나 콤팩트 공간에서는 역도 성립한다.

**정 리 9.80** 콤팩트 거리공간 $(X, d)$에서 거리공간 $(Y, e)$로 가는 연속함수는 고른 연속이다.

【증명】 $f$가 콤팩트 거리공간 $(X, d)$에서 거리공간 $(Y, e)$로 가는 연속함수라 하고 $\epsilon > 0$이 주어졌다고 하자. $Y$가 거리공간이므로 $\{B(y, \frac{\epsilon}{2}) \mid y \in Y\}$가 $Y$의 열린 덮개가 된다. 연속함수의 성질에 의해

$$\mathcal{G} = \{f^{-1}(B(y, \frac{\epsilon}{2})) \mid y \in Y\}$$

는 $X$의 열린 덮개가 된다. $X$가 콤팩트이므로 수열콤팩트가 되고, 따라서 $\mathcal{G}$에 대한 르베그 수 $\delta$가 존재한다. 이제 $d(a, b) < \delta$인 두 점을 $X$에서 선택하면 집합 $\{a, b\}$의 지름은 $d(\{a, b\}) < \delta$이다. 그러므로 적당한 $\mathcal{G}$의 원소에 대해

$$\{a, b\} \subseteq f^{-1}(B(y_0, \frac{\epsilon}{2}))$$

이다. 결국

$$f(\{a, b\}) = \{f(a), f(b)\} \subseteq B(y_0, \frac{\epsilon}{2})$$

이다. $e(f(a), f(b)) < \epsilon$이다. 따라서 $f$는 고른 연속이다. □

## 9.6 콤팩트화

**정 의 9.81** 두 위상공간 $(X, \mathcal{T})$와 $(Y, \mathcal{T}^*)$에 대해, $X$가 $Y$의 적당한 부분공간과 위상동형이 될 때, 즉, 위상동형 사상

$$f : X \to f(X) \subseteq Y$$

가 존재할 때, $X$는 $Y$에 묻힌다(embedded)고 정의한다. 이 때 만약 $Y$가 콤팩트 공간이고 $f(X)$가 $Y$의 조밀한 부분집합이면, $Y$를 $X$의 콤팩트화(compactification)라고 한다.

일반적으로 $X$가 콤팩트 공간이 아닌 경우 $X$에 한 점 또는 몇 개의 점을 넣어주고, 적당한 위상을 주어서 콤팩트화 시킨다. 예를 몇 가지 알아보자.

**예 9.82** (1) 보통위상공간 $(\mathbb{R},\mathcal{U})$에서 구간 $[a,b)$는 콤팩트가 아니다. 그러나 한 점 $b$를 넣어주면 $[a,b]$는 콤팩트가 된다. 실제로 $\overline{[a,b)}=[a,b]$이므로, $[a,b]$는 $[a,b)$의 콤팩트화이다.

(2) 보통위상공간 $(\mathbb{R},\mathcal{U})$에서 열린 구간 $(a,b)$는 콤팩트가 아니다. 그러나 두 점 $a$와 $b$를 넣어주면 $[a,b]$는 콤팩트가 된다. 실제로 $\overline{(a,b)}=[a,b]$이므로, $[a,b]$는 $(a,b)$의 콤팩트화이다.

(3) 보통위상공간 $\mathbb{R}^2$의 부분집합 중 원에서 한 점을 제거한 집합

$$A=\{(x,y)\mid x^2+y^2=1, x\neq 1\}$$

은 콤팩트가 아니다. 하지만 한 점을 추가한 집합 $\overline{A}=\{(x,y)\mid x^2+y^2=1\}$은 콤팩트로서 $A$의 콤팩트화이다.

(4) 보통위상공간 $\mathbb{R}^2$에서

$$A=\{(x,y)\in\mathbb{R}^2\mid x^2+y^2<1\},\quad B=\{(x,y)\in\mathbb{R}^2\mid x^2+y^2\leq 1\}$$

일 때, $B$가 콤팩트이고 $B=\overline{A}$이므로, $A$의 콤팩트화이다.

(5) 보통위상공간 $\mathbb{R}^3$에서

$$A=\{(x,y,z)\in\mathbb{R}^3\mid x^2+y^2+z^2<1\},\ B=\{(x,y,z)\in\mathbb{R}^3\mid x^2+y^2+z^2\leq 1\}$$

일 때, $B$가 콤팩트이고 $B=\overline{A}$이므로, $A$의 콤팩트화이다.

**예 9.83** 보통위상공간 $(\mathbb{R},\mathcal{U})$는 콤팩트가 아니다. 이제 집합

$$\mathbb{R}^*=\mathbb{R}\cup\{\infty,-\infty\}$$

로 정의하고, $\mathbb{R}^*$의 원소들의 순서(order)를

$$-\infty<x<\infty\quad(x\text{는 임의의 실수})$$

와 같이 정한다. 그러면 집합

$$\mathcal{B}^*=\{(a,b)\mid a,b\in\mathbb{R}\}\cup\{(a,\infty]\mid a\in\mathbb{R}\}\cup\{[-\infty,b)\mid b\in\mathbb{R}\}$$

는 $\mathbb{R}^*$의 위상 $\mathcal{U}^*$를 생성하는 기저가 된다. 이 때 $(\mathbb{R}^*,\mathcal{U}^*)$는 콤팩트 공간이고, $(\mathbb{R},\mathcal{U})$는 $(\mathbb{R}^*,\mathcal{U}^*)$의 조밀한 부분공간이다. 따라서 $(\mathbb{R}^*,\mathcal{U}^*)$는 $(\mathbb{R},\mathcal{U})$의 콤팩트화이다. 이 때, $(\mathbb{R}^*,\mathcal{U}^*)$를 확장된 실수공간(extended real line)이라고 부른다.

참 고 **9.84** 위 예의 경우 사실 $(a,b)$는 $\mathbb{R}$과 위상동형이고, $[a,b]$ 는 $\mathbb{R}^*$ 와 위상동형이다.

이제 일반적인 위상공간에 대해 콤팩트화를 찾는 방법에 대해 알아보자.

정 리 **9.85** 콤팩트가 아닌 위상공간 $(X,\mathcal{T})$에서 $X$에 속하지 않는 한 점 $\infty$를 잡아 $X_\infty = X\cup\{\infty\}$라 하자.

$$\mathcal{T}_\infty = \mathcal{T}\cup\{X_\infty - F \mid F\text{는 } X\text{의 닫힌 콤팩트 부분집합}\}$$

이라 하면 위상공간 $(X_\infty,\mathcal{T}_\infty)$는 콤팩트 공간이고 $(X,\mathcal{T})$는 $(X_\infty,\mathcal{T}_\infty)$의 조밀한 부분집합이다. 즉, $(X_\infty,\mathcal{T}_\infty)$는 $(X,\mathcal{T})$의 콤팩트화이다.

【증명】 (1) 우선 $\mathcal{T}_\infty$가 $X_\infty$의 위상임을 보이자.

i) 공집합은 $\mathcal{T}$의 원소이므로 $\mathcal{T}_\infty$에도 속한다. 공집합이 $X$의 닫힌 콤팩트 부분집합이고 $X_\infty = X_\infty - \emptyset$이므로, $X_\infty\in\mathcal{T}_\infty$이다.

ii) $\mathcal{T}_\infty$의 임의의 원소들을 택하면 $\mathcal{T}$-열린 집합이거나, 아니면 적당한 $X$의 닫힌 콤팩트 부분집합 $F_\alpha$에 대하여 $X_\infty - F_\alpha$로 나타난다. 첫째, $\mathcal{T}$-열린 집합들의 합집합은 역시 $\mathcal{T}$-열린 집합이므로 $\mathcal{T}_\infty$에 속한다. 둘째,

$$\bigcup_{\alpha\in\Gamma}(X_\infty - F_\alpha) = X_\infty - \bigcap_{\alpha\in\Gamma} F_\alpha$$

인데, $\bigcap F_\alpha$가 $X$의 닫힌 집합이고, 콤팩트성은 닫힌 집합에 대하여 유전적이므로 역시 콤팩트이다. 따라서 $\bigcup(X_\infty - F_\alpha)$는 $\mathcal{T}_\infty$에 속한다. 마지막으로 $G\in\mathcal{T}$와 $X_\infty - F$에 대해 합집합을 하면

$$G\cup(X_\infty - F) = X_\infty - (F-G)$$

인데 $F-G$는 $X$에서 닫힌 콤팩트 집합이므로 $G\cup(X_\infty - F)$는 $\mathcal{T}_\infty$의 원소이다. 결국, 어느 경우라도 그들의 합집합은 다시 $\mathcal{T}_\infty$에 속한다.

iii) 먼저, $\mathcal{T}_\infty$에 속한 두 개의 $\mathcal{T}$-열린 집합의 교집합은 다시 $\mathcal{T}$-열린 집합이다. 다음으로, 두 집합이 $X_\infty - F$와 $X_\infty - K$일 경우를 살펴보자($F$와 $K$는 $X$의 닫힌 콤팩트 부분집합).

$$(X_\infty - F)\cap(X_\infty - K) = X_\infty - (F\cup K)$$

그런데 유한 개의 닫힌 집합들의 합집합은 역시 닫힌 집합이고, 유한 개의 콤팩트 집합들의

합집합도 콤팩트이므로,

$$(X_\infty - F) \cap (X_\infty - K)$$

는 $\mathcal{T}_\infty$에 속한다. 마지막으로 $G \in \mathcal{T}, H = X_\infty - F$, $F$는 $X$의 닫힌 콤팩트 부분집합인 경우,

$$G \cap H = G \cap (X_\infty - F) = G \cap (X - F).$$

$F$는 $X$의 닫힌 부분집합이므로 $X - F$는 $X$의 열린 부분집합이고, 따라서 $G \cap H$는 $\mathcal{T}$-열린 집합으로서 $\mathcal{T}_\infty$에 속한다.

i), ii), iii)에 의해 $(X_\infty, \mathcal{T}_\infty)$가 위상공간임을 보였다.

(2) 이제

$$\mathcal{T}' = \{G \cap X \mid G \in \mathcal{T}_\infty\}$$

라 하면 $(X, \mathcal{T}')$은 $(X_\infty, \mathcal{T}_\infty)$의 부분공간이다. $1_X : (X, \mathcal{T}) \to (X, \mathcal{T}')$는 위상동형함수이므로 $(X, \mathcal{T})$는 $(X_\infty, \mathcal{T}_\infty)$의 부분공간과 위상동형이다.

(3) 이 위상공간이 콤팩트 공간임을 보이기 위하여 $(X_\infty, \mathcal{T}_\infty)$의 임의의 열린 덮개 $\mathcal{G} = \{G_\alpha \mid \alpha \in \Lambda\}$를 택한다. $\mathcal{G}$의 원소 중 $\infty$를 포함하는 적당한 $G^*$가 존재하여

$$G^* = X_\infty - F, \quad F\text{는 } X\text{의 닫힌 콤팩트 부분집합}$$

이 된다. 콤팩트성은 절대적 성질이므로, $F$는 $X_\infty$의 콤팩트 부분집합이고, $\mathcal{G}$는 $F$의 열린 덮개도 되므로 $\mathcal{G}$의 유한 개의 원소에 의해 $F \subseteq G_{\alpha_1} \cup \cdots \cup G_{\alpha_n}$이 된다.

$$X_\infty = G^* \cup F \subseteq G^* \cup (G_{\alpha_1} \cup \cdots \cup G_{\alpha_n})$$

이므로, $(X_\infty, \mathcal{T}_\infty)$는 콤팩트 공간이다.

(4) 마지막으로 $(X, \mathcal{T})$가 $(X_\infty, \mathcal{T}_\infty)$의 조밀한 부분공간임을 보이자. $\infty$를 포함하는 $(X_\infty, \mathcal{T}_\infty)$의 임의의 열린 집합은 $X_\infty - K$ ($K$는 $X$의 닫힌 콤팩트 부분집합)의 형태뿐이다. 그런데 $X$는 콤팩트가 아니므로 $K \neq X$이다. 따라서 $(X_\infty - K) \cap X \neq \emptyset$ 이고, 결국 $\infty \in \overline{X}$이다. 즉, $\overline{X} = X_\infty$이다.

(1)–(4)에 의하여, $(X_\infty, \mathcal{T}_\infty)$는 $(X, \mathcal{T})$의 콤팩트화가 된다. □

위 정리는 수학자 알렉산드로프[2]가 증명한 것으로, 그의 이름을 따서 알렉산드로프 콤팩트화라 부른다.

[2]알렉산드로프 Pavel Sergeevich Aleksandrov (Alexandroff) 1896-1982. 러시아의 수학자.

정 의 **9.86** 정리 9.85의 위상공간 $(X_\infty, \mathcal{T}_\infty)$를 $(X, \mathcal{T})$의 알렉산드로프 콤팩트화(Alexandroff compactification), 또는 한점콤팩트화(one point compactification)라고 부른다.

한점콤팩트화에 대해 아래와 같은 사실이 성립한다.

정 리 **9.87** 주어진 공간의 한점콤팩트화는 위상동형인 것들을 제외하면 유일하다.

【증명】 연습문제. □

위 정리에 의해 한점콤팩트화를 구하기 어려울 경우 위상동형인 공간의 콤팩트화를 구해도 된다는 것을 알 수 있다. 아래 예를 살펴보자.

예 **9.88** (1) $[0,1)_\infty = [0,1]$

(2) $([0,1) \cup (1,2])_\infty = [0,2]$

(3) $([0,1) \cup (2,3]) \cong ([0,1) \cup (1,2])$이므로 $([0,1) \cup (2,3])_\infty = [0,2]$

(4) 구간 $(0,1)$은 원에서 한점을 뺀 $S^1 - \{p\}$와 위상동형이고, $S^1$은 $S^1 - \{p\}$의 한점콤팩트화이다. 따라서 $(0,1)_\infty = S^1$.

(5) $\mathbb{R}$과 구간 $(0,1)$이 위상동형이므로 $\mathbb{R}_\infty = S^1$.

(6) $((0,1) \cup (2,3))_\infty =$ 숫자 8 모양.

(7) $((0,1) \cup (2,3) \cup (4,5) \cup (6,7))_\infty =$ 네 잎 클로버 모양.

(8) 기하학에서 배우는 입체사영(stereographic projection)에 의해 구면에서 북극점을 제거한 $S^2 - \{N\}$은 $\mathbb{R}^2$과 위상동형이 된다. 또한 $S^2$은 $S^2 - \{N\}$의 한점콤팩트화이다. 따라서 $(\mathbb{R}^2)_\infty = S^2$.

(9) $(0,1) \times (0,1)$은 $\mathbb{R}^2$과 위상동형이 되므로, $((0,1) \times (0,1))_\infty = S^2$.

주어진 공간이 하우스도르프 공간일 때 콤팩트화 공간이 하우스도르프 공간이 되면 좋겠지만 일반적으로는 안된다. 하지만 국소콤팩트 조건이 있을 경우 다음 정리와 같이 하우스도르프 공간이 된다.

정 리 **9.89** 위상공간 $(X, \mathcal{T})$가 콤팩트가 아니면서 국소콤팩트 $T_2$ 공간이면, $(X_\infty, \mathcal{T}_\infty)$는 콤팩트 $T_2$ 공간이다.

【증명】 $(X_\infty, \mathcal{T}_\infty)$가 콤팩트임은 이미 보였다. 이제 $(X_\infty, \mathcal{T}_\infty)$가 $T_2$ 공간임을 보이기 위하여 $X_\infty$의 임의의 서로 다른 두 점 $a$와 $b$를 택한다. 두 점이 모두 $X$의 점이면 $X$가 $T_2$ 공간이므로 서로소인 $X$의 열린 부분집합들이 존재하여 각 점을 포함하는데, $\mathcal{T}$-열린 집합은 $\mathcal{T}_\infty$-열린 집합도 되므로, 우리가 원하는 조건을 만족시킨다. 이제 $a$는 $X$의 점이고, $b = \infty$라고 하자. $X$는 국소콤팩트 공간이므로, $a$의 콤팩트 근방 $K$가 존재한다. $X$는 $T_2$ 공간이므로 $K$는 $X$의 닫힌 부분집합이고, 따라서 $X_\infty - K$는 $\mathcal{T}_\infty$-열린 집합이다. 따라서

$$a \in \mathrm{int}(K), \quad b \in X_\infty - K, \quad \mathrm{int}(K) \cap (X_\infty - K) = \emptyset$$

이므로 $(X_\infty, \mathcal{T}_\infty)$는 $T_2$ 공간이다. □

Urysohn 보조정리와 위의 정리에 의하여 다음 정리를 얻을 수 있다.

**정리 9.90** $G$는 국소콤팩트 $T_2$ 공간 $(X, \mathcal{T})$의 열린 진부분집합이고, $E$는 $G$의 부분집합으로서 $X$에서 콤팩트 집합이다. 그러면

$$f(x) = \begin{cases} 0, & x \in E \text{ 일 때} \\ 1, & x \in G^c \text{ 일 때} \end{cases}$$

을 만족시키는 연속함수 $f : X \to [0, 1]$가 존재한다.

【증명】 만일 $X$가 콤팩트이면 $T_2$ 성질에 의해 정규공간이 되고, $E$와 $G^c$이 서로소인 닫힌 집합이므로 우리손 보조정리에 의해 주어진 정리가 성립한다. 이제 $X$가 콤팩트가 아닐 경우를 생각하자. $(X, \mathcal{T})$가 국소콤팩트 $T_2$ 공간이므로, 앞 정리에 의해 $(X_\infty, \mathcal{T}_\infty)$는 콤팩트 $T_2$ 공간이다. 따라서 $(X_\infty, \mathcal{T}_\infty)$는 정규공간이다. $E$는 $T_2$ 공간 $X$의 콤팩트 부분집합이므로, $X$에서 닫힌 집합이다. 즉 $E$는 $X$의 닫힌 콤팩트 부분집합이다. 따라서 $X_\infty - E$는 $X_\infty$에서 열린 집합이고 결국, $E$는 $X_\infty$의 닫힌 부분집합이다. $G$는 $X$의 열린 진부분집합이므로 $X_\infty$의 열린 부분집합이고, 따라서 $X_\infty - G$는 $X_\infty$의 닫힌 부분집합이다. 즉, $X_\infty - G$와 $E$는 정규공간 $(X_\infty, \mathcal{T}_\infty)$ 의 서로소인 닫힌 집합이므로, Urysohn 보조정리에 의하여 다음을 만족시키는 연속함수 $g : X_\infty \to [0, 1]$가 존재한다.

$$g(x) = \begin{cases} 0, & x \in E \text{ 일 때} \\ 1, & x \in G^c \text{ 일 때} \end{cases}$$

따라서 축소함수 $f = g|_X$는 우리가 원하는 조건을 만족시킨다. □

## 연습문제 9

1. $X = (0, 1)$일 때 보통위상공간 $(X, \mathcal{U})$에 대해 아래 사실이 성립하면 O, 아니면 X로 표시하여라.

   (a) $X$는 콤팩트이다.

   (b) $X$는 수열콤팩트이다.

   (c) $X$는 극한점콤팩트이다.

   (d) $X$는 국소콤팩트이다.

2. $X = [0, 1) \cup (2, 3]$일 때 보통위상공간 $(X, \mathcal{U})$에 대해 아래 사실이 성립하면 O, 아니면 X로 표시하여라.

   (a) $X$는 콤팩트이다.

   (b) $X$는 수열콤팩트이다.

   (c) $X$는 극한점콤팩트이다.

   (d) $X$는 국소콤팩트이다.

3. $X = [0, 1) \cup (2, 3]$일 때 이산위상공간 $(X, \mathcal{D})$에 대해 아래 사실이 성립하면 O, 아니면 X로 표시하여라.

   (a) $X$는 콤팩트이다.

   (b) $X$는 수열콤팩트이다.

   (c) $X$는 극한점콤팩트이다.

   (d) $X$는 국소콤팩트이다.

4. $X = [0, 1) \cup (2, 3]$일 때 비이산위상공간 $(X, \mathcal{I})$에 대해 아래 사실이 성립하면 O, 아니면 X로 표시하여라.

   (a) $X$는 콤팩트이다.

   (b) $X$는 수열콤팩트이다.

   (c) $X$는 극한점콤팩트이다.

   (d) $X$는 국소콤팩트이다.

5. 시에르핀스키 공간 $(X, \mathcal{T})$에 대해 아래 물음에 답하여라.

   (a) $X$는 콤팩트이다.

(b) $X$는 수열콤팩트이다.

(c) $X$는 극한점콤팩트이다.

(d) $X$는 국소콤팩트이다.

6. $X = (\mathbb{N}, \mathcal{C}_f)$에 대해 아래 사실이 성립하면 O, 아니면 X로 표시하여라.

   (a) $X$는 콤팩트이다.

   (b) $X$는 수열콤팩트이다.

   (c) $X$는 극한점콤팩트이다.

   (d) $X$는 국소콤팩트이다.

7. $\mathcal{C}_f$ 는 임의의 집합 $X$에 주어진 여유한위상이다. $(X, \mathcal{C}_f)$가 콤팩트 공간인가?

8. $\mathcal{C}_c$는 임의의 집합 $X$에 주어진 여가산위상이다. $(X, \mathcal{C}_c)$는 콤팩트 공간인가?

9. $X$는 무한집합이고 $\mathcal{D}$는 $X$에 주어진 이산위상이다. $(X, \mathcal{D})$는 콤팩트 공간인가?

10. $X$가 제2가산공간일 때, $X$가 콤팩트가 되기위한 필요충분조건은 가산콤팩트임을 보여라.

11. 여가산공간 $(\mathbb{R}, \mathcal{C}_c)$의 콤팩트 부분집합이 되기 위한 필요충분조건은 유한집합이 되는 것임을 보여라.

12. $A$는 $T_2$ 공간 $(X, \mathcal{T})$의 콤팩트 부분집합이고, $p$는 $X - A$의 점일 때, 적당한 열린 집합 $G$와 $H$가 존재하여 다음을 만족시킴을 증명하여라.

    (a) $p \in G,\ A \subseteq H,\ G \cap H = \emptyset$

    (b) $p \in G \subseteq X - A$

13. 하이네-보렐 정리(Heine-Borel theorem)의 일반화:
    $\mathbb{R}$의 부분집합 $A$가 콤팩트가 되기 위한 필요충분조건은 닫힌 집합이고 유계집합이 되는 것이다. 이를 보여라.

14. $(X, \mathcal{T})$는 제2가산공간이며 $T_1$ 공간이다. 다음은 서로 동치임을 보여라.

    (a) $(X, \mathcal{T})$는 콤팩트 공간이다.

    (b) $(X, \mathcal{T})$는 극한점콤팩트 공간이다.

15. 모든 가산콤팩트 공간은 수열콤팩트 공간인가?

16. 보통위상공간 $\mathbb{R}^2$이 국소콤팩트임을 보여라.

17. 여가산공간 $(\mathbb{R}, \mathcal{C}_c)$은 국소콤팩트인가?

18. 아래끝 위상공간 $(\mathbb{R}, \mathcal{T}_l)$는 국소콤팩트가 아니다. 이를 보여라.

19. $(\mathbb{Q}, \mathcal{U}_{\mathbb{Q}})$는 국소콤팩트가 아니다. 이를 보여라.

20. 완전유계인 집합의 부분집합은 완전유계이다. 이를 보여라.

21. 거리공간에서 $A$가 완전유계인 집합이면 $\mathrm{cl}(A)$도 완전유계이다. 이를 보여라.

22. 주어진 공간의 한점콤팩트화는 위상동형인 것들을 제외하면 유일하다. 이를 보여라.

# 제 10 장

# 연결 공간

이 장에서는 위상적 성질 중의 하나인 연결성에 대하여 공부한다. 미분적분학에서 다루는 중간값의 정리는 보통위상공간 $(\mathbb{R}, \mathcal{U})$가 연결 공간이기 때문에 성립되는 예가 된다. 어떤 위상공간이 하나로 연결되는지, 아니면 여러 조각으로 이루어져 있는지의 차이는 공간의 성질에서 중요한 의미를 갖는다.

## 10.1 연결 공간

---

정 의 **10.1** 위상공간 $(X, \mathcal{T})$에서 공집합이 아니면서 서로소인 두 개의 열린 집합 $G$와 $H$에 대해

$$X = G \cup H$$

로 나타낼 수 있을 때, 위상공간 $(X, \mathcal{T})$를 비연결(disconnected)이라 하며, 비연결이 아닌 경우 연결(connected)이라 한다. 부분공간 $(A, \mathcal{T}_A)$가 비연결일 때 집합 $A$를 비연결이라 하고, 연결일 때 집합 $A$를 연결이라 한다.

---

예 **10.2** (1) 비연결 집합은 공집합이 아니면서 서로소인 두 개의 열린 집합들의 합집합이므로, 원소가 최소 2개 이상이다. 따라서 공집합과 한원소집합은 연결 집합이다.

(2) 실수의 부분집합 $A = (0, 1) \cup (1, 2)$는 비연결 집합이다. 왜냐하면 $G = (0, 1)$과 $H = (1, 2)$가 공집합이 아니면서 서로소이고, $A$에서 열린 집합이며 $A = G \cup H$이기 때문이다.

(3) 실수의 부분집합 $B = [0, 1) \cup (1, 2]$는 비연결 집합이다. 왜냐하면 $G = (-1, 1) \cap B$와 $H = (1, 3) \cap B$가 모두 공집합이 아니면서 서로소이고, $B$에서 열린 집합이며 $B = G \cup H$이기 때문이다.

(4) 두 점 이상을 포함하는 모든 이산공간 $(X, \mathcal{D})$는 $p \in X$에 대해, $X = \{p\} \cup \{p\}^c$이므로 비연결 공간이다. 예를 들어 $(\mathbb{R}, \mathcal{D})$, $(\mathbb{N}, \mathcal{D})$, $(\mathbb{Q}, \mathcal{D})$ 등은 비연결 공간이다.

(5) 모든 비이산공간 $(X, \mathcal{I})$는 연결 공간이다. 예를 들어 $(\mathbb{R}, \mathcal{I})$, $(\mathbb{N}, \mathcal{I})$, $(\mathbb{Q}, \mathcal{I})$ 등은 연결 공간이다.

예 **10.3** (1) $(\mathbb{R}, \mathcal{U})$에서 서로 다른 두 원소 집합 $X = \{a, b\}$는 비연결 집합이다. 왜냐하면, $a < b$일 경우 공집합이 아니면서 서로소인 두 개의 열린 집합의 합집합으로 아래와 같이 나타낼 수 있다.

$$X = \left(X \cap (a-1, \frac{a+b}{2})\right) \cup \left(X \cap (\frac{a+b}{2}, b+1)\right)$$

마찬가지로, $(\mathbb{R}^2, \mathcal{U})$, $(\mathbb{R}^3, \mathcal{U})$ 등에서 서로 다른 두 원소 집합은 비연결 집합이다.

(2) $(\mathbb{R}, \mathcal{U})$, $(\mathbb{R}^2, \mathcal{U})$, $(\mathbb{R}^3, \mathcal{U})$ 등에서 두 개 이상의 원소를 갖는 유한집합 $\{x_1, x_2, \ldots, x_n\}$은 비연결 집합이다.

(3) 보통위상공간의 부분공간인 유리수의 집합 $(\mathbb{Q}, \mathcal{U}_{\mathbb{Q}})$는 비연결 공간이다. 왜냐하면

$$\mathbb{Q} = \left(\mathbb{Q} \cap (-\infty, \sqrt{2})\right) \cup \left(\mathbb{Q} \cap (\sqrt{2}, \infty)\right)$$

와 같이 공집합이 아니면서 서로소인 두 개의 열린 집합의 합집합으로 나타낼 수 있기 때문이다.

문 제 **10.4** 거리공간 $(X, d)$에서 모든 열린 공 $B(x, \delta)$는 연결 집합인가?

【풀이】 아니다. 이산거리공간 $(\mathbb{R}, d)$에서 열린 공 $B(0, 2) = \mathbb{R}$인데 이 집합은 연결 집합이 아니다.

---

정 의 **10.5** 위상공간 $(X, \mathcal{T})$의 부분집합 $A$와 $B$에 대해

$$\overline{A} \cap B = A \cap \overline{B} = \emptyset$$

일 때, $A$와 $B$는 분리(separated)되었다고 한다.

---

참 고 **10.6** 서로 분리된 집합은 항상 서로소이다. 그러나 일반적으로 그 역은 성립하지 않는다. 다음 예는 이를 잘 보여주고 있다.

예 **10.7** 보통위상공간 $(\mathbb{R}, \mathcal{U})$의 부분집합 $A = (0, 1)$, $B = (1, 2)$, $C = [2, 3)$를 생각하자. $\overline{A} \cap B = [0, 1] \cap (1, 2) = \emptyset$ 이고, $A \cap \overline{B} = (0, 1) \cap [1, 2] = \emptyset$ 이므로, $A$와 $B$는 분리되어 있다.

그런데 $\overline{B} \cap C = [1, 2] \cap [2, 3) \neq \emptyset$ 이므로, $B$와 $C$는 분리되어 있지 않다. 그러나 $B \cap C = (1, 2) \cap [2, 3) = \emptyset$이므로 서로소이다.

정 리 **10.8** 위상공간 $(X, \mathcal{T})$에 대하여, 다음은 서로 동치이다.

(1) 공집합이 아니면서 분리된 두 집합의 합집합으로 $X$를 나타낼 수 있다.

(2) 공집합이 아니면서 서로소인 닫힌 집합 $G$와 $H$의 합집합으로 $X$를 나타낼 수 있다.

(3) 공집합이 아니면서 서로소인 열린 집합 $G$와 $H$의 합집합으로 $X$를 나타낼 수 있다. 즉, 비연결 공간이다.

(4) $X$에서 이산공간 $\{0, 1\}$로 가는 연속인 전사함수가 존재한다.

(5) $X$의 공집합이 아닌 진부분집합 중에, 닫힌 집합이고 동시에 열린 집합이 존재한다.

【증명】 (1) ⇒ (2) $X$가 공집합이 아닌 분리된 집합의 합집합으로 $X = G \cup H$와 같이 나타낼 수 있다고 하자. $G$와 $H$가 분리된 집합이므로 $G \cap \overline{H} = \emptyset$이다. 그런데 $X = G \cup H \subseteq G \cup \overline{H} \subseteq X$이므로 $X = G \cup \overline{H}$이다. 따라서 $G = (\overline{H})^c$이다. 그런데 $\overline{H}$는 닫힌 집합이므로 $G = \overline{H}^c$는 열린 집합이다. 결국 $H = G^c$는 닫힌 집합이다. 마찬가지로 $G$도 닫힌 집합임을 보일 수 있다. 따라서 공집합이 아니면서 서로소인 닫힌 집합 $G$와 $H$의 합집합으로 $X$를 나타낼 수 있다.

(2) ⇒ (3) $G \cap H = \emptyset$이고 $X = G \cup H$이므로 $G = H^c$이다. 따라서 $G$는 열린 집합이다. 마찬가지로 $H$도 열린 집합이다. 따라서 $X$는 비연결 공간이다.

(3) ⇒ (4) $G \cup H = X$이고 $G \cap H = \emptyset$일 때, $X$에서 이산공간 $Y = \{0, 1\}$로 가는 아래의 함수는 연속인 전사함수이다.

$$f : X \to Y, \quad f(x) = \begin{cases} 0, & x \in G\text{일 때} \\ 1, & x \in H\text{일 때} \end{cases}$$

(4) ⇒ (5) 집합 $f^{-1}(\{0\}) \neq \emptyset$은 $X$의 진부분집합으로서 닫힌 집합이고 동시에 열린 집합이다.

(5) ⇒ (1) $G \neq \emptyset$가 $X$의 진부분집합으로서 닫힌 집합이고 동시에 열린 집합이면, $G$와 $G^c$가 (1)의 조건을 만족시킨다. □

**정 리** **10.9** 다음은 서로 동치이다.

(1) 위상공간 $(X, \mathcal{T})$는 연결 공간이다.

(2) 공집합이 아니면서 분리된 두 개의 집합의 합집합으로 $X$를 나타낼 수 없다.

(3) 공집합이 아니면서 서로소인 두 개의 닫힌 집합들의 합집합으로 $X$를 나타낼 수 없다.

(4) $X$의 공집합이 아닌 진부분집합 중에, 닫힌 집합이고 동시에 열린 집합이 존재하지 않는다.

(5) $X$에서 이산공간 $\{0, 1\}$로 가는 연속함수는 상수함수뿐이다.

【증명】 위 정리에 의해 성립한다. □

참 고 **10.10** (1) $(X, \mathcal{T})$가 비연결 공간이고 $\mathcal{T} \subseteq \mathcal{T}^*$이면, $(X, \mathcal{T}^*)$도 비연결 공간이다. 왜냐하면 $\mathcal{T}$의 열린 집합이면서 닫힌 진부분집합 $G \neq \emptyset$가 있다면 $G$가 $\mathcal{T}^*$에도 속하기 때문이다.

(2) 대우명제를 이용하면 $(X, \mathcal{T})$가 연결 공간이고 $\mathcal{T}^* \subseteq \mathcal{T}$이면, $(X, \mathcal{T}^*)$도 연결 공간이다.

예 제 **10.11** $X = \{a, b, c, d, e\}, \mathcal{T} = \{X, \emptyset, \{a, b, c\}, \{c, d, e\}, \{c\}\}$인 위상공간 $(X, \mathcal{T})$의 부분집합 $A = \{a, d, e\}$가 비연결 집합임을 보여라.

【풀이】 부분위상을 구하면 $\mathcal{T}_A = \{A, \emptyset, \{a\}, \{d, e\}\}$이고, $A = \{a\} \cup \{d, e\}$와 같이 공집합이 아니면서 서로소인 두 개의 열린 집합의 합집합으로 표시되므로 $A$는 비연결 집합이다.

문 제 **10.12** $X = \{a, b, c, d, e\}, \mathcal{T} = \{X, \emptyset, \{a, b, c\}, \{c, d, e\}, \{c\}\}$일 때, 위상공간 $(X, \mathcal{T})$의 부분집합 $B = \{c, d, e\}$가 연결 집합임을 보여라.

【풀이】 $\mathcal{T}_B = \{B, \emptyset, \{c\}\}$이므로 닫힌 집합은 $\emptyset, B, \{d, e\}$뿐이다. 따라서 공집합이 아닌 진부분집합으로서 열린 집합이면서 동시에 닫힌 집합은 존재하지 않는다. 그러므로 $B$는 연결 집합이다.

예 제 **10.13** $X$가 $T_1$ 공간이라 하자. $X$가 두 점 이상을 포함하는 연결 공간이면 $X$는 항상 무한집합이다. 이를 보여라.

【풀이】 $X$가 유한집합이라 가정하자. $T_1$ 공간의 모든 유한 부분집합은 닫힌 집합이다. 임의의 $a \in X$에 대해 $\{a\}$는 닫힌 집합이고 $\{a\}^c \neq \emptyset$도 유한집합이므로 닫힌 집합이다. 따라서 $\{a\}$는 열린 집합이면서 동시에 닫힌 집합이다. 이는 $X$가 연결 공간이라는 사실에 모순이다. 그러므로 $X$는 무한집합이다.

정 리 **10.14** $(X, \mathcal{T})$는 연결 공간이고, $(Y, \mathcal{T}')$는 임의의 위상공간이다. $f : X \to Y$가 연속인 전사함수이면, $Y$도 연결 공간이다.

【증명】 $Y$가 비연결 공간이라고 가정하면 $Y$에서 이산공간 $\{0, 1\}$로 가는 연속인 전사함수 $g$가 존재한다. 따라서 합성함수 $g \circ f$는 $X$에서 이산공간 $\{0, 1\}$로 가는 연속인 전사함수이다. 그러나 이는 $X$가 연결 공간이라는 사실과 서로 모순이다. 따라서 $Y$는 연결 공간이다. □

따름정리 **10.15** 위상공간의 연결성은 위상적 성질이다.

정리 10.9는 전체 공간이 연결 공간인가 조사할 때 유용하다. 부분집합이 연결 집합인지 조사할 때는 아래와 같은 정리를 쓸 수 있다.

정 리 **10.16** $Y$가 위상공간 $X$의 부분집합일 때, 아래 내용은 모두 동치이다.

(1) 부분공간 $Y$가 연결 공간이다.

(2) 공집합이 아니면서 분리된 $X$의 두 집합의 합집합으로 $Y$를 나타낼 수 없다.

(3) $U \cap Y \neq \emptyset$, $V \cap Y \neq \emptyset$, $(U \cap Y) \cap (V \cap Y) = \emptyset$, $Y \subseteq U \cup V$가 되는 $X$에서 열린 집합 $U, V$가 존재하지 않는다.

【증명】 모든 경우에 대해 대우명제를 사용해서 증명하기로 하자.

(1) ⇒ (2) 전체공간 $X$와 부분공간 $Y$에서의 집합 $A$의 폐포를 각각 $\overline{A}$와 $(\overline{A})_Y$로 나타내기로 한다. 대우 명제가 성립함을 보이기 위하여 공집합이 아니면서 분리된 $X$의 두 집합의 합집합으로 $Y$를 나타낼 수 있다고 하자. 즉, $X$의 부분집합 $U \neq \emptyset$와 $V \neq \emptyset$에 대해

$$Y = U \cup V,\ \overline{U} \cap V = U \cap \overline{V} = \emptyset$$

이라 하자. $Y = U \cup V$라는 사실에서

$$(\overline{U})_Y \cap V = (\overline{U} \cap Y) \cap V \subseteq \overline{U} \cap V = \emptyset,$$

$$U \cap (\overline{V})_Y = U \cap (\overline{V} \cap Y) \subseteq U \cap \overline{V} = \emptyset$$

이다. 즉, $(\overline{U})_Y \cap V = \emptyset$이고 $U \cap (\overline{V})_Y = \emptyset$이다. 따라서 $U, V$는 $Y$에서도 분리된 집합이고, 결국 $Y$는 비연결이다. 이는 (1)에 모순이 된다. 따라서 (2)가 성립한다.

(2) ⇒ (3) $U \cap Y \neq \emptyset$, $V \cap Y \neq \emptyset$, $(U \cap Y) \cap (V \cap Y) = \emptyset$, $Y \subseteq U \cup V$가 되는 $X$에서 열린 집합 $U, V$가 존재한다고 하자. 그러면

$$Y = (U \cap Y) \cup (V \cap Y)$$

이다. $p \in \overline{U \cap Y}$라 하자. 만일 $p \in V \cap Y$ 이면, $p \in V$이고 $V$가 열린 집합이므로 폐포의 성질에 의해 $(U \cap Y) \cap V \neq \emptyset$ 이다. 그런데

$$(U \cap Y) \cap V = (U \cap Y) \cap (V \cap Y) = \emptyset$$

이므로 모순이다. 따라서 $p \notin V \cap Y$이다. 따라서 $\overline{(U \cap Y)} \cap (V \cap Y) = \emptyset$ 이다. 마찬가지로 $(U \cap Y) \cap \overline{(V \cap Y)} = \emptyset$ 이다. 그러므로 $U \cap Y$와 $V \cap Y$는 $X$에서 분리되어 있다. 결국 공집합이 아니면서 $X$에서 분리된 두 집합의 합집합으로 $Y$를 나타낼 수 있다. 이는 (2)에 모순이 된다. 따라서 (3)이 성립한다.

(3) ⇒ (1) $Y$가 연결 공간이 아니면, 부분공간 $Y$에서 공집합이 아니면서 서로소인 열린 집합 $A, B$가 존재해서 $Y = A \cup B$ 가 된다. 부분위상의 정의에 의해

$$A = U \cap Y,\ B = V \cap Y$$

인 $X$에서의 열린 집합 $U$와 $V$가 존재하고, $U \cap Y \neq \emptyset$, $V \cap Y \neq \emptyset$ 이며,

$$(U \cap Y) \cap (V \cap Y) = \emptyset,\ Y \subseteq U \cup V$$

가 된다. 따라서 (3)에 모순이 된다. 따라서 (1)이 성립한다. □

**정리 10.17** 위상공간 $X$에서 $A$가 연결 집합이고

$$A \subseteq B \subseteq \overline{A}$$

이면, $B$도 연결 집합이다. 특히, $\overline{A}$는 연결 집합이다.

【증명】 $B$가 연결 집합이 아니라고 하자. 정리 10.16에 의해 공집합이 아니면서, $X$에서 분리된 두 집합 $C$, $D$의 합집합으로 $B = C \cup D$와 같이 나타낼 수 있다. 그런데 $A$가 연결 집합이므로 $A \subseteq C$이거나 $A \subseteq D$이다(연습문제). 일반성을 잃지 않고 $A \subseteq C$라 할 수 있다. 그러면 $\overline{A} \subseteq \overline{C}$이다. 분리된 집합이라는 사실에서 $\overline{C} \cap D = \emptyset$ 이고, $B \subseteq \overline{A} \subseteq \overline{C}$이므로 $B \cap D = \emptyset$ 이다. 이는 $D$가 $B$의 공집합이 아닌 부분집합이라는 사실에 모순이 된다. 따라서 $B$는 연결 집합이다. 또한, $A \subseteq \overline{A} \subseteq \overline{A}$이므로 $\overline{A}$도 연결 집합이다. □

예 **10.18** 위상수학자의 사인곡선(topologist's sine curve)을 생각하자. 즉, 보통 위상공간 $(\mathbb{R}^2, \mathcal{U})$에서

$$A = \{(0,y) \mid -1 \le y \le 1\},$$
$$B = \{(x,y) \mid y = \sin\frac{1}{x},\ 0 < x \le 1\}$$

일 때, 집합 $X = A \cup B$를 생각하자. 분명히 $B$는 구간 $(0,1]$과 위상동형이므로 연결 집합이다. 그리고 $A$의 모든 점은 $B$의 극한점이다. 또한 $B \subseteq A \cup B \subseteq \overline{B}$이므로 $A \cup B$는 연결 집합이다.

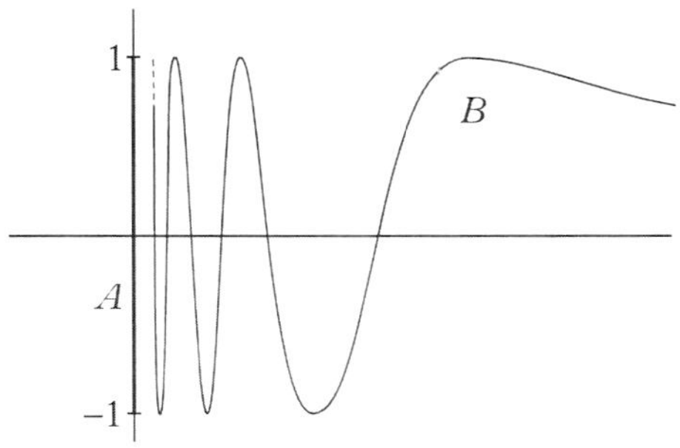


그림 32

## 10.2 실수에서의 연결 집합

이 절에서는 실수에서 어떤 집합이 연결 집합이 되는지 알아보기로 하자.

정 리 **10.19** 보통위상공간 $\mathbb{R}$은 연결 공간이다.

【증명】 보통위상공간 $\mathbb{R}$이 비연결 공간이라고 가정하면,

$$\mathbb{R} = A \cup B$$

가 되는 서로소인 열린 집합 $A \neq \emptyset$와 $B \neq \emptyset$가 존재한다. 그러면

$$A = \mathbb{R} - B,\ B = \mathbb{R} - A$$

이므로 $A$와 $B$는 열린 집합이면서 동시에 닫힌 집합이 된다. $A$와 $B$는 각각 공집합이 아니므로 $a \in A, b \in B$를 택하고 $a < b$라 가정하자($b < a$일 경우도 마찬가지로 증명). 이제

$$C = A \cap [a, b]$$

라 하면 $C$는 유계집합이 되고, 따라서 최소상계를 갖는다.

$$p = \sup C$$

라 하자. $C$가 $\mathbb{R}$에서 닫힌 집합이므로 $p \in C$이고, 결국 $p \in A$이다. $A$와 $B$가 서로소이므로 $p \neq b$이고, 따라서 $p < b$이다. 그런데 $p$의 정의에 의해

$$A \cap (p, b] = \emptyset$$

이므로, $(p, b] \subseteq B$이다. 따라서 $p \in \overline{B}$. 그런데 $B$는 닫힌 집합이므로 $p \in B$이다. 결국 $p \in A \cap B = \emptyset$이므로 모순이다. 따라서 $\mathbb{R}$은 연결 공간이다. □

예 **10.20** 따름정리 10.15를 사용하면 아래 집합들이 연결 집합임을 보일 수 있다.

(1) $a < b$인 임의의 실수 $a, b$에 대해 구간 $(a, b)$는 $\mathbb{R}$과 위상동형이므로 연결 집합이다.

(2) 임의의 실수 $a$에 대해 $(-\infty, a)$는 구간 $(a, b)$와 위상동형이므로 연결 집합이다.

(3) 임의의 실수 $a$에 대해 $(a, \infty)$는 구간 $(a, b)$와 위상동형이므로 연결 집합이다.

예 **10.21** 위 예에서 얻은 결과에 정리 10.17을 적용하면 다음 결과들을 얻는다.

(1) $a < b$인 임의의 실수 $a, b$에 대해, 구간 $[a, b), (a, b], [a, b]$ 등은 연결 집합이다.

(2) 임의의 실수 $a$에 대해 $(-\infty, a]$와 $[a, \infty)$는 연결 집합이다.

실수에서

$$(a, b),\ [a, b),\ (a, b],\ [a, b]$$

와

$$(-\infty, a),\ (-\infty, a],\ (a, \infty),\ [a, \infty),\ (-\infty, \infty)$$

등을 구간이라 하는데, 구간(interval)이란 다음과 같은 성질을 가지는 실수의 부분집합 $E$를 말한다:

$$\forall a, b \in E, \quad a < x < b \implies x \in E$$

특히 $a = b$일 때 $[a, b] = \{a\} = \{b\}$이므로 한원소집합도 구간으로 생각할 수 있다.

위의 정리와 예에서 실수의 모든 구간이 연결 집합이라는 것을 알 수 있다. 이제 역으로 실수에서 연결 집합이 모두 구간이 된다는 것을 보이자.

**정 리 10.22** 보통위상공간 $(\mathbb{R}, \mathcal{U})$의 부분집합 $E$가 연결 집합이면 $E$는 구간이다.

【증명】 귀류법을 이용하기 위하여, $E$가 구간이 아니라고 가정하면, 적당한 $a, b \in E$에 대해 $a < p < b$인 $p \in \mathbb{R} - E$가 존재한다. 이제

$$G = (-\infty, p), \ H = (p, \infty)$$

라 하면, $a \in G$, $b \in H$가 되어, $E \cap G$와 $E \cap H$는 각각 공집합이 아니며, $E$에서 열린 집합이고, 서로소이고, 그들의 합집합은 $E$가 된다. 즉 $E$는 비연결 집합이다. 따라서 모순이다. 즉, 연결 집합은 모두 구간이다. □

위에서 얻은 결과들을 종합하면 아래 정리를 얻게 된다.

**정 리 10.23** 보통위상공간 $(\mathbb{R}, \mathcal{U})$의 부분집합 $E$에 대하여, 다음은 서로 동치이다.

(1) $E$는 $\mathbb{R}$의 연결 집합이다.

(2) $E$는 구간이다.

**문 제 10.24** 위상공간의 연결성은 유전적인가?

【풀이】 보통위상공간에서 $\mathbb{R}$은 연결 공간이지만 부분공간 $(0, 1) \cup (1, 2)$는 비연결 공간이다. 따라서 연결성은 유전적이 아니다.

## 10.3 연결 공간의 성질

이 절에서는 연결 집합이 가지는 성질들에 대해서 알아보기로 하자. 중간값의 정리, 고정점정리, 절단점 등은 연결 집합의 중요한 성질들이다.

예 **10.25** $A, B$가 연결 집합일지라도 합집합이 연결 집합이 되는 것은 아니다. 왜냐하면 두 집합 $(0,1)$과 $(2,3)$은 각각 연결 집합이지만, 합집합 $(0,1) \cup (2,3)$은 연결 집합이 아니다.

예 **10.26** $A, B$가 연결 집합일지라도 교집합이 연결 집합이 되는 것은 아니다. 왜냐하면 $\mathbb{R}^2$에서

$$A = \{(x,0) \mid x \in \mathbb{R}\},$$

$$B = \{(x,y) \mid y = x^2 - 1\}$$

을 생각하면 $A, B$ 각각은 연결 집합이지만, 교집합 $A \cap B = \{(-1,0),(1,0)\}$은 두 점이 되어 연결 집합이 아니다.

정 리 **10.27** 위상공간 $X$에서, 모든 $\alpha$에 대하여 $A_\alpha$가 연결 집합이고 $\bigcap A_\alpha \neq \emptyset$이면, $\bigcup A_\alpha$도 연결 집합이다.

**【증명】** $\bigcup A_\alpha$에서 이산공간 $\{0,1\}$로 가는 임의의 연속함수 $f$를 택하자. 모든 $\alpha$에 대하여 축소함수 $f|_{A_\alpha}$는 연속함수이고 $A_\alpha$가 연결 집합이므로, $f|_{A_\alpha}$는 상수함수이다. $\bigcap A_\alpha \neq \emptyset$이므로 $x \in \bigcap A_\alpha$인 $x$가 존재하고, 모든 축소함수는 상수함수이므로 함숫값이 다를 수 없다. 따라서 모든 $\alpha$에 대하여 축소함수 $f|_{A_\alpha}$의 함숫값이 일치하므로 $f$도 상수함수이다. 따라서 $\bigcup A_\alpha$는 연결 집합이다. □

예 **10.28** (1) 평면에서 원점을 지나는 모든 직선은 $\mathbb{R}$과 위상동형이므로 연결 집합이고, 이들 직선은 모두 원점에서 만나므로, 정리 10.27에 의해 이들 직선들의 합집합인 평면 $\mathbb{R}^2$은 연결 공간이다.

(2) 원점을 지나는 직선들의 합집합으로 나타낼 수 있으므로, 공간 $\mathbb{R}^3$은 연결 공간이다. 마찬가지로 모든 $n \in \mathbb{N}$에 대해 $\mathbb{R}^n$은 연결 공간이다.

(3) 보통위상공간 $\mathbb{R}^2$에서 열린 공 $\{(x,y) \in \mathbb{R}^2 \mid x^2 + y^2 < 1\}$은 연결 집합이다.

(4) 유클리드 거리공간 $(\mathbb{R}^n, d)$에서의 열린 공 $B(p,\delta)$는 모두 연결 집합이다. (비교: 문제 10.4)

예 제 **10.29** 위상공간 $X$에서 두 연결 집합 $A$와 $B$가 분리되어 있지 않을 때, $A \cup B$도 연결 집합임을 보여라.

**【풀이】** $Y = A \cup B$가 비연결 집합이라 하자. 그러면 공집합이 아니면서 $X$에서 분리된 집합 $G$와 $H$에 대해 $Y = G \cup H$와 같이 표시된다. 그런데 $A$가 연결 집합이므로 $A \subseteq G$이거나 $A \subseteq H$이다(연습문제). 마찬가지로 $B \subseteq G$이거나 $B \subseteq H$이다.

만일, $A$와 $B$가 둘 다 $G$나 $H$ 중 하나에 포함되면 $H = \emptyset$ 이거나 $G = \emptyset$가 되어 모순이 된다. 따라서 $A$와 $B$가 서로 다른 집합에 포함된다. 일반성을 잃지 않고 $A \subseteq G$ 이고 $B \subseteq H$라 가정할 수 있다. 그러면

$$\overline{A} \cap B = \overline{(A \cap G)} \cap (B \cap H) \subseteq (\overline{A} \cap \overline{G}) \cap (B \cap H) \subseteq \overline{G} \cap H = \emptyset,$$
$$A \cap \overline{B} = (A \cap G) \cap \overline{(B \cap H)} \subseteq (A \cap G) \cap (\overline{B} \cap \overline{H}) \subseteq G \cap \overline{H} = \emptyset$$

이므로 $A$와 $B$가 분리되어 있지 않다는 조건에 모순이 된다. 그러므로 $Y = A \cup B$는 연결 집합이다.

예 **10.30** 실수에서 두 연결 집합 $A = [0, 1)$, $B = [1, 2]$는 분리되어 있지 않다. 위 예제에 의하면 이들의 합집합은 연결 집합이다. 실제로 $A \cup B = [0, 2]$로서 연결 집합이다.

정 리 **10.31** [중간값의 정리(intermediate value theorem)]
$f : X \to \mathbb{R}$는 연결 공간 $X$에서 보통위상공간 $\mathbb{R}$로 가는 연속함수이다. $y$가 서로 다른 두 점 $f(a)$와 $f(b)$ 사이의 점이면, $y$도 $f(X)$에 포함된다. 즉, $f(c) = y$인 점 $c$가 $X$에 존재한다.

【증명】 $X$가 연결 공간이고 $f$가 연속함수이므로, $f(X)$는 $\mathbb{R}$의 연결 부분집합이고, 따라서 $f(X)$는 구간이다. 그런데 $f(a), f(b) \in f(X)$이므로, 구간의 정의에 의하여 $y$도 $f(X)$의 점이다. 그러므로 $f(c) = y$인 점 $c$가 $X$에 존재한다. □

---

정 의 **10.32** 함수 $f : X \to X$에 대해

$$f(x) = x$$

인 점 $x$를 고정점(fixed point)이라 한다. $X$에서 $X$로 가는 모든 연속함수가 고정점을 가질 때, 공간 $X$는 고정점성질(fixed point property)을 갖는다고 한다.

---

예 **10.33** (1) 실수의 집합 $\mathbb{R}$은 고정점성질을 갖지 않는다. 왜냐하면, $f : \mathbb{R} \to \mathbb{R}$, $f(x) = x + 1$은 연속함수이지만 어떤 고정점도 갖지 않는다.

(2) 마찬가지로 $n$ 차원 유클리드 공간 $\mathbb{R}^n$은 고정점성질을 갖지 않는다.

(3) 열린 구간 $(a,b)$는 $\mathbb{R}$과 위상동형이므로 $(a,b)$도 고정점성질을 갖지 않는다. 예를 들어 $f:(0,1)\to(0,1), f(x)=x^2$은 연속함수이지만 고정점이 없다.

(4) 보통위상공간에서 구면 $S^2=\{x\in\mathbb{R}^3 \mid \|x\|=1\}$은 고정점성질을 갖지 않는다. 예를 들어 $g:S^2\to S^2$, $g(x)=-x$는 연속함수이지만 어떤 고정점도 없다. 왜냐하면, $g(x)=x$가 되면 $-x=x$이므로 $x=\mathbf{0}$이 되는데, 이런 영벡터는 $S^2$의 원소가 아니므로 고정점이 될 수가 없다.

**정리 10.34** [고정점정리(fixed point theorem)]
유계인 닫힌 구간 $[a,b]$ 는 고정점성질을 갖는다. 즉, 임의의 연속함수

$$f:[a,b]\to[a,b]$$

에 대해 $f(x)=x$ 인 점이 존재한다.

【증명】 $f(a)=a$이거나 $f(b)=b$이면, $a$ 또는 $b$가 고정점이다. 이제 나머지 경우를 생각하자. 즉, $f(a)>a$, $f(b)<b$일 때 $g(x)=f(x)-x$로 정의하면 함수 $g$는 연결집합 $[a,b]$에서 $\mathbb{R}$로 가는 연속함수이고 $g(a)>0$, $g(b)<0$이다. 0이 $g(a)$과 $g(b)$ 사이에 있으므로 중간값의 정리에 의해 적당한 $p\in[a,b]$에 대하여 $g(p)=0$이 된다. 따라서 $f(p)=p$이다. □

**정리 10.35** 고정점성질은 위상적 성질이다.

【증명】 공간 $X$가 고정점성질을 갖고, $h:X\to Y$가 위상동형함수라 하자. 이제 $f:Y\to Y$가 연속함수이면 합성함수

$$h^{-1}\circ f\circ h:X\to X$$

는 $X$에서 $X$로 가는 연속함수이므로, 고정점 $x_0$를 갖는다. 즉,

$$(h^{-1}\circ f\circ h)(x_0)=x_0$$

이다. 그러면

$$\begin{aligned} f(h(x_0)) &= I_Y(f(h(x_0))) = (h \circ h^{-1})(f(h(x_0))) \\ &= (h \circ h^{-1} \circ f \circ h)(x_0) \\ &= h((h^{-1} \circ f \circ h)(x_0)) \\ &= h(x_0) \end{aligned}$$

이므로, $h(x_0)$가 함수 $f : Y \to Y$의 고정점이 된다. 따라서 공간 $Y$도 고정점성질을 갖는다. □

**참 고** **10.36** 브라우어의 고정점정리(Brouwer fixed point theorem)에 의하면 $\mathbb{R}^2$의 부분공간인 닫힌 원판

$$D = \overline{B}(\mathbf{0}, 1) = \{(x, y) \in \mathbb{R}^2 \mid x^2 + y^2 \le 1\}$$

은 고정점성질을 갖는다. 일반적으로 $\mathbb{R}^n$의 닫힌 공

$$\overline{B}(p, r) = \{x \in \mathbb{R}^n \mid d(p, x) \le r\}$$

은 고정점성질을 갖는다. 즉, 닫힌 공에서 닫힌 공으로 가는 연속함수는 항상 고정점을 갖는다.

**예** **10.37** 고정점정리를 직관적으로 다음과 같이 이해할 수 있다.

(1) 구면 $S^2$에서는, 위에서 보인 함수 $g(x) = -x$를 제외한 모든 연속함수는 고정점을 갖는다는 것이 알려져 있다. 구면(혹은 지구면) 위의 모든 점에서 구면을 따라서 움직이는 공기 입자의 이동을 연속함수로 생각할 수 있다. 구면 위에 바람이 불 경우 모든 곳에서 항상 바람이 불 수 있는가 아니면 바람이 불지 않는 곳이 있는가 하는 것이다. 고정점정리에 의하면 적어도 한 곳에서는 바람이 불지 않는다는 것이다. 실제로 구면 위의 모든 점에서 바람의 방향을 작은 화살표로 표시해 보면 회오리 형태가 나타나는 곳이 적어도 한 군데 존재한다. 이 회오리의 중심이 고정점이다.

(2) 원판 $B^2$ 위의 모든 점에서 바람이 부는 것은 불가능하다. 주의할 사항은 공기 입자의 이동이 끝난 후 원판 내부에 있어야 한다는 것이다. 즉, 작은 화살표 벡터로 표시할 때, 화살표의 시점은 물론 종점도 원판 내부에 위치해야 한다는 것이다. 이 경우 반드시 고정점이 존재한다.

(3) 원환면(torus)에서는 고정점이 나타나지 않을 수 있다. 예를 들어 원환면의 구멍의 위쪽에서 볼 때 모든 점에서 시계 방향으로만 바람이 불 수 있다.

---

**정 의 10.38** 점 $p$가 연결 공간 $(X, \mathcal{T})$의 점일 때, $X-\{p\}$가 비연결 집합이면 점 $p$를 절단점(cut point)이라 부른다.

---

**예 10.39** (1) $[0,2]$에서 1은 절단점이다.

(2) $\mathbb{R}$에서 0은 절단점이다. 실제로 모든 점이 절단점이다.

(3) $\mathbb{R}^2$에서 모든 점은 절단점이 아니다.

(4) 단위원 $S^1$에서 모든 점은 절단점이 아니다.

(5) 실수의 구간 $[a, b]$에서 모든 $x \in (a, b)$는 절단점이지만 $a, b$는 절단점이 아니다.

**정 리 10.40** $(X, \mathcal{T})$와 $(Y, \mathcal{V})$가 연결 공간이고 $f : X \to Y$가 위상동형함수라 하자. $p$가 $X$의 절단점이면 $f(p)$는 $Y$의 절단점이다. 즉, 절단점이 존재한다는 성질은 위상적 성질이다.

【증명】 점 $p$가 $X$의 절단점이라 하자. $X - \{p\}$가 비연결 집합이므로 공집합이 아닌 서로소인 열린 집합 $G, H$가 존재해서 $X - \{p\} = G \cup H$이다. $f$가 위상동형함수이므로 $f(G)$, $f(H)$도 공집합이 아닌 서로소인 열린 집합이다. 또한 $f$가 전단사함수이므로

$$Y - \{f(p)\} = f(X - \{p\}) = f(G) \cup f(H)$$

이다. 결국 $Y - \{f(p)\}$는 비연결 집합이다. 따라서 $f(p)$는 $Y$의 절단점이다. □

**예 10.41** (1) 실수의 집합 $\mathbb{R}$과 단위원 $S^1$은 위상동형이 아니다. 만일 위상동형함수 $f : \mathbb{R} \to S^1$가 있다면 $\mathbb{R}$에 대한 절단점 0의 함숫값 $f(0)$이 $S^1$에서 절단점이 되어야 하는데, $S^1$에는 절단점이 없다. 이 예는 연결성을 사용하여 집합 $\mathbb{R}$과 단위원 $S^1$이 위상동형이 아님을 보이고 있다. 앞에서는 콤팩트성을 사용하여 두 공간이 위상동형이 아님을 보였다(예 9.10).

(2) 마찬가지로 $\mathbb{R}$과 $\mathbb{R}^2$은 위상동형이 아니다. 왜냐하면 $\mathbb{R}$에는 절단점이 있지만 $\mathbb{R}^2$에는 절단점이 없기 때문이다. 참고로 $\mathbb{R}^2$은 실수의 기수(cardinality)를 가지므로 $\mathbb{R}$과 $\mathbb{R}^2$ 사이에 전단사함수는 존재한다.

## 10.4 길연결 공간

---

**정 의 10.42** 보통위상공간의 부분공간 $[0,1]$에서 위상공간 $(X,\mathcal{T})$로 가는 연속함수

$$f:[0,1]\to X$$

를 $X$에서의 길(path)이라 한다. 이 때 $f$는 $f(0)$에서 $f(1)$으로 가는 길이라 하고, $f(0)$을 시점(initial point), $f(1)$을 종점(terminal point)이라 하며, 이 둘을 모두 일컬어 끝점(end point)이라 한다.

---

$X$에서의 길 $f:[0,1]\to X$에 대해,

$$\overline{f}:[0,1]\to X,\ \overline{f}(x)=f(1-x)$$

를 반댓길(reverse path)이라 한다. 반댓길은 분명히 연속함수로서 $X$에서의 길이 되고, $\overline{f}(0)=f(1)$에서 $\overline{f}(1)=f(0)$로 가는 길이 된다.

---

**정 의 10.43** 위상공간 $(X,\mathcal{T})$에서 임의의 두 점 $a,b$에 대해

$$f(0)=a,\ f(1)=b$$

인 길이 존재할 때, 공간 $X$를 길연결(pathwise connected)이라고 한다. 부분공간 $(A,\mathcal{T}_A)$가 길연결 공간일 때, 부분집합 $A$를 길연결(pathwise connected)이라고 한다.

---

**예 10.44** (1) 보통위상공간 $\mathbb{R}$은 길연결 공간이다. 왜냐하면, 임의의 두 실수 $a,b$에 대해 $f:[0,1]\to\mathbb{R},\ f(x)=(b-a)x+a$는 연속함수로서 $a$와 $b$를 잇는 길이 된다.

(2) 보통위상공간 $\mathbb{R}^2$은 길연결 공간이다. 왜냐하면, 임의의 평면상의 두 점 $\mathbf{a}=(a_1,a_2),\mathbf{b}=(b_1,b_2)$에 대해 함수 $f:[0,1]\to\mathbb{R}^2$를

$$f(t)=((b_1-a_1)t+a_1,(b_2-a_2)t+a_2)$$

로 정의하면 연속함수로서 $\mathbf{a}$와 $\mathbf{b}$를 잇는 길이 된다. 벡터 형식으로 표시하면 $f(t)=(\mathbf{b}-\mathbf{a})t+\mathbf{a}$가 연속함수가 된다.

(3) 마찬가지 논리로 유클리드 공간 $\mathbb{R}^n$은 길연결 공간이다.

(4) 실수의 구간 $[a,b]$ 는 길연결 집합이다. 왜냐하면, 구간 내의 임의의 두 실수 $x,y$ 에 대해 $f:[0,1]\to[a,b]$, $f(t)=(y-x)t+x$는 연속함수로서 $x$와 $y$를 잇는 길이 된다.

(5) 마찬가지로 실수의 구간 $(a,b),(a,b],[a,b)$ 등은 모두 길연결 집합이다.

(6) 보통위상공간 $\mathbb{R}^2$의 열린 공 $B(p,r)$은 길연결 집합이다. 왜냐하면, 열린 공의 두 점 $\mathbf{a},\mathbf{b}$에 대해 함수 $f:[0,1]\to B(p,r)$를

$$f(t)=(\mathbf{b}-\mathbf{a})t+\mathbf{a}$$

로 정의하면, $f$는 연속함수로서 $\mathbf{a}$와 $\mathbf{b}$를 잇는 길이 된다.

(7) 임의의 비이산공간 $(X,\mathcal{I})$은 길연결 공간이다. 왜냐하면, 임의의 두 점 $a,b$에 대해 함수 $f:[0,1]\to(X,\mathcal{I})$를

$$f(x)=\begin{cases} a, & x\in[0,1)\text{일 때} \\ b, & x=1\text{일 때}\end{cases}$$

로 정의하면 연속함수가 되기 때문이다. 실제로 $f(0)=a,\ f(1)=b$가 되는 모든 함수 $f:[0,1]\to(X,\mathcal{I})$가 연속이 된다.

**예 10.45** (1) 임의의 점 $x\in\mathbb{R}^2$에 대해, 보통위상공간 $\mathbb{R}^2$의 부분집합 $\mathbb{R}^2-\{x\}$는 길연결 집합이다. 왜냐하면 임의의 두 점을 잇는 길을 찾을 수 있기 때문이다.

(2) 3차원 보통위상공간의 부분집합인 구면

$$S^2=\{(x,y,z)\mid x^2+y^2+z^2=1\}$$

은 길연결 집합이다. 왜냐하면, 구면상의 임의의 두 점 $\mathbf{a},\mathbf{b}$에 대해 $\mathbf{a}$와 $\mathbf{b}$를 잇는 구면 상의 길을 찾을 수 있기 때문이다.

**정 리 10.46** $(X,\mathcal{T})$가 길연결 공간이고, $(Y,\mathcal{T}')$가 임의의 위상공간이라 하자. $f:X\to Y$가 연속인 전사함수이면, $Y$도 길연결 공간이다.

【증명】 $Y$의 임의의 두 점 $p,q$를 택하면, $f(a)=p,\ f(b)=q$가 되는 $X$의 점 $a,b$가 존재한다. $X$가 길연결이므로 $a$와 $b$를 잇는 길

$$g:[0,1]\to X,\ g(0)=a,\ g(1)=b$$

인 연속함수가 존재한다. 따라서 합성함수 $f \circ g : [0,1] \to Y$ 는 연속함수가 되고

$$(f \circ g)(0) = p,\ (f \circ g)(1) = q$$

이므로 $p$와 $q$를 잇는 길이된다. 따라서 $Y$ 는 길연결이다. □

**따름정리 10.47** 위상공간의 길연결성은 위상적 성질이다.

**예 10.48** 위상수학자의 사인곡선은 길연결이 아니다. 즉, 보통위상공간 $(\mathbb{R}^2, \mathcal{U})$ 에서

$$A = \{(0,y) \mid -1 \le y \le 1\},$$
$$B = \{(x,y) \mid y = \sin\frac{1}{x},\ 0 < x \le 1\}$$

일 때, 부분공간 $A \cup B$는 길연결 집합이 아니다(연습문제). 참고로 $A$는 분명히 길연결 집합이고, $B$도 구간 $(0,1]$과 위상동형이므로 길연결 집합이다.

**정 리 10.49** 모든 길연결 공간은 연결 공간이다.

【증명】 $X$를 길연결 공간이라 하고, $X$의 점 $a$를 고정하자. 이제 $X$의 임의의 점 $b$를 택할 때, 길연결 공간이라는 사실에서 $a$에서 $b$로 이르는 길이 존재한다. 즉, $f(0) = a, f(1) = b$가 되는 연속함수 $f : [0,1] \to X$가 존재한다. 따라서 $C_b = f([0,1])$은 연결 집합의 연속함수에 대한 상이므로 연결 집합이다. 즉, $C_b$는 $a$와 $b$를 포함하는 $X$의 연결 집합이다. 그런데 $\bigcap_{b \in X} C_b \supseteq \{a\} \neq \emptyset$ 이므로

$$X = \bigcup_{b \in X} C_b$$

는 정리 10.27에 의해 연결 집합이다. 즉, $X$는 연결 공간이다. □

**참 고 10.50** 위상수학자의 사인곡선은 연결 공간이지만 길연결은 아니다. 따라서 위 정리의 역은 성립하지 않는다.

예 **10.51** 이산공간 $(\mathbb{R}, \mathcal{D})$는 길연결이 아니다. 만일 길연결이면 위 정리에 의해 연결 공간이 되어야 하는데 이 공간은 연결 공간이 아니다.

문 제 **10.52** 거리공간 $(X, d)$에서 모든 열린 공 $B(x, \delta)$는 길연결인가? (비교: 예 10.44 (6))

【풀이】 아니다. 이산거리공간 $(\mathbb{R}, d)$에서 열린 공 $B(0, 2) = \mathbb{R}$인데 이 집합은 길연결이 아니다. 만일 길연결이면 연결 집합이 되어야 하는데, 이산거리공간 $(\mathbb{R}, d)$은 연결 집합이 아니다.

---

정 의 **10.53** 위상공간 $(X, \mathcal{T})$에 두 개의 길 $f_1, f_2$가 있으면서

$$f_1(1) = f_2(0)$$

가 된다고 하자. 이 때 두 길의 곱(path product) $f_1 * f_2$는 다음과 같이 정의한다.

$$(f_1 * f_2)(x) = \begin{cases} f_1(2x), & 0 \leq x \leq \frac{1}{2}\text{일 때} \\ f_2(2x-1), & \frac{1}{2} \leq x \leq 1\text{일 때} \end{cases}$$

---

분명히 두 길의 곱도 연속함수가 되므로 $X$에서의 길이 되고, 이 길은 $f_1(0)$과 $f_2(1)$을 잇는 길이다.

예 **10.54** 보통위상공간 $\mathbb{R}^2$에서 $a$와 $b$를 잇는 길 $f$, 그리고 $b$와 $c$를 잇는 길 $g$가 있으면, $f * g$는 $a$와 $c$를 잇는 길이 된다.

예 제 **10.55** 위상공간 $(X, \mathcal{T})$의 한 점 $a$에 대해, 집합

$$A = \{x \in X \mid a\text{에서 } x\text{로 가는 길이 } X\text{에 존재한다}\}$$

는 공집합이 아닌 길연결 집합이다. 이를 보여라.

【풀이】 분명히 $a \in A$이므로 $A$는 공집합이 아니다. 임의의 $x, y \in A$를 택하면, 정의에 의해 $a$에서 $x$에 이르는 길 $f_1$과 $a$에서 $y$에 이르는 길 $f_2$가 존재한다. $f_1$의 반댓길

$$\overline{f_1} : [0, 1] \to X,\ \overline{f_1}(x) = f_1(1 - x)$$

는 분명히 $x$에서 $a$에 이르는 길이 되고, 길의 곱 $\overline{f_1} * f_2$는 $x$에서 $y$에 이르는 길이 된다. 따라서 $A$는 길연결 집합이다.

> **정 리** **10.56** 위상공간 $X$에서, 모든 $\alpha$에 대하여 $A_\alpha$가 길연결 집합이고 $\bigcap A_\alpha \neq \emptyset$ 이면 $\bigcup A_\alpha$도 길연결 집합이다.

【증명】 연습문제. □

## 10.5 성분과 길성분

---

**정 의** **10.57** 위상공간 $(X, \mathcal{T})$의 연결 부분집합 $E$가 $X$의 연결 부분집합들 중의 극대원소(maximal connected subset)일 때, $E$를 $X$의 성분(component)이라고 부른다.

---

모든 한원소집합은 연결 집합이므로, $X$가 공집합이 아닐 경우, $X$의 성분은 당연히 공집합이 아니다. 특히 $X$가 연결 공간일 경우는 $X$의 성분은 $X$밖에 없다. 일반적으로, 극대원소들은 두 개 이상 존재할 수 있으므로, $X$의 성분은 두 개 이상 있을 수 있다.

**예** **10.58** (1) 이산공간 $(X, \mathcal{D})$의 경우 므든 한원소집합은 $X$의 성분들이다. 예를 들어 $(\mathbb{R}, \mathcal{D})$, $(\mathbb{Q}, \mathcal{D})$, $(\mathbb{N}, \mathcal{D})$ 등에서 한원소집합은 모두 성분이다.

(2) 비이산공간 $(X, \mathcal{I})$은 연결 공간이므로, $X$의 성분은 $X$밖에 없다. 예를 들어 $(\mathbb{R}, \mathcal{I})$, $(\mathbb{Q}, \mathcal{I})$, $(\mathbb{N}, \mathcal{I})$ 등에서는 성분이 전체집합밖에 없다.

(3) $(\mathbb{R}, \mathcal{U})$에서 성분은 $\mathbb{R}$ 하나 뿐이다.

(4) $(\mathbb{R}^2, \mathcal{U})$에서 성분은 $\mathbb{R}^2$ 하나 뿐이다.

(5) 보통위상공간 $\mathbb{R}$의 부분공간 $X = (0,1) \cup (2,3)$에서 성분은 $(0,1)$과 $(2,3)$이다.

(6) 보통위상공간 $\mathbb{R}$의 부분공간 $X = [0,1] \cup \{2,3\}$에서 성분은 $[0,1]$, $\{2\}$, $\{3\}$ 등이다.

(7) 보통위상공간 $\mathbb{R}$에서는 연결 집합이 되기 위한 필요충분조건이 구간이 되는 것이므로, 구간이 아니면 성분이 되지 못한다. 단, 한원소집합도 구간으로 생각한다.

**예 제** **10.59** 칸토어 집합의 성분은 모두 한원소집합이다. 이를 보여라.

【풀이】 두 원소 이상을 포함하는 칸토어 집합의 연결 부분집합 $A$가 있다고 가정하자. 다른 두 점 $a, b$를 $A$에서 택하면, $a < b$라고 가정해도 일반성을 잃지 않는다. 칸토어 집합과 실수의 성질에 의해 $a < r < b$인 실수 $r \notin A$이 존재한다. 따라서 $A \cap [0, r)$과 $A \cap (r, 1]$은 $A$에서 서로소인 열린 집합이며

$$a \in A \cap [0, r), \; b \in A \cap (r, 1]$$

이므로 공집합이 아니고,

$$A = \Big(A \cap [0, r)\Big) \cup \Big(A \cap (r, 1]\Big)$$

이다. 이는 $A$가 연결 집합이라는데 모순이다. 그러므로 어떤 두 원소도 같은 연결 집합에 속할 수 없게 되므로 칸토어 집합의 성분은 모두 한원소집합이다.

예 **10.60** (1) 위 예제와 마찬가지로, 보통위상공간 $\mathbb{R}$의 부분공간 $(\mathbb{Q}, \mathcal{U}_{\mathbb{Q}})$에서 모든 성분은 한원소집합이다.

(2) 보통위상공간 $\mathbb{R}$의 부분공간 $(\mathbb{Q}^c, \mathcal{U}_{\mathbb{Q}^c})$에서 모든 성분은 한원소집합이다.

위상공간의 성분이 실제로 어떤 형태로 이루어져 있는지 살펴보자. 사실 이들 성분을 모두 모으면 $X$의 분할을 이루고, $X$의 임의의 점은 이들 성분 중 오직 하나에 속한다. 즉, 성분들의 모임이 분할을 이룬다. 이를 증명하기 위하여 몇 가지 보조정리가 필요하다.

**보조정리 10.61** 위상공간 $X$의 임의의 성분 $E$는 닫힌 집합이다.

【증명】 성분 $E$는 $X$의 연결 부분집합이므로 정리 10.17 에 의하여 $\overline{E}$도 $X$의 연결 부분집합이다. 성분 $E$는 극대 연결 집합인데, $\overline{E}$는 연결 포함 집합(super set)이므로, $\overline{E} = E$가 될 수밖에 없다. 따라서 $E$는 닫힌 집합이다. □

예 **10.62** 보통위상의 부분공간 $X = (0, 1) \cup (2, 3)$의 성분 $(0, 1)$과 $(2, 3)$은 $X$의 닫힌 부분집합이다. 물론 이들은 열린 집합이기도 하다.

예 **10.63** 보통위상공간 $\mathbb{R}$의 부분공간 $(\mathbb{Q}, \mathcal{U}_{\mathbb{Q}})$에서 성분 $\{0\}$은 닫힌 집합이다. 왜냐하면, $\{0\}$의 여집합

$$\big((-\infty, 0) \cup (0, \infty)\big) \cap \mathbb{Q}$$

이 열린 집합이 되기 때문이다. 그러나 $(a, b) \cap \mathbb{Q} = \{0\}$인 $\mathbb{R}$의 열린 집합 $(a, b)$가 없으므로, 성분 $\{0\}$은 $(\mathbb{Q}, \mathcal{U}_{\mathbb{Q}})$에서 열린 집합이 아니다.

예 **10.64** 보통위상공간 $\mathbb{R}^2$의 부분공간

$$X = \{(x, y) \in \mathbb{R}^2 \mid x \in \{0\} \cup \{\frac{1}{n} \mid n \in \mathbb{N}\},\ 0 \le y \le 1\}$$

에서 $\{0\} \times [0, 1]$ 은 $X$의 성분으로서 닫힌 집합이지만 열린 집합은 아니다. (연습문제)

보조정리 **10.65** $p$는 위상공간 $X$의 임의의 점이고,

$$\mathcal{A}_p = \{A \mid A\text{는 } X\text{의 연결 부분집합}, p \in A\}$$

일 때, $C_p = \bigcup \mathcal{A}_p$는 다음의 성질을 갖는다.

(1) $C_p$는 연결 집합이다.

(2) $B$가 $p$를 포함하는 $X$의 연결 부분집합이면, $B \subseteq C_p$이다.

(3) $C_p$는 $X$의 성분이다.

증명은 매우 간단하므로 각자 하기 바란다.

예 **10.66** 위상공간 $X = [0, 2) \cup (3, 5]$에서 $C_0 = C_1 = [0, 2)$이고 $C_4 = C_5 = (3, 5]$이다.

위상공간에서 성분들의 모임이 분할을 이룬다는 것을 다음 정리에서 알 수 있다.

정 리 **10.67** 위상공간 $(X, \mathcal{T})$의 모든 성분들의 모임은 $X$의 분할(partition)을 이룬다.

【증명】 보조정리 10.65에서 정의한 성분 $C_p$들의 모임을

$$\mathcal{C} = \{C_p \mid p \in X\}$$

라 하자. $D$를 $X$의 임의의 성분이라 하면, $D$의 임의의 원소 $p$에 대해 $p$를 포함하는 $C_p$가 존재한다. 그런데 $D$와 $C_p$의 각각의 극대성에 의해 $D = C_p$이다. 따라서

$$\mathcal{C} = \{C_p \mid p \in X\} = \{D \mid D\text{는 } X\text{의 성분}\}$$

이다. 이제 $\mathcal{C}$가 분할임을 보이자. $X = \bigcup\{C_p \mid p \in X\}$이고, 분명히 $C_p = C_q$이거나 $C_p \cap C_q = \emptyset$이다. 따라서 $\mathcal{C}$는 $X$의 분할을 이룬다. □

---

**정 의 10.68** 위의 정리에 의해서 $X$의 임의의 점 $p$는 오직 하나의 성분 $C_p$에만 속할 수 있다. 이 때 $C_p$를 점 $p$의 성분(component)이라고 부른다.

---

**예 제 10.69** $X = \{a, b, c, d, e\}$의 위상이 아래와 같이 주어졌을 때, $X$의 성분을 모두 구하여라.

$$\mathcal{T} = \{X, \emptyset, \{a\}, \{c, d\}, \{a, c, d\}, \{b, c, d, e\}\}$$

**【풀이】** 공집합이 아닌 닫힌 집합만이 성분이 될 수 있으므로

$$X, \{b, c, d, e\}, \{a, b, e\}, \{b, e\}, \{a\}$$

에서만 조사하기로 하자.

먼저, $\{a\}$는 분명히 연결 집합이다. 극대인지를 확인하기 위하여 이를 포함하는 닫힌 집합을 살펴보자. $\{a, b, e\}$는 $\{a\} \cup \{b, e\}$로서 두 개의 닫힌 집합의 합집합이 되므로 비연결이다. 또 $X$는 $\{a\} \cup \{b, c, d, e\}$와 같이 두 개의 닫힌 집합의 합집합으로 표시되므로 비연결이다. 결국 $\{a\}$가 극대 연결 집합으로서 성분이다.

다음으로 $\{b, e\}$를 생각하자. 이 집합은 두 개의 닫힌 집합의 합집합으로 나타낼 수 없으므로 연결 집합이다. 극대인지를 확인하기 위하여 이를 포함하는 닫힌 집합들을 살펴보자. $\{a, b, e\}$는 방금 비연결이라는 것을 확인하였다. $\{b, c, d, e\}$는 두 개의 닫힌 집합의 합집합으로 나타낼 수 없으므로 연결 집합이다. 따라서 $\{b, e\}$는 극대가 아니므로 성분이 아니다.

$\{b, c, d, e\}$가 연결이라는 것을 알았으므로, 극대인지도 알아보자. 이를 포함하는 집합은 $X$가 유일한데, $X = \{a\} \cup \{b, c, d, e\}$와 같이 두 개의 닫힌 집합의 합집합이 되므로 비연결이다. 따라서 $\{b, c, d, e\}$가 극대인 연결 집합으로서 성분이 된다.

이 두 집합 $\{a\}$와 $\{b, c, d, e\}$가 $X$의 분할을 이루므로, 성분은 이외에는 없다는 것을 알 수 있다 (정리 10.67). 따라서 성분은 $\{a\}, \{b, c, d, e\}$ 뿐이다.

위 문제를 아래와 같이 풀이할 수도 있다.

**【풀이】** 유한집합의 위상공간에서는 성분이 유한 개 밖에 없으므로, 성분은 항상 열린 집합이면서 닫힌 집합이 되어야 한다 (10장 연습문제 18). 공집합이 아닌 그런 집합은 $\{a\}, \{b, c, d, e\}, X$ 인데, 두 집합 $\{a\}$와 $\{b, c, d, e\}$가 $X$의 분할을 이루므로 성분은 $\{a\}, \{b, c, d, e\}$ 뿐이다.

문 제 **10.70** $X = \{a, b, c, d, e\}, \mathcal{T} = \{X, \emptyset, \{a, b, c\}, \{c, d, e\}, \{c\}\}$ 인 위상공간 $(X, \mathcal{T})$ 에서 성분을 모두 구하여라.

【풀이】 열린집합이면서 닫힌집합이 $\emptyset$과 $X$ 뿐이므로, 공집합이 아닌 $X$가 유일한 성분이다.

---

정 의 **10.71** 위상공간 $(X, \mathcal{T})$의 길연결 부분집합 $E$가 $X$의 길연결 부분집합들 중 극대원소(maximal pathwise connected subset)일 때, $E$를 $X$의 길성분(path component)이라고 부른다.

---

예 **10.72** (1) 보통위상공간 $\mathbb{R}$의 길성분은 자신이다.

(2) $\mathbb{R}^2$의 길성분은 자신이다.

(3) 보통위상공간 $\mathbb{R}$의 부분공간 $X = (0, 1) \cup (2, 3)$에서 길성분은 $(0, 1)$과 $(2, 3)$이다.

(4) 보통위상공간 $\mathbb{R}$의 부분공간 $X = [0, 1) \cup \{2, 3\}$에서 길성분은 $[0, 1)$과 $\{2\}, \{3\}$이다.

예 **10.73** 앞에서 성분은 모두 닫힌 집합이라는 사실을 보였다. 그러나 길성분은 닫힌 집합일 필요가 없다. 위상수학자의 사인곡선을 생각하자. 즉, 보통위상공간 $(\mathbb{R}^2, \mathcal{U})$에서

$$A = \{(0, y) \mid -1 \le y \le 1\},$$
$$B = \{(x, y) \mid y = \sin\frac{1}{x},\ 0 < x \le 1\}$$

일 때, 부분공간 $X = A \cup B$를 생각하자. 분명히 $B$는 구간 $(0, 1]$과 위상동형이므로 길연결 집합이다. 그리고 $A$도 길연결이다. $A$ 또는 $B$보다 큰 길연결 집합이 없으므로 $A, B$ 모두 $X$의 길성분이다. 그런데 $X$의 길성분 $B$는 극한점을 포함하지 않으므로 닫힌 집합이 아니다.

참 고 **10.74** 길성분은 성분이 될 필요는 없다. 실제로 예 10.73에서 집합 $A$와 $B$는 $X$의 길성분이지만 $X$의 성분은 아니다.

## 10.6 국소연결과 국소길연결

---

**정 의** **10.75** 점 $p$가 위상공간 $(X, \mathcal{T})$의 점이라 하자. 점 $p$를 포함하는 임의의 열린 집합 $G$에 대해

$$p \in U \subseteq G$$

인 연결 근방(connected neighborhood) $U$가 존재 할 때, $X$는 $p$에서 국소연결(locally connected at $p$)되었다고 한다. $X$가 모든 점 $p$에서 국소연결되었을 때, 국소연결 공간(locally connected space)이라고 부른다.

---

**정 리** **10.76** $X$가 $p$에서 국소연결이 되기 위한 필요충분조건은 $p$를 포함하는 연결인 열린 근방들이 $p$의 국소기저를 이루는 것이다.

【증명】 연습문제. □

**예** **10.77** (1) $(\mathbb{R}, \mathcal{U})$는 국소연결 공간이다. 왜냐하면, 임의의 점 $p$에 대해 이를 포함하는 임의의 열린 집합 $G$가 있다면, 열린 집합의 정의로부터

$$p \in (p - \epsilon, p + \epsilon) \subseteq G$$

인 구간이 존재한다. 그런데 이 구간은 연결 근방이다. 따라서 $(\mathbb{R}, \mathcal{U})$는 국소연결 공간이다.

(2) 비슷한 논리로 $(\mathbb{R}^2, \mathcal{U})$, $(\mathbb{R}^3, \mathcal{U})$ 등은 국소연결 공간이다.

(3) 실수의 구간 $(a, b)$는 국소연결 공간이다. 왜냐하면, $(a, b)$의 임의의 점 $p$와 이를 포함하는 열린 집합 $G$가 있다면, 열린 집합의 정의로부터

$$p \in (p - \epsilon, p + \epsilon) \subseteq G$$

인 구간이 존재한다. 그런데 이 구간은 연결 근방이다. 따라서 구간 $(a, b)$는 국소연결 공간이다.

(4) 실수의 부분공간 $(0, 1) \cup (2, 3)$는 국소연결 공간이다.

(5) 실수의 부분공간 $(0, 1) \cup \{2, 3\}$는 국소연결 공간이다.

(6) 임의의 이산공간 $X$는 국소연결 공간이다. 왜냐하면, $X$의 임의의 점 $p$와 이를 포함하는 열린 집합 $G$가 있다면, $p \in \{p\} \subseteq G$인 연결 근방 $\{p\}$가 존재하기 때문이다.

참 고 **10.78** 국소연결성은 위상적 성질이다.(연습문제)

참 고 **10.79** 국소연결 공간은 일반적으로 연결 공간이 될 필요가 없으며, 연결 공간도 일반적으로 국소연결 공간이 될 필요가 없다. 다음의 예는 이를 잘 보여 준다.

예 **10.80** (1) 이산공간 $(\mathbb{R}, \mathcal{D})$는 국소연결 공간이지만 비연결 공간이다.

(2) 위상수학자의 사인곡선 $A \cup B$는 예 10.18에 의하여 연결 집합이다. 그러나 $A \cup B$는 점 $p = (0, 0)$에서 국소연결되어 있지 않다. 왜냐하면, $p$가 중심이고 반지름이 $\frac{1}{4}$인 열린 공은 $p$를 포함하는 어떤 연결 근방도 포함하지 않기 때문이다.

정 리 **10.81** 국소연결 공간의 모든 성분은 열린 집합이면서 동시에 닫힌 집합이다.

【증명】 국소연결 공간 $X$의 임의의 성분을 $E$라 하고, 임의의 점 $p \in E$를 택하자. $p \in X$이고 $X$ 자신이 국소연결 공간 $X$의 열린 부분집합이므로, 적당한 연결 근방 $G_p$가 존재하여 $p \in G_p \subseteq X$이다. $E$는 $p$를 포함하는 성분이므로 극대성에 의해 $G_p \subseteq E$이다. 따라서 $p$는 $E$의 내점이다. 결국 $E$는 열린 집합이다. 또한 모든 성분은 닫힌 집합이므로, 결국 $E$는 열린 집합이면서 동시에 닫힌 집합이 된다. □

문 제 **10.82** 국소연결성은 유전적인가?

【풀이】 아니다. 보통위상공간 $\mathbb{R}^2$은 국소연결 공간이지만 부분공간인 위상수학자의 사인곡선은 국소연결이 아니다.

정 리 **10.83** 위상공간 $(X, \mathcal{T})$가 국소연결이 되기 위한 필요충분조건은 임의의 열린 부분집합의 모든 성분이 열린 집합이 되는 것이다.

【증명】 ($\Rightarrow$) 먼저 $(X, \mathcal{T})$가 국소연결이라 하자. $C$가 열린 집합 $U$의 성분이라 하자. 이제 임의의 점 $p \in C$를 잡자. $U$가 $p$를 포함하는 열린 집합이므로, $p \in V \subseteq U$가 되는 연결 근방 $V$가 존재한다. $V \cap C \supseteq \{p\} \neq \emptyset$이고 $V$와 $C$ 둘 다 연결 집합이므로, $V \cup C$는 연결 집합이다. 만일 $V \not\subseteq C$이면, 집합 $C$가 연결 집합 $V \cup C$의 진부분집합이 되어야 한다. 이는 $C$가 성분이라는데 모순이 되므로 $V \subseteq C$이다. 결국 점 $p$는 $C$의 내점이다. 즉, $C$는 열린 집합이다.

($\Leftarrow$) $X$의 임의의 점 $p$를 택하고 $p \in U$인 열린 집합 $U$를 택하자. 이제 $p$를 포함하는 $U$의 성분을 $C$라 하면 $C$는 연결집합이고, 조건에 의해 $C$는 열린 집합이다. 따라서 $p \in C \subseteq U$인 연결 근방 $C$가 존재한다. 결국 $X$는 국소연결이다. □

---

**정 의 10.84** 점 $p$가 위상공간 $(X, \mathcal{T})$의 점이라 하자. $p$를 포함하는 임의의 열린 집합 $G$에 대해

$$p \in U \subseteq G$$

인 길연결 근방 $U$가 존재 할 때, $X$는 $p$에서 국소길연결(locally pathwise connected at $p$)되었다고 한다. $X$가 모든 점 $p$에서 국소길연결되었을 때, 국소길연결 공간(locally pathwise connected space)이라고 부른다.

---

**정 리 10.85** $X$가 $p$에서 국소길연결이 되기 위한 필요충분조건은 $p$를 포함하는 길연결인 열린 근방들이 $p$의 국소기저를 이루는 것이다.

【증명】 연습문제. □

**참 고 10.86** 길연결 집합은 연결 집합이므로, 분명히 국소길연결 공간은 국소연결 공간이다.

**예 10.87** (1) 집합 $X = (0,1) \cup (2,3)$을 보통위상공간 $\mathbb{R}$의 부분공간이라 하자. $X$는 연결 공간이 아니지만 국소길연결이고, 국소연결이다.

(2) 보통거리공간 $\mathbb{R}^2$의 열린 공은 국소길연결이다.

**예 10.88** 집합 $A = \{\frac{1}{n} \mid n \in \mathbb{N}\}$이라 하고

$$X = (I \times \{0\}) \cup (\{0\} \times I) \cup (A \times I)$$

라 하자. $X$를 평면 $\mathbb{R}^2$의 부분공간으로 생각할 때, 이 공간 $X$를 위상수학자의 빗(topologist's comb)이라 부른다. 위상수학자의 빗은 길연결이지만, 국소연결도 아니고 국소길연결도 아니다.

**참 고 10.89** 국소길연결성은 위상적 성질이다.(연습문제)

앞에서 길연결 공간은 모두 연결 공간이 된다는 것을 알아보았는데, 역은 성립하지 않았다. 연결 공간이 길연결 공간이 되기 위해서는 국소길연결이라는 조건이 더 필요하다는 것을 다음 정리에서 확인할 수 있다.

> 정 리 **10.90** 연결 공간 $(X, \mathcal{T})$가 국소길연결이면, 길연결 공간이다.

【증명】 한 점 $a \in X$를 고정하고, 집합

$$A = \{x \in X \mid a\text{에서 } x\text{로 가는 길이 } X\text{에 존재한다}\}$$

를 생각하자. 분명히 $a \in A$이므로 $A$는 공집합이 아닌 길연결 집합이다(예제 10.55). 연결 공간에서는 열린 집합이면서 동시에 닫힌 집합은 공집합과 전체집합밖에 없으므로, $A$가 열린 집합이면서 동시에 닫힌 집합임을 보이면 $A = X$가 된다. 따라서 $X$가 길연결이 된다.

$b \in A$라 하자. $b \in X$이고 $X$가 열린 집합이므로, $X$가 국소길연결이라는 사실에서 $b$를 포함하는 길연결 근방 $V \subseteq X$가 존재한다. 임의의 $c \in V$를 택하자. $a$에서 $b$로 가는 길을 $f_1$, $b$에서 $c$로 가는 길을 $f_2$라 하자. 길의 곱에 의해 $f_1 * f_2$는 $a$에서 $c$로 가는 $X$의 길이 된다. 따라서 $c \in A$이다. 결국 $V \subseteq A$이다. $b \in V \subseteq A$이므로, $b$가 내점이 되어 $A$는 열린 집합이다.

이제 $b \in \overline{A}$라 하자. $b \in X$이고 $X$가 열린 집합이므로, $X$가 국소길연결이라는 사실에서 $b$를 포함하는 길연결 근방 $V \subseteq X$가 존재한다. 그런데 $b \in \overline{A}$이므로 $V \cap A \neq \emptyset$이다. 이제 $c \in V \cap A$를 선택하자. $c \in A$이므로, $a$에서 $c$로 가는 길 $f_1$이 존재하고, $c$와 $b$ 모두 길연결 집합 $V$의 원소이므로, $c$에서 $b$로 가는 길 $f_2$가 존재한다. 그러면 길의 곱 $f_1 * f_2$는 $a$에서 $b$로 가는 길이 된다. 따라서 $b \in A$이다. 그러므로 $\overline{A} \subseteq A$가 되고, 결국 $A$는 닫힌 집합이다. □

## 연습문제 10

1. $X = [0, 1) \cup (2, 3]$일 때 이산위상공간 $(X, \mathcal{D})$에 대해 아래 물음에 답하여라.

   (a) $X$는 연결 공간인가?

   (b) $X$는 국소연결 공간인가?

   (c) $X$의 성분을 모두 구하여라.

   (d) $X$는 길연결 공간인가?

(e) $X$는 국소길연결 공간인가?

(f) $X$의 길성분을 모두 구하여라.

2. $X = [0,1) \cup (2,3]$일 때 보통위상공간 $(X, \mathcal{U})$에 대해 아래 물음에 답하여라.

   (a) $X$는 연결 공간인가?

   (b) $X$는 국소연결 공간인가?

   (c) $X$의 성분을 모두 구하여라.

   (d) $X$는 길연결 공간인가?

   (e) $X$는 국소길연결 공간인가?

   (f) $X$의 길성분을 모두 구하여라.

3. $X = [0,1) \cup (2,3]$일 때 비이산위상공간 $(X, \mathcal{I})$에 대해 아래 물음에 답하여라.

   (a) $X$는 연결 공간인가?

   (b) $X$는 국소연결 공간인가?

   (c) $X$의 성분을 모두 구하여라.

   (d) $X$는 길연결 공간인가?

   (e) $X$는 국소길연결 공간인가?

   (f) $X$의 길성분을 모두 구하여라.

4. $(X, \mathcal{T}) = (\mathbb{Q}, \mathcal{U}_{\mathbb{Q}})$에 대해 아래 물음에 답하여라.

   (a) $X$는 연결 공간인가?

   (b) $X$는 국소연결 공간인가?

   (c) $X$의 성분을 모두 구하여라.

   (d) $X$는 길연결 공간인가?

   (e) $X$는 국소길연결 공간인가?

   (f) $X$의 길성분을 모두 구하여라.

5. 집합 $X = \{a, b\}$에 위상 $\mathcal{T} = \{X,\ \emptyset,\ \{a\}\}$가 주어진 시에르핀스키 공간에 대해 아래 물음에 답하여라.

   (a) $X$는 연결 공간인가?

   (b) $X$는 국소연결 공간인가?

(c) $X$의 성분을 모두 구하여라.

(d) $X$는 길연결 공간인가?

(e) $X$는 국소길연결 공간인가?

(f) $X$의 길성분을 모두 구하여라.

6. $(\mathbb{N}, \mathcal{C}_f)$에 대해 아래 사실이 성립하면 O, 아니면 X로 표시하여라.

(a) 이 공간은 연결 공간인가?

(b) 이 공간은 국소연결 공간인가?

(c) 이 공간의 성분을 모두 구하여라.

7. $(\mathbb{R}, \mathcal{C}_c)$에 대해 아래 사실이 성립하면 O, 아니면 X로 표시하여라.

(a) 이 공간은 연결 공간인가?

(b) 이 공간은 국소연결 공간인가?

(c) 이 공간의 성분을 모두 구하여라.

8. 위상공간 $X$가 연결 공간이 되기 위한 필요충분조건은 공집합이 아닌 모든 진부분집합 $A$에 대해 $b(A) \neq \emptyset$이다. 이를 보여라.

9. 위상공간 $X$가 비연결 공간이 되기 위한 필요충분조건은 $A \cup B = X$, $\overline{A} \cap \overline{B} = \emptyset$을 만족시키는 공집합이 아닌 부분집합 $A$와 $B$가 존재하는 것이다. 이를 보여라.

10. 위상공간 $X$가 공집합이 아니면서 분리된 두 집합의 합집합으로 $X = G \cup H$와 같이 나타낼 수 있다고 하자. $B$가 $X$의 연결 부분집합이면 $B \subseteq G$이거나 $B \subseteq H$이다. 이를 보여라.

11. 모든 $\alpha$에 대하여 $A_\alpha$가 길연결 공간이고, $\bigcap A_\alpha \neq \emptyset$이면 $\bigcup A_\alpha$도 길연결 공간이다. 이를 보여라.

12. 예 10.48의 위상수학자의 사인곡선은 길연결이 아니다. 이를 보여라.

13. $X$가 유한집합일 때 여유한공간 $(X, \mathcal{C}_f)$의 성분을 모두 구하여라.

14. $X$가 무한집합일 때 여유한공간 $(X, \mathcal{C}_f)$의 성분을 모두 구하여라.

15. 열린 집합이면서 동시에 닫힌 $X$의 연결 부분집합 $E(\neq \emptyset)$는 $X$의 성분이 됨을 보여라.

16. $E$가 $Y$의 성분이고 $f : X \to Y$가 연속일 때, $f^{-1}(E)$는 $X$의 성분들의 합집합이 됨을 보여라.

17. 임의의 위상공간에서, 서로 다른 두 성분은 분리되어 있음을 증명하여라.

18. 위상공간 $X$가 유한 개의 성분을 가질 때, 각 성분은 열린 집합인 동시에 닫힌 집합이다.

19. $X$를 콤팩트 공간이라 하자. $X$의 성분들이 모두 열린 집합이면, 그들은 많아야 유한 개밖에 없다.

20. 보통위상공간 $\mathbb{R}^2$의 부분공간

$$X = \{(x, y) \in \mathbb{R}^2 \mid x \in \{0\} \cup \{\frac{1}{n} \mid n \in \mathbb{N}\},\ 0 \le y \le 1\}$$

에서 $\{0\} \times [0, 1]$은 $X$의 성분이지만 열린 집합이 아니다. 이를 보여라.

21. $G$가 국소연결 공간 $X$의 열린 부분집합이면, $G$도 국소연결임을 보여라.

22. 국소연결성이 위상적 성질임을 보여라.

23. 국소길연결성이 위상적 성질임을 보여라.

24. $X$가 $p$에서 국소연결이 되기 위한 필요충분조건은 $p$를 포함하는 연결인 열린 근방들이 $p$의 국소기저를 이루는 것이다. 이를 보여라.

25. $X$가 $p$에서 국소길연결이 되기 위한 필요충분조건은 $p$를 포함하는 길연결인 열린 근방들이 $p$의 국소기저를 이루는 것이다. 이를 보여라.

# 제 11 장

# 곱공간

곱집합은 현대 수학에서 매우 광범위하게 쓰이는 개념 중 하나이다. 이 경우 각각의 집합에 위상이 주어지면 곱집합에도 자연스럽게 위상을 정의할 수 있는데 이 위상은 다차원 공간을 연구하는데 중요한 역할을 한다.

## 11.1 $X \times Y$의 곱위상

무한 개의 곱공간에 대한 성질을 알아보기 전에 유한 개의 곱공간에 대해 콤팩트성, 연결성 등의 성질을 알아보자. 여기서는 2개의 곱공간에 대한 정리만 증명하지만, 이 절에서 다루는 모든 정리는 수학적 귀납법을 사용하면 유한 개의 곱공간에서도 성립함을 보일 수 있다.

---

**정의 11.1** $(X, \mathcal{T}_1)$과 $(Y, \mathcal{T}_2)$가 위상공간일 때, 집합

$$\mathcal{B} = \{U \times V \mid U \in \mathcal{T}_1, V \in \mathcal{T}_2\}$$

를 기저로 해서 생성되는 곱집합 $X \times Y$의 위상 $\mathcal{T}$를 곱위상(product topology)이라 한다. 이 경우 $(X \times Y, \mathcal{T})$를 곱공간(product space)이라 한다.

---

**예 11.2** $(X, \mathcal{T}_1) = (Y, \mathcal{T}_2) = (\mathbb{R}, \mathcal{U})$일 때, 집합 $U = (1, 2) \cup (3, 4)$와 $V = (2, 3) \cup (4, 5)$는 각각 보통위상공간에서 열린 집합이므로, 집합 $U \times V$는 곱공간 $X \times Y = \mathbb{R}^2$에서 기저의 원소가 되고, 따라서 열린 집합이다.

**예 11.3** 곱공간에서의 열린 집합이 항상 성분공간에서 열린 집합들의 곱집합이 되는 것은 아니다. $(X, \mathcal{T}_1) = (Y, \mathcal{T}_2) = (\mathbb{R}, \mathcal{U})$일 때, 집합 $A = ((1, 2) \times (1, 2)) \cup ((3, 4) \times (3, 4))$는 기저의 원소의 합집합이므로 곱공간 $X \times Y = \mathbb{R}^2$에서 열린 집합이지만, $A = U \times V$인 집합 $U$와 $V$는 존재하지 않는다.

**정리 11.4** $(X, \mathcal{T}_1)$과 $(Y, \mathcal{T}_2)$가 위상공간일 때, $\mathcal{B}_1$, $\mathcal{B}_2$가 각각 $\mathcal{T}_1$과 $\mathcal{T}_2$의 기저라 하자. 그러면

$$\mathcal{B} = \{U \times V \mid U \in \mathcal{B}_1, V \in \mathcal{B}_2\}$$

가 곱위상 $\mathcal{T}$의 기저가 된다.

【증명】 $X \times Y$의 열린 집합 $W$를 택하고 $(x_1, x_2) \in W$라 하자. 곱위상의 정의에 의해 $(x_1, x_2) \in U \times V \subseteq W$인 열린 집합 $U \in \mathcal{T}_1$와 $V \in \mathcal{T}_2$가 존재한다. $x_1 \in U$이므로 $x_1 \in B_1 \subseteq U$가 되는 기저의 원소 $B_1 \in \mathcal{B}_1$이 있다. 마찬가지로 $x_2 \in V$이므로 $x_2 \in B_2 \subseteq V$가 되는 기저의 원소 $B_2 \in \mathcal{B}_2$이 있다. 그러므로

$$(x_1, x_2) \in B_1 \times B_2 \subseteq U \times V \subseteq W$$

인 $B_1 \times B_2 \in \mathcal{B}$가 존재한다. 따라서 $\mathcal{B}$는 곱위상 $\mathcal{T}$의 기저가 된다. □

예 **11.5** $(X, \mathcal{T}_1) = (Y, \mathcal{T}_2) = (\mathbb{R}, \mathcal{U})$일 때, $X$의 기저 $(a, b)$와 $Y$의 기저 $(c, d)$를 곱한 $(a, b) \times (c, d)$는 열린 사각형이 되므로, 이를 기저로 해서 생성되는 $X \times Y = \mathbb{R}^2$의 위상은 보통위상이다. 따라서 보통위상공간 $\mathbb{R}^2$은 보통위상공간 $(\mathbb{R}, \mathcal{U})$와 $(\mathbb{R}, \mathcal{U})$의 곱공간이다.

정 리 **11.6** $(X, \mathcal{T}_1)$과 $(Y, \mathcal{T}_2)$가 위상공간이고 $\pi_1$, $\pi_2$가 사영함수라 하면,

$$\mathcal{S} = \{\pi_1^{-1}(U) \mid U \in \mathcal{T}_1\} \cup \{\pi_2^{-1}(V) \mid V \in \mathcal{T}_2\}$$

는 곱위상의 부분기저이다.

【증명】 연습문제. □

정 리 **11.7** $(X, \mathcal{T}_1)$과 $(Y, \mathcal{T}_2)$가 위상공간이고 $(X \times Y, \mathcal{T})$를 곱공간이라 하자. 그러면 사영함수 $\pi_1 : (X \times Y, \mathcal{T}) \to (X, \mathcal{T}_1)$과 $\pi_2 : (X \times Y, \mathcal{T}) \to (Y, \mathcal{T}_2)$는 연속이다. 또한 곱위상은 각 사영함수를 연속으로 만드는 $X \times Y$의 가장 작은 위상이다.

【증명】 $U_i \in \mathcal{T}_i$ $(i = 1, 2)$라 하자. $\pi_1^{-1}(U_1) = U_1 \times Y$이고 $\pi_2^{-1}(U_2) = X \times U_2$이다. 그런데 이들은 모두 곱공간에서 열린 집합이므로 각 사영함수는 연속이다.

이제 각 사영함수를 연속으로 만드는 곱집합 $X \times Y$의 또 다른 위상을 $\mathcal{V}$라 하고 $\mathcal{T} \subseteq \mathcal{V}$를 보이기로 하자. 곱위상의 기저 $\mathcal{B}$의 원소 $B = U \times V$를 생각하면 사영함수 $\pi_1 : (X \times Y, \mathcal{V}) \to X$과 $\pi_2 : (X \times Y, \mathcal{V}) \to Y$가 연속이라는 사실에서 $\pi_1^{-1}(U)$, $\pi_2^{-1}(V)$는 모두 $\mathcal{V}$의 원소이다. 따라서

$$B = U \times V = (U \times Y) \cap (X \times V) = \pi_1^{-1}(U) \cap \pi_2^{-1}(V)$$

이므로 $B \in \mathcal{V}$이다. $\mathcal{T}$의 기저의 모든 원소가 $\mathcal{V}$에 포함되므로, $\mathcal{T} \subseteq \mathcal{V}$이다. 결국 곱위상 $\mathcal{T}$는 사영함수를 연속으로 만드는 가장 작은 위상이다. □

**정 리** **11.8** $(X,\mathcal{V})$와 $(Y_1,\mathcal{T}_1)$ $(Y_2,\mathcal{T}_2)$가 위상공간일 때, $X$에서 곱공간으로 가는 함수

$$f : X \to Y_1 \times Y_2$$

를 생각하자. 그러면 함수 $f$가 연속이기 위한 필요충분조건은 $\pi_1 \circ f$와 $\pi_2 \circ f$가 연속이 되는 것이다.

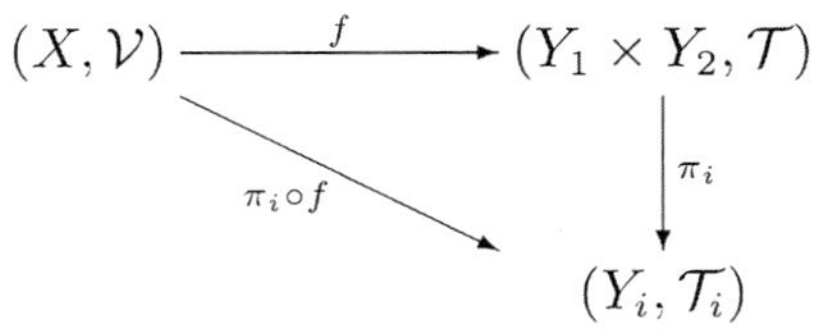


그림 33

【증명】 (⇒) 위 정리에 의해 사영함수가 연속이므로, $f$가 연속이면 그 합성함수인 $\pi_1 \circ f$와 $\pi_2 \circ f$가 연속이다.

(⇐) 모든 $\pi_i \circ f$가 연속이라 하자. 곱위상 $\mathcal{T}$의 부분기저의 원소는, $\mathcal{T}_i$의 원소 $U_i$의 역상인 $\pi_i^{-1}(U_i)$의 형태이다. 그런데

$$f^{-1}(\pi_i^{-1}(U_i)) = (\pi_i \circ f)^{-1}(U_i)$$

이고 $\pi_i \circ f$가 연속이므로 $(\pi_i \circ f)^{-1}(U_i) \in \mathcal{V}$이다. 따라서 $f$는 연속이다. □

**따름정리** **11.9** $(X,\mathcal{V})$와 $(Y_1,\mathcal{T}_1)$, $(Y_2,\mathcal{T}_2)$가 위상공간이라 하자. 함수 $f_1 : X \to Y_1$, $f_2 : X \to Y_2$가 주어졌을 때, $f : X \to Y_1 \times Y_2$를

$$f(x) = (f_1(x), f_2(x))$$

로 정의하자. 이 때, 함수 $f$가 연속이 되기 위한 필요충분조건은 $f_1$과 $f_2$가 연속이 되는 것이다.

예 **11.10** 두 함수 $f,\ g : \mathbb{R} \to \mathbb{R}$가 각각 $f(x) = x^2 + 3,\ g(x) = x^3 + 2x - 3$으로 정의되었다고 하자. $f$와 $g$는 다항함수이므로 연속이다. 따라서 함수 $h : \mathbb{R} \to \mathbb{R}^2$을

$$h(x) = (x^2 + 3, x^3 + 2x - 3)$$

로 정의하면 이 함수는 연속이다.

정 리 **11.11** 위상공간 $X_1$과 $X_2$가 Hausdorff 공간이면 그들의 곱공간 $X_1 \times X_2$도 Hausdorff 공간이다.

【증명】 곱공간의 다른 두 점 $a = (a_1, a_2),\ b = (b_1, b_2)$를 선택하자. 두 점이 다른 점이므로 적어도 한 성분에서 값이 다르다. 일반성을 잃지 않고 $a_1 \neq b_1$이라 할 수 있다. $X_1$이 Hausdorff 공간이므로 다른 두 점 $a_1,\ b_1$에 대해 $a_1 \in G,\ b_1 \in H$인 서로소인 열린 집합 $G, H$가 $X_1$에 존재한다. 따라서

$$U = G \times X_2, \quad V = H \times X_2$$

는 서로소인 곱공간의 열린 집합으로서 각각 $a = (a_1, a_2),\ b = (b_1, b_2)$를 포함한다. 따라서 곱공간은 Hausdorff 공간이다. □

예 **11.12** (1) 보통위상이 주어진 $\mathbb{R}^2$은 $T_2$ 공간의 곱공간이므로 $T_2$ 공간이다.

(2) 마찬가지로 $[0,1] \times [0,1]$은 $T_2$ 공간이다.

(3) 보통위상공간의 부분공간 $\mathbb{Q}$가 $T_2$ 공간이므로, 곱공간 $\mathbb{Q} \times \mathbb{Q}$는 $T_2$ 공간이다.

(4) 실수의 아래끝 위상이 $T_2$ 공간이므로, 곱공간 $(\mathbb{R}, \mathcal{T}_l) \times (\mathbb{R}, \mathcal{T}_l)$은 $T_2$ 공간이다.

예 제 **11.13** $a \in X$일 때, $Y$는 $X \times Y$의 부분공간 $\{a\} \times Y$와 위상동형임을 보여라.

【풀이】 함수 $f : Y \to \{a\} \times Y,\ f(y) = (a, y)$가 위상동형함수가 된다.

정 리 **11.14** [튜브보조정리(tube lemma)]
$(X, \mathcal{T})$가 위상공간이고 $(Y, \mathcal{T}')$이 콤팩트 공간이라 하자. 곱공간 $X \times Y$에서 열린 집합 $N$이 $\{p\} \times Y$를 포함하면, 적당한 $p$의 열린 근방 $W$가 존재하여 $N$은 튜브 $W \times Y$를 포함한다.

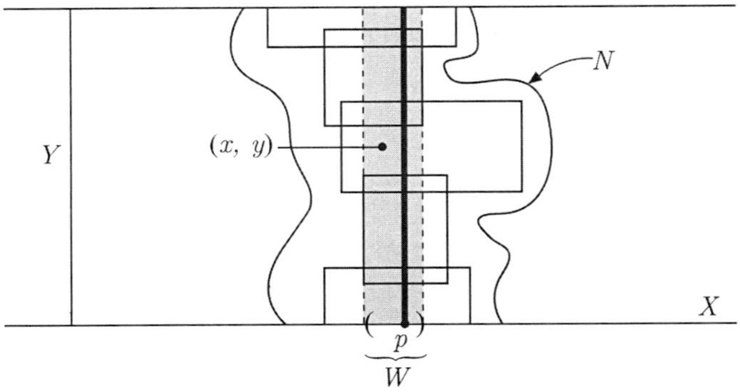


그림 34

【증명】 $N$이 열린 집합이므로 곱공간의 기저 열린 집합들의 합집합으로 나타낼 수 있다. 즉,

$$N = \bigcup_{i \in I} U_i \times V_i \quad (\text{단}, U_i \in \mathcal{T},\ V_i \in \mathcal{T}')$$

이다. 그런데 $N$이 $\{p\} \times Y$를 포함하므로

$$\{p\} \times Y \subseteq \bigcup_{i \in I} U_i \times V_i$$

이다. 즉, $\{U_i \times V_i \mid i \in I\}$가 $\{p\} \times Y$의 열린 덮개가 된다. $Y$와 $\{p\} \times Y$가 위상동형이므로 $\{p\} \times Y$도 콤팩트이다. 따라서 유한 개의 원소

$$U_1 \times V_1, \cdots, U_n \times V_n$$

이 존재해서 이들의 합집합으로 $\{p\} \times Y$를 덮을 수 있다. 일반성을 잃지 않고 $U_i \times V_i$가 모두 $\{p\} \times Y$와 만난다고 할 수 있다. 이제

$$W = U_1 \cap \cdots \cap U_n$$

라 하면 $W$는 $p$의 열린 근방이다. 이제

$$W \times Y \subseteq (U_1 \times V_1) \cup \cdots \cup (U_n \times V_n)$$

임을 보이기 위해 $(x, y) \in W \times Y$라 하자. $y \in Y$이므로 $(p, y) \in \{p\} \times Y$이고, 따라서 $(p, y)$는 적당한 부분덮개 중 하나인 $U_i \times V_i$에 속한다. $y \in V_i$인데 $x \in W \subseteq U_i$이므로

$(x, y) \in U_i \times V_i$ 이다. 결국

$$W \times Y \subseteq (U_1 \times V_1) \cup \cdots \cup (U_n \times V_n)$$

이다. 그런데

$$(U_1 \times V_1) \cup \cdots \cup (U_n \times V_n) \subseteq N$$

이므로 $N$ 은 튜브 $W \times Y$ 를 포함한다. □

예 **11.15** 튜브보조정리는 $Y$ 가 콤팩트가 아니면 성립하지 않는다. 예를 들어, $X = Y = \mathbb{R}$ 일 때, $N$ 을

$$N = \{(x, y) \mid |x| < \frac{1}{y^2 + 1}\}$$

이라 하자. 분명히 $N$ 은 $\{0\} \times Y = \{0\} \times \mathbb{R}$ 를 포함하지만 $\{0\} \times Y$ 의 어떤 튜브도 포함하지 못한다.

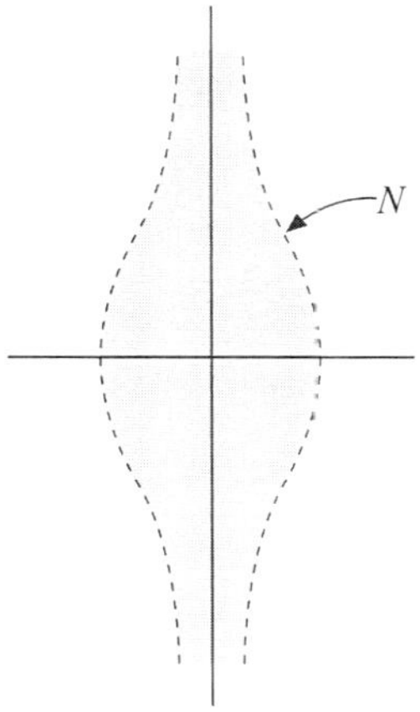


그림 **35**

정 리 **11.16** 위상공간 $(X, \mathcal{T})$ 와 $(Y, \mathcal{T}')$ 이 콤팩트 공간이면 곱공간 $X \times Y$ 도 콤팩트이다.

【증명】 $\mathcal{G}$ 를 $X \times Y$ 의 열린 덮개라 하자. 임의의 $x \in X$ 에 대해 $\mathcal{G}$ 는 $\{x\} \times Y$ 의 열린 덮개이다. $\{x\} \times Y$ 가 콤팩트이므로 $\mathcal{G}$ 에 속한 유한 개의 원소 $U_1, \ldots, U_n$ 이 존재하여 $\{x\} \times Y$ 를 덮는다. $G = U_1 \cup \cdots \cup U_n$ 이라 하면 열린 집합 $G$ 가 $\{x\} \times Y$ 를 포함하므로, 튜브보조정리에 의해 $G$ 는 $x$ 의 근방 $W_x$ 로 만들어지는 적당한 튜브 $W_x \times Y$ 도 포함한다.

따라서 모든 점 $x$에 대해 $\mathcal{G}$에 속한 유한 개의 원소에 의해 $W_x \times Y$를 덮을 수 있도록 $x$의 근방 $W_x$를 하나씩 택할 수 있다.

이제 이런 $W_x$를 모두 모아 놓은 집합 $\{W_x \mid x \in X\}$는 콤팩트 공간 $X$의 열린 덮개이다. 따라서 적당한 유한부분집합

$$\{W_1, \ldots, W_m\}$$

이 $X$의 덮개가 된다. 그러므로 $\{W_1 \times Y, \ldots, W_m \times Y\}$는 $X \times Y$를 덮고 이들 각각은 $\mathcal{G}$에 속한 유한 개의 원소로 덮을 수 있으므로, $X \times Y$는 $\mathcal{G}$에 속한 유한 개의 원소로 덮을 수 있다. 결국, 임의의 열린 덮개가 유한부분덮개를 가지므로 $X \times Y$는 콤팩트이다. □

예 **11.17** (1) 보통위상이 주어진 $\mathbb{R}^2$에서, $[0,1] \times [0,1]$은 콤팩트이다. 또한 임의의 닫힌 구간들의 곱집합 $[a,b] \times [c,d]$도 콤팩트이다.

(2) 원 $S^1$은 콤팩트 집합 $[-1,1] \times [-1,1]$의 닫힌 부분집합이므로 콤팩트이다.

(3) 임의의 위상공간 $X$와 콤팩트 공간 $Y$에 대해, $x_1, x_2, \ldots, x_n \in X$라 하면 곱집합 $\{x_1, x_2, \ldots, x_n\} \times Y$도 콤팩트이다. 왜냐하면, 유한집합 $\{x_1, x_2, \ldots, x_n\}$은 항상 콤팩트이기 때문이다.

따름정리 **11.18** $X$와 $Y$가 국소콤팩트 공간이면, $X \times Y$도 국소콤팩트이다.

【증명】 위 정리를 이용하여 쉽게 보일 수 있다. □

예 **11.19** (1) 보통위상의 곱공간 $\mathbb{R}^2$에서, $[0,1] \times [0,1]$은 국소콤팩트이고, 임의의 닫힌 구간들의 곱집합 $[a,b] \times [c,d]$도 국소콤팩트이다.

(2) 보통위상의 곱공간 $\mathbb{R}^2$은 국소콤팩트이다.

정 리 **11.20** $X$와 $Y$가 연결 공간이면, $X \times Y$도 연결 공간이다.

【증명】 곱공간 $X \times Y$에서 점 $p = (x_0, y_0)$를 고정하고 임의의 점 $q = (x_1, y_1)$를 잡자. $\{x_0\} \times Y$는 $Y$와 위상동형이므로 연결 공간이고, 마찬가지로 $X \times \{y_1\}$도 연결 공간이다.

$$(\{x_0\} \times Y) \cap (X \times \{y_1\}) = \{(x_0, y_1)\} \neq \emptyset$$

이므로,

$$(\{x_0\} \times Y) \cup (X \times \{y_1\})$$

는 연결 집합이다. 따라서 $q$는 $p$의 성분에 포함된다. 즉, $q \in C_p$이다. $q$는 $X \times Y$의 임의의 점이므로, $X \times Y \subseteq C_p$이다. 결국 $X \times Y = C_p$로서 연결 공간이다. □

예 **11.21** (1) 보통위상이 주어진 곱공간 $\mathbb{R}^2$에서, $[0,1] \times [0,1]$은 연결 공간이고, 임의의 닫힌 구간들의 곱집합 $[a,b] \times [c,d]$도 연결 공간이다.

(2) 보통위상의 곱공간 $\mathbb{R}^2$은 연결 공간이다.

(3) 자연수 집합의 비이산공간과 실수 집합의 보통위상공간의 곱공간 $(\mathbb{N}, \mathcal{I}) \times (\mathbb{R}, \mathcal{U})$는 연결 공간이다.

따름정리 **11.22** $X$와 $Y$가 국소연결 공간일 때, $X \times Y$도 국소연결 공간이다.

【증명】 $(x,y) \in X \times Y$라 하자. $\mathcal{B}$와 $\mathcal{B}^*$를 연결인 열린 근방들로 이루어진 $x, y$ 각각의 국소기저라 하자. 그러면 $\{G \times H \mid G \in \mathcal{B}, H \in \mathcal{B}^*\}$는 연결인 열린 근방으로 이루어진 $(x,y)$의 국소기저이다. 따라서 $X \times Y$는 국소연결 공간이다. □

정 리 **11.23** $X$와 $Y$가 분리가능한 공간이면 $X \times Y$도 분리가능한 공간이다.

【증명】 $X, Y$를 분리가능한 공간이라 하면 적당한 가산집합으로서 조밀한 부분집합 $D, D^*$가 각각 존재한다. 이제 $D \times D^*$가 $X \times Y$의 가산인 조밀한 부분집합임을 보이자. $D \times D^*$가 가산임은 쉽게 알 수 있다. 임의의 점 $(x,y) \in X \times Y$와 이를 포함하는 곱공간에서의 임의의 열린 집합 $G$를 택하면

$$(x,y) \in U \times V \subseteq G$$

인 열린 집합 $U, V$가 존재한다. $D$가 $X$에서 조밀하므로 $U \cap D \neq \emptyset$이고, $D^*$가 $Y$에서 조밀하므로 $V \cap D^* \neq \emptyset$이다. 따라서

$$(D \times D^*) \cap G \supseteq (D \times D^*) \cap (U \times V) = (D \cap U) \times (D^* \cap V) \neq \emptyset$$

이다. 즉, $X \times Y \subseteq \overline{D \times D^*}$이다. 따라서 $D \times D^*$는 $X \times Y$의 조밀한 부분집합이다.□

예 **11.24** 보통위상의 곱공간 $\mathbb{R}^2$은 분리가능한 공간이다.

정 리 **11.25** (1) $X$와 $Y$가 제1가산공간일 때, 곱공간 $X \times Y$도 제1가산공간이다.

(2) $X$와 $Y$가 제2가산공간일 때, 곱공간 $X \times Y$도 제2가산공간이다.

【증명】 연습문제. □

정 리 **11.26** 위상공간 $(X, \mathcal{T})$와 $(Y, \mathcal{T}')$에 대해 $A \subseteq X$이고 $B \subseteq Y$라 하면 아래 사실이 성립한다.

(1) $\overline{A \times B} = \overline{A} \times \overline{B}$

(2) $(A \times B)^\circ = A^\circ \times B^\circ$

【증명】 연습문제. □

예 **11.27** 보통위상공간 $\mathbb{R}$의 곱공간 $\mathbb{R}^2$에 대해서 살펴보자.

(1) $\overline{\mathbb{Q} \times \mathbb{Q}} = \overline{\mathbb{Q}} \times \overline{\mathbb{Q}} = \mathbb{R} \times \mathbb{R}$

(2) $\overline{(0,1) \times (0,1)} = \overline{(0,1)} \times \overline{(0,1)} = [0,1] \times [0,1]$

(3) $(\mathbb{Q} \times \mathbb{Q})^\circ = \mathbb{Q}^\circ \times \mathbb{Q}^\circ = \emptyset \times \emptyset = \emptyset$

(4) $([0,1) \times [0,1))^\circ = [0,1)^\circ \times [0,1)^\circ = (0,1) \times (0,1)$

## 11.2 곱위상

앞 절에서는 두 개의 위상공간의 곱집합에 위상을 주는 방법에 대해 알아보았다. 이 내용은 유한 개의 곱집합으로 확장 가능하다.

이제 무한 개의 경우를 포함하는 일반적인 곱집합에 위상을 주는 방법에 대해 알아보자. 가장 단순한 방법은 앞 절에서 정의한 곱위상의 정의를 무한 개의 곱집합에 그대로 적용하는 것이다. 이런 위상을 상자위상이라 한다.

---

정 의 **11.28** $\{(X_i, \mathcal{T}_i) \mid i \in J\}$를 위상공간들의 모임이라 하고 $X_i$들의 곱집합 $X = \prod_{i \in J} X_i$를 생각하자. 집합

$$\{\prod_{i \in J} G_i \mid G_i\text{는 } \mathcal{T}_i\text{의 열린 집합}\}$$

는 곱집합 $X$에서 적당한 위상 $\mathcal{T}$의 기저를 이룬다. 이 위상을 곱집합에서의 상자위상(box topology)라 한다.

---

참 고 **11.29** 2 개의 곱집합에서는 상자위상과 제1절의 곱위상이 일치한다.

예 **11.30** (1) $\mathbb{R}^2$의 상자위상에서 $(a, b) \times (c, d)$는 열린 집합이다. 마찬가지로 $\mathbb{R}^3$의 상자위상에서 $(a, b) \times (c, d) \times (e, f)$는 열린 집합이다.

(2) 모든 $i \in \mathbb{N}$에 대해 $(X_i, \mathcal{T}_i) = (\mathbb{R}, \mathcal{U})$라 하면

$$\prod_{i=1}^{\infty}(-i, i), \quad \prod_{i=1}^{\infty}(-\frac{1}{i}, \frac{1}{i}), \quad \prod_{i=1}^{\infty}(-1, 1) = (-1, 1) \times (-1, 1) \times \cdots$$

등은 $\prod_i X_i$의 상자위상에서 열린 집합이다.

예 **11.31** (1) 모든 $i \in \mathbb{N}$에 대해 $(X_i, \mathcal{T}_i) = (\mathbb{R}, \mathcal{D})$라 하면 $\prod_i X_i$의 상자위상에서 $\{\mathbf{0}\}$은 열린 집합이다. 왜냐하면,

$$\{\mathbf{0}\} = \{(0, 0, \dots)\} = \{0\} \times \{0\} \times \cdots$$

으로서 열린 집합 $\{0\}$들의 곱집합이므로 열린 집합이다.

(2) 모든 $i \in \mathbb{N}$에 대해 $(X_i, \mathcal{T}_i)$가 이산위상공간일 때, $\prod_i X_i$의 상자위상에서 한원소집합은 열린 집합이다. 왜냐하면,

$$\{(a_1, a_2, \dots)\} = \{a_1\} \times \{a_2\} \times \cdots$$

으로서 열린 집합 $\{a_i\}$들의 곱집합이므로 열린 집합이다.

예 **11.32** 모든 $i \in \mathbb{R}^+$에 대해 $(X_i, \mathcal{T}_i) = (\mathbb{R}, \mathcal{U})$라 하면

$$\prod_{i \in \mathbb{R}^+}(-i, i), \quad \prod_{i \in \mathbb{R}^+}(-\frac{1}{i}, \frac{1}{i}), \quad \prod_{i \in \mathbb{R}^+}(-1, 1)$$

등은 $\prod_i X_i$의 상자위상에서 열린 집합이다.

예 **11.33** 모든 $i \in I$에 대해 $(X_i, \mathcal{D})$가 이산공간일 때, 곱집합 $\prod_i X_i$에 상자위상을 주면 이산공간이 된다. 왜냐하면 각 성분공간 $X_i$에서 임의의 한 점 $a_i$를 택하면 집합 $\{a_i\}$가 열린 집합이 되므로 이들의 곱 $\prod_i \{a_i\}$는 상자위상공간에서 열린 집합이 된다. 곱집합에서 한원소집합은 모두 이런 형태이고, 이런 한원소집합들이 모두 열린 집합이다. 결국, 모든 집합이 열린 집합이 된다. 따라서 이산위상이다.

상자위상은 열린 집합의 형태가 단순해서 좋아 보일 수 있다. 그러나 상자위상에 대해서는 정리 11.8과 같은 중요한 결과를 얻을 수 없다. 다음 예에서 살펴보자.

예 **11.34** 모든 $n \in \mathbb{N}$에 대하여 $(X_n, \mathcal{T}_n) = (\mathbb{R}, \mathcal{U})$라 하고, $\prod_{n \in \mathbb{N}} X_n$을 상자위상을 갖는 곱집합이라 하자. 이제 함수

$$f : \mathbb{R} \to \prod_{n \in \mathbb{N}} X_n, \ f(x) = (x, x, x, \dots)$$

를 생각하자. 모든 $n$에 대해 함수 $\pi_n \circ f : \mathbb{R} \to \mathbb{R}$는 $(\pi_n \circ f)(x) = x$이므로 항등함수가 되어 연속이다. 하지만 $f$는 연속이 아니다. 왜냐하면, 상자위상의 기저의 원소

$$B = (-1, 1) \times (-\frac{1}{2}, \frac{1}{2}) \times (-\frac{1}{3}, \frac{1}{3}) \times \cdots$$

에 대해 $f^{-1}(B)$는 열린 집합이 아니다. 만일 열린 집합이면, $0 \in f^{-1}(B)$이므로

$$0 \in (-a, a) \subseteq f^{-1}(B)$$

인 구간 $(-a, a)$가 존재한다. 따라서 $f((-a, a)) \subseteq B$가 되어야 하고, 이 두 집합을 사영함수 $\pi_n$으로 보내주면

$$(-a, a) = (\pi_n \circ f)((-a, a)) \subseteq \pi_n(B) = (-\frac{1}{n}, \frac{1}{n})$$

이다. 즉, 모든 $n$에 대해 $(-a, a) \subseteq (-\frac{1}{n}, \frac{1}{n})$이 된다. 이는 모순이다. 따라서 $f^{-1}(B)$는 열린 집합이 아니고, 결국 $f$는 연속이 아니다.

지금까지 살펴본 상자위상은 다루기는 간단하지만, 일반적인 곱집합 위에 정의될 때 정리 11.7, 정리 11.8 등의 중요한 성질을 갖지 않는다. 따라서 이런 성질을 갖는 위상을 생각할 수 있는데, 바로 지금부터 정의하려는 곱위상이다.

제1장에서 다룬 일반적인 곱집합은 함수들의 모임이었다. 즉, $X = \prod_i X_i$를 집합 $\{X_i \mid i \in I\}$ 들의 곱집합이라 하면

$$\prod_{i \in I} X_i = \{p \mid p : I \to \bigcup X_i \text{는 함수이고, } \ p(i) \in X_i\}$$

이다. 또한 모든 $j_0 \in I$에 대하여 사영함수는

$$\pi_{j_0} : \prod_{i \in I} X_i \to X_{j_0}$$
$$p \mapsto p(j_0)$$

로 정의된다.

예 **11.35** $\pi_1 : \prod_{i=1}^n X_i \to X_1$에 대해 $p =< a_i >\in \prod_{i=1}^n X_i$라 하면 $\pi_1(< a_i >) = \pi_1(p) = p(1) = a_1$이다.

사영함수를 이용하여 곱집합 $X = \prod_i X_i$의 곱위상을 다음과 같이 정의한다. 여기서 $I$는 임의의 집합이다.

---

정 의 **11.36** $\{(X_i, \mathcal{T}_i) \mid i \in I\}$는 위상공간들의 집합족이고, $X = \prod_i X_i$이라 하자. 모든 $i \in I$에 대하여 사영함수

$$\pi_i : (X, \mathcal{T}) \to (X_i, \mathcal{T}_i)$$

가 연속함수가 되는 $X$의 위상 중에서 가장 작은 위상(smallest topology) $\mathcal{T}$를 $X$의 곱위상(product topology) 또는 티코노프 위상(Tychonoff topology)이라고 하고, $(X, \mathcal{T})$를 곱공간(product space)이라 부른다.

---

정 리 **11.37** $(X, \mathcal{T})$가 위상공간 $(X_i, \mathcal{T}_i)_{i \in I}$들의 곱공간일 때

$$\mathcal{S}_i = \{\pi_i^{-1}(G_i) \mid G_i \in \mathcal{T}_i\},$$

$$\mathcal{S} = \bigcup_{i \in I} \mathcal{S}_i$$

라 하면 $\mathcal{S}$는 곱위상 $\mathcal{T}$의 부분기저이다.

【증명】 $\mathcal{T}^*$가 부분기저 $\mathcal{S}$에 의해서 생성된 $X$의 위상일 때, $\mathcal{T} = \mathcal{T}^*$임을 보이자. 임의의 $i \in I$를 선택하자. 열린 집합 $G_i \in \mathcal{T}_i$를 택하면 정의에 의해 $\pi_i^{-1}(G_i)$가 $\mathcal{S}$의 원소이고 $\mathcal{S} \subseteq \mathcal{T}^*$이므로, $\pi_i : (X, \mathcal{T}^*) \to (X_i, \mathcal{T}_i)$는 연속함수이다. $i$를 임의로 택했으므로 결국 모든 사영함수 $\pi_i$가 연속이다. 그런데 곱위상 $\mathcal{T}$는 모든 사영함수가 연속이 되는 $X$의

위상 중 가장 작은 위상이므로 $\mathcal{T} \subseteq \mathcal{T}^*$이다. 역으로 $\mathcal{T}^* \subseteq \mathcal{T}$임을 보이기 위하여 $\mathcal{T}^*$의 임의의 기저의 원소 $B$를 택하면 $\mathcal{S}$의 적당한 유한부분집합 $\mathcal{S}^*$에 대해 $B = \bigcap \mathcal{S}^*$가 된다. 곱공간의 정의에 의해 모든

$$\pi_i : (X, \mathcal{T}) \to (X_i, \mathcal{T}_i)$$

가 연속이므로 $G_i \in \mathcal{T}_i$에 대해 $\pi_i^{-1}(G_i) \in \mathcal{T}$이다. 따라서 $\mathcal{S}$의 모든 원소가 $\mathcal{T}$에 속한다. $\mathcal{T}$는 위상이므로 유한 교집합에 대해 닫혀있고, 따라서 $B = \bigcap \mathcal{S}^* \in \mathcal{T}$이다. 결국 모든 기저의 원소가 $\mathcal{T}$에 속하므로 $\mathcal{T}^* \subseteq \mathcal{T}$이다. 결국 $\mathcal{T}^* = \mathcal{T}$이고 $\mathcal{S}$는 곱위상 $\mathcal{T}$의 부분기저이다. □

참 고 **11.38** 다시 말하면 곱위상은 사영함수족 $\{\pi_i : X \to X_i \mid i \in I\}$에 의해 생성되는 $X$의 약한 위상이다. (약한 위상의 정의 참조)

예 **11.39** (1) $\mathbb{R}^2$에서 $\pi_1^{-1}((a,b))$와 $\pi_2^{-1}((a,b))$는 평면에서 열린 띠 모양을 이루므로 $\mathbb{R}^2$의 보통위상에 대한 부분기저를 이룬다. 따라서 $\mathbb{R}^2$ 보통위상 $\mathcal{U}$는 $\mathbb{R}^2 = \mathbb{R} \times \mathbb{R}$에서 $\mathbb{R}$로 가는 사영함수족 $\{\pi_1, \pi_2\}$에 의해 생성되는 약한 위상이다 (정의 5.55). 즉 $\mathbb{R}^2$의 보통위상은 곱위상이다.

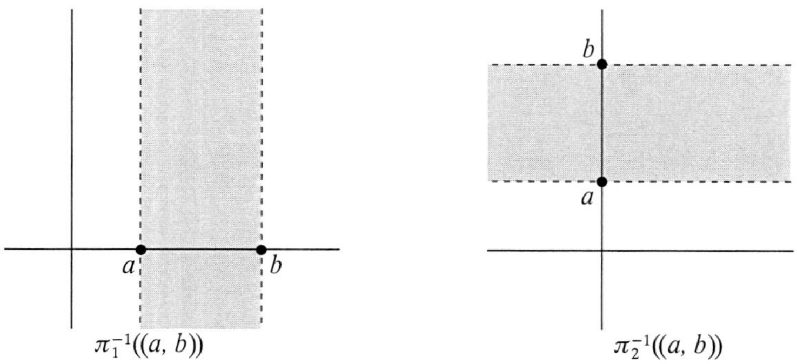


그림 36

(2) 유클리드 공간 $\mathbb{R}^n$의 유클리드 거리함수로부터 유도되는 보통위상은 $\mathbb{R}$의 보통위상들의 곱위상이다. (참고: 정의 6.41)

참 고 **11.40** 앞으로 특별한 언급이 없을 경우 곱집합의 위상은 항상 곱위상을 생각한다. 특히 $\mathbb{R}^n$에는 보통위상 $\mathcal{U}$의 곱위상을 생각한다.

**예 제** **11.41** $\mathcal{T}_1 = \{X, \emptyset, \{a\}\}$는 집합 $X = \{a, b, c\}$에 주어진 위상이고, $\mathcal{T}_2 = \{Y, \emptyset, \{u\}\}$는 집합 $Y = \{u, v\}$에 주어진 위상이다.

(1) 곱공간 $(X \times Y,\ \mathcal{T})$의 부분기저 $\mathcal{S}$를 구하여라.

(2) 곱위상 $\mathcal{T}$의 기저 $\mathcal{B}$를 구하여라.

(3) 곱위상 $\mathcal{T}$의 원소를 모두 구하여라.

【풀이】

(1) $\mathcal{S}_1 = \{\pi_1^{-1}(G) \mid G \in \mathcal{T}_1\} = \{X \times Y, \emptyset \times Y, \{a\} \times Y\}$,
$\mathcal{S}_2 = \{\pi_2^{-1}(H) \mid H \in \mathcal{T}_2\} = \{X \times Y, X \times \emptyset, X \times \{u\}\}$이므로
$\mathcal{S} = \mathcal{S}_1 \cup \mathcal{S}_2 = \{X \times Y, \emptyset, \{a\} \times Y, X \times \{u\}\}$

(2) 부분기저의 원소들을 유한번 교집합해서 나타나는 모든 집합들을 추가해 주면 기저가 되므로,

$$\begin{aligned}\mathcal{B} =& \mathcal{S} \cup \{\{a\} \times \{u\}\}\\ =& \{X \times Y, \emptyset, \{a\} \times Y, X \times \{u\}, \{a\} \times \{u\}\}.\end{aligned}$$

(3) 기저의 원소들을 가지고 합집합을 해서 나타나는 모든 원소들을 추가하면 되므로,

$$\mathcal{T} = \mathcal{B} \cup \{(\{a\} \times Y) \cup (X \times \{u\})\}.$$

위상의 원소 중에는 곱집합의 형태가 아닌 원소들도 있으므로 주의가 요구된다.

**문 제** **11.42** $\mathcal{T}_1 = \{X, \emptyset, \{a\}, \{b, c\}\}$는 $X = \{a, b, c\}$에 주어진 위상이고, $\mathcal{T}_2 = \{Y, \emptyset, \{u\}\}$는 $Y = \{u, v\}$에 주어진 위상이다.

(1) 곱공간 $(X \times Y,\ \mathcal{T})$의 부분기저 $\mathcal{S}$를 구하여라.

(2) $\mathcal{T}$의 기저 $\mathcal{B}$를 구하여라.

(3) $\mathcal{T}$의 원소를 모두 구하여라.

【풀이】

(1) $\mathcal{S}_1 = \{\pi_1^{-1}(G) \mid G \in \mathcal{T}_1\} = \{X \times Y, \emptyset \times Y, \{a\} \times Y, \{b, c\} \times Y\}$,
$\mathcal{S}_2 = \{\pi_2^{-1}(H) \mid H \in \mathcal{T}_2\} = \{X \times Y, X \times \emptyset, X \times \{u\}\}$이므로
$\mathcal{S} = \{X \times Y, \emptyset, \{a\} \times Y, \{b, c\} \times Y, X \times \{u\}\}$

(2) 부분기저의 원소들을 유한번 교집합해서 나타나는 모든 집합들을 추가해 주면 기저가 되므로,

$$\begin{aligned}\mathcal{B} &= \mathcal{S} \cup \{\{a\} \times \{u\}, \{b,c\} \times \{u\}\}\} \\ &= \{X \times Y, \emptyset, \{a\} \times Y, \{a\} \times \{u\}, \{b,c\} \times \{u\}, \{b,c\} \times Y, X \times \{u\}\}.\end{aligned}$$

(3) 기저의 원소들을 가지고 합집합을 해서 나타나는 모든 원소들을 추가하면 되므로,

$$\mathcal{T} = \mathcal{B} \cup \{(\{a\} \times Y) \cup (\{b,c\} \times \{u\}), (\{a\} \times \{u\}) \cup (\{b,c\} \times Y)\}.$$

**정 리** **11.43** 첨수집합이 유한집합이면 곱위상은 상자위상과 일치한다. 즉, $\{(X_k, \mathcal{T}_k) \mid k \in \{1, 2, \cdots, n\}\}$에 대한 곱위상 $(X, \mathcal{T})$는 기저

$$\{G_1 \times G_2 \times \cdots \times G_n \mid G_k \in \mathcal{T}_k,\ k \in \{1, 2, \cdots, n\}\} \tag{11.1}$$

에 의해 생성된다.

【증명】 앞 정리에서

$$\mathcal{S} = \bigcup_{k \in I} \mathcal{S}_k = \bigcup_{k \in I} \{\pi_k^{-1}(G_k) \ \mid \ G_k \in \mathcal{T}_k\}$$

가 $\mathcal{T}$의 부분기저가 됨을 보였다. $\mathcal{B}$를 $\mathcal{T}$의 기저라 하면, $\mathcal{B}$의 임의의 원소 $B$는 $\mathcal{S}$의 유한 개의 원소들의 교집합으로 나타낼 수 있다. 즉, 적당한 $G_{k_j} \in \mathcal{T}_{k_j}$에 대해,

$$B = \pi_{k_1}^{-1}(G_{k_1}) \cap \pi_{k_2}^{-1}(G_{k_2}) \cap \cdots \cap \pi_{k_l}^{-1}(G_{k_l}) \quad (\text{단, } l \leq n)$$

이다. 그런데

$$\pi_{k_j}^{-1}(G_{k_j}) = X_1 \times X_2 \times \cdots \times X_{k_{j-1}} \times G_{k_j} \times X_{k_{j+1}} \times \cdots \times X_n$$

이므로

$$B = G_1 \times G_2 \times \cdots \times G_n$$

의 형태이다. 여기서 각각 $G_k \in \mathcal{T}_k$ 이고 전체집합이 될 수도 있다. □

참 고 **11.44** 두 개의 곱공간에서는 곱위상과 제1절에서 정의한 곱위상이 일치한다.

예 제 **11.45** $\mathcal{T}_1 = \{X, \emptyset, \{a\}, \{b, c\}\}$는 $X = \{a, b, c\}$에 주어진 위상이고, $\mathcal{T}_2 = \{Y, \emptyset, \{u\}\}$는 $Y = \{u, v\}$에 주어진 위상이다. 곱공간의 기저 $\mathcal{B}$를 구하여라.

【풀이】 위 정리를 이용하여 기저를 구하면,

$$\begin{aligned}\mathcal{B} =&\{G \times H \mid G \in \mathcal{T}_1, H \in \mathcal{T}_2\}\\ =&\{X \times Y, \emptyset, \{a\} \times Y, \{a\} \times \{u\}, \{b, c\} \times Y, \{b, c\} \times \{u\}, X \times \{u\}\}.\end{aligned}$$

앞 예제에서 기저를 얻는 방법과 비교하면 훨씬 간편하다는 것을 알 수 있다.

예 **11.46** (1) $(a, b)$와 $(c, d)$가 $\mathbb{R}$의 열린 집합이므로 $(a, b) \times (c, d)$가 곱공간 $\mathbb{R}^2$의 기저의 원소가 된다. 이와 같은 열린 직사각형들을 기저로 해서 형성되는 위상은 $\mathbb{R}^2$의 보통위상 $\mathcal{U}$가 되므로 $\mathbb{R}^2$의 보통위상은 곱위상이다.

(2) 보통위상공간의 곱공간 $\mathbb{R}^3$에서 $(a, b) \times (c, d) \times (e, f)$ 형태의 집합들은 기저 열린 집합이다.

예 **11.47** (1) 보통위상공간과 이산공간의 곱공간 $(\mathbb{R}, \mathcal{U}) \times (\mathbb{R}, \mathcal{D})$에서 $(a, b) \times A$ 형태의 집합은 기저 열린 집합이다. 단, $A$는 $\mathbb{R}$의 임의의 부분집합.

(2) 곱공간 $(\mathbb{R}, \mathcal{D}) \times (\mathbb{R}, \mathcal{U})$에서 $A \times (a, b)$ 형태의 집합은 기저 열린 집합이다. 단, $A$는 $\mathbb{R}$의 임의의 부분집합.

(3) 보통위상공간과 비이산공간의 곱공간 $(\mathbb{R}. \mathcal{U}) \times (\mathbb{R}, \mathcal{I})$에서 $(a, b) \times \mathbb{R}$ 형태의 집합은 기저 열린 집합이다.

(4) 아래끝 위상의 곱공간 $(\mathbb{R}, \mathcal{T}_l) \times (\mathbb{R}, \mathcal{T}_l)$에서 $[a, b) \times [c, d)$ 형태의 집합은 기저 열린 집합이다.

예 **11.48** (1) 이산공간 끼리의 곱공간 $(\mathbb{R}, \mathcal{D}) \times (\mathbb{R}, \mathcal{D})$는 이산공간 $(\mathbb{R}^2, \mathcal{D})$가 된다. 왜냐하면, 곱집합의 부분집합인 모든 한원소집합 $\{(a, b)\} = \{a\} \times \{b\}$가 열린 집합이므로 이산공간이 된다.

(2) 이산공간 끼리의 곱공간 $(X, \mathcal{D}) \times (X, \mathcal{D})$는 이산공간 $(X \times X, \mathcal{D})$가 된다.

(3) 비이산공간 끼리의 곱공간 $(X, \mathcal{I}) \times (X, \mathcal{I})$는 비이산공간 $(X \times X, \mathcal{I})$가 된다.

정 리 **11.49** 무한 개의 위상공간 $\{(X_i, \mathcal{T}_i) \mid i \in I\}$들의 곱공간의 기저의 원소는

$$\begin{aligned} B &= \pi_{i_1}^{-1}(G_{i_1}) \cap \pi_{i_2}^{-1}(G_{i_2}) \cap \cdots \cap \pi_{i_n}^{-1}(G_{i_n}) \\ &= G_{i_1} \times G_{i_2} \times \cdots \times G_{i_n} \times \prod\{X_j \mid j \neq i_1, i_2, \cdots, i_n\} \end{aligned} \tag{11.2}$$

의 형태를 갖는다. 즉, 유한 개의 성분공간에서 열린 집합을 선택하고 나머지 모든 성분공간에서는 전체집합을 선택해서 곱집합을 만들면 기저의 원소가 된다.

【증명】 곱공간에서 부분기저의 임의의 원소는, $\mathcal{T}_i$의 원소 $G_i$에 대해

$$\pi_i^{-1}(G_i) = G_i \times \prod\{X_j \mid j \neq i\}$$

의 형태로 나타나므로, 이들을 유한번 교집합시키면

$$\begin{aligned} B &= \pi_{i_1}^{-1}(G_{i_1}) \cap \pi_{i_2}^{-1}(G_{i_2}) \cap \cdots \cap \pi_{i_n}^{-1}(G_{i_n}) \\ &= G_{i_1} \times G_{i_2} \times \cdots \times G_{i_n} \times \prod\{X_j \mid j \neq i_1, i_2, \cdots, i_n\} \end{aligned}$$

이다. □

사실 위 정리의 식 11.2는 약식 표현으로서 유한 개를 제외하고는 전체집합들을 택해서 카테션곱을 해야 한다는 것을 강조하기 위한 표현이다.

예 **11.50** 모든 $i \in \mathbb{N}$에 대해 $(X_i, \mathcal{T}_i) = (\mathbb{R}, \mathcal{U})$일 때, 곱공간 $\prod_{i\in\mathbb{N}} X_i$에서

$$\prod_{i=1}^{\infty}(-i, i), \quad \prod_{i=1}^{\infty}(-\frac{1}{i}, \frac{1}{i}), \quad \prod_{i=1}^{\infty}(-1, 1) = (-1, 1) \times (-1, 1) \times \cdots$$

등은 기저의 원소가 아니다. 기저의 원소가 되려면 유한 개를 제외하고는 전체집합을 곱해서 만들어져야 하는데 그렇지 않기 때문이다. 하지만

$$(-1, 1) \times (-2, 2) \times \prod_{i=3}^{\infty} \mathbb{R}_i$$

는 기저의 원소이다.

예 **11.51** 모든 $i \in \mathbb{N}$에 대해 $(X_i, \mathcal{T}_i) = (\mathbb{R}, \mathcal{U})$일 때, 곱공간 $\prod_{i\in\mathbb{N}} X_i$에서

$$\prod_{i=1}^{\infty}(-i, i), \quad \prod_{i=1}^{\infty}(-\frac{1}{i}, \frac{1}{i}), \quad \prod_{i=1}^{\infty}(-1, 1)$$

등은 열린 집합도 아니다. 왜냐하면 열린 집합은 기저의 원소들의 합집합으로 표시되어야 하므로, 기저의 원소를 부분집합으로 포함해야 한다. 그런데 이 집합들은 모든 성분 공간들이 전체집합이 아니기 때문에 기저의 원소를 포함할 수 없다.

예 **11.52** 위 예와 마찬가지로, 모든 $i \in \mathbb{R}^+$에 대해 $(X_i, \mathcal{T}_i) = (\mathbb{R}, \mathcal{U})$라 하면

$$\prod_{i\in\mathbb{R}^+}(-i,i), \quad \prod_{i\in\mathbb{R}^+}(-\frac{1}{i},\frac{1}{i}), \quad \prod_{i\in\mathbb{R}^+}(-1,1)$$

등은 $\prod_{i\in\mathbb{R}^+} X_i$의 곱위상에서 열린 집합이 아니다.

참 고 **11.53** $(X, \mathcal{D})$가 이산공간이면 $X^2 = X \times X$의 곱위상도 이산위상이다. 그러나 무한 개의 곱공간에 대해서는 아래와 같이 다른 현상이 나타난다.

예 제 **11.54** 모든 $i \in \mathbb{N}$에 대해 $(X_i, \mathcal{T}_i) = (\mathbb{R}, \mathcal{D})$이라 하면 곱공간 $\prod_{i=1}^{\infty} X_i$는 이산공간이 아니다. 이를 보여라.

【풀이】 만일 이산공간이면 $\{\mathbf{0}\}$이 열린 집합이다. 따라서 $\mathbf{0} = (0, 0, \dots) \in \{\mathbf{0}\}$에 대해

$$\mathbf{0} \in B \subseteq \{\mathbf{0}\}$$

인 기저의 원소 $B$가 존재한다. 그런데 곱위상에서 기저의 원소는 유한 개의 성분을 제외하고는 전체집합의 곱집합 형태가 되어야 하는데, 그런 기저의 원소 $B$는 집합 $\{\mathbf{0}\}$에 포함될 수 없다. (상자위상과 비교: 예 11.33)

예 **11.55** 위 예와 마찬가지로 $X_i$들이 모두 두 점 이상을 포함할 경우, 무한 개의 이산공간들의 곱공간은 이산공간이 아니다. 예를 들어, $I$가 무한집합일 때, 모든 $i \in I$에 대해 $(X_i, \mathcal{T}_i) = (X_i, \mathcal{D})$이면

$$\prod_{i\in I}(X_i, \mathcal{D}) \neq (\prod_{i\in I} X_i, \mathcal{D}).$$

예 **11.56** 모든 $i \in \mathbb{N}$에 대해 $(X_i, \mathcal{T}_i) = (\{0,1\}, \mathcal{D})$의 이산공간일 때, 이들의 곱공간 $\prod_{i\in\mathbb{N}} X_i$를 칸토어 공간(Cantor space)이라 한다. 분명히 칸토어 공간은 이산공간이 아니다.

예 **11.57** 비이산공간들의 곱공간은 비이산공간이다. 예를 들어,

$$\prod_{i=1}^{\infty}(X_i, \mathcal{I}) = (\prod_{i=1}^{\infty} X_i, \mathcal{I})$$

이고, $I$가 비가산집합일 때도,

$$\prod_{i\in I}(X_i, \mathcal{I}) = (\prod_{i\in I} X_i, \mathcal{I}).$$

**예 제** **11.58** 곱위상은 상자위상보다 작은(smaller) 위상임을 보여라.

【풀이】 곱위상에서 기저의 원소는

$$B = G_{i_1} \times G_{i_2} \times \cdots \times G_{i_n} \times \prod\{X_j \mid j \neq i_1, i_2, \cdots, i_n\}$$

인데 이런 집합은 모두 상자위상에서 열린 집합이므로, 곱위상의 모든 열린 집합은 상자위상에서 열린 집합이다. 따라서 곱위상이 상자위상보다 작은 위상이다.

**예 제** **11.59** $f : \prod_i X_i \to \prod_i X_i$, $f(x) = x$ 를 상자위상공간 $(\prod_i X_i, \mathcal{T})$에서 곱공간 $(\prod_i X_i, \mathcal{T}^*)$으로 가는 항등함수라 하면 $f$가 연속임을 보여라.

【풀이】 위 예제에 의해 임의의 곱공간의 열린 집합 $G$를 택하면 $f^{-1}(G) = G$로서 상자위상공간에서 열린 집합이다. 따라서 $f$는 연속함수이다.

## 11.3 곱위상의 성질

**정 리** **11.60** $\{(X_i, \mathcal{T}_i) \mid i \in I\}$가 위상공간들의 집합족이고, $(A_i, \mathcal{T}_{A_i})$가 각각 $(X_i, \mathcal{T}_i)$의 부분공간이라 하자. 곱집합 $\prod A_i$에 대한 곱위상은 곱공간 $\prod(X_i, \mathcal{T}_i)$으로부터 얻어지는 곱집합 $\prod A_i$의 부분위상과 일치한다.

【증명】 연습문제. □

앞에서 언급한 것과 같이 곱위상은 상자위상이 갖지 못하는 중요한 성질을 갖는다. 다음 두 정리에서 이를 확인할 수 있다.

**정 리** **11.61** $f$가 임의의 위상공간 $(Y, \mathcal{T}^*)$에서 $\{(X_i, \mathcal{T}_i) \mid i \in I\}$들의 곱공간 $(X, \mathcal{T})$로 가는 임의의 함수일 때, 다음은 서로 동치이다.

(1) $f$ 는 연속함수이다.

(2) 모든 사영함수 $\pi_i : X \to X_i(i \in I)$에 대하여 $\pi_i \circ f : Y \to X_i$는 연속함수이다.

【증명】 (1) ⇒ (2) 모든 사영함수는 연속이므로, 연속함수들의 합성인 $\pi_i \circ f$ 는 당연히 연속이다.

(2) ⇒ (1) $f$ 가 연속함수임을 보이기 위해서 $X$ 의 기저의 원소에 대해서만 조사하기로 하자. 기저의 원소 $B$를 임의로 택하면 $X_{i_k}$ 에서 적당한 열린 집합 $G_{i_k}$ 들이 있어서

$$B = \pi_{i_1}^{-1}(G_{i_1}) \cap \pi_{i_2}^{-1}(G_{i_2}) \cap \cdots \cap \pi_{i_n}^{-1}(G_{i_n})$$

가 된다. 그러므로

$$\begin{aligned} f^{-1}(B) &= f^{-1}(\pi_{i_1}^{-1}(G_{i_1}) \cap \pi_{i_2}^{-1}(G_{i_2}) \cap \cdots \cap \pi_{i_n}^{-1}(G_{i_n})) \\ &= f^{-1}(\pi_{i_1}^{-1}(G_{i_1})) \cap f^{-1}(\pi_{i_2}^{-1}(G_{i_2})) \cap \cdots \cap f^{-1}(\pi_{i_n}^{-1}(G_{i_n}))) \\ &= (\pi_{i_1} \circ f)^{-1}(G_{i_1}) \cap (\pi_{i_2} \circ f)^{-1}(G_{i_2}) \cap \cdots \cap (\pi_{i_n} \circ f)^{-1}(G_{i_n}). \end{aligned}$$

여기서 모든 $\pi_{i_k} \circ f$ 가 연속함수이므로, $f^{-1}(B)$는 열린 집합이 되고, 따라서 $f$ 는 연속함수이다. □

위 정리를 다시 설명하면, 각 성분함수가 연속이면 곱공간으로 가는 함수는 연속이 되고, 그 역도 성립한다는 것이다.

참 고 **11.62** 사실 위 정리는 곱위상이 사영함수족에 의해 생성되는 약한 위상이라는 사실을 이용하면 정리 5.59 에서 바로 얻어진다.

예 **11.63** (1) 곱위상은 사영함수족에 의해 생성되는 약한 위상이므로, 함수 $f : \mathbb{R} \to \mathbb{R}^2$, $f(x) = (\cos x, \sin x)$는 연속함수이다. 왜냐하면, $(\pi_1 \circ f)(x) = \cos x$이고, $(\pi_2 \circ f)(x) = \sin x$로서 모두 연속함수이다. 따라서 위 정리에 의해 $f$가 연속이다.

(2) 마찬가지로, 함수 $f : \mathbb{R} \to \mathbb{R}^3$, $f(x) = (\cos x, \sin x, x)$는 연속함수이다. 왜냐하면, 사영함수와의 합성인 $(\pi_1 \circ f)(x) = \cos x$, $(\pi_2 \circ f)(x) = \sin x$, $(\pi_3 \circ f)(x) = x$ 등이 모두 연속함수이기 때문이다.

예 제 **11.64** 곱공간에서 성분공간으로 가는 사영함수들은 모두 열린 함수임을 보여라.

【풀이】 곱공간 $(X, \mathcal{T})$의 기저의 원소 $B$는

$$B = G_{i_1} \times \cdots \times G_{i_n} \times \prod\{X_j \mid j \neq i_1, \cdots, i_n\}$$

의 형태이다. 따라서 모든 사영함수 $\pi_j : X \to X_j$에 대하여

$$\pi_j(B) = \begin{cases} X_j & (j \neq i_1, \cdots, i_n) \\ G_j & (\text{그 외의 경우}) \end{cases}$$

이다. 따라서 $\pi_j(B)$는 열린 집합이다. 이제 $G$를 곱공간 $X$의 열린 부분집합이라 하자. 그러면 $G$는 기저의 원소들의 합집합이다. 따라서 $\pi_j(G)$는 $\pi_j(B)$들의 합집합이므로 열린 집합이다. 따라서 사영함수는 열린 함수이다.

참 고 **11.65** 곱위상의 정의에 의하면 모든 사영함수는 연속이다. 따라서 위 예제에 의해 사영함수는 연속이고 전사인 열린 함수이다.

예 **11.66** $\pi_1 : \mathbb{R} \times \mathbb{R} \to \mathbb{R}$, $\pi_1(x, y) = x$는 연속이고 전사인 열린 함수이다.
$\pi_2 : \mathbb{R} \times \mathbb{R} \to \mathbb{R}$, $\pi_2(x, y) = y$는 연속이고 전사인 열린 함수이다.
$\pi_3 : \mathbb{R} \times \mathbb{R} \times \mathbb{R} \to \mathbb{R}$, $\pi_3(x, y, z) = z$는 연속이고 전사인 열린 함수이다.

정 리 **11.67** 곱공간 $(\prod_{i \in I} X_i, \mathcal{T})$의 수열 $< p_n >$과 점 $q$에 대해 다음은 서로 동치이다.

(1) 수열 $< p_n >$이 $q$로 수렴한다.

(2) 모든 $i \in I$에 대하여 수열

$$< \pi_i(p_1), \pi_i(p_2), \cdots, \pi_i(p_n), \cdots >$$

이 $\pi_i(q)$로 수렴한다.

【증명】 (1) $\Longrightarrow$ (2) 임의의 $i \in I$에 대하여 사영함수 $\pi_i$는 연속함수이므로, 수열연속이다. 따라서 수열 $< p_n >$이 $q$로 수렴하면, 임의의 $i \in I$에 대하여 수열

$$< \pi_i(p_1), \pi_i(p_2), \cdots, \pi_i(p_n), \cdots >$$

은 $(X_i, \mathcal{T}_i)$에서 $\pi_i(q)$ 로 수렴한다.

(2) $\Longrightarrow$ (1) 역으로 모든 $i \in I$에 대하여 $\pi_i(p_n) \to \pi_i(q)$라고 가정하고, $q$를 포함하는 임의의 열린 집합 $G$를 택하자. 적당한 기저의 원소 $B$가 존재하여,

$$q \in B = \pi_{j_1}^{-1}(G_{j_1}) \cap \pi_{j_2}^{-1}(G_{j_2}) \cap \cdots \cap \pi_{j_m}^{-1}(G_{j_m}) \subseteq G, \quad G_{j_k} \in \mathcal{T}_{j_k}$$

가 된다. 따라서

$$\pi_{j_1}(q) \in G_{j_1},\ \pi_{j_2}(q) \in G_{j_2},\ \cdots,\ \pi_{j_m}(q) \in G_{j_m}$$

이다. 각 $k = 1, 2, \cdots, m$에 대하여 $G_{j_k}$가 열린 집합이므로 수렴성에 의해 적당한 자연수 $n_k$가 존재해서 다음을 만족시킨다.

$$n > n_k \implies \pi_{j_k}(p_n) \in G_{j_k},\ \text{즉 } p_n \in \pi_{j_k}^{-1}(G_{j_k}).$$

따라서 $n^* = \max\{n_1, \cdots, n_m\}$에 대하여 다음이 성립된다.

$$n > n^* \implies p_n \in \pi_{j_1}^{-1}(G_{j_1}) \cap \cdots \cap \pi_{j_m}^{-1}(G_{j_m}) = B \subseteq G.$$

그러므로 $p_n \to q$이다. □

예 **11.68** (1) $\frac{1}{n} \to 0$이고 $\frac{n+1}{n} \to 1$이므로, $(\frac{1}{n}, \frac{n+1}{n}) \to (0, 1)$

(2) $\frac{1}{n} \to 0,\ \frac{1}{n^2} \to 0,\ \frac{1}{n^3} \to 0$이므로, $(\frac{1}{n}, \frac{1}{n^2}, \frac{1}{n^3}) \to (0, 0, 0)$

(3) $(\frac{1}{n}, 1 + \frac{1}{n}, 2 + \frac{1}{n}) \to (0, 1, 2)$

## 11.4 Tychonoff 정리

콤팩트 공간의 곱공간이 콤팩트임을 보이기 위하여 몇 가지 보조정리가 필요하다. 이 보조정리를 증명하기 위하여 집합론에서 다루는 Zorn's Lemma가 필요한데, 이는 Tychonoff 정리가 Zorn's Lemma와 동치라는 점에서 당연하다.

보조정리 **11.69** 집합 $X$의 부분집합들을 모아 놓은 집합 $\mathcal{A}$가 유한 교차성을 가지고 있다고 하자. 집합

$$\mathcal{P} = \{\mathcal{E} \mid \mathcal{E} \supseteq \mathcal{A},\ \mathcal{E}\text{는 유한 교차성을 갖는다}\}$$

에 포함관계를 순서로 주면, $(\mathcal{P}, \subseteq)$는 극대원소를 갖는다.

【증명】 $\mathcal{F} = \{\mathcal{B}_i \mid i \in I\}$가 $\mathcal{P}$의 완전순서 부분집합(totally ordered subset)일 때, $\mathcal{B} = \bigcup_{i\in I} \mathcal{B}_i$가 $\mathcal{P}$의 원소임을 보이자. 각각의 $i$에 대하여 $\mathcal{B}_i \supseteq \mathcal{A}$이므로, $\mathcal{B} \supseteq \mathcal{A}$이다. $\mathcal{B}$가 유한 교차성을 갖는다는 것을 보이기 위하여 $\mathcal{B}$의 유한 부분집합 $\{A_1, \cdots, A_n\}$을 임의로 택하자. $\mathcal{B} = \bigcup_{i\in I} \mathcal{B}_i$이므로 적당한 $\mathcal{B}_{i_1}, \cdots, \mathcal{B}_{i_m}$이 $\mathcal{F}$에 존재해서

$$A_1 \in \mathcal{B}_{i_1},\ \cdots,\ A_m \in \mathcal{B}_{i_m}$$

이 된다. $\mathcal{F}$는 완전 순서 집합이므로 $\mathcal{B}_{i_1}, \cdots, \mathcal{B}_{i_m}$ 중 적어도 하나가 $A_1, \cdots, A_m$을 모두 포함한다. 그 집합을 $\mathcal{B}_{i_{k_0}}$라고 하자. $\mathcal{B}_{i_{k_0}}$는 유한 교차성을 가지므로,

$$A_1 \cap A_2 \cap \cdots \cap A_m \neq \emptyset$$

이고, 따라서 $\mathcal{B}$는 유한 교차성을 갖는다. 결국 $\mathcal{B}$는 $\mathcal{P}$의 원소가 된다. 결과적으로 임의의 완전순서 부분집합 $\mathcal{F}$가 상계 $\mathcal{B}$를 갖는다는 것을 보였다. 따라서 Zorn's Lemma에 의하여, $\mathcal{P}$는 극대원소를 갖는다. □

**보조정리 11.70** 보조정리 11.69의 극대원소를 $\mathcal{M}$이라 할 때, $\mathcal{M}$은 다음을 만족시킨다.

(1) $\mathcal{M}$의 원소의 포함집합(superset)은 $\mathcal{M}$의 원소가 된다.

(2) $\mathcal{M}$의 유한 개의 원소들의 교집합은 $\mathcal{M}$의 원소가 된다.

(3) $\mathcal{M}$의 모든 원소 $M$에 대하여 $A \cap M \neq \emptyset$이면, $A$는 $\mathcal{M}$의 원소가 된다.

【증명】 (1) $M \in \mathcal{M}$, $N \supseteq M$이라고 가정하자. $\mathcal{M} \cup \{N\}$이 유한 교차성을 갖고 $\mathcal{A} \subseteq \mathcal{M} \subseteq \mathcal{M} \cup \{N\}$이므로, $\mathcal{M} \cup \{N\}$은 $\mathcal{P}$의 원소이다. 그러나 $\mathcal{M}$이 극대원소이므로, $\mathcal{M} \cup \{N\} = \mathcal{M}$이 되어 $N \in \mathcal{M}$이다.

(2) 수학적 귀납법에 의하여, 먼저 $A, B \in \mathcal{M}$일 때 $A \cap B \in \mathcal{M}$임을 보이면, 같은 원리에 의하여 임의의 자연수에 대해 항상 성립한다고 할 수 있다. $C = A \cap B$일 때, $\mathcal{M} \cup \{C\}$가 유한 교차성을 가지면, (1)의 경우와 마찬가지로 $\mathcal{M} \cup \{C\}$는 $\mathcal{P}$의 원소가 되고, 결국 $C$는 $\mathcal{M}$의 원소가 된다. $\mathcal{M} \cup \{C\}$의 유한 부분집합 $\{A_1, \cdots, A_m\}$을 택하면, 다음의 두 가지 경우가 생긴다.

(i) $C$가 $\{A_1, \cdots, A_m\}$의 원소가 아니면 $\{A_1, \cdots, A_m\} \subseteq \mathcal{M}$이고, $\mathcal{M}$은 유한 교차성을 만족시키므로

$$A_1 \cap \cdots \cap A_m \neq \emptyset$$

이다.

(ii) $C$가 $\{A_1, \cdots, A_m\}$에 속하는 경우 $C = A_1$이라고 해도 일반성을 잃지 않는다. 그러면

$$A_1 \cap \cdots \cap A_m = C \cap A_2 \cap \cdots \cap A_m = A \cap B \cap A_2 \cap \cdots \cap A_m \neq \emptyset$$

이 된다. 왜냐하면 $A, B, A_2, \cdots, A_m \in \mathcal{M}$이기 때문이다.

결국 (i)과 (ii)에 의해 어떤 경우라도, $\{A_1, \cdots, A_m\}$의 교집합은 공집합이 아니고, 따라서 $\mathcal{M} \cup \{C\} \in \mathcal{P}$이다.

(3) $\mathcal{M} \cup \{A\}$의 유한 부분집합 $\{B_1, \cdots, B_m\}$을 택하자. $A$가 $\{B_1, \cdots, B_m\}$의 원소가 아니면 $\{B_1, \cdots, B_m\} \subseteq \mathcal{M}$이고, $\mathcal{M}$은 유한 교차성을 가지므로,

$$B_1 \cap \cdots \cap B_m \neq \emptyset$$

이다. $A$가 $\{B_1, \cdots, B_n\}$에 속하는 경우 $A = B_1$이라고 하자. 그러면

$$B_1 \cap B_2 \cap \cdots \cap B_m = A \cap (B_2 \cap \cdots \cap B_m)$$

인데, (2)에 의하여 $B_2 \cap \cdots \cap B_m \in \mathcal{M}$이 된다. 가정에서 $A$는 $\mathcal{M}$의 임의의 원소와 서로소가 아니라고 하였으므로,

$$B_1 \cap \cdots \cap B_m \neq \emptyset$$

가 된다. 따라서 (1), (2)의 경우처럼 $A \in \mathcal{M}$이 된다. □

이제 Tychonoff 정리를 증명할 준비가 되었다. 위의 보조정리들을 이용하여 콤팩트 공간의 곱공간이 콤팩트임을 보이자.

> 정 리 **11.71** [티코노프 정리(Tychonoff theorem)]
> 콤팩트 공간들의 곱공간은 콤팩트이다.

【증명】 $\{(X_i, \mathcal{T}_i) \mid i \in I\}$가 콤팩트 공간들의 집합족일 때, 곱공간 $(X = \prod_{i \in I} X_i, \mathcal{T})$가 콤팩트임을 보이자.

$$\mathcal{A} = \{F_j \mid j \in J\}$$

가 $X$의 닫힌 부분집합들로 이루어진 집합으로 유한 교차성을 갖는다고 하자. $\mathcal{A}$의 모든 원소들의 교집합이 공집합이 아님을 보이면 된다. $\mathcal{A}$를 포함하고 유한 교차성을 갖는 보조정리 11.69의 극대원소를

$$\mathcal{M} = \{M_k \mid k \in K\}$$

이라 하고, 집합

$$\mathcal{M}^* = \{\mathrm{cl}(M_k) \mid k \in K\}$$

를 정의하자. 부분집합이라는 사실에서 $\mathcal{A}$의 임의의 원소 $F_j$들은 $\mathcal{M}$의 원소이고 또한 닫힌 집합이므로 $F_j = \mathrm{cl}(F_j)$이다. 따라서 $F_k \in \mathcal{M}^*$이다. 결국 $\mathcal{A} \subseteq \mathcal{M}^*$이다. 그러므로 $\bigcap \mathcal{M}^* \neq \emptyset$임을 보이면 $\bigcap \mathcal{A} \neq \emptyset$도 역시 성립한다. 그런데

$$\begin{aligned} \bigcap \mathcal{M}^* \neq \emptyset &\iff \exists p,\ [p \in \mathrm{cl}(M_k),\ \forall k \in K] \\ &\iff \exists p,\ [p \in B \implies B \cap M_k \neq \emptyset,\ \forall k \in K] \qquad (11.3) \end{aligned}$$

(여기서 $B$는 곱공간의 기저의 원소)

이므로 오른쪽 조건이 만족됨을 보여도 된다. 그런데 집합 $\mathcal{M} = \{M_k \mid k \in K\}$이 유한 교차성을 가지므로, 각각의 사영함수 $\pi_i : X \to X_i$에 대하여 $\{\pi_i(M_k) \mid k \in K\}$도 역시 유한 교차성을 갖는다. 따라서

$$\mathcal{C} = \{\mathrm{cl}(\pi_i(M_k)) \mid k \in K\}$$

도 유한 교차성을 갖는다. $(X_i, \mathcal{T}_i)$는 콤팩트 공간이므로, $\bigcap \mathcal{C} \neq \emptyset$가 된다. 즉,

$$\exists\, a_i \in X_i,\ [a_i \in \mathrm{cl}(\pi_i(M_k)),\ \forall k \in K]$$

따라서

$$\exists a_i \in X_i, [a_i \in G_i \implies G_i \cap \pi_i(M_k) \neq \emptyset,\ \forall k \in K]$$

(단, $G_i$는 $X_i$의 열린 집합)

이다. $p =< a_i : i \in I >$로 정의하고, $p$가 식 11.3을 만족시킴을 보이자.

$B$를 기저 $\mathcal{B}$의 원소라 하면 적당한 열린 집합 $G_{i_j} \subseteq X_{i_j}$에 대해

$$B = \pi_{i_1}^{-1}(G_{i_1}) \cap \cdots \cap \pi_{i_m}^{-1}(G_{i_m})$$

이므로

$$\begin{aligned} p \in B &\implies \pi_{i_1}(p) = a_{i_1} \in \pi_{i_1}(B) = G_{i_1} \\ &\implies G_{i_1} \cap \pi_{i_1}(M_k) \neq \emptyset,\ \forall k \in K \\ &\implies \pi_{i_1}^{-1}(G_{i_1}) \cap M_k = (\prod\{X_i \mid i \neq i_1\} \times G_{i_1}) \cap M_k \neq \emptyset, \\ &\qquad\qquad \forall M_k \in \mathcal{M} \end{aligned}$$

이다. 보조정리 11.70의 (3)에 의하여, $\pi_{i_1}^{-1}(G_{i_1}) \in \mathcal{M}$이 된다. 마찬가지로

$$\pi_{i_2}^{-1}(G_{i_2}), \cdots, \pi_{i_m}^{-1}(G_{i_m}) \in \mathcal{M}$$

이 된다. 그런데 $\mathcal{M}$은 유한 교차성을 가지므로,

$$B \cap M_k = \pi_{i_1}^{-1}(G_{i_1}) \cap \cdots \cap \pi_{i_m}^{-1}(G_{i_m}) \cap M_k \neq \emptyset,\ \forall k \in K$$

가 된다. □

문 제 **11.72** 정리 11.71의 역은 성립하는가?

【풀이】 사영함수 $\pi_i$가 연속인 전사함수이므로 $\prod X_j$가 콤팩트이면 $X_i$도 콤팩트이다.

예 **11.73** (1) 모든 $i \in \mathbb{N}$에 대해 $(X_i, \mathcal{T}_i) = (\mathbb{R}, \mathcal{U})$라 하면 집합

$$\prod_{i\in\mathbb{N}}[-i, i], \quad \prod_{i\in\mathbb{N}}[-\frac{1}{i}, \frac{1}{i}], \quad \prod_{i\in\mathbb{N}}[-1, 1]$$

등은 곱공간 $\prod_{i\in\mathbb{N}} X_i$에서 콤팩트 집합이다.

(2) 모든 $i \in \mathbb{R}^+$에 대해 $(X_i, \mathcal{T}_i) = (\mathbb{R}, \mathcal{U})$라 하면 집합

$$\prod_{i\in\mathbb{R}^+}[-i, i], \quad \prod_{i\in\mathbb{R}^+}[-\frac{1}{i}, \frac{1}{i}], \quad \prod_{i\in\mathbb{R}^+}[-1, 1]$$

등은 곱공간 $\prod_{i\in\mathbb{R}^+} X_i$에서 콤팩트 집합이다.

예 **11.74** 위 정리에 의해 $\prod_{i=1}^n \mathbb{R}_i$는 국소콤팩트이다. 실제로, 임의의 점 $x \in \prod_{i=1}^n \mathbb{R}_i$에 대해

$$x \in (a_1, b_1) \times (a_2, b_2) \times \cdots \times (a_n, b_n) \subseteq [a_1, b_1] \times [a_2, b_2] \times \cdots \times [a_n, b_n]$$

이므로 $x$를 포함하는 콤팩트 근방

$$[a_1, b_1] \times [a_2, b_2] \times \cdots \times [a_n, b_n]$$

이 존재한다는 것을 알 수 있다.

참 고 **11.75** 그러나 다음 예와 같이 국소콤팩트 공간들의 임의의 개수의 곱공간은 국소콤팩트가 아닐 수도 있다.

예 **11.76** $\prod_{i\in\mathbb{N}} \mathbb{R}_i$는 국소콤팩트가 아니다. 왜냐하면, 임의의 점 $x \in \prod_{i\in\mathbb{N}} \mathbb{R}_i$를 포함하는 기저 열린 집합

$$B = (a_1, b_1) \times (a_2, b_2) \times \cdots \times (a_n, b_n) \times \mathbb{R} \times \mathbb{R} \times \cdots$$

가 적당한 콤팩트 집합에 포함된다면, $B$의 폐포

$$\overline{B} = [a_1, b_1] \times [a_2, b_2] \times \cdots \times [a_n, b_n] \times \mathbb{R} \times \mathbb{R} \times \cdots$$

도 콤팩트가 되어야 하는데, 이는 사실이 아니다. 따라서 $\prod_{i\in\mathbb{N}} \mathbb{R}_i$는 국소콤팩트가 아니다.

정 리 **11.77** 하우스도르프 공간들의 곱공간은 하우스도르프 공간이다.

【증명】 모든 $i \in I$에 대하여 $(X_i, \mathcal{T}_i)$가 $T_2$ 공간이고, 이들의 곱공간을 $(X, \mathcal{T}) = (\prod_i X_i, \mathcal{T})$라 하자. 이제 $(X, \mathcal{T})$가 $T_2$ 공간임을 보이기 위하여 $X$의 서로 다른 두 점 $p =< a_i >$와 $q =< b_i >$를 택하면, $I$의 원소 중 적어도 한 원소 $i_0$가 존재하여 $a_{i_0} \neq b_{i_0}$가 된다. $(X_{i_0}, \mathcal{T}_{i_0})$는 $T_2$ 공간이므로

$$a_{i_0} \in G_{i_0}, \quad b_{i_0} \in H_{i_0}$$

를 만족시키는 $X_{i_0}$의 서로소인 열린 부분집합 $G_{i_0}$와 $H_{i_0}$가 존재한다. 사영함수 $\pi_{i_0} : X \to X_{i_0}$는 연속함수이므로, $G = {\pi_{i_0}}^{-1}(G_{i_0})$와 $H = {\pi_{i_0}}^{-1}(H_{i_0})$는 $X$의 열린 집합들이다. 또한 이들은 각각 $p$와 $q$를 원소로 갖고 서로소이다. 따라서 $(X, \mathcal{T})$는 $T_2$ 공간이다. 즉, $T_2$ 공간의 곱공간은 $T_2$ 공간이다. □

예 **11.78** 모든 $i \in \mathbb{R}^+$에 대해 $(X_i, \mathcal{T}_i) = (\mathbb{R}, \mathcal{U})$라 하면 곱공간

$$\prod_{i \in \mathbb{R}^+} X_i$$

는 하우스도르프 공간이다.

정 리 **11.79** (1) 정칙공간들의 곱공간은 정칙이다.

(2) $T_3$ 공간들의 곱공간은 $T_3$ 공간이다.

【증명】 연습문제. □

정 리 **11.80** 연결 공간들의 곱공간은 연결 공간이다.

【증명】 $\{(X_i, \mathcal{T}_i) \mid i \in I\}$는 연결 공간들의 집합족이고, $(X = \prod_i X_i, \mathcal{T})$는 그들의 곱공간이라 하자. $X$의 한 점 $p = < a_i : i \in I >$를 택하면, $p$는 적당한 성분 $E$에 속한다. 이제 $X$의 임의의 점 $x$가 모두 $\mathrm{cl}(E) = E$에 속한다는 사실을 보임으로써, $E = X$가 연결 공간임을 보이자. $x$를 포함하는 임의의 열린 집합 $G$를 택하면, $x$를 포함하고 $G$에 포함되는 $\mathcal{T}$의 기저의 원소

$$B = G_{i_1} \times \cdots \times G_{i_m} \times \prod \{X_i \mid i \neq i_1, \cdots, i_m\}$$

가 존재한다.

$$H = X_{i_1} \times \cdots \times X_{i_m} \times \prod \{\{a_i\} \mid i \neq i_1, \cdots, i_m\}$$

는 $X_{i_1} \times \cdots \times X_{i_m}$과 위상동형이므로 정리 11.20에 의해 연결 집합이다. 즉 $H$는 $p$를 포함하는 연결 집합이므로, $H$는 $E$의 부분집합이 된다. 그런데 $B \cap H$는 공집합이 아니므로,

$$\emptyset \neq B \cap H \subseteq B \cap E \subseteq G \cap E.$$

따라서 $x$는 $\mathrm{cl}(E) = E$에 속한다. □

**예 11.81** (1) $\mathbb{R}$이 연결 공간이므로, 이들의 곱공간인 $n$ 차원 유클리드 공간 $\mathbb{R}^n$도 연결 공간이다. (비교: 예 10.28)

(2) 모든 $i \in \mathbb{N}$에 대해 $\mathbb{R}_i = \mathbb{R}$일 때, $\mathbb{R}$이 연결 공간이므로 이들의 곱공간인 $\prod_{i\in\mathbb{N}} \mathbb{R}_i$도 연결 공간이다.

(3) 모든 $i \in \mathbb{N}$에 대해 $(X_i, \mathcal{T}_i) = (\mathbb{R}, \mathcal{U})$라 하면

$$\prod_{i\in\mathbb{N}}[-i, i], \quad \prod_{i\in\mathbb{N}}[-\frac{1}{i}, \frac{1}{i}], \quad \prod_{i\in\mathbb{N}}[-1, 1]$$

등은 곱공간 $\prod_{i\in\mathbb{N}} X_i$에서 연결 집합이다.

(4) 모든 $i \in \mathbb{R}^+$에 대해 $(X_i, \mathcal{T}_i) = (\mathbb{R}, \mathcal{U})$라 하면 $\prod_{i\in\mathbb{R}^+} X_i$는 연결 공간이고, 집합

$$\prod_{i\in\mathbb{R}^+}[-i, i], \quad \prod_{i\in\mathbb{R}^+}[-\frac{1}{i}, \frac{1}{i}], \quad \prod_{i\in\mathbb{R}^+}[-1, 1]$$

등은 곱공간 $\prod_{i\in\mathbb{R}^+} X_i$에서 연결 집합이다.

**예 제 11.82** 국소연결 공간들의 곱공간은 국소연결이 될 필요가 없음을 보여라.

【풀이】 칸토어 공간을 생각하자. 임의의 $i \in \mathbb{N}$에 대해서 $A_i = \{0, 1\}, \mathcal{T}_i = \mathcal{D}$라 하면, 모든 $i \in \mathbb{N}$에 대해서 $(A_i, \mathcal{T}_i) = (\{0, 1\}, D)$는 이산공간으로서 국소연결 공간이다. 그러나 곱공간 $(\prod A_i, \mathcal{T})$는 국소연결 공간이 아니다. 왜냐하면 $\{0\}$이 $A_i$의 성분이므로 $\prod_{i\in\mathbb{N}}\{0\}$이 $\prod_{i\in\mathbb{N}} A_i$의 성분이 된다(연습문제). 국소연결 공간의 성분은 열린 집합이므로, 만약 $\prod_{i\in\mathbb{N}} A_i$를 국소연결 공간이라고 가정하면 $\prod_{i\in\mathbb{N}}\{0\}$가 열린 집합이 된다. 그러나 $\prod_{i\in\mathbb{N}}\{0\}$는 기저의 원소를 포함할 수 없으므로 열린 집합이 아니다.

**정 리 11.83** (1) 제1가산공간들의 가산 개의 곱공간은 제1가산이다.

(2) 제2가산공간들의 가산 개의 곱공간은 제2가산이다.

【증명】 연습문제. □

**정 리 11.84** 위상공간 $\{(X_i, \mathcal{T}_i) \mid i \in I\}$들의 곱공간을 $(\prod X_i, \mathcal{T})$라 하면 다음 사실이 성립한다.

(1) 모든 $i \in I$에 대해 $A_i$가 $X_i$에서 닫힌 집합이면, $\prod A_i$도 곱공간 $\prod X_i$에서 닫힌 집합이다.

(2) $\overline{\prod A_i} = \prod \overline{A_i}$

【증명】 연습문제. □

정 리 **11.85** 거리공간 $\mathbb{R}^n$에서 콤팩트가 되기 위한 필요충분조건은 유계인 닫힌 집합이 되는 것이다.

【증명】 ($\Rightarrow$) $A$를 콤팩트 집합이라 하자. 열린 집합들의 모임

$$\mathcal{B} = \{B(\mathbf{0}, n) \in \mathbb{R}^n \mid n \in \mathbb{N}\}$$

은 $A$의 덮개이다. $A$가 콤팩트이므로 유한부분덮개가 존재한다. 즉, $A \subseteq B(\mathbf{0}, n_1) \cup B(\mathbf{0}, n_2) \cup \cdots \cup B(\mathbf{0}, n_k)$ 이다. 그런데 이들은 모두 축소성을 가지므로, 가장 큰 $m$에 대해 $A \subseteq B(\mathbf{0}, m)$이다. 따라서 $A$는 유계이다. 또한 $\mathbb{R}^n$은 $T_2$ 공간이므로, 모든 콤팩트 집합이 닫힌 집합이다.

($\Leftarrow$) $A$를 유계인 닫힌 집합이라 하자. 그러면 적당한 $m$에 대해 $A \subseteq B(\mathbf{0}, m)$이 된다. 이제 집합

$$B = \prod_{i=1}^{n} [-m, m] = [-m, m] \times \cdots \times [-m, m]$$

을 생각하면, $B$는 분명히 콤팩트이고 $A$가 $B$의 닫힌 부분집합이므로, $A$도 콤팩트이다. □

예 **11.86** (1) $\mathbb{R}^n$에서 단위원 $S^{n-1} = \{x \in \mathbb{R}^n \mid ||x|| = 1\}$과 닫힌 공 $B^n = \overline{B}(\mathbf{0}, 1) = \{x \in \mathbb{R}^n \mid ||x|| \leq 1\}$은 유계인 닫힌 집합이므로 콤팩트이다.

(2) 집합 $A = \{(x, \frac{1}{x}) \in \mathbb{R}^2 \mid 0 < x \leq 1\}$은 $\mathbb{R}^2$에서 콤팩트가 아니다. 왜냐하면 닫힌 집합이지만 유계가 아니기 때문이다.

(3) 집합 $A = \{(x, \sin \frac{1}{x}) \in \mathbb{R}^2 \mid 0 < x \leq 1\}$은 $\mathbb{R}^2$에서 콤팩트가 아니다. 왜냐하면 유계이지만 닫힌 집합이 아니기 때문이다.

## 연습문제 11

1. (a) 곱공간 $(\mathbb{R},\mathcal{U}) \times (\mathbb{R},\mathcal{U})$에서 $\mathrm{int}((0,1) \times (0,1))$과 $\mathrm{cl}((0,1) \times (0,1))$을 구하여라.

   (b) 곱공간 $(\mathbb{R},\mathcal{U}) \times (\mathbb{R},\mathcal{D})$에서 $\mathrm{int}((0,1) \times (0,1))$과 $\mathrm{cl}((0,1) \times (0,1))$을 구하여라.

   (c) 곱공간 $(\mathbb{R},\mathcal{D}) \times (\mathbb{R},\mathcal{D})$에서 $\mathrm{int}((0,1) \times (0,1))$과 $\mathrm{cl}((0,1) \times (0,1))$을 구하여라.

   (d) 곱공간 $(\mathbb{R},\mathcal{U}) \times (\mathbb{R},\mathcal{I})$에서 $\mathrm{int}((0,1) \times (0,1))$과 $\mathrm{cl}((0,1) \times (0,1))$을 구하여라.

   (e) 곱공간 $(\mathbb{R},\mathcal{D}) \times (\mathbb{R},\mathcal{I})$에서 $\mathrm{int}((0,1) \times (0,1))$과 $\mathrm{cl}((0,1) \times (0,1))$을 구하여라.

   (f) 곱공간 $(\mathbb{R},\mathcal{I}) \times (\mathbb{R},\mathcal{I})$에서 $\mathrm{int}((0,1) \times (0,1))$과 $\mathrm{cl}((0,1) \times (0,1))$을 구하여라.

   (g) 아래끝 위상의 곱공간 $(\mathbb{R},\mathcal{T}_l) \times (\mathbb{R},\mathcal{T}_l)$에서 $\mathrm{int}((0,1) \times (0,1))$과 $\mathrm{cl}((0,1) \times (0,1))$을 구하여라.

   (h) 곱공간 $(\mathbb{R},\mathcal{U}) \times (\mathbb{R},\mathcal{U})$에서 $\mathrm{int}(\mathbb{Q} \times \mathbb{Q})$와 $\mathrm{cl}(\mathbb{Q} \times \mathbb{Q})$를 구하여라.

2. $\mathcal{T}_1 = \{X, \emptyset, \{a\}\}$는 $X = \{a,b,c\}$에 주어진 위상이고, $\mathcal{T}_2 = \{Y, \emptyset, \{u\}\}$는 $Y = \{u,v\}$에 주어진 위상이다. 곱공간에서 아래 집합을 구하여라.

   (a) $\mathrm{int}(\{(a,u)\})$

   (b) $\mathrm{int}(\{(b,v)\})$

   (c) $\mathrm{int}(\{b,c\} \times \{v\})$

   (d) $\mathrm{cl}(\{(a,u)\})$

   (e) $\mathrm{cl}(\{(b,v)\})$

   (f) $\mathrm{cl}(\{b,c\} \times \{v\})$

3. $\mathcal{T}_1 = \{X, \emptyset, \{a\}, \{b,c\}\}$는 $X = \{a,b,c\}$에 주어진 위상이고, $\mathcal{T}_2 = \{Y, \emptyset, \{u\}\}$는 $Y = \{u,v\}$에 주어진 위상이다. 곱공간에서 아래 집합을 구하여라.

   (a) $\mathrm{int}(\{(a,u)\})$

   (b) $\mathrm{int}(\{(b,v)\})$

   (c) $\mathrm{int}(\{b,c\} \times \{v\})$

(d) $\mathrm{cl}(\{(a,u)\})$

(e) $\mathrm{cl}(\{(b,v)\})$

(f) $\mathrm{cl}(\{b,c\}\times\{v\})$

4. 아래끝 위상들의 곱공간 $(\mathbb{R},\mathcal{T}_l)\times(\mathbb{R},\mathcal{T}_l)$에서 부분집합

$$L=\{(x,-x)\in\mathbb{R}^2 \mid x\in\mathbb{R}\}$$

의 부분위상을 구하여라.

5. 위상공간 $(X,\mathcal{T})$와 $(Y,\mathcal{T}')$에 대해 $A\subseteq X$이고 $B\subseteq Y$라 하면 아래 사실이 성립한다. 이를 증명하여라.

(a) $\overline{A}\times\overline{B}=\overline{A\times B}$

(b) $A^\circ\times B^\circ=(A\times B)^\circ$

6. 함수 $f:X\to Y$가 주어졌을 때 새로운 함수 $F:X\to X\times Y$를 $F(x)=(x,f(x))$와 같이 정의하자. 이 때 아래 두 조건은 서로 동치임을 보여라.

(a) $f$가 연속함수이다.

(b) $F:X\to F(X)$가 위상동형함수이다.

이 때 $F(X)$를 함수 $f$의 그래프(graph)라고 한다.

7. $X$가 실수 $\mathbb{R}$위의 노름공간일 때, 함수 $f:X\times X\to X$, $f((p,q))=p+q$가 연속함수임을 보여라.

8. $X$가 실수 $\mathbb{R}$위의 노름공간일 때, 함수 $f:\mathbb{R}\times X\to X$, $f((k,q))=kq$가 연속함수임을 보여라.

9. 곱집합 $\prod_i X_i$에서 곱위상보다 더 작은(coarser) 위상과 더 큰(finer) 위상의 예를 하나씩 들어라.

10. $T_1$ 공간의 곱공간은 $T_1$인가?

11. 정리 11.77의 역은 성립하는가? 즉, 곱공간이 $T_2$ 공간이면 각각의 성분 공간이 $T_2$ 공간인가?

12. 정칙공간들의 곱공간도 역시 정칙임을 보여라.

13. $\{(X_\alpha, \mathcal{T}_\alpha) \mid \alpha \in \Lambda\}$를 위상공간들의 모임이라 하고 $X = \prod_{\alpha\in\Lambda} X_\alpha$라 하자. 곱공간 $(X, \mathcal{T})$가 완전정칙공간이기 위한 필요충분조건은 모든 $\alpha \in \Lambda$에 대해 $(X_\alpha, \mathcal{T}_\alpha)$가 완전정칙공간이 되는 것이다. 이를 증명하여라.

14. 정규공간의 곱공간이 정규공간이 안되는 예를 들어라.

15. 제1가산공간들의 가산 곱공간(countable product space)은 제1가산공간임을 보여라.

16. 제1가산공간들의 임의의 곱공간(arbitrary product space)은 제1가산공간이 될 필요가 없음을 보여라.

17. 제2가산공간들의 가산 곱공간(countable product space)은 제2가산공간임을 보여라.

18. 제2가산공간들의 임의의 곱공간(arbitrary product space)은 제2가산공간이 될 필요가 없음을 보여라.

19. 위상공간 $\{(X_i, \mathcal{T}_i) \mid i \in I\}$들의 곱공간을 $(\prod X_i, \mathcal{T})$라 하면 다음 사실이 성립한다. 이를 증명하여라.

    (a) 모든 $i \in I$에 대해 $A_i$가 $X_i$에서 닫힌 집합이면, $\prod A_i$도 곱공간 $\prod X_i$에서 닫힌 집합이다.

    (b) $\overline{\prod A_i} = \prod \overline{A_i}$

20. 모든 $i \in \mathbb{N}$에 대해 $(A_i, \mathcal{T}_i) = (\{0,1\}, \mathcal{D})$일 때, 곱공간 $\prod_{i\in\mathbb{N}} A_i$에서 $\prod_{i\in\mathbb{N}}\{0\}$이 성분이 됨을 보여라.

21. $\{(X_i, \mathcal{T}_i) \mid i \in I\}$가 위상공간들의 집합족이고, $(A_i, \mathcal{T}_{A_i})$가 각각 $(X_i, \mathcal{T}_i)$의 부분공간이라 하자. 곱집합 $\prod A_i$에 대한 곱위상은 곱공간 $\prod(X_i, \mathcal{T}_i)$로부터 얻어지는 곱집합 $\prod A_i$의 부분위상과 일치한다. 이를 증명하여라.

22. Hilbert 입체

$$\{< a_n > \in \mathbb{R}^\infty \mid 0 \le a_n \le \frac{1}{n}, \forall n \in \mathbb{N}\} = \prod_{n=1}^{\infty} [0, \frac{1}{n}]$$

이 $\mathbb{R}^\infty$의 콤팩트 부분집합임을 보여라.

# 제 12 장

# 완비거리공간

보통거리함수가 주어진 $\mathbb{R}$에서 모든 코시 수열은 반드시 수렴한다. 즉 실수의 집합 $\mathbb{R}$은 완비공간이다. 완비성은 유리수의 집합과 실수의 집합을 구분짓는 중요한 특징이다. 일반적인 거리공간에서는 코시 수열이 반드시 수렴하는 것은 아니지만 모든 거리공간은 완비화를 만들 수 있고, 완비화의 과정은 유리수의 집합으로부터 실수의 집합을 구성적으로 만들어내는 과정이 된다. 이 구성적 방법은 공리적 방법에 의한 실수의 집합의 존재성을 보장해 주는 보완성을 가진다. 이 장에서는 완비화의 과정에 대해 알아보자.

## 12.1 완비거리공간

---

**정 의** **12.1** $(X, d)$는 거리공간이고 $\langle a_n \rangle$은 $X$의 점들로 이루어진 수열이다. 임의의 양수 $\epsilon$에 대하여

$$n, m > n_0 \Rightarrow d(a_n, a_m) < \epsilon$$

인 자연수 $n_0$가 존재할 때 $\langle a_n \rangle$을 코시 수열(Cauchy sequence)이라고 부른다.

---

**참 고** **12.2** 노름공간 $(X, \|\ \|)$에서 코시 수열의 정의는 아래와 같이 쓸 수 있다.

$$\forall\epsilon > 0,\ \exists\, n_0 \in \mathbb{N},\ \ \Big[n, m > n_0 \Rightarrow \|a_n - a_m\| < \epsilon\Big]$$

**예** **12.3** (1) 보통거리함수가 주어진 공간 $(0, 1)$에서 수열 $< \frac{1}{n+1} >$은 코시 수열이다. 그러나 이 수열은 전체집합 $(0, 1)$이 0을 포함하지 않으므로 수렴하지 않는다.

(2) 거리공간에서 수렴하는 수열은 모두 코시 수열이다.

**예** **12.4** $d$는 집합 $X$에 주어진 이산거리함수(trivial metric)이다. 즉,

$$d(a, b) = \begin{cases} 0, & a = b\text{일 때} \\ 1, & a \neq b\text{일 때} \end{cases}$$

$\epsilon = \dfrac{1}{2}$로 택하면, 코시 수열 $< a_n >$은 적당한 자연수 $n_0$이 존재하여,

$$n, m > n_0\text{일 때},\ d(a_n, a_m) < \epsilon = \frac{1}{2}$$

이 된다. 따라서 $n_0$보다 큰 자연수 $n$과 $m$에 대하여 $a_n = a_m$이 된다. 그러므로 이산거리함수가 주어진 위상공간에서의 모든 코시 수열은 수렴한다.

**문 제** **12.5** 함수 $f : X \to Y$가 위상동형함수이고, 수열 $< a_n >$이 $X$에서의 코시 수열일 때, $< f(a_n) >$은 $Y$에서의 코시 수열이 되겠는가? 즉, 수열의 Cauchy성은 위상적 성질인가?

【풀이】 위상동형함수 $f:(0,1)\to(1,\infty)$, $f(x)=\dfrac{1}{x}$에 대하여 수열

$$<a_n> = <\frac{1}{2}, \frac{1}{3}, \cdots>$$

은 $(0,1)$에서 코시 수열이다. 그러나 수열

$$<f(a_n)> = <2, 3, \cdots>$$

은 $(1,\infty)$에서 코시 수열이 아니다.

문제 **12.6** 거리공간 $X$의 임의의 코시 수열 $< a_n >$은 완전유계수열이다. 즉, $\{a_n \mid n\in\mathbb{N}\}$은 완전유계집합(totally bounded set)이다. 이를 증명하여라.

【풀이】 주어진 양수 $\epsilon>0$에 대하여 적당한 자연수 $n_0$이 존재하여 $n,m>n_0$일 때 $d(a_n,a_m)<\epsilon$이다. 그러면 $B=\{a_{n_0+1}, a_{n_0+2}, \cdots\}$의 지름은 $\epsilon$보다 작다. 따라서

$$\{a_1, a_2, \cdots, a_{n_0}, a_{n_0+1}\}$$

은 집합 $\{a_n \mid n\in\mathbb{N}\}$의 $\epsilon$-그물이다. 따라서 $< a_n >$은 완전유계이다.

---

정의 **12.7** 거리공간 $(X,d)$의 임의의 코시 수열이 항상 수렴할 때, $(X,d)$를 완비거리공간(complete metric space) 또는 완비공간(complete space)이라고 한다.

---

예 **12.8** (1) 보통거리함수가 주어진 실수의 집합 $\mathbb{R}$의 모든 코시 수열은 수렴한다. 따라서 $(\mathbb{R},\mathcal{U})$는 완비공간이다.

(2) 보통거리함수가 주어진 실수 $\mathbb{R}$의 곱공간 $\mathbb{R}^n$의 모든 코시 수열은 수렴한다. 따라서 $\mathbb{R}^n$은 완비공간이다.

(3) 예 12.3에 의하면, 열린 구간 $(0,1)$은 완비공간이 아니다.

(4) $\sqrt{2}$로 수렴하는 유리수의 수열

$$< 1, 1.4, 1.41, \cdots >$$

은 코시 수열이지만 수렴하지는 않는다. 즉, 보통거리함수가 주어진 유리수의 집합은 완비공간이 아니다.

(5) 마찬가지로 무리수의 집합 $\mathbb{Q}^c$도 완비공간이 아니다.

예 **12.9** 예 12.4에 의하면, 이산거리함수가 주어진 공간은 완비공간이다. 그러나 이산공간을 유도하는 거리공간이라 해도 완비공간일 필요는 없다. 예를 들어 자연수의 집합 $\mathbb{N}$에 거리함수

$$d(m, n) = \left|\frac{1}{m} - \frac{1}{n}\right|$$

을 주면 이산공간을 생성한다. 하지만 코시 수열 $< 1, 2, 3, \cdots >$은 수렴하지 않는다. 따라서 완비공간이 아니다.

참 고 **12.10** (1) $\mathbb{R} \cong (0,1)$이지만 $\mathbb{R}$은 완비공간이고 $(0,1)$은 완비공간이 아니다. 따라서 거리공간의 완비성은 위상적 성질이 아니다.

(2) 보통거리함수가 주어진 공간 $[0,1]$은 완비공간이지만 부분공간 $(0,1)$은 완비공간이 아니다.

정 리 **12.11** 완비공간의 닫힌 부분집합은 완비공간이다.

【증명】 $(X, d)$가 완비거리공간이고 $F$가 $X$의 닫힌 부분집합일 때, $F$에서의 임의의 코시 수열 $< a_n >$을 생각하자. 수열 $< a_n >$은 $X$에서도 코시 수열이고 $X$가 완비공간이므로 $< a_n >$은 $X$의 점 $p$로 수렴한다. 그런데 $F$가 닫힌 집합이므로 $p \in F$이다. 따라서 수열 $< a_n >$은 $F$의 점으로 수렴한다. 그러므로 $F$는 완비공간이다. □

예 **12.12** (1) $\mathbb{R}$이 완비공간이므로 닫힌 구간 $[0,1]$은 완비공간이다. 일반적으로 구간 $[a,b]$는 완비공간이다.

(2) 보통거리함수가 주어진 실수 $\mathbb{R}$의 곱공간 $\mathbb{R}^n$이 완비공간이고

$$[a,b]^n = [a,b] \times \cdots \times [a,b]$$

가 닫힌 부분집합이므로, $[a,b]^n$은 완비공간이다.

거리공간 $(X, d)$의 부분집합 $A$의 지름(diameter) $d(A)$는 아래와 같이 정의되었다.

$$d(A) = \sup\{d(a, a^*) \mid a, a^* \in A\}$$

$X$의 부분집합들로 이루어진 수열 $< A_n : n \in \mathbb{N} >$이

$$A_1 \supseteq A_2 \supseteq \ldots \supseteq A_n \supseteq \ldots$$

을 만족시킬 때, 수열 $< A_n >$은 축소성(nested property)을 갖는다고 한다.

다음의 정리는 보통위상공간 $\mathbb{R}$의 축소구간성질(nested interval property) 과 비슷한 완비공간의 특성에 대하여 설명한다.

> **정 리** **12.13** 거리공간 $(X, d)$에 대하여 다음은 서로 동치이다.
>
> (1) $(X, d)$는 완비공간이다.
>
> (2) $X$의 부분집합들의 수열 $< A_n >$이 공집합이 아니면서 닫힌 집합이고 축소성을 갖고 있으면서 $d(A_n) \to 0$이면, $\bigcap_{n\in\mathbb{N}} A_n \neq \emptyset$이 된다.

【증명】 (1) $\Rightarrow$ (2) $X$의 부분집합들의 수열 $< A_n >$이 공집합이 아니면서 닫힌 집합이고 축소성을 갖고 있으면서 $d(A_n) \to 0$이라 하자. 임의의 $A_n$이 공집합이 아니므로 각 $A_n$의 원소를 하나씩 택해서 수열 $< a_n >$을 만들 수 있다. 먼저, 이 수열이 코시 수열임을 보이자. 임의의 양수 $\epsilon$을 택하면 $d(A_n) \to 0$이므로, 적당히 큰 자연수 $n^*$가 존재하여 $d(A_{n^*}) < \epsilon$이 된다. $A_n$들은 축소성을 가지므로,

$$n, m > n^* \Rightarrow A_n, A_m \subseteq A_{n^*} \Rightarrow a_n, a_m \in A_{n^*} \Rightarrow d(a_n, a_m) < \epsilon$$

따라서 $< a_n >$은 코시 수열이다. $X$는 완비공간이므로, 수열 $< a_n >$은 적당한 $X$의 원소 $p$로 수렴한다. 이제

$$p \in \bigcap_{n\in\mathbb{N}} A_n$$

임을 보이기 위하여 반대로 가정하자. 적당한 자연수 $k$에 대하여 $p$가 $A_k$에 속하지 않는다면, $A_k$가 닫힌 집합이므로 $d(A_k, p) = \delta$는 양수이다. 따라서 $p$가 중심이고 반경이 $\frac{\delta}{2}$인 열린 공 $B(p, \frac{\delta}{2})$는 $A_k$와 서로소이다. 그러므로 $k$보다 큰 자연수 $n$에 대하여,

$$a_n \in A_n \subseteq A_k \Rightarrow a_n \in X - B(p, \frac{\delta}{2})$$

인데 $< a_n >$은 $p$로 수렴하므로 $p$를 포함하는 열린 집합 $B(p, \frac{\delta}{2})$는 $< a_n >$의 유한개를 제외한 나머지 항들을 모두 갖고 있어야 한다는 사실과 서로 모순이다. 따라서 $p \in \bigcap_{n\in\mathbb{N}} A_n$이다. 결국 $\bigcap_{n\in\mathbb{N}} A_n$은 공집합이 아니다.

(2) $\Rightarrow$ (1) $X$가 완비공간임을 보이기 위하여 $X$의 임의의 코시 수열 $< a_n >$을

택하고, 집합 $A_k$를 다음과 같이 정의한다.

$$A_k = \{a_n \mid n \geq k\}$$

여기서 $< A_k >$는 분명히 축소성을 갖는다. 우선 $d(A_k) \to 0$임을 보이자. 임의의 양수 $\epsilon$에 대하여 $< a_n >$이 코시 수열이므로 적당한 자연수 $n^*$가 존재하여,

$$n, m > n^* \Rightarrow d(a_n, a_m) < \frac{\epsilon}{2}$$

이므로, $n^*$보다 큰 임의의 자연수 $k$에 대하여,

$$d(A_k) = \sup\{d(x, y) \mid x, y \in A_k\} \leq \frac{\epsilon}{2} < \epsilon$$

이므로 $d(A_k)$는 0으로 수렴한다. 그런데 일반적으로 임의의 집합 $B$에 대하여 $d(B) = d(\mathrm{cl}(B))$이다. 따라서 수열

$$\mathrm{cl}(A_1), \mathrm{cl}(A_2), \mathrm{cl}(A_3), \cdots$$

는 축소성을 가지며, 임의의 $k$에 대하여 $\mathrm{cl}(A_k)$는 공집합이 아닌 닫힌 집합이고, $d(\mathrm{cl}(A_k))$는 0으로 수렴한다. 따라서 가정에 의하여,

$$\bigcap \mathrm{cl}(A_k) \neq \emptyset$$

이다. 그러므로 $p \in \bigcap \mathrm{cl}(A_k)$가 존재한다. 이제 $a_n \to p$임을 보이자. $d(\mathrm{cl}(A_k))$가 0으로 수렴하므로, 임의의 양수 $\epsilon$에 대해서

$$d(\mathrm{cl}(A_{n^*})) < \epsilon$$

인 적당한 자연수 $n^*$가 존재한다. 따라서

$$n > n^* \Rightarrow a_n, p \in \mathrm{cl}(A_{n^*}) \Rightarrow d(a_n, p) < \epsilon$$

이므로 임의의 코시 수열 $< a_n >$이 $p$로 수렴한다. 즉 $X$는 완비공간이다. □

다음 예들은 위 정리가 성립하려면 가정의 조건 중 어느 한 가지라도 없어서는 안된다는 사실을 보여준다.

예 **12.14** (1) 보통거리함수 $d$가 주어진 실수의 집합 $\mathbb{R}$에서 부분집합

$$A_n = [n, \infty)$$

들의 수열 $< A_n >$을 생각하면, $(\mathbb{R}, d)$는 완비공간임에도 불구하고 $\bigcap_{n\in\mathbb{N}} A_n = \emptyset$ 이다. $d(A_n)$이 0으로 수렴하지 않기 때문에 이런 현상이 나타난다.

(2) 보통거리함수가 주어진 실수의 집합 $\mathbb{R}$에서 부분집합 $A_n = (0, \frac{1}{n})$의 경우도 역시 $\bigcap_{n\in\mathbb{N}} A_n = \emptyset$ 이다. $A_n$이 닫힌 집합이 아니기 때문에 이런 현상이 나타난다.

예 제 **12.15** 수열 $<a_n>$이 거리공간 $(X, d)$의 코시 수열이고 수열 $<a_{i_n}>$이 $<a_n>$의 부분수열일 때, $d(a_n, a_{i_n}) \to 0$을 보여라.

【풀이】 주어진 양수 $\epsilon > 0$에 대하여 적당한 자연수 $n_0$가 존재하여 $n, m > n_0$일 때 $d(a_n, a_m) < \epsilon$이다. 만일 $n > n_0$이면 $i_n \geq n > n_0$가 되고 따라서 $d(a_{i_n}, a_n) < \epsilon$이다. 그러므로 $\lim_{n\to\infty} d(a_n, a_{i_n}) = 0$이다.

예 제 **12.16** 수열 $<a_n>$이 거리공간 $(X, d)$의 코시 수열이고 수열 $<a_{i_n}>$이 $<a_n>$의 부분수열일 때, $<a_{i_n}>$이 $p$로 수렴하면 $<a_n>$도 $p$로 수렴함을 보여라.

【풀이】 $a_{i_n} \to p$이므로 $\lim_{n\to\infty} d(a_{i_n}, p) = 0$이다.

$$\lim_{n\to\infty} d(a_n, p) \leq \lim_{n\to\infty} d(a_n, a_{i_n}) + \lim_{n\to\infty} d(a_{i_n}, p) = 0 + 0 = 0$$

이다. 결국 $\lim_{n\to\infty} d(a_n, p) = 0$이므로 $a_n \to p$이다.

예 제 **12.17** 수열 $< a_n >$과 $< b_n >$이 거리공간 $(X, d)$의 코시 수열이고 임의의 자연수 $n$에 대하여 $d(a_n, b_n) < \dfrac{1}{n}$일 때, 다음을 증명하여라.

(1) $< b_n >$도 역시 코시 수열이다.

(2) 다음은 서로 동치이다.

(i) $a_n \to p$

(ii) $b_n \to p$

【풀이】 (1) 주어진 양수 $\epsilon > 0$에 대하여 적당한 자연수 $n_1$이 존재하여 $n > n_1$이면

$\frac{1}{n} < \frac{\epsilon}{3}$이 된다. $n, m > n_1$일 때

$$\begin{aligned} d(b_m, b_n) \le & d(b_m, a_m) + d(a_m, a_n) + d(a_n, b_n) \\ < & \frac{1}{m} + d(a_m, a_n) + \frac{1}{n} \\ < & \frac{\epsilon}{3} + d(a_m, a_n) + \frac{\epsilon}{3} \end{aligned}$$

이다. $< a_n >$이 코시 수열이므로 적당한 자연수 $n_2$가 존재하여 $n, m > n_2$이면 $d(a_m, a_n) < \frac{\epsilon}{3}$이다. $n_0 = \max\{n_1, n_2\}$라 하자. $n, m > n_0$에 대하여

$$d(b_m, b_n) < \frac{\epsilon}{3} + \frac{\epsilon}{3} + \frac{\epsilon}{3} = \epsilon$$

이다. 따라서 $< b_n >$은 코시 수열이다.

(2) ($\Rightarrow$) $a_n \to p$이면 $\lim_{n\to\infty} d(a_n, p) = 0$이다.

$$\begin{aligned} \lim_{n\to\infty} d(b_n, p) &\le \lim_{n\to\infty} d(b_n, a_n) + \lim_{n\to\infty} d(a_n, p) \\ &\le \lim_{n\to\infty} \frac{1}{n} + \lim_{n\to\infty} d(a_n, p) = 0 \end{aligned}$$

이므로 $b_n \to p$이다.

($\Leftarrow$) $b_n \to p$이면 $\lim_{n\to\infty} d(b_n, p) = 0$이다.

$$\begin{aligned} \lim_{n\to\infty} d(a_n, p) &\le \lim_{n\to\infty} d(a_n, b_n) + \lim_{n\to\infty} d(b_n, p) \\ &\le \lim_{n\to\infty} \frac{1}{n} + \lim_{n\to\infty} d(b_n, p) = 0 \end{aligned}$$

이므로 $a_n \to p$이다.

**예 제 12.18** 모든 유한집합인 거리공간은 완비공간이다. 이를 보여라.

【풀이】 유한집합 $X$의 코시 수열 $< a_n >$은 유한 개의 원소에서 무한 개의 항을 선택해야 하므로, 항상 수렴하는 부분수열 $< a_{i_n} >$을 갖는다. $< a_n >$이 코시 수열이므로 $< a_{i_n} >$이 $p$로 수렴하면 수열 $< a_n >$도 $p$로 수렴한다(예제 12.16). 따라서 유한집합인 거리공간은 완비공간이다.

## 12.2 축약함수

**정 의** **12.19** 거리공간 $(X, d)$의 함수 $f : X \to X$에 대하여 $0 \le \alpha < 1$인 실수 $\alpha$가 존재하여 다음을 만족시킬 때, $f$를 축약함수(contraction)라고 부른다.

$$\forall p, q \in X, d(f(p), f(q)) \le \alpha\, d(p, q)$$

**예** **12.20** 함수 $f : \mathbb{R}^2 \to \mathbb{R}^2$, $f(p) = \frac{p}{2}$는 축약함수이다. 왜냐하면,

$$d(f(p), f(q)) = \|f(p) - f(q)\| = \|\frac{p}{2} - \frac{q}{2}\| = \frac{\|p - q\|}{2} = \frac{d(p, q)}{2}$$

이기 때문이다.

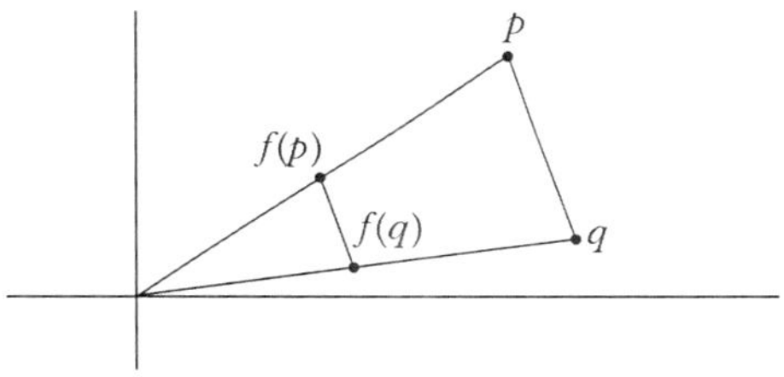


그림 37

**예 제** **12.21** 거리공간 $(X, d)$의 임의의 축약함수는 항상 연속함수임을 증명하여라.

【풀이】 $f : X \to X$를 축약함수라 하면,

$$\forall p, q \in X, d(f(p), f(q)) \le \alpha\, d(p, q)$$

$0 \le \alpha < 1$인 실수 $\alpha$가 존재한다. 따라서 임의의 $x_0 \in X$와 $\epsilon > 0$에 대하여 $d(x, x_0) < \epsilon$이면

$$d(f(x), f(x_0)) \le \alpha d(x, x_0) \le \alpha\epsilon < \epsilon$$

이므로 $f$는 $x_0$에서 연속이다. 그런데 $x_0$가 임의의 점이므로 $f$는 연속함수이다.

만약 $X$가 완비공간이면, 해석학에서 널리 쓰이는 고정점정리(fixed point theorem)를 얻을 수 있다.

> 정 리 **12.22** [고정점정리(fixed point theorem)]
> $f$ 가 완비공간 $X$ 에서의 축약함수이면, $f(p) = p$가 되는 점 $p$ 가 $X$ 에 유일하게 존재한다. 이 때 $p$ 를 고정점(fixed point)이라고 부른다.

【증명】 $f$ 는 축약함수이므로 다음을 만족시킨다.

$$d(f(a), f(b)) \le \alpha d(a,b),\ 0 \le \alpha < 1$$

$X$ 의 한 원소 $a_0$ 을 택하고 임의의 자연수 $n$에 대하여, $a_n$ 을 아래와 같이 정의한다.

$$\begin{aligned} a_1 &= f(a_0) \\ a_2 &= f(a_1) = f^2(a_0) \\ &\cdots \\ a_n &= f(a_{n-1}) = f^n(a_0). \end{aligned}$$

이제 수열 $< a_n >$이 코시 수열임을 보이자. 만일 $a_1 = a_0$ 이면 $a_0 = a_1 = a_2 = \cdots$ 이므로 수열 $< a_n >$은 코시 수열이다. 이제 $a_1 \ne a_0$ 라고 가정하자.

$$\begin{aligned} &d(f^{s+t}(a_0), f^t(a_0)) \le \alpha d(f^{s+t-1}(a_0), f^{t-1}(a_0)) \le \cdots \\ &\le \alpha^t\ d(f^s(a_0), a_0) \\ &\le \alpha^t[d(a_0, f(a_0)) + d(f(a_0), f^2(a_0)) + \cdots + d(f^{s-1}(a_0), f^s(a_0))] \end{aligned}$$

인데, 여기서

$$d(f^{i+1}(a_0), f^i(a_0)) \le \alpha^i d(f(a_0), a_0)$$

이므로

$$\begin{aligned} d(f^{s+t}(a_0), f^t(a_0)) &\le \alpha^t d(f(a_0), a_0)(1 + \alpha + \alpha^2 + \cdots + \alpha^{s-1}) \\ &\le \alpha^t d(f(a_0), a_0)\left[\frac{1}{1-\alpha}\right] \end{aligned}$$

가 된다. 임의의 양수 $\epsilon$에 대하여 $\delta$를 다음과 같이 정의하자.

$$\delta = \frac{\epsilon(1-\alpha)}{d(f(a_0), a_0)}$$

$\alpha < 1$이므로 $\alpha^{n^*} < \delta$인 적당한 자연수 $n^*$가 존재한다. 따라서 $r \geq s \geq n^*$일 때,

$$d(a_s, a_r) \leq \alpha^s \frac{1}{1-\alpha} d(f(a_0), a_0) < \frac{\delta}{1-\alpha} d(f(a_0), a_0) = \epsilon$$

이므로 $< a_n >$은 코시 수열이다.

$X$는 완비공간이므로 코시 수열 $< a_n >$은 $X$의 점으로 수렴한다. $a_n \to p$라 하면 $f(p) = p$가 된다. 왜냐하면, $f$는 연속함수이므로 수열연속함수이고, 따라서 다음이 성립된다.

$$f(p) = f(\lim_{n\to\infty} a_n) = \lim_{n\to\infty} f(a_n) = \lim_{n\to\infty} a_{n+1} = p$$

마지막으로 $p$가 유일함을 보이기 위하여 $f(p) = p, f(q) = q$라고 가정하면,

$$d(p,q) = d(f(p), f(q)) \leq \alpha d(p,q)$$

여기서 $\alpha < 1$이므로 결국 $p = q$이다. □

예 **12.23** 함수

$$f : \mathbb{R}^2 \to \mathbb{R}^2, \quad f(p) = \frac{p}{2}$$

는 축약함수이고 $\mathbb{R}^2$이 완비공간이므로 위 정리에 의해 고정점이 존재한다. 실제로 $f(\mathbf{0}) = \mathbf{0}$이므로 $\mathbf{0}$이 고정점이다.

## 12.3 거리공간의 완비화

---

**정 의 12.24** $X$는 거리공간이고, $X^*$는 완비거리공간이다. $X$가 $X^*$의 조밀한 부분집합과 등거리(isometric)일 때, $X^*$를 $X$의 완비화(completion)라고 부른다.

---

예 **12.25** 보통거리함수가 주어졌을 때, 실수의 집합 $\mathbb{R}$은 $\mathbb{Q}$의 완비화이다. 왜냐하면 $\mathrm{cl}(\mathbb{Q}) = \mathbb{R}$이고, $\mathbb{R}$은 완비공간이기 때문이다.

콤팩트 공간이 아닌 위상공간에 몇 개의 점을 첨가하여 콤팩트화 시키듯이, 완비공간이 아닌 거리공간을 완비화시키려고 한다. 일반적으로 완비화는 콤팩트화에 비하여 다소 복잡하지만 흥미로운 작업이 될 것이다.

**예 제 12.26** $X$가 거리공간일 때 $X$의 모든 코시 수열들의 집합을 $C[X]$라 하자.

(1) $C[X]$의 관계 $\sim$를 다음과 같이 정의하면,

$$< a_n > \sim < b_n > \iff \lim_{n\to\infty} d(a_n, b_n) = 0$$

$\sim$는 $C[X]$의 동치관계 (equivalence relation)가 된다. 이를 증명하여라.

(2) $C[X]$의 동치류들의 집합을 $X^*$라 할 때, 즉

$$X^* = C[X]/\sim = \{[< a_n >] \mid < a_n > \in C[X]\}$$

일 때 함수

$$e : X^* \times X^* \to \mathbb{R}$$
$$e([< a_n >], [< b_n >]) = \lim_{n\to\infty} d(a_n, b_n)$$

는 $X^*$의 거리함수임을 증명하여라.

(3) 임의의 $p \in X$에 대해 수열 $< p, p, p, \cdots >$은 코시 수열이므로 $< p, p, p, \cdots > \in C[X]$이다. 이제 $\widehat{p} = [< p, p, p, \cdots >]$라 하고

$$\widehat{X} = \{\widehat{p} \mid p \in X\}$$

라 하면 $\widehat{X} \subseteq X^*$이다. 이 때 $X$와 $\widehat{X}$이 등거리공간임을 보여라.

(4) $X^*$의 원소 $\alpha = [< a_n >]$은 $\widehat{X}$의 수열 $< \widehat{a}_1, \widehat{a}_2, \cdots >$의 극한임을 보여라. 따라서 $\widehat{X}$이 $X^*$의 조밀한 부분집합임을 보여라.

(5) $X^*$는 완비거리공간임을 보여라.

(6) $Y^*$가 $X$의 완비화일 때, $Y^*$와 $X^*$는 등거리공간임을 보여라.

【풀이】

(1) (i) $\lim_{n\to\infty} d(a_n, a_n) = 0$이므로 $< a_n > \sim < a_n >$이다.

(ii) $< a_n > \sim < b_n >$이면 $\lim_{n\to\infty} d(a_n, b_n) = 0$이고, 따라서 $\lim_{n\to\infty} d(b_n, a_n) = 0$ 이므로 $< b_n > \sim < a_n >$이다.

(iii) $< a_n > \sim < b_n >$, $< b_n > \sim < c_n >$이면, $\lim_{n\to\infty} d(a_n, b_n) = 0 = \lim_{n\to\infty} d(b_n, c_n)$ 이다. 그런데

$$0 \leq \lim_{n\to\infty} d(a_n, c_n) \leq \lim_{n\to\infty} d(a_n, b_n) + \lim_{n\to\infty} d(b_n, c_n) = 0$$

이므로 $\lim_{n\to\infty} d(a_n, c_n) = 0$이다. 따라서 $< a_n > \sim < c_n >$이다.

(2) 먼저 $e$가 함수임을 보이자. $< a_n >$과 $< b_n >$이 코시 수열이므로 $\lim_{n\to\infty} d(a_n, b_n)$의 값이 존재한다. 이제

$$[< a_n >] = [< a'_n >],\ [< b_n >] = [< b'_n >]$$

라 하면, (1)에 의해서

$$\lim_{n\to\infty} d(a_n, a'_n) = 0,\ \lim_{n\to\infty} d(b_n, b'_n) = 0$$

이다. 따라서

$$\begin{aligned}\lim_{n\to\infty} d(a_n, b_n) &\le \lim_{n\to\infty} d(a_n, a'_n) + \lim_{n\to\infty} d(a'_n, b'_n) + \lim_{n\to\infty} d(b'_n, b_n)\\ &= 0 + \lim_{n\to\infty} d(a'_n, b'_n) + 0\\ &= \lim_{n\to\infty} d(a'_n, b'_n)\end{aligned}$$

마찬가지로 부등식

$$\lim_{n\to\infty} d(a'_n, b'_n) \le \lim_{n\to\infty} d(a_n, b_n)$$

도 얻을 수 있다. 따라서

$$\lim_{n\to\infty} d(a_n, b_n) = \lim_{n\to\infty} d(a'_n, b'_n).$$

결국 함수 $e$는 잘 정의된 함수이다. 이제 거리함수임을 보이기 위해 $[< a_n >] = a$, $[< b_n >] = b$, $[< c_n >] = c$라 하자.

(i) $e(a, b) = \lim_{n\to\infty} d(a_n, b_n) \ge 0$, $e(a, a) = \lim_{n\to\infty} d(a_n, a_n) = 0$

(ii) $e(a, b) = \lim_{n\to\infty} d(a_n, b_n) = \lim_{n\to\infty} d(b_n, a_n) = e(b, a)$

(iii)

$$\begin{aligned}e(a, b) + e(b, c) &= \lim_{n\to\infty} d(a_n, b_n) + \lim_{n\to\infty} d(b_n, c_n)\\ &= \lim_{n\to\infty} (d(a_n, b_n) + d(b_n, c_n))\\ &\ge \lim_{n\to\infty} d(a_n, c_n) = e(a, c)\end{aligned}$$

(iv) $e(a, b) = 0 = \lim_{n\to\infty} d(a_n, b_n)$이므로 $< a_n > \sim < b_n >$이고 따라서 $a = b$이다.

(3) 함수 $f : X \to \widehat{X}$를 $f(p) = \widehat{p}$으로 정의하자. 모든 $p, q \in X$에 대하여

$$e(f(p), f(q)) = e(\widehat{p}, \widehat{q}) = \lim_{n\to\infty} d(p,q) = d(p,q)$$

이므로 $X \equiv \widehat{X}$이다.

(4) $\alpha = [< a_1, a_2, \cdots >]$를 $X^*$의 임의의 원소라 하면 $< a_n >$은 $X$의 코시 수열이다. $< a_n >$이 $X$의 코시 수열이므로

$$\lim_{m\to\infty} e(\widehat{a}_m, \alpha) = \lim_{m\to\infty}(\lim_{n\to\infty} d(a_m, a_n)) = \lim_{m,n\to\infty} d(a_m, a_n) = 0$$

이고 따라서 $< \widehat{a}_n > \to \alpha$이다. $\alpha$가 $\widehat{X}$의 수열 $< \widehat{a}_1, \widehat{a}_2, \cdots >$의 극한이므로 $\alpha$를 포함하는 임의의 열린 집합 $G$는 수열 $< \widehat{a}_n >$의 유한 개를 제외한 모든 항을 포함한다. 따라서 $G \cap \widehat{X} \neq \emptyset$이므로 $\widehat{X}$이 $X^*$의 조밀한 부분집합이다.

(5) $< \alpha_1, \alpha_2, \cdots >$를 $X^*$의 코시 수열이라 하자. $\widehat{X}$이 $X^*$의 조밀한 부분집합이므로 모든 $n \in \mathbb{N}$에 대하여 $\widehat{a}_n \in \widehat{X}$가 존재하여 $e(\widehat{a}_n, \alpha_n) < \dfrac{1}{n}$이다. 예제 12.17에 의해 $< \widehat{a}_1, \widehat{a}_2, \cdots >$는 코시 수열이고

$$< \widehat{a}_1, \widehat{a}_2, \cdots > \to \beta = [< a_1, a_2, \cdots >] \in X^*$$

이다. 예제 12.17에 의해 $< \alpha_n > \to \beta$이고 결국 $(X^*, e)$는 완비거리공간이다.

(6) $X$를 $Y^*$의 부분공간으로 간주할 수 있다. $Y^*$가 $X$의 완비화이므로, 모든 $p \in Y^*$에 대하여 $a_n \to p$인 $X$의 수열 $< a_1, a_2, \cdots >$이 존재한다. 분명히 $< a_n >$은 $X$의 코시 수열이다. 함수 $f : Y^* \to X^*$를

$$f(p) = [< a_1, a_2, \cdots >]$$

라 하자. 수열 $< a'_1, a'_2, \cdots > \in X$도 $p$로 수렴한다고 하면 $\lim_{n\to\infty} d(a_n, a'_n) = 0$이고 $[< a_n >] = [< a'_n >]$이므로 $f$는 잘 정의된 함수이다. $f$가 단사함수임은 쉽게 알 수 있다. $[< b_1, b_2, \cdots >] \in X^*$이면 $< b_1, b_2, \cdots >$가 $X \subseteq Y^*$의 코시 수열이고 $Y^*$가 완비공간이므로 $< b_n > \to q \in Y^*$이고 $f(q) = [< b_1, b_2, \cdots >]$이다. 따라서

$f$는 전사함수이다. 이제 $p, q \in Y^*$에 대해, $< a_n > \to p$, $< b_n > \to q$라 하면

$$\begin{aligned} e(f(p), f(q)) &= e([< a_n >], [< b_n >]) \\ &= \lim_{n\to\infty} d(a_n, b_n) \\ &= d(\lim_{n\to\infty} a_n, \lim_{n\to\infty} b_n) \\ &= d(p, q) \end{aligned}$$

이다. 따라서 $f$는 등거리함수이다.

예제 12.26에 의하여 다음의 정리를 얻는다.

정 리 **12.27** 모든 거리공간 $X$는 반드시 완비화를 갖고, $X$의 임의의 완비화들은 서로 등거리공간이다.

## 12.4 Baire의 범주정리

이제 유리수의 집합 $\mathbb{Q}$와 실수의 집합 $\mathbb{R}$을 구분짓는 새로운 성질인 제1범주, 제2범주에 대해 알아보기로 하자.

정 의 **12.28** 위상공간 $X$가 가산 개(countable)의 어디서도 조밀하지 않은 부분집합들의 합집합으로 나타낼 수 있을 때, $X$는 제1범주(first category)에 속한다고 정의한다. 또한 $X$가 제1범주에 속하지 않은 경우, $X$는 제2범주(second category)에 속한다고 한다.

예 **12.29** (1) 보통위상공간 $\mathbb{R}$에서 정수의 집합 $\mathbb{Z}$는 어디서도 조밀하지 않은(nowhere dense) 집합이다. 왜냐하면, $\text{int}(\text{cl}(\mathbb{Z})) = \text{int}(\mathbb{Z}) = \emptyset$이기 때문이다.

(2) 보통위상공간 $\mathbb{R}$에서 유리수의 집합 $\mathbb{Q}$는 어디선가 조밀하다. 왜냐하면, $\text{int}(\overline{\mathbb{Q}}) = \text{int}(\mathbb{R}) = \mathbb{R} \neq \emptyset$ 이므로.

예 **12.30** 보통위상공간 $\mathbb{Q}$는 제1범주에 속한다. 왜냐하면,

$$\mathbb{Q} = \bigcup \{\{p\} \mid p \in \mathbb{Q}\}$$

이고 $\mathrm{int}(\mathrm{cl}(\{p\})) = \mathrm{int}(\{p\}) = \emptyset$ 이기 때문에, $\mathbb{Q}$는 가산 개의 어디서도 조밀하지 않은 집합들의 합집합으로 표현된다.

예 **12.31** 칸토어 집합은 제1범주에 속한다. 칸토어 집합 자체가 어디서도 조밀하지 않기 때문이다.

이제 완비거리공간의 특성를 잘 나타낸 베르[1] 범주정리를 증명하여 보자.

정 리 **12.32** [베르 범주정리(Baire category theorem)]
모든 완비거리공간은 제2범주에 속한다.

【증명】 $X$가 완비공간이지만 제1범주에 속한다고 가정하고 모순을 보이자. $X$가 제1범주에 속하므로 $X$는 어디서도 조밀하지 않은 집합 $G_i(i \in \mathbb{N})$들의 가산 합집합으로 다음과 같이 나타낼 수 있다. 즉,

$$X = G_1 \cup G_2 \cup \cdots$$

이다. $X$가 열린 집합이고 $G_1$이 어디서도 조밀하지 않으므로 (연습문제 12-9에 의해) 적당한 $X$의 점 $a_1$과 양수 $\delta_1$이 존재해서

$$B(a_1, \delta_1) \cap G_1 = \emptyset$$

이다. 이제 $\epsilon_1 = \delta_1/2$라 하면

$$\mathrm{cl}(B(a_1, \epsilon_1)) \cap G_1 = \emptyset$$

이다. 그런데 $B(a_1, \epsilon_1)$이 열린 집합이고 $G_2$가 어디서도 조밀하지 않으므로 $\exists a_2 \in X, \exists \delta_2 > 0$,

$$B(a_2, \delta_2) \subseteq B(a_1, \epsilon_1) \subseteq \mathrm{cl}(B(a_1, \epsilon_1))$$

이고

$$B(a_2, \delta_2) \cap G_2 = \emptyset$$

[1]베르 René Louis Baire 1874-1932. 프랑스의 수학자.

이다(연습문제 12-9). 이제 $\epsilon_2 = \delta_2/2 \le \epsilon_1/2 = \delta_1/4$라 하면

$$\mathrm{cl}(B(a_2,\epsilon_2)) \subseteq \mathrm{cl}(B(a_1,\epsilon_1))\text{이고 } \mathrm{cl}(B(a_2,\epsilon_2)) \cap G_2 = \emptyset.$$

이 과정을 되풀이하여 축소성을 갖는 닫힌 집합들의 수열을 얻는다.

$$\mathrm{cl}(B(a_1,\epsilon_1)) \supseteq \mathrm{cl}(B(a_2,\epsilon_2)) \supseteq \mathrm{cl}(B(a_3,\epsilon_3)) \supseteq \cdots,$$

$$\forall n,\ \mathrm{cl}(B(a_n,\epsilon_n)) \cap G_n = \emptyset,\ \epsilon_n \le \frac{\delta_1}{2^n}$$

따라서 $\lim_{n\to\infty} \epsilon_n \le \lim_{n\to\infty} \frac{\delta_1}{2^n} = 0$. 여기에 정리 12.13을 적용시키면,

$$\exists p \in X,\ p \in \bigcap_{n\in\mathbb{N}} \mathrm{cl}(B(a_n,\epsilon_n))$$

이 된다. 따라서 임의의 자연수 $n$에 대해 $p$가 $G_n$에 속할 수 없다. 그러므로 $p$는 $X$의 원소가 아니다. 이것은 $p \in X$에 모순이다. □

예 **12.33** 보통위상공간 $(\mathbb{R},\mathcal{U})$와 $(\mathbb{R}^2,\mathcal{U})$는 완비거리공간이므로 제2범주에 속한다.

## 12.5 완비성과 콤팩트성

$A$가 거리공간 $X$의 부분집합일 때, 다음은 서로 동치이다.

$A$는 콤팩트이다 $\Leftrightarrow$ $A$는 수열콤팩트이다

즉, $A$의 임의의 수열은 수렴하는 부분수열을 갖는다.

완비거리공간에서는 모든 코시 수열이 수렴하므로, $A$가 콤팩트이기 위한 필요충분조건은 $A$의 임의의 수열이 코시 수열을 부분수열로 갖는 것이다. 따라서 위상공간의 콤팩트성과 완비성은 서로 밀접한 관계가 있다.

정리 **12.34** 거리공간 $X$에 대하여 다음은 서로 동치이다.

(1) $X$는 콤팩트 공간이다.

(2) $X$는 완비공간이며 완전유계인 공간이다.

【증명】 (1) ⇒ (2) 우선 $X$가 완비공간임을 보이자. $X$의 임의의 코시 수열 $< a_n >$을 택하면, $X$는 수열콤팩트이므로 $< a_n >$은 수렴하는 부분수열 $< a_{i_n} >$을 갖는다. 예제 12.16에 의하여 $< a_n >$도 역시 수렴한다. 따라서 $X$는 완비공간이다. 모든 수열콤팩트 집합은 완전유계인 집합이므로, $X$는 완전유계이다.

(2) ⇒ (1) $X$가 거리공간이므로, $X$가 수열콤팩트임을 보여도 충분하다. $X$의 임의의 수열 $< a_n >$을 택하여 수렴하는 부분수열 $< a_{i_n} >$을 찾자. $X$는 완전유계인 집합이므로, 지름(diameter)이 1보다 작은 유한 개의 집합들의 합집합으로 나타낼 수 있고 그들 중 적어도 하나는 수열 $< a_n >$의 항을 무한 개 포함한다. 그것을 $A_1$이라고 하면 다음을 만족시킨다.

$$\exists i_1 \in \mathbb{N},\ a_{i_1} \in A_1$$

$A_1$도 역시 완전유계인 집합이므로 지름이 $\frac{1}{2}$보다 작은 집합들의 유한 개의 합집합으로 나타낼 수 있고, 그들 중 하나는 역시 $< a_n >$의 항은 무한 개 포함한다. 그것을 $A_2$라고 하면 다음을 만족시킨다.

$$\exists i_2 \in \mathbb{N},\ i_2 > i_1,\ a_{i_2} \in A_2$$

이 과정을 되풀이하여 다음을 얻는다.

$$X \supseteq A_1 \supseteq A_2 \supseteq \cdots,\ d(A_n) \le \frac{1}{n},\ a_{i_n} \in A_n$$

$< a_{i_n} >$이 코시 수열임을 보이기 위하여 임의의 양수 $\epsilon$을 택하면 적당한 자연수 $n_0$이 존재하여 $\frac{1}{n_0} < \epsilon$이 된다. 따라서

$$d(A_{n_0}) < \frac{1}{n_0} < \epsilon$$

따라서

$$i_n, i_m > i_{n_0} \ \Rightarrow a_{i_n},\ a_{i_m} \in A_{n_0} \Rightarrow d(a_{i_m}, a_{i_n}) < \epsilon$$

즉, $< a_{i_n} >$은 코시 수열인데 $X$가 완비거리공간이므로 수렴하는 수열이 된다. □

**정 리** **12.35** $X$가 완비 거리공간일 때, 다음은 서로 동치이다.

(1) $X$의 부분집합 $A$는 콤팩트이다.

(2) $A$는 닫힌 집합인 동시에 완전유계인 집합이다.

【증명】 (1) ⇒ (2) 모든 콤팩트 집합은 완전유계인 집합이므로, $A$가 닫힌 집합임을 보이기만 하면 된다. $X$는 거리공간이므로 $T_2$ 공간이고, $A$는 $T_2$ 공간의 콤팩트 부분집합이므로 닫힌 집합이다.

(2) ⇒ (1) 완비공간의 닫힌 부분집합은 완비공간이므로, $A$는 완비공간인 동시에 완전유계인 집합이다. 따라서 바로 위의 정리에 의하여 $A$는 콤팩트이다. □

**예 제** **12.36** Hilbert 공간이 완비공간임을 보여라.

【풀이】 $< q_n >$을 $\mathcal{H} = (\mathbb{R}^\infty, l_2)$의 코시 수열이라 하자. 이 때

$$q_m =< q_{m,1}, q_{m,2}, \cdots, q_{m,n}, \cdots >$$

이다.

먼저 모든 고정된 $j \in \mathbb{N}$에 대하여 수열 $< q_{n,j} >$가 $\mathbb{R}$의 코시 수열임을 보이자. $j$를 고정하면 $< q_n >$이 코시 수열이므로, 임의의 $\epsilon > 0$에 대하여 $m, n \geq n_0$이면 $d(q_m, q_n) < \epsilon$이 되는 $n_0 \in \mathbb{N}$가 존재한다. $m, n \geq n_0$에 대하여

$$|q_{m,j} - q_{n,j}| \leq \Big(\sum_{i=1}^{\infty}(q_{m,i} - q_{n,i})^2\Big)^{\frac{1}{2}} = d(q_m, q_n) < \epsilon$$

이므로 $< q_{n,j} >$는 $\mathbb{R}$의 코시 수열이다. 그런데 $\mathbb{R}$이 완비공간이므로 $z_j \in \mathbb{R}$가 존재하여 $q_{n,j} \to z_j$ 이다.

두번째로 $z =< z_1, z_2, \cdots >\in H$임을 보이자. $h > 0$이라 하자. $q_n$이 코시 수열이므로 $n_0 \in \mathbb{N}$가 존재하여 모든 $p \in \mathbb{N}$에 대하여 $d(q_{n_0}, q_{n_0+p}) < h$이다. 그러면 $\sum\limits_{i=1}^{\infty}(q_{n_0,i} - q_{n_0+p,i})^2 < h^2$이고

$$\sum_{i=1}^{n}(q_{n_0,i} - z_i)^2 = \lim_{p\to\infty}\sum_{i=1}^{n}(q_{n_0,i} - q_{n_0+p,i})^2 \leq h^2$$

이다. 수열 $< \sum\limits_{i=1}^{n}(q_{n_0,i} - z_i)^2 >$이 위로 유계인 단조증가수열이므로 극한값 $\sum_{i=1}^{\infty}(q_{n_0,i} - z_i)^2$이 존재한다. 따라서 $q_{n_0} - z \in H$이다. 그런데 $q_{n_0} \in H$이므로 $z = q_{n_0} - (q_{n_0} - z) \in H$이다.

마지막으로 $\lim\limits_{n\to\infty} q_n = z$임을 보이자. 코시 수열이므로 임의의 $\epsilon > 0$에 대하여 $n_0 \in \mathbb{N}$가 존재하여 $n \geq n_0, p \in \mathbb{N}$일 때 $d(q_n, q_{n+p}) < \epsilon$이다. $n \geq n_0$라 하면 $\sum_{i=1}^{\infty}(q_{n,i} - q_{n+p,i})^2 < \epsilon^2$이고 모든 $k \in \mathbb{N}$에 대하여 $\sum_{i=1}^{k}(q_{n,i} - q_{n+p,i})^2 < \epsilon^2$이고 $\sum_{i=1}^{k}(q_{n,i} - z_i)^2 \leq \epsilon^2$이다. 따라서 $\sum_{i=1}^{\infty}(q_{n,i} - z_i)^2 \leq \epsilon^2$이다. 그러므로 $d(q_n, z) \leq \epsilon$

이다. 따라서 Hilbert 공간은 완비공간이다.

**예 제** **12.37** $X$가 거리공간일 때 다음은 서로 동치임을 증명하라.

(i) $X$는 완비공간이다.

(ii) $X$의 무한 부분집합으로서 완전유계인 집합은 반드시 극한점을 갖는다.

【풀이】 (i) $\Rightarrow$ (ii) $A$를 $X$의 완전유계인 무한 부분집합이라 하자. $A$의 서로 다른 항으로 이루어진 수열 $< a_n >$을 택하면, $A$는 완전유계이므로 코시 수열인 부분수열 $< a_{i_n} >$을 갖는다(정리 12.34 증명 참고). $X$가 완비공간이므로 $a_{i_n} \to p \in X$이다. $p$를 포함하는 임의의 열린 집합 $G$에 대하여 $(G - \{p\}) \cap A \neq \emptyset$ 이므로 $p \in A'$이다.

(ii) $\Rightarrow$ (i) $X$의 코시 수열 $< a_n >$을 택하자. $A = \{a_n \mid n \in \mathbb{N}\}$이 유한집합이면 $a_n$ 중 적어도 한 항이 무한 번 반복되므로 $< a_n >$은 수렴하는 부분수열 $< a_{i_n} >$을 갖는다. 따라서 예제 12.16에 의하여 $a_n \to p$이다.

$A$가 무한집합이면 $< a_n >$이 코시 수열이므로 $A$는 완전유계이다. 조건에 의해 $A' \neq \emptyset$ 이므로 적당한 $p$가 $A'$에 속한다. 임의의 자연수 $n$에 대하여 $(B(p, \frac{1}{n}) - \{p\}) \cap A \neq \emptyset$ 이므로 $a_{i_n}$을 $B(p, \frac{1}{n})$에서 택하면 $< a_{i_n} >$은 $p$로 수렴하는 $< a_n >$의 부분수열이다. 따라서 12.17에 의하여 $a_n \to p$이다.

**문 제** **12.38** 가산 개의 제1범주에 속하는 집합들의 합집합은 역시 제1범주에 속한다. 이를 증명하라.

【풀이】 가산집합들의 가산 개의 합집합도 가산집합이므로 쉽게 증명할 수 있다.

**참 고** **12.39** 지금까지 다룬 완비화의 과정에 의하여 보통거리가 주어진 유리수의 집합으로부터 실수의 집합을 만들어낼 수 있다. 즉,

$$\mathbb{R} = \{[< a_n >] \mid < a_n > \text{ 은 유리수들로 이루어진 코시 수열}\}$$

이라고 볼 수 있고, 예제 12.26의 거리함수를 주면 $\mathbb{R}$은 완비거리공간이 된다. 즉, $\mathbb{R}$ 은 $\mathbb{Q}$의 완비화이다.

이제 이 집합에 덧셈과 곱셈을 아래와 같이 정의하면 대수적 구조를 가지는 실수 체계를 얻게 된다.

$$[< a_n >] + [< b_n >] = [< a_n + b_n >],$$
$$[< a_n >] \cdot [< b_n >] = [< a_n \cdot b_n >].$$

## 연습문제 12

1. $(X, d)$가 거리공간이고 $e(a,b) = \min\{1, d(a,b)\}$로 정의된 거리함수 $e$가 있을 때 다음 두 명제가 서로 동치임을 보여라.

   (a) $< a_n >$이 $(X, d)$에서 코시 수열이다.

   (b) $< a_n >$이 $(X, e)$에서 코시 수열이다.

2. 이산거리함수가 주어진 유리수의 집합 $(\mathbb{Q}, d)$는 완비공간인가?

3. 유한집합으로 이루어진 거리공간은 완비공간임을 보여라.

4. 보통위상공간의 부분공간인 자연수의 집합 $\mathbb{N}$은 완비거리공간임을 보여라. 그런데 $\mathbb{N}$ 은 가산 개의 한원소집합들의 합집합으로 표시할 수 있다. 이 사실은 베르의 범주정리와 모순되지 않는가?

5. $B(X, \mathbb{R})$이 $X$를 정의역으로 하는 유계실함수들의 집합이고

$$||f|| = \sup\{|f(x)| \mid x \in X\}$$

   와 같이 노름이 주어졌을 때, $B(X, \mathbb{R})$이 완비공간임을 증명하여라.

6. 거리공간 $X$가 완전유계가 되기위한 필요충분조건은 $X$의 모든 수열이 코시 부분수열을 가지는 것이다. 이를 보여라.

7. $X$와 $Y$가 등거리공간이고 $X$가 완비공간이면 $Y$도 완비공간이 됨을 보여라.

8. $N$이 어디서도 조밀하지 않은 $X$의 부분집합이면, $(\overline{N})^c$는 $X$의 조밀한 부분집합임을 보여라.

9. $G \neq \emptyset$가 거리공간 $X$의 열린 부분집합이고 $N$이 어디서도 조밀하지 않은 $X$의 부분집합이라 하면, $S(p, \delta) \subseteq G$이고 $S(p, \delta) \cap N = \emptyset$ 되는 $p \in X$와 $\delta > 0$가 존재함을 보여라.

# 제 13 장

# 함수공간

지금까지 배운 내용은 일반적인 집합에 주어지는 위상에 대한 것이었다. 이 장에서는 함수들의 집합에 주어진 위상에 대해 알아보자. 이와 같은 위상공간을 함수공간이라 하는데 이는 해석학 등 여러 분야에서 중요한 역할을 한다. 함수공간에서는 그 자체의 특수성 때문에 여러 가지 형태의 수렴이 나타나는데 이들 수렴성 사이의 관계에 대해서도 알아보기로 하자.

## 13.1 함수공간의 정의

---

**정 의 13.1** $X$와 $Y$는 임의의 집합이고 $F(X,Y)$는 $X$에서 $Y$로 가는 모든 함수들의 집합이다. $F(X,Y)$의 부분집합 $F^*$에 적당한 위상 $\mathcal{T}$가 주어져서 위상공간이 될 때, $(F^*, \mathcal{T})$를 함수공간(function space)이라고 한다.

---

한편,

$$\begin{aligned} F(X,Y) &= \{f \mid f\text{는 } X\text{에서 } Y\text{로 가는 함수}\} \\ &= \{p = < a_x : x \in X > \mid a_x \in Y_x = Y,\ \forall x \in X\} \\ &= \prod\{Y_x \mid x \in X\} \end{aligned}$$

이므로 집합 $F(X,Y)$는 $Y$들의 곱공간으로 생각할 수 있다.

---

**정 의 13.2** 집합 $F(X,Y)$에서 $Y$로 가는

$$\begin{aligned} e_x : & F(X,Y) \to Y \\ & e_x(f) = f(x) \end{aligned}$$

로 정의된 함수를 점 $x$에서의 부가함수(evaluation map)라 한다.

---

그런데 $F(X,Y) = Y^X = \prod_{x\in X} Y_x$이므로, 부가함수 $e_x$는 실제로 사영함수

$$\begin{aligned} \pi_x : \prod_{x\in X} Y_x \to Y_x, \\ \pi_x(f) = f(x) \end{aligned}$$

가 된다.

**예 13.3** $F(I,\mathbb{R})$은 닫힌 구간 $I = [0,1]$에서 정의된 모든 실함수들의 집합이다. $f, g, h \in F(I,\mathbb{R})$은 다음과 같이 정의되었다.

$$f(x) = x^2,\ g(x) = 2x+1,\ h(x) = \sin \pi x$$

$j = 1/2$일 때, 부가함수 $e_j : F(I, \mathbb{R}) \to \mathbb{R}$를 살펴보면

$$e_j(f) = f(j) = f(1/2) = 1/4$$
$$e_j(g) = g(j) = g(1/2) = 2$$
$$e_j(h) = h(j) = h(1/2) = 1$$

그래프로 나타내면 이들은 $f, g, h$의 그래프가 $x = j$를 지나는 수직선 $\mathbb{R}_j$와 만나는 점들이다.

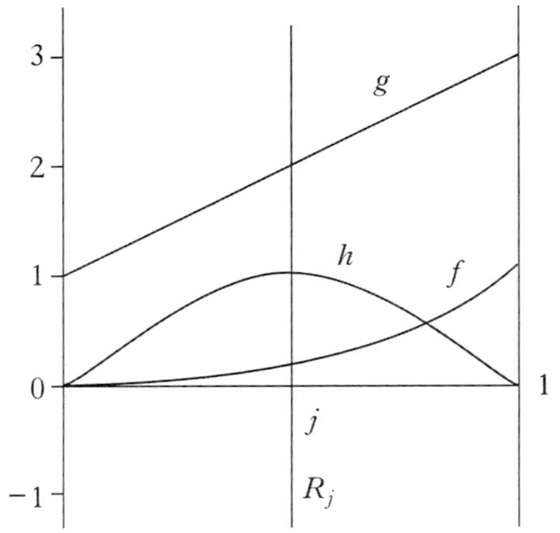


그림 **38**

참 고 **13.4** $X$는 임의의 집합이고, $Y$는 임의의 위상공간일 때,

$$F(X, Y) = \prod\{Y_x = Y \mid x \in X\}$$

의 곱위상 $\mathcal{T}$에 대하여 살펴보자. 곱위상 $\mathcal{T}$의 부분기저 $\mathcal{S}$의 원소는

$$\pi_{x_0}^{-1}(G) = \{f \mid \pi_{x_0}(f) \in G\}$$

의 형태를 가진다. 단, 여기서 $G$는 $Y$의 열린 부분집합이고 $x_0 \in X$이다. 그런데 $\pi_{x_0}(f) = e_{x_0}(f) = f(x_0)$이므로

$$\pi_{x_0}^{-1}(G) = \{f \mid f(x_0) \in G\}$$

가 된다. 즉 임의의 "점" $x_0$를 임의의 "열린" 집합 $G$로 보내는 모든 함수들의 모임이

부분기저의 원소가 된다. 이와 같은 이유에서 $F(X,Y)$의 곱위상 $\mathcal{T}$를 $F(X,Y)$ 의 점 열린 위상(point open topology)이라고 부른다.

참 고 **13.5** 점 열린 위상은 부가함수 $\pi_x = e_x$가 모두 연속이 되는 $F(X,Y)$의 위상들 중에서 제일 작은(coarsest) 위상이다.

예 **13.6** $I = [0,1]$일 때, $\mathcal{T}$가 $F(I,\mathbb{R})$의 점 열린 위상이면, $\mathcal{T}$의 부분기저의 원소는

$$\{f \mid f(j_0) \in G\}$$

의 형태를 갖는다. 단, $j_0 \in I$이고 $G$는 $\mathbb{R}$의 열린 부분집합이다.

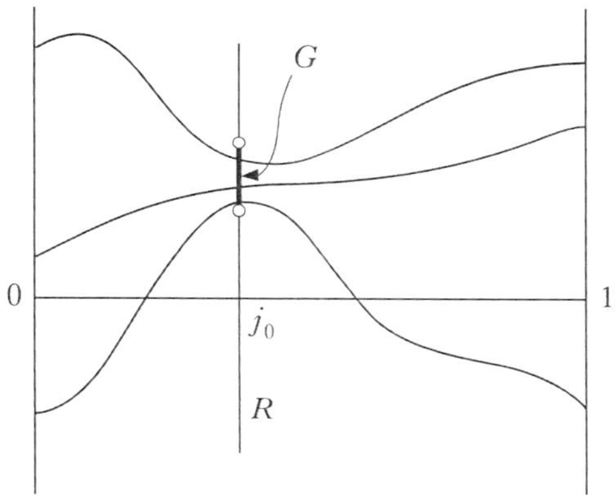


그림 39

예 **13.7** $A$가 곱공간 $\prod\{X_i \mid i \in I\}$의 부분집합이면

$$A \subseteq \prod\{\pi_i(A) \mid i \in I\}$$

이다. 따라서

$$A \subseteq \prod\{\overline{\pi_i(A)} \mid i \in I\}$$

이다. 이런 사실은 $A = A(X,Y) \subseteq F(X,Y)$에 대해서도 성립한다. 즉,

$$A \subseteq \prod\{\overline{\pi_x(A)} \mid x \in X\} = \prod\{\overline{e_x(A)} \mid x \in X\}.$$

그런데 $\overline{e_x(A)} = \overline{\{f(x) \mid f \in A\}}$이므로 티코노프 정리에 의하여 임의의 $x \in X$에 대하여 $\overline{\{f(x) \mid f \in A\}}$가 콤팩트일 때 집합 $\prod\{\overline{\pi_x(A)} \mid x \in X\}$도 역시 콤팩트가 된다.

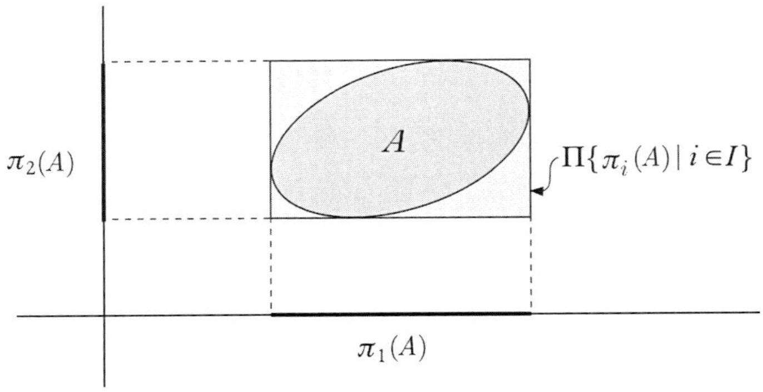


**그림 40**

콤팩트 공간의 닫힌 부분집합은 콤팩트이므로 위의 예는 다음 정리를 유도한다.

**정리 13.8** 점 열린 위상공간 $F(X,Y)$의 부분집합 $A$가, 다음 두 조건을 만족시키면 콤팩트이다.

(1) $A$가 $F(X,Y)$의 닫힌 부분집합이다.

(2) $X$의 임의의 원소 $x$에 대하여 $\overline{\{f(x) \mid f \in A\}}$가 콤팩트이다.

$Y$가 하우스도르프 공간일 때 다음의 정리를 얻는다.

**정리 13.9** $A \subseteq F(X,Y)$이고 $Y$가 $T_2$ 공간이면 다음은 서로 동치이다.

(1) $A$는 점 열린 위상에 대하여 콤팩트이다.

(2) $A$는 닫힌 집합이고, $X$의 임의의 원소 $x$에 대하여 집합

$$\overline{\{f(x) \mid f \in A\}}$$

는 콤팩트이다.

【증명】 (2) ⇒ (1) 위 정리.

(1) ⇒ (2) 하우스도르프 공간의 곱공간은 하우스도르프 공간이고 $Y$가 하우스도르프 공간이므로 $F(X, Y)$가 하우스도르프 공간이 된다. $A$는 하우스도르프 공간의 콤팩트 부분집합이므로 닫힌 집합이다. 게다가 $X$의 임의의 원소 $x$에 대하여 부가함수

$$e_x : F(X, Y) \to Y$$

는 점 열린 위상에 대하여 연속함수이므로,

$$e_x(A) = \{f(x) \mid f \in A\}$$

는 하우스도르프 공간 $Y$의 콤팩트 부분집합이고, 따라서 $Y$의 닫힌 부분집합이 된다. 결국,

$$\overline{\{f(x) \mid f \in A\}} = \{f(x) \mid f \in A\}$$

는 콤팩트이다. □

참 고 **13.10** $F(X, Y)$의 점 열린 위상은 곱위상이므로 $Y$가 $T_1$ 공간, $T_2$ 공간, 정칙 공간, 연결 공간이면 $F(X, Y)$도 $T_1$ 공간, $T_2$ 공간, 정칙공간, 연결 공간이 된다.

## 13.2 점마다 수렴, 고른 수렴

---

정 의 **13.11** $< f_n : n \in \mathbb{N} >$은 임의의 집합 $X$에서 위상공간 $Y$로 가는 함수들로 이루어진 수열이다. 이 수열이

$$\forall x_0 \in X,\ f_n(x_0) \to g(x_0)$$

을 만족시킬 때 $< f_n >$은 $g$로 점마다 수렴(converge pointwise)한다고 정의하고, $f_n \to g$ p.w.라고 쓴다.

---

참 고 **13.12** 만약 $Y$가 거리공간이면, $f_n \to g$ p.w.는

$$\forall \epsilon > 0, \forall x_0 \in X,\ \ \exists n_0,\ \Big[ n > n_0 \implies d(f_n(x_0), g(x_0)) < \epsilon \Big]$$

와 같이 쓸 수 있다. 여기서 $n_0$는 $\epsilon$과 $x_0$에 의해서 결정된다.

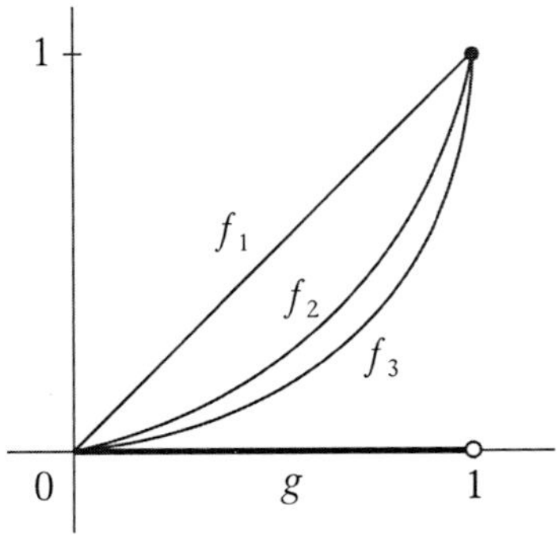


그림 41

**예 13.13** 모든 자연수 $n$에 대하여 $f_n(x) = x^n$일 때 $< f_n >$은 $I = [0,1]$에서 $\mathbb{R}$로 가는 함수의 수열을 이룬다. 이제

$$g : I \to \mathbb{R}, \quad g(x) = \begin{cases} 0, & 0 \le x < 1 \text{일 때} \\ 1, & x = 1 \text{일 때} \end{cases}$$

로 정의하면, $f_n \to g$ p.w.이다. 그러나 모든 자연수 $n$에 대하여 $f_n$은 연속함수이지만 $g$는 연속함수가 아니다.

**정리 13.14** $F(X,Y)$에 점 열린 위상 $\mathcal{T}$가 주어졌을 때, $< f_n >$을 $F(X,Y)$에서의 수열이라 하고 $g \in F(X,Y)$라 하면 다음은 서로 동치이다.

(1) 곱위상에서 $f_n \to g$

(2) $f_n \to g$ p.w.

【증명】 $F(X,Y)$의 점 열린 위상은 곱위상이므로

$$\begin{aligned} &\text{곱위상에서 } f_n \to g \\ \iff &\pi_x(f_n) \to \pi_x(g),\ \forall x \in X \\ \iff &f_n(x) \to g(x),\ \forall x \in X \\ \iff &f_n \to g \text{ p.w.} \end{aligned}$$

□

---

**정 의 13.15** $< f_n >$은 임의의 집합 $X$에서 거리공간 $Y$로 가는 함수들의 수열이다. 함수 $g : X \to Y$에 대하여

$$\forall \epsilon > 0, \exists n_0 \in \mathbb{N},\ n > n_0 \implies \Big(d(f_n(x), g(x)) < \epsilon,\ \forall x \in X\Big)$$

를 만족시킬 때, $< f_n >$은 $g$로 고른 수렴(converge uniformly)한다고 정의하고, $f_n \to g$ unif.이라고 쓴다.

---

점마다 수렴의 경우 $n_0$은 $\epsilon$과 $x$의 함수였다. 그러나 고른 수렴의 경우 $n_0$은 $\epsilon$만의 함수이다. 따라서 $< f_n >$이 $g$로 고른 수렴하면 점마다 수렴하지만 그 역은 일반적으로 성립하지 않는다.

**정 리 13.16** [고른 수렴 극한정리(uniform limit theorem)]
$< f_n >$은 위상공간 $X$에서 거리공간 $Y$로 가는 연속함수들의 수열이다. $< f_n >$이 $g : X \to Y$로 고른 수렴하면 $g$도 연속함수이다.

【증명】 $x_0$은 $X$의 임의의 점이고 $\epsilon$은 임의의 양수이다. 함수 $g$가 $x_0$에서 연속임을 보이자. 즉, $x_0$을 포함하는 적당한 열린 집합 $G$가 존재하여

$$x \in G \implies d(g(x), g(x_0)) < \epsilon$$

을 보이면 된다. $f_n \to g$ unif.이므로,

$$\exists m \in \mathbb{N}, d(f_m(x), g(x)) < \epsilon/3,\ \forall x \in X.$$

거리함수의 삼각부등식에 의하여

$$\begin{aligned} d(g(x), g(x_0)) &\le d(g(x), f_m(x)) + d(f_m(x), f_m(x_0)) + d(f_m(x_0), g(x_0)) \\ &\le d(f_m(x), f_m(x_0)) + 2\epsilon/3 \end{aligned}$$

이다. $f_m$이 연속함수이므로 $x_0$을 포함하는 열린 집합 $G$가 존재하여,

$$x \in G \implies d(f_m(x), f_m(x_0)) < \epsilon/3$$

이 된다. 따라서

$$x \in G \implies d(g(x), g(x_0)) < \epsilon$$

그러므로 $g$는 연속함수이다. □

예 **13.17** 예 13.13의 경우 임의의 $n$에 대하여 $f_n$은 연속함수이지만 $g$는 연속함수가 아니다. 따라서 $f_n$은 $g$로 고른 수렴하지 않는다.

예 **13.18**

$$f_n(x) = \begin{cases} 1 - \dfrac{|x|}{n}, & |x| < n\text{일 때} \\ 0, & |x| \geq n\text{일 때} \end{cases}$$

로 정의된 함수들의 수열 $< f_n >$은 상수함수 $g(x) = 1$로 점마다 수렴한다. 그러나 $< f_n >$이 $g$로 고른 수렴을 하는 것은 아니다. 왜냐하면 $\epsilon = 1/2$일 때, 임의의 자연수 $n$에 대하여 항상 $f_n(x_0) = 0$인 실수 $x_0$이 존재하여

$$|f_n(x_0) - g(x_0)| = 1 > \epsilon$$

이기 때문이다.

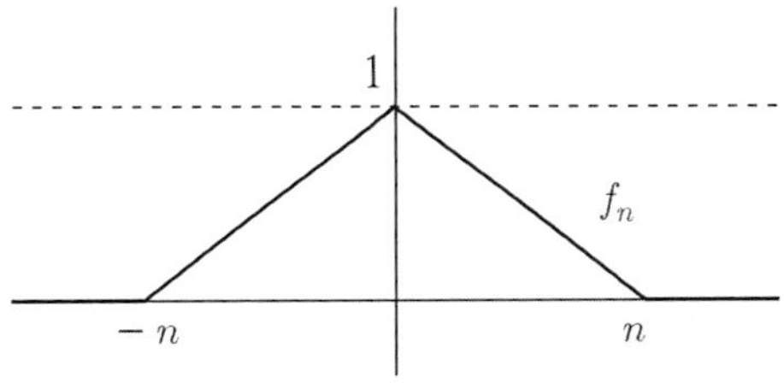


그림 42

---

정 의 **13.19** 공역이 거리공간인 함수 $f : X \to (Y, d)$를 생각하자. 실수 $M$이 존재하여 모든 원소 $x, y \in X$에 대해

$$d(f(x), f(y)) \leq M$$

일 때, 함수 $f$를 유계함수(bounded function)라 한다.

---

$B(X, Y)$를 임의의 집합 $X$에서 거리공간 $(Y, d)$로 가는 유계함수들의 집합이라 하자. 함수 $e$를

$$e(f, g) = \sup\{d(f(x), g(x)) \mid x \in X\}$$

로 정의하면 $e$는 $B(X, Y)$의 거리함수이다(연습문제). 이 때 $e$는 다음의 성질을 갖는다.

**정 리** **13.20** $< f_n >$이 $B(X, Y)$의 원소들로 이루어진 수열이고 $g \in B(X, Y)$일 때, 다음은 서로 동치이다.

(1) 거리함수 $e$에 대해 $< f_n >$이 $g$로 수렴한다.

(2) $f_n \to g$ unif.

【증명】 (1) ⇒ (2) $\epsilon$을 임의의 양수라 하자. 거리함수 $e$에 대하여 $f_n$이 $g$로 수렴하면,

$$\exists\, n_0 \in \mathbb{N},\ n > n_0 \implies e(f_n, g) < \epsilon$$

이므로,

$$\begin{aligned} n > n_0 \implies d(f_n(x), g(x)) &\le \sup\{d(f_n(x), g(x)) \mid x \in X\} \\ &= e(f_n, g) < \epsilon, \quad \forall x \in X \end{aligned}$$

이다. 따라서 $< f_n >$은 $g$로 고르게 수렴한다.

(2) ⇒ (1) 임의의 양수 $\epsilon$에 대하여, $< f_n >$이 $g$로 고른 수렴하므로 다음을 만족시킨다.

$$\begin{aligned} \exists n_0 \in \mathbb{N}, n > n_0 &\implies d(f_n(x), g(x)) < \epsilon/2, \quad \forall x \in X \\ &\implies \sup\{d(f_n(x), g(x)) \mid x \in X\} \le \epsilon/2 < \epsilon \end{aligned}$$

즉 $n > n_0 \implies e(f_n, g) < \epsilon$이다. 따라서 $< f_n >$은 $e$에 관하여 $g$로 수렴한다. □

**예 제** **13.21** $< f_n >$은 아래와 같이 정의된, $I = [0, 1]$에서 $\mathbb{R}$로 가는 함수들의 수열이다.

$$f_n(x) = \frac{x^n}{n}$$

(1) $I$의 임의의 점 $x$에 대하여 $\lim_{n\to\infty} f_n(x) = 0$임을 보여라.

(2) $\lim_{n\to\infty} \frac{d}{dx} f_n(x) \neq \frac{d}{dx} \lim_{n\to\infty} f_n(x)$임을 보여라.

【풀이】 (1) $x^n \le 1$이므로 $\lim_{n\to\infty} f_n(x) = 0$이 된다.

(2) $\lim_{n\to\infty} \frac{d}{dx} f_n(x) = \lim_{n\to\infty} x^{n-1} \neq 0 = \frac{d}{dx} \lim_{n\to\infty} f_n(x)$

**예 제** **13.22** $< f_n >$이 $I = [0,1]$를 정의역으로 하는 다음과 같이 정의된 함수들의 수열일 때 다음을 증명하여라.

$$f_n(x) = \begin{cases} 4n^2x, & 0 \le x \le \frac{1}{2n} \text{일 때} \\ -4n^2x + 4n, & \frac{1}{2n} \le x \le \frac{1}{n} \text{일 때} \\ 0, & \frac{1}{n} \le x \le 1 \text{일 때} \end{cases}$$

(1) $f_n \to 0$ p.w.

(2) $\lim_{n\to\infty} \int_0^1 f_n(x)\,dx \neq \int_0^1 \lim_{n\to\infty} f_n(x)\,dx$

【풀이】

(1) $x = 0$이면 모든 자연수 $n$에 대하여 $f_n(0) = 0$이므로 $\lim_{n\to\infty} f_n(0) = 0$이다. $x > 0$이면 $\frac{1}{n_0} < x$인 자연수 $n_0$이 존재하여 $n > n_0$일 때 $f_n(x) = 0$이므로 $\lim_{n\to\infty} f_n(x) = 0$이다. 따라서 모든 $x \in [0,1]$에 대해

$$\lim_{n\to\infty} f_n(x) = 0$$

이다.

(2) $\lim_{n\to\infty} \int_0^1 f_n(x)\,dx = 1 \neq 0 = \int_0^1 \lim_{n\to\infty} f_n(x)\,dx$

**참 고** **13.23** 고른 수렴성은, 치역이 거리공간인 함수들의 수열에 대해서만 정의되며, 치역이 일반적인 위상공간인 경우에는 정의될 수 없다는 점을 유의하기 바란다.

---

**정 의** **13.24** $f$가 거리공간 $(X,d)$에서 거리공간 $(Y,e)$로 가는 함수일 때, 임의의 양수 $\epsilon$에 대해

$$d(x,y) < \delta \implies e(f(x), f(y)) < \epsilon$$

을 만족시키는 적당한 양수 $\delta$가 존재하면, $f$를 고른 연속(uniform continuous) 함수라 한다.

---

$C[0,1]$은 $I = [0,1]$에서 $\mathbb{R}$로 가는 모든 연속함수들의 집합 위에 다음과 같은 노름(norm)을 준 함수공간으로, 해석학에서 매우 중요한 위치를 차지한다.

$$\|f\| = \sup\{|f(x)| \mid x \in I\}$$

정의역이 콤팩트 집합인 임의의 연속함수는 항상 고른 연속함수가 된다. 구체적으로 정의역이 $I = [0,1]$인 경우를 살펴보자.

**정 리 13.25** $f : [0,1] \to \mathbb{R}$가 연속함수이면 $f$는 고른 연속함수이다. 즉,

$$\forall \epsilon > 0, \exists \delta > 0, |x-y| < \delta \implies |f(x) - f(y)| < \epsilon.$$

【증명】 $\epsilon$은 임의의 양수이고 $p$는 $I$의 임의의 점일 때, $f$가 연속함수이므로

$$\exists \delta_p > 0, |x-p| < \delta_p \implies |f(x) - f(p)| < \frac{\epsilon}{2}$$

이 된다. $p$에 대하여

$$S_p = I \cap (p - \frac{\delta_p}{2}, p + \frac{\delta_p}{2})$$

라고 하면 $\{S_p \mid p \in I\}$는 $I$의 열린 덮개이고, $I$는 콤팩트이므로 유한부분덮개 $\{S_{p_1}, \cdots, S_{p_m}\}$이 존재한다. 즉, $I = S_{p_1} \cup \cdots \cup S_{p_m}$이다.

$$\delta = \frac{1}{2}\min\{\delta_{p_1}, \cdots, \delta_{p_m}\}$$

이라고 하자. 이제 $|x-y| < \delta$라 하면 $x \in I$이므로 적당한 $k$에 대하여 $x \in S_{p_k}$가 된다. 따라서

$$|x - p_k| < \frac{\delta_{p_k}}{2} < \delta_{p_k}$$

이므로

$$|f(x) - f(p_k)| < \frac{\epsilon}{2}$$

이고, 또한

$$|y - p_k| \le |y-x| + |x-p_k| < \delta + \frac{\delta_{p_k}}{2} \le \frac{\delta_{p_k}}{2} + \frac{\delta_{p_k}}{2} = \delta_{p_k}$$

이므로

$$|f(y) - f(p_k)| < \frac{\epsilon}{2}$$

이 된다. 결국,

$$|f(x) - f(y)| \leq |f(x) - f(p_k)| + |f(p_k) - f(y)| < \frac{\epsilon}{2} + \frac{\epsilon}{2} = \epsilon$$

이 된다. □

고른 연속함수는 연속함수이지만, 연속함수는 일반적으로 고른 연속함수가 아니다. 연속함수의 경우 $\delta$는 $\epsilon$과 $x$에 의해서 결정되는 반면, 고른 연속함수인 경우 $\delta$는 $\epsilon$에 의해서 결정된다.

**정 리 13.26** $C[0,1]$은 완비 노름공간이다.

【증명】 $C[0,1]$의 임의의 코시 수열 $< f_n >$을 택해서 $C[0,1]$의 원소 $g$로 수렴함을 보이자. $I$의 임의의 원소 $x_0$와 임의의 양수 $\epsilon$을 택하면, $< f_n >$이 코시 수열이므로

$$\begin{aligned}\exists n_0 \in \mathbb{N}, m, n > n_0 &\implies \|f_n - f_m\| = \sup\{|f_n(x) - f_m(x)| \mid x \in [0,1]\} < \epsilon \\ &\implies |f_n(x_0) - f_m(x_0)| < \epsilon\end{aligned}$$

이 된다. 따라서 $< f_n(x_0) >$은 코시 수열이다. $\mathbb{R}$은 완비공간이고 $< f_n(x_0) >$은 $\mathbb{R}$의 코시 수열이므로 반드시 수렴한다. 함수 $g : I \to \mathbb{R}$를 다음과 같이 정의하자.

$$g(x) = \lim_{n \to \infty} f_n(x) \tag{13.1}$$

그러면 $< f_n >$은 $g$로 고른 수렴한다(연습문제). 고른 수렴 극한정리에 의해 $g$는 연속함수이므로 $g \in C[0,1]$이다. 따라서 $C[0,1]$은 완비 공간이다. □

## 13.3 콤팩트 열린 위상

**정 의 13.27** 위상공간 $X$와 $Y$에 대하여 $K$가 $X$의 콤팩트 부분집합이고 $G$가 $Y$의 열린 부분집합일 때

$$S(K, G) = \{f \mid f \in F(X, Y),\ f(K) \subseteq G\}$$

들을 부분기저로 해서 생성되는 위상을 함수공간 $F(X, Y)$의 콤팩트 열린 위상 (compact open topology)이라 한다.

---

**정 리** **13.28** $F(X, Y)$의 점 열린 위상은 $F(X, Y)$의 콤팩트 열린 위상보다 작은 (coarser) 위상이다.

【증명】 $F(X, Y)$의 점 열린 위상을 유도하는 부분기저의 원소는 앞 1절에 의하면 점 $x \in X$와 열린 집합 $G \subseteq Y$에 대하여

$$\{f \in F(X, Y) \mid f(x) \in G\}$$

로 표현된다. 그런데 한원소집합은 항상 콤팩트이므로 $F(X, Y)$의 콤팩트 열린 위상의 부분기저는 $F(X, Y)$의 점 열린 위상의 부분기저를 포함한다. 따라서 정리가 성립한다. □

**정 리** **13.29** $F(X, Y)$가 콤팩트 열린 위상을 가지면 임의의 $x \in X$에 대해서 부가함수

$$e_x : F(X, Y) \to Y$$

는 연속함수이다.

【증명】 함수공간 $F(X, Y)$에서 점 열린 위상은 모든 부가함수 $e_x$가 연속이 되는 위상 중 가장 작은(coarser) 한 위상이다. 따라서 $F(X, Y)$에 점 열린 위상보다 큰(finer) 콤팩트 열린 위상이 주어지면 부가함수 $e_x$는 연속이 된다. □

**예 제** **13.30** $Y$가 하우스도르프 공간이면, 콤팩트 열린 위상이 주어진 함수공간 $F(X, Y)$도 역시 하우스도르프 공간이다. 이를 증명하여라.

【풀이】 $Y$가 하우스도르프 공간이면 곱위상인 점 열린 위상도 하우스도르프 공간이다. 그런데 콤팩트 열린 위상은 점 열린 위상보다 큰(finer) 위상이므로 콤팩트 열린 위상도 하우스도르프 공간이다.

## 연습문제 13

1. 구간 $[a,b]$에서 정의된 연속함수들의 수열 $< f_n >$이 $g:[a,b]\to\mathbb{R}$로 고른 수렴한다고 할 때 아래 등식이 성립함을 보여라.

$$\lim_{n\to\infty}\int_a^b f_n(x)dx = \int_a^b g(x)dx$$

그리고 점마다 수렴일 때는 이 식이 성립하지 않음을 보여라.

2. $C[0,1]$의 코시 수열 $< f_n >$이 있을 때, 임의의 점 $x_0 \in [0,1]$에 대해 수열 $< f_1(x_0), f_2(x_0), \cdots >$이 $\mathbb{R}$에서의 코시 수열임을 보여라.

3. $C[a,b]$와 $C[0,1]$은 등거리공간이고 따라서 위상동형임을 보여라.

4. 함수 $f(x) = \dfrac{1}{x}$은 구간 $(0,1)$에서 고른 연속이 아님을 보여라.

5. 함수 $f$가 콤팩트 거리공간 $(X,d)$에서 거리공간 $(Y,e)$로 가는 연속함수이면 $f$는 고른 연속임을 보여라.

6. $B(X,Y)$는 임의의 집합 $X$에서 거리공간 $(Y,d)$로 가는 유계(bounded) 함수들의 집합일 때 $e$를

$$e(f,g) = \sup\{d(f(x),g(x)) \mid x \in X\}$$

로 정의하면 $B(X,Y)$의 거리함수임을 보여라.

# 연습문제 해답

# 연습문제 1 해답

⟦연습문제⟧ **1-1**

(a) X (b) X (c) O (d) O (e) X (f) X

⟦연습문제⟧ **1-2**

(a) X (b) O (c) O (d) X (e) O (f) O

⟦연습문제⟧ **1-3**

(a) $x \in (\bigcup_i A_i)^c \Leftrightarrow x \notin \bigcup_i A_i \Leftrightarrow$ 모든 $i$에 대하여 $x \notin A_i \Leftrightarrow$ 모든 $i$에 대하여 $x \in A_i^c \Leftrightarrow x \in \bigcap_i A_i^c$

(b) $x \in (\bigcap_i A_i)^c \Leftrightarrow x \notin \bigcap_i A_i \Leftrightarrow$ 적당한 $i$가 존재하여 $x \notin A_i \Leftrightarrow$ 적당한 $i$가 존재하여 $x \in A_i^c \Leftrightarrow x \in \bigcup_i A_i^c$

⟦연습문제⟧ **1-4**

$A, B \in P(X)$이고 $A \neq B$라 하면 $A \not\subseteq B$ 또는 $B \not\subseteq A$이다. 이제 $A \not\subseteq B$라 하자(반대의 경우도 마찬가지로 증명할 수 있다). 그러면 적당한 $x \in X$가 존재하여 $x \in A, x \notin B$이다. $f : X \to Y$가 단사함수이므로 $f(x) \in f(A), f(x) \notin f(B)$이다. 따라서 $g(A) = f(A) \neq f(B) = g(B)$이다. 그러므로 $g : P(X) \to P(Y)$도 단사함수이다.

⟦연습문제⟧ **1-5**

$B \in P(Y)$라 하면 $B \subseteq Y$이다. 따라서 $f^{-1}(B) \subseteq X$이다. 그런데 $f : X \to Y$가 전사함수이므로 $f(f^{-1}(B)) = B$이다. 즉, $f^{-1}(B) \in P(X)$이면서 $g(f^{-1}(B)) = f(f^{-1}(B)) = B$이므로 $g : P(X) \to P(Y)$도 전사함수이다.

⟦연습문제⟧ **1-6**

(a) 함수 $f : \{1,2\} \longrightarrow \{a,b\}$, $f(1) = f(2) = a$에 대해 $A = \{1,2\}$, $B = \{a,b\}$라 하면 $f^{-1}(B) = f^{-1}(\{a,b\}) = \{1,2\} \subseteq \{1,2\} = A$이지만 $B = \{a,b\} \not\subseteq \{a\} = f(\{1,2\}) = f(A)$이다.

(b) 함수 $f : \{1,2\} \longrightarrow \{a,b\}$, $f(1) = f(2) = a$에 대해 $A = \{1\}$, $B = \{a\}$라 하면 $B = \{a\} \subseteq \{a\} = f(\{1\}) = f(A)$이지만
$f^{-1}(B) = f^{-1}(\{a\}) = \{1,2\} \not\subseteq \{1\} = A$이다.

⟦연습문제⟧ **1-7** 생략

⟦연습문제⟧ **1-8**

(a) $\chi_{A\cap B}(x) = 1 \iff x \in A \cap B \iff x \in A$ 그리고 $x \in B \iff \chi_A(x) = 1$ 그리고 $\chi_B(x) = 1 \iff \chi_A \cdot \chi_B(x) = 1$. 그런데 특성함수는 함숫값이 2 개밖에 없으므로 $\chi_{A\cap B}(x) = (\chi_A \cdot \chi_B)(x)$가 성립한다. 따라서 $\chi_{A\cap B} = \chi_A \cdot \chi_B$이다.

(b) $x \in A \cup B$일 경우: 좌변은 $\chi_{A\cup B}(x) = 1$이다.

1) $x \in A, x \notin B$이면 $\chi_A(x) = 1, \chi_B(x) = 0, \chi_{A\cap B}(x) = 0$이고,

2) $x \notin A$, $x \in B$이면 $\chi_A(x) = 0, \chi_B(x) = 1, \chi_{A\cap B}(x) = 0$이고,

3) $x \in A, x \in B$이면 $\chi_A(x) = 1, \chi_B(x) = 1, \chi_{A\cup B}(x) = 1$이다.

모든 경우에 대해 $\chi_A(x) + \chi_B(x) - \chi_{A\cap B}(x) = 1$이다. 따라서 성립한다.

$x \notin A \cup B$일 경우: 좌변은 $\chi_{A\cup B}(x) = 0$이다. 그런데 $x \notin A$이고 $x \notin B$이므로 $\chi_A(x) = 0, \chi_B(x) = 0, \chi_{A\cap B}(x) = 0$이다. 우변도 $\chi_A(x) + \chi_B(x) - \chi_{A\cap B}(x) = 0$이다. 따라서 $\chi_{A\cup B} = \chi_A + \chi_B - \chi_{A\cap B}$이다.

결국 모든 경우에 대해 성립한다.

### 〚연습문제〛 1-9

$X$를 무한집합이라 하자. 그러면 $x_1 \in X$가 존재하고 $X - \{x_1\} \neq \emptyset$ 이다. 또한 $x_2 \in X - \{x_1\}$가 존재하고 $X - \{x_1, x_2\} \neq \emptyset$ 이다. 계속해서

$x_k \in X - \{x_1, x_2, \cdots, x_{k-1}\}$가 존재하고 $X - \{x_1, x_2, \cdots, x_k\} \neq \emptyset$ 이다. 모든 $k \in \mathbb{N}$에 대하여 $X$가 무한집합이므로 그런 $x_k$는 존재한다. 따라서 $\{x_k \mid k \in \mathbb{N}\}$가 $X$의 무한 가산 부분집합이다.

### 〚연습문제〛 1-10

$A$가 무한집합이므로 $A$의 가부번 부분집합 $B = \{a_0, a_1, a_2, \cdots\}$가 존재한다. 그러면 $A - \{a_0\}$는 $A$의 진부분집합이고 함수 $f : A \to A - \{a_0\}$를

$$f(x) = x \ (x \in A - B\text{일 때}), \quad f(a_{n-1}) = a_n \ (n \in \mathbb{N}\text{일 때})$$

라 하면 $f$는 전단사함수이다.

### 〚연습문제〛 1-11

먼저 $\mathbb{N} \times \mathbb{N}$이 가부번집합임을 보이자. 함수 $f : \mathbb{N} \times \mathbb{N} \to \mathbb{N}$, $f(j,k) = 2^j 3^k$는 단사함수이므로 $\mathbb{N} \times \mathbb{N}$의 기수와 $f(\mathbb{N} \times \mathbb{N})$의 기수는 같다. $\mathbb{N} \times \mathbb{N}$이 무한집합이므로 $f(\mathbb{N} \times \mathbb{N})$은 가부번집합 $\mathbb{N}$의 무한 부분집합이다. 따라서 $f(\mathbb{N} \times \mathbb{N})$은 가부번집합이다. 결국 $\mathbb{N} \times \mathbb{N}$도 가부번집합이다. 이제 $\mathbb{Q}$가 가부번집합임을 보이자. 각 유리수는 $p \in \mathbb{Z}, q \in \mathbb{N}, (p,q) = 1$인 $\dfrac{p}{q}$로 유일하게 표시할 수 있다.

$$\mathbb{Q}^+ = \{\frac{p}{q} \mid p \in \mathbb{N}, q \in \mathbb{N}, (p,q) = 1\}, \quad \mathbb{Q}^- = \{-\frac{p}{q} \mid \frac{p}{q} \in \mathbb{Q}^+\}$$

라 하면 $\mathbb{Q} = \mathbb{Q}^+ \cup \mathbb{Q}^- \cup \{0\}$이고 $\mathbb{Q}^+$와 $\mathbb{Q}^-$의 기수가 같으므로 $\mathbb{Q}^+$가 가부번집합임을 보이면 된다. 함수 $g : \mathbb{Q}^+ \to \mathbb{N} \times \mathbb{N}$를 $g\left(\dfrac{p}{q}\right) = (p,q)$라 하면 단사함수이므로 $\mathbb{Q}^+$와 $g(\mathbb{Q}^+)$ 사이에 전단사함수가 존재한다. 또한 $g(\mathbb{Q}^+)$가 가부번집합 $\mathbb{N} \times \mathbb{N}$의 무한부분집합이므로 $g(\mathbb{Q}^+)$도 가부번집합이고 결국 $\mathbb{Q}^+$가 가부번집합이다.

### 〚연습문제〛 1-12

$A, B$가 가부번집합이면 적당한 전단사함수 $f : A \to \mathbb{N}$와 $g : B \to \mathbb{N}$가 존재한다. 그러면 함수

$$f \times g : A \times B \to \mathbb{N} \times \mathbb{N}, \quad (f \times g)((a,b)) = (f(a), g(b))$$

를 생각하면 $f \times g$는 전단사함수이고 $\mathbb{N} \times \mathbb{N}$이 가부번집합이므로 $A \times B$도 가부번집합이다.

### 〚연습문제〛 1-13

$X$가 가산집합이고 $Y$를 $X$의 부분집합이라 하자. $Y$가 유한집합이면 $Y$는 가산집합이다. $Y$가 무한집합이면 $Y$는 가부번집합의 무한 부분집합이므로 $Y$도 가부번집합이고 따라서 가산집합이다.

**⟦연습문제⟧ 1-14**

함수 $f:(0,1)\to\mathbb{R}, f(x)=\tan\pi(x-\frac{1}{2})$가 전단사함수이므로 $(0,1)$과 $\mathbb{R}$의 기수는 같다. 이제 $(0,1)$이 비가산집합임을 보이자. 임의의 $x\in(0,1)$를

$$x=0.x_1x_2x_3\cdots \quad (\text{단 } x_n\in\{0,1,2,\ldots,9\})$$

로 표시할 수 있다. $(0,1)$이 가산집합이라 가정하면 전단사함수 $f:\mathbb{N}\to(0,1)$가 존재한다.

$$f(1)=0.a_{11}a_{12}\cdots, f(2)=0.a_{21}a_{22}\cdots,\cdots, f(k)=0.a_{k1}a_{k2}\cdots,\cdots$$

라 하자. 이제 $a_{kk}\neq 5$이면 $z_k=5$를 $a_{kk}=5$이면 $z_k=1$인 $z=0.z_1z_2z_3\cdots$를 택하자. 그러면 $z\in(0,1)$이지만 $z\notin f(\mathbb{N})=(0,1)$이다. 이것은 모순이다.

**⟦연습문제⟧ 1-15**

$A=[0,1]$을 가산집합이라 가정하고 $A=\{x_1,x_2,x_3,\cdots\}$라 하자. $[0,1]$을 삼등분한 닫힌 구간 $[0,\frac{1}{3}],[\frac{1}{3},\frac{2}{3}],[\frac{2}{3},1]$ 중에서 $x_1$을 포함하지 않는 구간을 $I_1=[a_1,b_1]$이라 하자. 같은 방법으로 $I_1$을 삼등분하여 $x_2$를 포함하지 않는 구간을 $I_2=[a_2,b_2]$라 하자. 이런 과정을 계속하면 $I_1\supseteq I_2\supseteq I_3\supseteq\cdots$이고 모든 $n\in\mathbb{N}$에 대하여 $x_n\notin I_n$을 만족시키는 닫힌 구간 $I_n$을 얻는다. 축소구간성질에 의하여 $\bigcap_{n\in\mathbb{N}} I_n\neq\emptyset$이다. $y\in\bigcap_{n\in\mathbb{N}} I_n\subseteq A$라 하면 $y\in A$이므로 $I_n$의 성질에 의하여 적당한 $n_0\in\mathbb{N}$가 존재하여 $y\notin I_{n_0}$이다. 이것은 모순이다. 그러므로 $[0,1]$은 비가산집합이다.

**⟦연습문제⟧ 1-16**

$\mathbb{Q}^c$가 가산집합이라 가정하면 $\mathbb{R}=\mathbb{Q}\cup\mathbb{Q}^c$도 가산집합이다. 이것은 모순이다.

**⟦연습문제⟧ 1-17**

$X$가 비가산집합이고 $Y\supseteq X$라 하자. $Y$를 가산집합이라 가정하면 위 문제에 의하여 $X$도 가산집합이다. 이것은 모순이다.

# 연습문제 2 해답

**⟦연습문제⟧ 2-1**

(a) O (b) O (c) O (d) O (e) X
(f) X (g) O (h) X (i) X (j) X

**⟦연습문제⟧ 2-2**

(a) O (b) X (c) O (d) X
(e) O (f) X (g) X (h) O

**⟦연습문제⟧ 2-3**

(a) O (b) X (c) X (d) O
(e) X (f) X (g) O (h) X

**[연습문제] 2-4**

$G$를 $\mathbb{R}$의 열린 집합이라 하고 $p \in G$라 하자. 정의에 의해 $p \in S_p \subseteq G$인 열린 구간 $S_p$가 존재한다. 따라서 $G = \bigcup_{p \in G} S_p$이므로 $G$는 열린 구간들의 합집합이다. 역으로 열린 구간은 열린 집합이고, 이들의 합집합도 열린 집합이므로 열린 구간들의 합집합은 열린 집합이다.

**[연습문제] 2-5**

$A = \emptyset$ 일 때는 분명히 $A' = \emptyset$ 이다. 이제 $A = \{a_1, a_2, \cdots, a_n\}$이라 하자.

만일 $x \notin A$이면

$$r = \min\{|x - a_1|, |x - a_2|, \cdots, |x - a_n|\} > 0.$$

따라서

$$((x - r, x + r) - \{x\}) \cap A = \emptyset$$

이 되어 $A' = \emptyset$ 이다.

만일 $x \in A$이면 적당한 $k \in \mathbb{N}_n$에 대하여 $x = a_k$이다. 따라서

$$l = \min\{|x - a_i| \mid i \neq k, i \in \mathbb{N}_n\} > 0$$

이다. 그러므로

$$((x - l, x + l) - \{x\}) \cap A = \emptyset$$

이 되어 $A' = \emptyset$ 이다.

**[연습문제] 2-6**

$x \in A'$이면 $x$를 포함하는 임의의 열린 집합 $G$에 대하여

$$\emptyset \neq (G - \{x\}) \cap A \subseteq (G - \{x\}) \cap B$$

이므로 $x \in B'$이다.

**[연습문제] 2-7**

임의의 $\epsilon > 0$에 대하여 $n_0 \in \mathbb{N}$가 존재하여 $n \geq n_0$일 때

$$||a_n - b| - 0| = |a_n - b| < \epsilon$$

이다.

**[연습문제] 2-8**

수열 $< b_n >$이 유계수열이므로 $\forall n, \quad |b_n| < M$이 되는 $M$이 존재한다. 수열 $< a_n >$이 0으로 수렴하므로 임의의 $\epsilon > 0$에 대하여 $n_0 \in \mathbb{N}$가 존재하여 $n > n_0$일 때 $|a_n - 0| < \frac{\epsilon}{M}$이다. 따라서 $n > n_0 \implies |a_n b_n - 0| = |a_n b_n| \leq M|a_n| < \epsilon$이 되어 수열 $< a_n b_n >$은 0으로 수렴한다.

**[연습문제] 2-9**

$\epsilon > 0$이라 하자. $a_n \to a$이므로 $n_1 \in \mathbb{N}$이 존재하여 $n > n_1$일 때 $|a_n - a| < \frac{\epsilon}{2}$이고 $b_n \to b$이므로 $n_2 \in \mathbb{N}$가 존재하여 $n > n_2$일 때 $|b_n - b| < \frac{\epsilon}{2}$이다. $n_0 = \max\{n_1, n_2\}$라 하면 $n > n_0$일 때

$$|a_n + b_n - (a+b)| = |a_n - a + b_n - b| \leq |a_n - a| + |b_n - b| < \frac{\epsilon}{2} + \frac{\epsilon}{2} = \epsilon$$

이다.

### 〚연습문제〛 2-10

$\epsilon > 0$이라 하자. $a_n \to a$이므로 $n_1 \in \mathbb{N}$이 존재하여 $n > n_1$일 때 $|a_n - a| < \sqrt{\epsilon}$이고 $b_n \to b$이므로 $n_2 \in \mathbb{N}$가 존재하여 $n > n_2$일 때 $|b_n - b| < \sqrt{\epsilon}$이다. $n_0 = \max\{n_1, n_2\}$라 하면 $n > n_0$일 때

$$|(a_n - a)(b_n - b)| = |a_n - a||b_n - b| < \sqrt{\epsilon}\sqrt{\epsilon} = \epsilon$$

이므로 $(a_n - a)(b_n - b) \to 0$이다. 또한 $a(b_n - b) \to 0$이고 $b(a_n - a) \to 0$이다. 따라서

$$a_n b_n - ab = (a_n - a)(b_n - b) + a(b_n - b) + b(a_n - a)$$

이므로 $a_n b_n - ab \to 0$이고 결국 $a_n b_n \to ab$이다.

### 〚연습문제〛 2-11

$$f(x) = \begin{cases} \frac{1}{x}, & x \neq 0 \text{일 때} \\ 0, & x = 0 \text{일 때} \end{cases}$$

### 〚연습문제〛 2-12

$\epsilon > 0$이고 $a \in \mathbb{R}$이라 하자. $f$가 연속함수이므로 $\delta_1 > 0$이 존재하여 $|x - a| < \delta_1$이면 $|f(x) - f(a)| < \dfrac{\epsilon}{2}$이고 $g$가 연속함수이므로 $\delta_2 > 0$가 존재하여 $|x - a| < \delta_2$이면 $|g(x) - g(a)| < \dfrac{\epsilon}{2}$이다. $\delta = \min\{\delta_1, \delta_2\}$라 하면 $|x - a| < \delta$일 때

$$|(f+g)(x) - (f+g)(a)| \leq |f(x) - f(a)| + |g(x) - g(a)| < \epsilon$$

이다. 따라서 $f + g$는 $a$에서 연속이다. 그런데 $a$가 임의의 점이므로 $f + g$는 연속함수이다.

### 〚연습문제〛 2-13

$$f : \mathbb{R} \to \mathbb{R}, \quad f(x) = \begin{cases} 1, & x \in \mathbb{Q} \text{일 때} \\ 0, & x \in \mathbb{Q}^c \text{일 때} \end{cases}$$

### 〚연습문제〛 2-14

$$f(x) = \begin{cases} 0, & x\text{가 유리수일 때} \\ 1, & x\text{가 무리수일 때} \end{cases}$$

$$g(x) = \begin{cases} 1, & x\text{가 유리수일 때} \\ 0, & x\text{가 무리수일 때} \end{cases}$$

라 하면 $f$와 $g$는 모든 점에서 연속이 아니지만 $f+g=1$은 상수함수가 되어 모든 점에서 연속이다.

**⟦연습문제⟧ 2-15**

$$f:\mathbb{R}\to\mathbb{R},\ f(x) = \begin{cases} x, & x\in\mathbb{Q}\text{일 때} \\ -x, & x\in\mathbb{Q}^c\text{일 때} \end{cases}$$

**⟦연습문제⟧ 2-16**

$A=\{x\in\mathbb{R}\mid f(x)=g(x)\}$라 하고 $A^c$가 열린 집합임을 보이자. $p\in A^c$이면 $f(p)\neq g(p)$이므로 $|f(p)-g(p)|=r>0$라 하자. $f,g$가 연속함수이므로 $\delta_1,\delta_2>0$가 존재하여 $|x-p|<\delta_1$이면 $|f(x)-f(p)|<\dfrac{r}{3}$이고 $|x-p|<\delta_2$이면 $|g(x)-g(p)|<\dfrac{r}{3}$이다. $\delta=\min\{\delta_1,\delta_2\}$라 하자. 이제 $(p-\delta,p+\delta)\subseteq A^c$을 보이자. $y\in(p-\delta,p+\delta)$이면 $|y-p|<\delta$이고

$$\begin{aligned} |f(y)-g(y)| &= |f(y)-f(p)+f(p)-g(p)+g(p)-g(y)| \\ &= |f(p)-g(p)+f(y)-f(p)-g(y)+g(p)| \\ &\geq |f(p)-g(p)|-|f(y)-f(p)|-|g(y)-g(p)| \\ &> r-\frac{r}{3}-\frac{r}{3} \\ &= \frac{r}{3} \end{aligned}$$

이므로 $f(y)\neq g(y)$이고, 따라서 $y\in A^c$이다. 따라서 $p\in(p-\delta,p+\delta)\subseteq A^c$이므로 $A^c$는 열린 집합이다. (힌트: 부등식의 계산에서 $|a+b-c|\geq|a|-|b-c|\geq|a|-|b|-|c|$를 사용함)

**⟦연습문제⟧ 2-17**

함수 $f$를 상수함수가 아니라고 하자. 그러면 적당한 $x^*\in\mathbb{Q}^c$가 존재하여 $f(x^*)\neq 0$이다. $|f(x^*)|=\epsilon$이라 하면 $\epsilon>0$이고 $f$가 연속함수이므로 양수 $\delta$가 존재하여 $|x-x^*|<\delta$이면 $|f(x)-f(x^*)|<\epsilon$이다. 따라서 $q\in(x^*-\delta,x^*+\delta)\cap\mathbb{Q}$가 $|q-x^*|<\delta$이므로 $|f(q)-f(x^*)|<\epsilon$이다. 그런데 $|f(q)-f(x^*)|=|f(x^*)|=\epsilon$이므로 $\epsilon<\epsilon$이다. 이것은 모순이다.

**⟦연습문제⟧ 2-18**

(a) 열린 집합, 닫힌 집합이 아님, (b) 열린 집합 아님, 닫힌 집합
(c) 열린 집합 아님, 닫힌 집합 (d) 열린 집합, 닫힌 집합이 아님

**⟦연습문제⟧ 2-19**

(a) 열린 집합, 닫힌 집합이 아님, (b) 열린 집합 아님, 닫힌 집합 아님
(c) 열린 집합 아님, 닫힌 집합 (d) 열린 집합 아님, 닫힌 집합이 아님

**⟦연습문제⟧ 2-20**

(a) 열린 집합 아님, 닫힌 집합, (b) 열린 집합 아님, 닫힌 집합 아님
(c) 열린 집합 아님, 닫힌 집합 아님

# 연습문제 3 해답

⟦연습문제⟧ **3-1**

$\mathcal{T}_1 = \{\emptyset, X\} = \mathcal{I}$, $\mathcal{T}_2 = \{\emptyset, X, \{a\}\}$, $\mathcal{T}_3 = \{\emptyset, X, \{b\}\}$, $\mathcal{T}_4 = \{\emptyset, X, \{c\}\}$,

$\mathcal{T}_5 = \{\emptyset, X, \{a, b\}\}$, $\mathcal{T}_6 = \{\emptyset, X, \{a, c\}\}$, $\mathcal{T}_7 = \{\emptyset, X, \{b, c\}\}$,

$\mathcal{T}_8 = \{\emptyset, X, \{a, b\}, \{a\}\}$, $\mathcal{T}_9 = \{\emptyset, X, \{a, b\}, \{b\}\}$, $\mathcal{T}_{10} = \{\emptyset, X, \{a, b\}, \{c\}\}$,

$\mathcal{T}_{11} = \{\emptyset, X, \{a, c\}, \{a\}\}$, $\mathcal{T}_{12} = \{\emptyset, X, \{a, c\}, \{b\}\}$, $\mathcal{T}_{13} = \{\emptyset, X, \{a, c\}, \{c\}\}$,

$\mathcal{T}_{14} = \{\emptyset, X, \{b, c\}, \{a\}\}$, $\mathcal{T}_{15} = \{\emptyset, X, \{b, c\}, \{b\}\}$, $\mathcal{T}_{16} = \{\emptyset, X, \{b, c\}, \{c\}\}$,

$\mathcal{T}_{17} = \{\emptyset, X, \{a\}, \{b\}, \{a, b\}\}$, $\mathcal{T}_{18} = \{\emptyset, X, \{a\}, \{c\}, \{a, c\}\}$,

$\mathcal{T}_{19} = \{\emptyset, X, \{b\}, \{c\}, \{b, c\}\}$, $\mathcal{T}_{20} = \{\emptyset, X, \{a, b\}, \{b, c\}, \{b\}\}$,

$\mathcal{T}_{21} = \{\emptyset, X, \{a, b\}, \{a, c\}, \{a\}\}$, $\mathcal{T}_{22} = \{\emptyset, X, \{a, c\}, \{b, c\}, \{c\}\}$,

$\mathcal{T}_{23} = \{\emptyset, X, \{a, b\}, \{b, c\}, \{b\}, \{a\}\}$, $\mathcal{T}_{24} = \{\emptyset, X, \{a, b\}, \{b, c\}, \{b\}, \{c\}\}$,

$\mathcal{T}_{25} = \{\emptyset, X, \{a, b\}, \{a, c\}, \{a\}, \{b\}\}$, $\mathcal{T}_{26} = \{\emptyset, X, \{a, b\}, \{a, c\}, \{a\}, \{c\}\}$,

$\mathcal{T}_{27} = \{\emptyset, X, \{a, c\}, \{b, c\}, \{c\}, \{a\}\}$, $\mathcal{T}_{28} = \{\emptyset, X, \{a, c\}, \{b, c\}, \{c\}, \{b\}\}$,

$\mathcal{T}_{29} = \{\emptyset, X, \{a\}, \{b\}, \{c\}, \{a, c\}, \{b, c\}, \{a, b\}\} = \mathcal{D}$.

⟦연습문제⟧ **3-2**

$X$가 무한집합이므로 서로 다른 원소로 이루어진 무한인 가산부분집합 $K = \{x_1, x_2, \cdots, x_n, \cdots\}$를 포함한다. $x \in X$라 하자. 만일 $x$가 $K$의 원소가 아니면 $G = \{x_1, x_3, x_5, \cdots\} \cup \{x\}$, $H = \{x_2, x_4, x_6, \cdots\} \cup \{x\}$가 열린 집합이므로 $G \cap H = \{x\}$도 열린 집합이다. $x \in K$이면 $x = x_k$라 하자. 그러면 $G = \{x_1, x_3, x_5, \cdots\} \cup \{x_k\}$, $H = \{x_2, x_4, x_6, \cdots\} \cup \{x_k\}$가 열린 집합이므로 $G \cap H = \{x_k\} = \{x\}$도 열린 집합이다. 따라서 모든 $x \in X$에 대하여 $\{x\}$가 열린 집합이므로 위상 $\mathcal{T}$는 이산위상이다.

⟦연습문제⟧ **3-3**

유한 개의 점이나 직선의 집합들을 임의로 교집합하더라도 유한 개의 점이나 직선들의 집합이 되고, 유한 개의 점이나 직선들의 집합 두 개의 합집합도 유한 개의 점이나 직선들의 집합이 된다는 사실을 사용하여 쉽게 증명할 수 있다.

⟦연습문제⟧ **3-4**

(i) $\emptyset \in P(\mathbb{R}) \subseteq \mathcal{T}$, $\mathbb{R}^* = \mathbb{R}^* - \emptyset \in \mathcal{T}$

(ii) $G, H \in \mathcal{T}$라 하자. 그러면 $G \in P(\mathbb{R})$ 또는 $G = \mathbb{R}^* - K$($K$는 유한집합) 그리고 $H \in P(\mathbb{R})$ 또는 $H = \mathbb{R}^* - F$($F$는 유한집합)이다. 먼저 $G, H \in P(\mathbb{R})$이면 $G \cap H \in P(\mathbb{R}) \subseteq \mathcal{T}$이다. 다음에 $G \in P(\mathbb{R})$이고 $H = \mathbb{R}^* - F$($F$는 유한집합)이면 $p \notin G$이므로 $G \cap (\mathbb{R}^* - F) = G \cap (\mathbb{R} - F) \in P(\mathbb{R}) \subseteq \mathcal{T}$이다. 마지막으로 $G = \mathbb{R}^* - K, H = \mathbb{R}^* - F$이면 $K \cup F$도 유한집합이므로 $G \cap H = \mathbb{R}^* - (K \cup F) \in \mathcal{T}$이다.

(iii) $G_\alpha \in \mathcal{T}(\alpha \in I)$라 하자. 그러면 $G_\alpha \in P(\mathbb{R})$ 또는 $G_\alpha = \mathbb{R}^* - F_\alpha$($F_\alpha$는 유한집합)이다.

$\alpha \in I' \subseteq I$에 대하여 $G_\alpha \in P(\mathbb{R})$이라 하자. 그러면

$$\begin{aligned}\bigcup_{\alpha\in I} G_\alpha &= (\bigcup_{\alpha\in I'} G_\alpha) \cup (\bigcup_{\alpha\in I-I'} (\mathbb{R}^* - F_\alpha)) \\ &= (\bigcup_{\alpha\in I'} G_\alpha) \cup (\mathbb{R}^* - \bigcap_{\alpha\in I-I'} F_\alpha) \\ &= \mathbb{R}^* - (\bigcap_{\alpha\in I-I'} F_\alpha - \bigcup_{\alpha\in I'} G_\alpha)\end{aligned}$$

이다. 그런데 $(\bigcap_{\alpha\in I-I'} F_\alpha - \bigcup_{\alpha\in I'} G_\alpha)$가 유한집합이므로 $\bigcup_{\alpha\in I} G_\alpha \in \mathcal{T}$이다.

⟦연습문제⟧ **3-5**

생략.

⟦연습문제⟧ **3-6**

$f^{-1}(Y) = X \in \mathcal{T}$이므로 $Y \in \mathcal{T}^*$이고 $f^{-1}(\emptyset) = \emptyset \in \mathcal{T}$이므로 $\emptyset \in \mathcal{T}^*$이다. 이제 모든 $i \in \Gamma$에 대해 $G_i$가 $\mathcal{T}^*$의 원소라 하자. $f^{-1}(\bigcup_{i\in\Gamma} G_i) = \bigcup_{i\in\Gamma} f^{-1}(G_i) \in \mathcal{T}$이다. 상위상의 정의에 의해 $\bigcup_{i\in\Gamma} G_i \in \mathcal{T}^*$이다. 마지막으로 $G, H \in \mathcal{T}^*$라 하자. $f^{-1}(G\cap H) = f^{-1}(G) \cap f^{-1}(H) \in \mathcal{T}$이므로 $G \cap H \in \mathcal{T}^*$이다. 따라서 상위상은 실제로 $Y$의 위상이 된다.

⟦연습문제⟧ **3-7**

$\mathcal{T} = \{X - F \mid F \in \mathcal{F}\}$라 하면 $\mathcal{T}$가 위상임은 쉽게 보일 수 있다. 또한 이 위상 $\mathcal{T}$에 대해 닫힌 집합을 모아놓으면 정의에 의해 $\mathcal{F}$가 된다. 이제 이런 위상이 유일하다는 것을 보이자. $\mathcal{T}^*$를 $\mathcal{F}$의 원소를 닫힌 부분집합으로 갖는 위상이라 하자. $X - F \in \mathcal{T}$이면 $F \in \mathcal{F}$이고 $F$가 위상 $\mathcal{T}^*$에서 닫힌 집합이므로 $X - F \in \mathcal{T}^*$이다. 즉, $\mathcal{T} \subseteq \mathcal{T}^*$이다. 또한 $G \in \mathcal{T}^*$이면 $X - G$가 위상 $\mathcal{T}^*$에서 닫힌 집합이고 $X - G \in \mathcal{F}$이므로 $G = X - (X - G) \in \mathcal{T}$이다. 즉, $\mathcal{T}^* \subseteq \mathcal{T}$이다. 따라서 $\mathcal{T} = \mathcal{T}^*$이다.

⟦연습문제⟧ **3-8**

생략.

⟦연습문제⟧ **3-9**

$(\subseteq)$ $A \subseteq A \cup B$이고 $B \subseteq A \cup B$이므로 $A' \subseteq (A\cup B)'$, $B' \subseteq (A \cup B)'$이다. 따라서 $A' \cup B' \subseteq (A \cup B)'$이다.

$(\supseteq)$ $x \in (A\cup B)'$이라 하면 $x$를 포함하고 있는 모든 열린 집합 $G$에 대하여

$$(G - \{x\}) \cap (A \cup B) \neq \emptyset \text{이고 } [(G - \{x\}) \cap A] \cup [(G - \{x\}) \cap B] \neq \emptyset$$

이다. 그러면 $(G - \{x\}) \cap A \neq \emptyset$ 또는 $(G - \{x\}) \cap B \neq \emptyset$ 이다. 따라서 $x \in A'$ 또는 $x \in B'$이다. 결국 $x \in A' \cup B'$이다.

⟦연습문제⟧ **3-10**

$(A')^c$가 열린 집합임을 보이자. $x \in (A')^c$라 하면 $x \notin A'$이고, 따라서 $x$를 포함하는 열린 집합 $G$가 존재하여 $(G - \{x\}) \cap A = \emptyset$ 이다. 그러면 $A \subseteq X - (G - \{x\})$이고 $X - G$가 유한집합이므로

$A$도 유한집합이다. 따라서 $A$가 닫힌 집합이고 $A' \subseteq A$이다. 그러므로 $A' \subseteq A \subseteq X-(G-\{x\})$이고 $A' \cap (G-\{x\}) = \emptyset$ 이다. 그런데 $x \notin A'$이므로 $A' \cap G = \emptyset$ 이고 $G \subseteq (A')^c$이다.

⟦연습문제⟧ **3-11** 수열

$$< 1\frac{1}{2}, 2\frac{1}{2}, 1\frac{1}{3}, 2\frac{1}{3}, 3\frac{1}{3}, 1\frac{1}{4}, 2\frac{1}{4}, 3\frac{1}{4}, 4\frac{1}{4}, 1\frac{1}{5}, \cdots >$$

의 모든 항을 모아놓은 집합은 모든 자연수를 극한점으로 갖는다.

⟦연습문제⟧ **3-12**

(a) $A' = (-\infty, 10]$

(b) $\mathbb{Z}' = \mathbb{R}$

⟦연습문제⟧ **3-13**

$x \in A \cap \overline{B}$이면 $x \in A$이고 $x \in \overline{B}$이다. 그러면 $x$를 포함하는 모든 열린 집합 $G$에 대하여 $G \cap B \neq \emptyset$ 이다. $x \in A$이고 $A$가 열린 집합이므로 $G \cap A$도 $x$를 포함하는 열린 집합이다. 따라서 $(G \cap A) \cap B \neq \emptyset$ 이다. 즉, $G \cap (A \cap B) \neq \emptyset$ 이므로 $x \in \overline{A \cap B}$이다.

⟦연습문제⟧ **3-14**

$A$를 $X$의 무한인 부분집합이라 하고 $\overline{A} \neq X$라 가정하자. 그러면 $x \in X$가 존재하여 $x \notin \overline{A}$이다. 따라서 $x$를 포함하는 열린 집합 $G$가 존재하여 $G \cap A = \emptyset$ 이다. 따라서 $A \subseteq X - G$이다. 그런데 $X - G$가 유한집합이므로 $A$도 유한집합이다. 이것은 모순이다. 결국 $\overline{A} = X$ 이고, 따라서 $A$는 조밀한 부분집합이다.

⟦연습문제⟧ **3-15**

(a) 생략.

(b) 0을 포함하는 집합과 공집합이 닫힌 집합이다.

(c) $\mathrm{cl}(\{1\}) = \{0, 1\}$.

⟦연습문제⟧ **3-16**

$X = \{a, b\}, \mathcal{T} = \mathcal{I}$이고 $A = \{a\}$라 하면 $\overline{\mathrm{int}(A) \cup \mathrm{ext}(A)} = \overline{\emptyset \cup \emptyset} = \overline{\emptyset} = \emptyset$ 이므로 $\mathrm{int}(A) \cup \mathrm{ext}(A)$는 조밀한 부분집합이 아니다.

⟦연습문제⟧ **3-17**

(a) 만일 $p \in \mathrm{int}(\mathbb{N})$이라 하면, 적당한 열린 집합 $G$가 존재하여 $p \in G \subseteq \mathbb{N}$이다. 따라서 $\mathbb{N}^c \subseteq G^c \neq \mathbb{R}$ 이다. $G^c$는 닫힌 집합으로 전체집합이 아니므로 유한집합이다. 유한집합이 무한집합 $\mathbb{N}^c = \mathbb{R} - \mathbb{N}$을 포함하므로 모순이다. 따라서 $\mathrm{int}(\mathbb{N}) = \emptyset$ 이다.

(b) 만일 $p \in \mathrm{ext}(\mathbb{N}) = \mathrm{int}(\mathbb{R} - \mathbb{N})$이라 하면, 적당한 열린 집합 $G$가 존재하여 $p \in G \subseteq \mathbb{R} - \mathbb{N}$이다. 따라서 $\mathbb{N} \subseteq G^c \neq \mathbb{R}$ 이다. $G^c$는 닫힌 집합으로 전체집합이 아니므로 유한집합이다. 유한집합이 무한집합 $\mathbb{N}$을 포함하므로 모순이다. 따라서 $\mathrm{ext}(\mathbb{N}) = \emptyset$ 이다.

(c) $\mathrm{b}(\mathbb{N}) = \mathbb{R}$

(d) $\mathbb{N}' = \mathbb{R}$

⟦연습문제⟧ **3-18**

$X$ 하나뿐이다.

⟦연습문제⟧ **3-19**

여유한위상공간 $(\mathbb{R}, \mathcal{C}_f)$이나 비이산위상공간 $(\mathbb{R}, \mathcal{I})$에서 주어진 수열 $< 1, 2, 3, \cdots >$은 모든 점으로 수렴하고, 위상 $\{\mathbb{R}, \emptyset, \{0\}\}$이 주어진 공간에서는 수열 $< 1, 2, 3, \cdots >$은 0을 제외한 모든 점으로 수렴한다.

⟦연습문제⟧ **3-20**

이산위상 $\mathcal{D}$나 위상 $\{\mathbb{R}, \emptyset, \{0\}\}$이 주어지면 수열 $< \frac{1}{2}, \frac{1}{3}, \frac{1}{4}, \cdots >$은 0으로 수렴하지 않는다.

⟦연습문제⟧ **3-21**

$\mathcal{T} = \{X - A \mid A = k(A)\}$라 하자.

(1) 먼저 $\mathcal{T}$가 $X$의 위상임을 보이자.

(i) $X \subseteq k(X)$이므로 $X = k(X)$이다. 따라서 $\emptyset = X - X \in \mathcal{T}$이다. 또한 $\emptyset = k(\emptyset)$이므로 $X = X - \emptyset \in \mathcal{T}$이다.

(ii) 우선 $A \subseteq B$이면 $k(A) \subseteq k(B)$임을 보이자. $A \subseteq B$이면 $B = A \cup B$이고 $k(B) = k(A \cup B) = k(A) \cup k(B)$이다. 따라서 $k(A) \subseteq k(B)$이다. 이제 $X - F_\alpha \in \mathcal{T}$라 하자. 그러면 $F_\alpha = k(F_\alpha)$이다. 그런데 임의의 $\alpha$에 대하여 $\bigcap F_\alpha \subseteq F_\alpha$이므로 $k(\bigcap F_\alpha) \subseteq k(F_\alpha)$이고 $k(\bigcap F_\alpha) \subseteq \bigcap k(F_\alpha)$이다. 따라서 $k(\bigcap F_\alpha) \subseteq \bigcap k(F_\alpha) = \bigcap F_\alpha$이고 또한 $\bigcap F_\alpha \subseteq k(\bigcap F_\alpha)$이므로 $k(\bigcap F_\alpha) = \bigcap F_\alpha$이다. 그러므로 $\bigcup(X - F_\alpha) = X - (\bigcap F_\alpha) \in \mathcal{T}$이다.

(iii) $X - A, X - B \in \mathcal{T}$라 하자. 그러면 $A = k(A)$이고 $B = k(B)$이다. 그런데 $A \cup B = k(A) \cup k(B) = k(A \cup B)$이고, 따라서 $(X - A) \cap (X - B) = X - (A \cup B) \in \mathcal{T}$이다.

결국 (i),(ii),(iii)에 의하여 $\mathcal{T}$는 $X$의 위상이다.

(2) 이제 $k(A) = \mathrm{cl}(A)$임을 보이자. 즉 임의의 부분집합 $A$에 대해 $k(A)$가 $A$를 포함하는 가장 작은 $\mathcal{T}$-닫힌 집합임을 보이면 된다. (4)에 의해 $k(k(A)) = k(A)$이므로, 위상 $\mathcal{T}$의 정의에 의해 $k(A)$는 $\mathcal{T}$- 닫힌 집합이다. (2)에 의해 $A \subseteq k(A)$이다. 만일 $B$가 $A$를 포함하는 $\mathcal{T}$-닫힌 집합이면,

$$k(A) \subseteq k(B) = B.$$

따라서 $k(A)$가 $A$를 포함하는 가장 작은 $\mathcal{T}$-닫힌 집합이다. 즉, $k(A) = \mathrm{cl}(A)$이다.

(3) 다음에 위상 $\mathcal{T}$가 유일함을 보이자. $\mathcal{T}^*$가 $k(A) = \mathrm{cl}(A)$를 만족시키는 위상이라 하자. $G \in \mathcal{T}$이면 $X - G = k(X - G) = \mathrm{cl}(X - G)$이다. 따라서 $X - G$가 $\mathcal{T}^*$에서 닫힌 집합이므로 $G \in \mathcal{T}^*$이다. 또한 $G \in \mathcal{T}^*$이면 $X - G$는 $\mathcal{T}^*$의 닫힌 집합이므로 $X - G = \mathrm{cl}(X - G) = k(X - G)$이다. 따라서 $G = X - (X - G) \in \mathcal{T}$이다. 그러므로 $\mathcal{T} = \mathcal{T}^*$이다.

⟦연습문제⟧ **3-22**

$\mathcal{T} = \{A \mid A = i(A)\}$라 하자.

(1) 먼저 $\mathcal{T}$가 $X$의 위상임을 보이자.

(i) $X = i(X)$이므로 $X \in \mathcal{T}$이다. $\emptyset \supseteq i(\emptyset)$이므로 $\emptyset = i(\emptyset)$이고 따라서 $\emptyset \in \mathcal{T}$이다.

(ii) 우선 $A \subseteq B$이면 $i(A) \subseteq i(B)$임을 보이자. $A \subseteq B$이면 $A = A \cap B$이고 $i(A) = i(A \cap B) = i(A) \cap i(B)$이다. 따라서 $i(A) \subseteq i(B)$이다. 이제 $G_\alpha \in \mathcal{T}$라 하자. 그러면 $G_\alpha = i(G_\alpha)$이다. 그런데 임의의 $\alpha$에 대하여 $G_\alpha \subseteq \bigcup G_\alpha$이므로 $i(G_\alpha) \subseteq i(\bigcup G_\alpha)$이고 $\bigcup i(G_\alpha) \subseteq i(\bigcup G_\alpha)$이다.

따라서 $\bigcup G_\alpha = \bigcup i(G_\alpha) \subseteq i(\bigcup G_\alpha)$이고 또한 $i(\bigcup G_\alpha) \subseteq \bigcup G_\alpha$이므로 $i(\bigcup G_\alpha) = \bigcup G_\alpha$이다. 그러므로 $\bigcup G_\alpha \in \mathcal{T}$이다.

(iii) $G, H \in \mathcal{T}$라 하자. 그러면 $G = i(G)$이고 $H = i(H)$이다. 그런데 $i(G \cap H) = i(G) \cap i(H) = G \cap H$이므로 $G \cap H \in \mathcal{T}$이다.

결국 (i),(ii),(iii)에 의하여 $\mathcal{T}$는 $X$의 위상이다.

(2) 이제 $i(A) = \text{int}(A)$임을 보이자. 즉 임의의 부분집합 $A$에 대해 $i(A)$가 $A$에 포함되는 가장 큰 $\mathcal{T}$-열린 집합임을 보이면 된다. (4)에 의해 $i(i(A)) = i(A)$이므로, 위상 $\mathcal{T}$의 정의에 의해 $i(A)$는 $\mathcal{T}$-열린 집합이다. (2)에 의해 $i(A) \subseteq A$이다. 만일 $B$가 $A$에 포함되는 $\mathcal{T}$-열린 집합이면,

$$B = i(B) \subseteq i(A).$$

따라서 $i(A)$가 $A$에 포함되는 가장 큰 $\mathcal{T}$-열린 집합이다. 즉, $i(A) = \text{int}(A)$이다.

(3) 다음에 위상 $\mathcal{T}$가 유일함을 보이자. $\mathcal{T}^*$가 $i(A) = \text{int}(A)$를 만족시키는 위상이라 하자. $G \in \mathcal{T}$이면 $G = i(G) = \text{int}(G)$이다. 따라서 $G \in \mathcal{T}^*$이다. 또한 $G \in \mathcal{T}^*$이면 $G = \text{int}(G) = i(G)$이다. 따라서 $G \in \mathcal{T}$이다. 그러므로 $\mathcal{T} = \mathcal{T}^*$이다.

### 〚연습문제〛 3-23

(1) $X$는 항상 $p$를 포함하는 열린 집합이므로, $p$의 근방이다. 따라서 $X$는 $\mathcal{N}_p$의 원소이므로, $\mathcal{N}_p$는 공집합이 아니다. $\mathcal{N}_p$는 $p$의 근방들로 이루어진 집합이므로, $\mathcal{N}_p$의 모든 원소는 $p$를 포함한다.

(2) $N$과 $M$이 $p$의 근방이면, 열린 집합 $G$와 $H$가 존재하여,

$$p \in G \subseteq N, \ p \in H \subseteq M$$

이 된다. $G \cap H$도 역시 $p$를 포함하는 열린 집합이고, $N \cap M$의 부분집합이므로, $N \cap M$은 $p$의 근방이다.

(3) $N$은 $p$의 근방이고 $M$은 $N$을 포함하는 집합일 때, $M$도 역시 $p$의 근방임을 보이자. $p$와 $N$ 사이에 적당한 열린 집합 $G$가 존재하는데, 이 열린 집합 $G$는 $M$의 부분집합이기도 하다. 따라서 $M$도 역시 $p$의 근방이다.

(4) $p$의 임의의 근방 $N$을 택하면, $p$와 $N$ 사이에 열린 집합 $G$가 존재한다. 이 집합 $G$가 위의 조건을 만족시킴을 보이자. $p$와 $G$ 사이에 열린 집합 $G$가 존재하므로, $G$는 $p$의 근방이다. $G$의 임의의 원소 $g$를 택하자. $g$와 $G$ 사이에 열린 집합 $G$가 존재하므로, $G$는 $g$의 근방이다. 따라서 $G$는 $N$의 부분집합으로, $p$의 근방이며 자신의 모든 원소의 근방이다.

### 〚연습문제〛 3-24

가운데서 계속 1/3씩 제거하였으므로, 제거한 구간의 측도는

$$\begin{aligned}&\frac{1}{3}+\frac{2}{3}\cdot\frac{1}{3}+\left(\frac{2}{3}\right)^2\cdot\frac{1}{3}+\left(\frac{2}{3}\right)^3\cdot\frac{1}{3}\cdots\\&=\frac{1}{3}\left(1+\frac{2}{3}+\left(\frac{2}{3}\right)^2+\left(\frac{2}{3}\right)^3+\cdots\right)\\&=\frac{1}{3}\cdot\frac{1}{1-\frac{2}{3}}=1\end{aligned}$$

이므로 남은 집합의 측도는 0이다.

비가산임을 보이는 것은 인터넷 자료나 다른 서적을 참고하기 바란다.

## 연습문제 4 해답

**〚연습문제〛 4-1**

(a) O (b) X (c) O (d) O

**〚연습문제〛 4-2**

$\mathcal{T}=\{\emptyset, X, \{a\}, \{a,b,c\}, \{c,d\}, \{c\}, \{a,c\}, \{a,c,d\}, \{a,b,c,d\}\}$

**〚연습문제〛 4-3**

$\mathcal{B}=\{[a,b]\mid a<b,\ a$는 유리수, $b$는 무리수$\}$라 하자. 그러면 $\bigcup\mathcal{B}=\mathbb{R}$임은 쉽게 알 수 있다. 또한 $[a,b],[c,d]\in\mathcal{B}$에 대하여 $c$가 유리수이고 $b$가 무리수이므로 두 구간이 만날 경우, 예를 들어 $a<c<b<d$ 인 경우는

$$[a,b]\cap[c,d]=[c,b]\in\mathcal{B}$$

이다. 한 구간이 다른 구간에 포함될 경우, 예를 들어 $a<c<d<b$인 경우는 $x\in[a,b]\cap[c,d]$에 대해

$$x\in[c,d]\subseteq[a,b]\cap[c,d]$$

이며 $[c,d]\in\mathcal{B}$이므로 역시 성립한다. 두 구간 $[a,b]$와 $[c,d]$가 서로소인 경우는 당연히 성립된다. 따라서 $\mathcal{B}$는 $\mathbb{R}$의 위상을 생성한다.

**〚연습문제〛 4-4**

$\mathcal{S}=\{\{x\}|x\in X\}$

**〚연습문제〛 4-5**

$\mathcal{S}$에 의해 생성된 기저를 $\mathcal{B}$라 하자. $\mathcal{S}^*=\emptyset\subseteq\mathcal{S}$라 하면 $X=\bigcap\mathcal{S}^*$이므로 $X$는 $\mathcal{S}$에 속하지 않아도 생성이 되고, $\mathcal{B}^*=\emptyset\subseteq\mathcal{B}$라 하면 $\emptyset=\bigcup\mathcal{B}^*$이므로 $\emptyset$도 $\mathcal{S}$에 속하지 않아도 생성이 된다.

**〚연습문제〛 4-6**

$\{p\}=[a,p]\cap[p,b]\quad(a<p<b)$로 나타낼 수 있으므로 $\mathcal{S}$와 $\mathcal{S}\cup\{\{p\}\mid p\in\mathbb{Q}\}$는 같은 위상을 생성한다.

**〚연습문제〛 4-7**

(a) 수렴하지 않는다.

(b) 1과 2 로 수렴한다.

(c) 수렴하지 않는다.

**⟦연습문제⟧ 4-8**

(a) $< a_n > = < 1, 1/2, 1/3, \cdots >$는 수렴하지 않는다. 왜냐하면;

$p > 0$일 경우: 적당한 양수 $\epsilon > 0$에 대하여 $0 < p - \epsilon$이 된다. 그러면 $G = (p - \epsilon, p]$가 $p$를 포함하는 열린 집합이지만 $\{a_n \mid n \in \mathbb{N}\} \cap (p - \epsilon, p]$ 는 유한집합이므로 $< a_n >$은 $p$ 로 수렴하지 않는다.

$p \leq 0$일 경우: $(p - 1, p]$가 $p$ 를 포함하는 열린 집합이지만 $\{a_n \mid n \in \mathbb{N}\} \cap (p - 1, p] = \emptyset$ 이므로 $< a_n >$은 $p$ 로 수렴하지 않는다.

(b) $a_n = < -1, -1/2, -1/3, \cdots > \to 0$. 왜냐하면;

0을 포함하는 임의의 열린 집합 $(a, b]$를 택하면 $a < 0 \leq b$이므로 $n_0 \in \mathbb{N}$가 존재하여 $a < -\dfrac{1}{n_0} < 0$이다. 따라서 $n \geq n_0$이면 $-\dfrac{1}{n} \in (a, b]$이다.

(c) 수열은 수렴하지 않는다. 왜냐하면;

$p > 0$일 경우: 적당한 양수 $\epsilon$에 대하여 $0 < p - \epsilon$이 된다. 그러면 $G = (p - \epsilon, p]$가 $p$ 를 포함하는 열린 집합이지만 $\{a_n \mid n \in \mathbb{N}\} \cap (p - \epsilon, p]$ 는 유한집합이므로 $< a_n >$은 $p$ 로 수렴하지 않는다.

$p < 0$일 경우: $(p - 1, p]$가 $p$ 를 포함하는 열린 집합이지만 $\{a_n \mid n \in \mathbb{N}\} \cap (p - 1, p]$은 유한집합이므로 $< a_n >$은 $p$ 로 수렴하지 않는다.

$p = 0$일 경우: 0를 포함하는 열린 집합은 적당한 $\epsilon > 0$에 대하여 $(-\epsilon, 0]$을 포함하지만 $\{a_n \mid n \in \mathbb{N}\} \cap (-\epsilon, 0]$에 들어가지 않는 항이 무한히 존재하므로 $< a_n >$은 $p$ 로 수렴하지 않는다.

**⟦연습문제⟧ 4-9**

$Y$, $\emptyset$, $[3, 5]$, $\{7\}$

**⟦연습문제⟧ 4-10**

생략.

**⟦연습문제⟧ 4-11**

(a) $(\subseteq)$ $x \in (\overline{E})_Y$ 라 하고 $x$를 포함하는 임의의 열린 집합 $H \in \mathcal{T}$를 택하면 $H \cap Y \in \mathcal{T}_Y$ 이고 $x \in H \cap Y$ 이므로 $(H \cap Y) \cap E \neq \emptyset$ 이다. 그런데 $E \subseteq Y$ 이므로 $(H \cap Y) \cap E = H \cap E$이고, 따라서 $H \cap E \neq \emptyset$ 이다. 그러므로 $x \in \overline{E}$이고 $x \in \overline{E} \cap Y$ 이다.

$(\supseteq)$ $x \in \overline{E} \cap Y$ 라 하고 $x$를 포함하는 임의의 열린 집합 $G \in \mathcal{T}_Y$ 를 택하면 $H \in \mathcal{T}$가 존재하여 $G = H \cap Y$ 이다. 그런데 $H$가 $x$를 포함하는 열린 집합이고 $x \in \overline{E}$이므로 $H \cap E \neq \emptyset$ 이다. 따라서 $G \cap E = (H \cap Y) \cap E = H \cap E \neq \emptyset$ 이고 결국 $x \in (\overline{E})_Y$ 이다.

(b) $x \in Y \cap E^\circ$ 라 하자. 그러면 $x \in Y$ 이고 $x \in E^\circ$ 이다. $x \in E^\circ$ 이므로 $x \in G \subseteq E$ 인 $X$ 의 열린 집합 $G$가 존재한다. 그러면 $G \cap Y$는 $Y$ 에서 열린 집합이고

$$x \in G \cap Y \subseteq E \cap Y = E$$

이므로 $x \in (E^\circ)_Y$ 이다. 그러므로 $(E^\circ)_Y \supseteq Y \cap E^\circ$.

## 연습문제 5 해답

⟦연습문제⟧ **5-1**

(a) X (b) O (c) O (d) X (e) O (f) X

(g) X (h) O (i) X (j) O (k) O (l) X

⟦연습문제⟧ **5-2**

(a) O (b) O (c) O (d) O (e) O (f) O (g) X (h) X (i) X (j) X

⟦연습문제⟧ **5-3**

시에르핀스키 공간에서 열린 집합은 $X, \emptyset, \{a\}$ 뿐인데,

$$f^{-1}(X) = [0,1],\ f^{-1}(\emptyset) = \emptyset,\ f^{-1}(\{a\}) = [0,1)$$

은 모두 열린 집합이므로 연속이다.

⟦연습문제⟧ **5-4**

($\Rightarrow$) $A \subseteq Y$ 를 택하면 $A^\circ$ 는 열린 집합이고 $f$가 연속함수이므로 $f^{-1}(A^\circ)$는 $X$ 에서 열린 집합이다. 따라서 $f^{-1}(A^\circ) = (f^{-1}(A^\circ))^\circ \subseteq (f^{-1}(A))^\circ$ 이다.

($\Leftarrow$) $Y$ 에서 열린 집합 $H$를 택하면 $H^\circ = H$ 이다. 그런데 $f^{-1}(H) = f^{-1}(H^\circ) \subseteq (f^{-1}(H))^\circ$ 이고 따라서 $f^{-1}(H) = (f^{-1}(H))^\circ$ 이다. 그러므로 $f^{-1}(H)$는 $X$ 에서 열린 집합이다.

⟦연습문제⟧ **5-5**

$f(X)$ 에서 열린 집합 $H$를 택하면 $Y$ 에서 열린 집합 $G$가 존재하여 $H = G \cap f(X)$ 이다. $f : X \to Y$가 연속이므로 $f^{-1}(G)$는 열린 집합이고

$$f^{-1}(H) = f^{-1}(G \cap f(X)) = f^{-1}(G) \cap f^{-1}f(X) = f^{-1}(G) \cap X = f^{-1}(G)$$

이므로 $f^{-1}(H)$도 열린 집합이다.

⟦연습문제⟧ **5-6**

$Y$ 의 열린 집합 $G$를 생각하자. $f$가 연속이므로 $f^{-1}(G)$가 $X$ 에서 열린 집합이고, $f|_A{}^{-1}(G) = f^{-1}(G) \cap A$이 열린 집합이 된다. 따라서 $f|_A$는 연속함수이다.

⟦연습문제⟧ **5-7**

$\chi_A : X \to \mathbb{R}$가 $p$에서 연속이라 하자. $p \in A$이면 $\chi_A(p) = 1$이다. $\mathbb{R}$에서 1을 포함하고 0은 포함하지 않는 열린 집합 $U$에 대하여 $\chi_A$가 $p$에서 연속이므로 $p$를 포함하는 $X$의 열린 집합 $G$가 존재하여 $p \in G \subseteq \chi_A^{-1}(U) = A$이다. 따라서 $p \in A^\circ$이다. $p \in A^c$이면 $\chi_A(p) = 0$이다. $\mathbb{R}$에서 0을 포함하고 1은 포함하지 않는 열린 집합 $V$에 대하여 $\chi_A$가 $p$에서 연속이므로 $p$를 포함하는 $X$의 열린 집합 $H$가 존재하여 $p \in H \subseteq \chi_A^{-1}(V) = A^c$이다. 따라서 $p \in (A^c)^\circ$이다. 그러므로 $p \in A^\circ \cup (A^c)^\circ$이고 따라서 $p$는 $A$의 경계점이 아니다.

역으로 $p$가 $A$의 경계점이 아니라 하고 $\chi_A(p)$를 포함하는 $\mathbb{R}$의 열린 집합 $H$를 택하자. 그러면 $\chi_A^{-1}(H)$는 $p$를 포함하고 $X, A, A^c$ 중 하나이다. $\chi_A^{-1}(H) = X$라 하면 $X$가 $p$를 포함하는 열린 집합이고 $p \in X \subseteq \chi_A^{-1}(H)$이다. $\chi_A^{-1}(H) = A$이면 $p \in A$이고 $p \in A^\circ \cup (A^c)^\circ$이므로 $p \in A^\circ$이다. 따라서 $p$를 포함하는 열린 집합 $G$가 존재하여 $p \in G \subseteq A = \chi_A^{-1}(H)$이다. $\chi_A^{-1}(H) = A^c$이면 $p \in A^c$이고 $p \in A^\circ \cup (A^c)^\circ$이므로 $p \in (A^c)^\circ$이다. 따라서 $p$를 포함하는 열린 집합 $G$가 존재하여 $p \in G \subseteq A^c = \chi_A^{-1}(H)$이다. 그러므로 $\chi_A$가 연속함수이다.

**⟦연습문제⟧ 5-8**

(a) ($\Rightarrow$) $A \subseteq X$를 택하면 $\overline{A}$는 닫힌 집합이고 $f$가 닫힌 함수이므로 $f(\overline{A})$도 닫힌 집합이다. 따라서 $\overline{f(A)} \subseteq \overline{f(\overline{A})} = f(\overline{A})$이다.

($\Leftarrow$) $X$의 닫힌 집합 $F$를 택하면 $\overline{F} = F$이고 $\overline{f(F)} \subseteq f(\overline{F}) = f(F)$이므로 $f(F)$는 $Y$의 닫힌 집합이다.

(b) ($\Rightarrow$) $A \subseteq X$를 택하면 $A^\circ$는 열린 집합이고 $f$가 열린 함수이므로 $f(A^\circ)$도 열린 집합이다. 따라서 $f(A^\circ) = (f(A^\circ))^\circ \subseteq (f(A))^\circ$이다.

($\Leftarrow$) $X$의 열린 집합 $G$를 택하면 $G^\circ = G$이고 $f(G) = f(G^\circ) \subseteq (f(G))^\circ$이므로 $f(G)$는 $Y$의 열린 집합이다.

**⟦연습문제⟧ 5-9**

(a) $(\frac{1}{2\pi}, \frac{1}{\pi})$가 열린 집합이지만 $f((\frac{1}{2\pi}, \frac{1}{\pi})) = [-1, 0)$은 열린 집합이 아니므로 $f$는 열린 함수가 아니다.

(b) $[\frac{2}{\pi}, \infty)$가 닫힌 집합이지만 $f([\frac{2}{\pi}, \infty)) = (0, 1]$은 닫힌 집합이 아니므로 $f$는 닫힌 함수가 아니다.

**⟦연습문제⟧ 5-10**

$$X = \{1, 2, 3\}, \mathcal{T} = \{X, \emptyset, \{1\}, \{1, 2\}\}$$

이고

$$Y = \{a, b\}, \mathcal{T}^* = \{Y, \emptyset, \{a\}\}$$

라 하고 함수 $f : X \to Y$를 $f = \{(1, a), (2, b), (3, b)\}$라 하자. 그러면 $f$는 열린 함수이다. 그런데 $A = \{2, 3\}$이라 하면 $\mathcal{T}_A = \{A, \emptyset, \{2\}\}$이다. $\{2\} \in \mathcal{T}_A$이지만 $f|_A(\{2\}) = \{b\} \notin \mathcal{T}^*$이므로 $f|_A$는 열린 함수가 아니다.

**⟦연습문제⟧ 5-11**

(1) $g$가 위상동형함수이다:

(i) $Y$의 점 $y_1, y_2$에 대하여 $g(y_1) = g(y_2)$라 하자. 그러면 $f$가 전사함수이므로 $x_1, x_2 \in X$가 존재하여 $f(x_1) = y_1, f(x_2) = y_2$이고 $g(f(x_1)) = g(f(x_2))$이다. $g \circ f$가 단사함수이므로 $x_1 = x_2$이고 따라서 $y_1 = f(x_1) = f(x_2) = y_2$이다. 그러므로 $g$는 단사함수이다.

(ii) $g \circ f$가 전사함수이므로 $g(f(X)) = Z$이고 $f$가 전사함수이므로 $f(X) = Y$이다. 따라서 $g(Y) = Z$이고 결국 $g$는 전사함수이다.

(iii) $Y$의 열린 집합 $H$를 택하면 $f$가 연속함수이므로 $f^{-1}(H)$는 $X$의 열린 집합이다. $g \circ f$가 연속인 열린 함수이므로 $g(f(f^{-1}(H)))$는 $Z$의 열린 집합이다. 그런데 $f$가 전사함수이므로 $ff^{-1}(H) = H$이고 $g(H)$는 $Z$의 열린 집합이다. 따라서 $g$는 열린 함수이다.

$g$는 연속함수이므로 이제 (i), (ii), (iii)에 의해 위상동형함수가 된다.

(2) $f$가 위상동형 함수이다.:

(i) $f(x_1) = f(x_2)$이면 $g(f(x_1)) = g(f(x_2))$이고 $g \circ f$가 단사함수이므로 $x_1 = x_2$이다. 따라서 $f$는 단사함수이다.

(ii) $X$의 열린 집합 $G$를 택하면 $g \circ f$가 열린 함수이므로 $g(f(G))$는 $Z$의 열린 집합이다. $g$가 연속함수이므로 $g^{-1}(g(f(G)))$는 $Y$의 열린 집합이다. 그런데 $g$가 단사함수이므로 $g^{-1}(g(f(G))) = f(G)$이고 $f(G)$는 $Y$의 열린 집합이다. 따라서 $f$는 열린 함수이다.

$f$가 전사 연속함수이므로, 이제 (i), (ii)에 의해 위상동형함수가 된다.

⟦연습문제⟧ **5-12**

$\mathcal{T}_1 = \{\emptyset, X\} = \mathcal{I}$,

$\mathcal{T}_2 = \{\emptyset, X, \{a\}\}$,

$\mathcal{T}_3 = \{\emptyset, X, \{a, b\}\}$,

$\mathcal{T}_4 = \{\emptyset, X, \{a, b\}, \{a\}\}$,

$\mathcal{T}_5 = \{\emptyset, X, \{a, b\}, \{c\}\}$,

$\mathcal{T}_6 = \{\emptyset, X, \{a\}, \{b\}, \{a, b\}\}$,

$\mathcal{T}_7 = \{\emptyset, X, \{a, b\}, \{b, c\}, \{b\}\}$,

$\mathcal{T}_8 = \{\emptyset, X, \{a, b\}, \{b, c\}, \{b\}, \{a\}\}$,

$\mathcal{T}_9 = \{\emptyset, X, \{a\}, \{b\}, \{c\}, \{a, c\}, \{b, c\}, \{a, b\}\} = \mathcal{D}$.

⟦연습문제⟧ **5-13** 부분기저는

$$\begin{aligned} \mathcal{S} &= \{f^{-1}(H) | H \in \mathcal{T}\} \cup \{g^{-1}(H) | H \in \mathcal{T}\} \\ &= \{X, \emptyset, \{1, 2, 3, 4\}, \{5\}, \{2, 4\}, \{1, 3, 5\}\} \end{aligned}$$

이다. 이를 사용해서 기저를 구하면

$$\mathcal{B} = \{X, \emptyset, \{1, 2, 3, 4\}, \{5\}, \{2, 4\}, \{1, 3, 5\}, \{1, 3\}\}$$

이다. 따라서 약한 위상은 $\{X, \emptyset, \{1, 2, 3, 4\}, \{5\}, \{2, 4\}, \{1, 3, 5\}, \{1, 3\}, \{2, 4, 5\}\}$.

**⟦연습문제⟧ 5-14**

$\mathbb{R}$위의 가장 작은 위상 $\mathcal{T}$에 대한 기저가

$$\mathcal{B} = \{f^{-1}((c,d)) \mid c,d \in \mathbb{R}\} = \{(\frac{c-b}{a}, \frac{d-b}{a}) \mid a,b,c,d \in \mathbb{R}\}$$

이므로 $\mathcal{T} = \mathcal{U}$이다.

**⟦연습문제⟧ 5-15**

임의의 점 $x_0 \in X$에 대하여 함수 $f : (X, \mathcal{T}) \to (\mathbb{R}, \mathcal{U})$를

$$f(x) = \begin{cases} 1, & x = x_0 \text{일 때} \\ 0, & \text{그 외의 경우} \end{cases}$$

라 하자. 모든 함수가 연속이므로 함수 $f$도 연속이다. 구간 $(0,2)$가 $\mathbb{R}$에서 열린 집합이므로 $f^{-1}((0,2)) = \{x_0\}$도 $X$에서 열린 집합이다. 임의의 점 $x_0$에 대해 위와 같은 함수를 정의할 수 있으므로, 임의의 한원소집합 $\{x_0\}$는 열린 집합이다. 따라서 $X$의 위상은 이산위상이다.

**⟦연습문제⟧ 5-16**

이산위상, 위끝 위상

**⟦연습문제⟧ 5-17**

(a) X (b) X

**⟦연습문제⟧ 5-18**

그렇다. $f(\mathcal{B}) = \{f(A) \mid A \in \mathcal{B}\}$라 하면, 함수 $f$가 열린 함수이므로 $f(\mathcal{B})$는 분명히 열린 집합들의 모임이다. 이제 $H$가 $y$를 포함하는 $Y$의 열린 집합이라 하자. 그러면 $f$가 전사함수이므로 적당한 $x \in X$가 존재하여 $f(x) = y$이다. 따라서 $H$는 $f(x)$의 열린 근방이다. 또한 $f$가 연속함수이므로 $f^{-1}(H)$는 $X$의 열린 근방이다. $\mathcal{B}$가 $\mathcal{T}$의 기저이므로 적당한 $A \in \mathcal{B}$가 존재하여 $x \in A \subseteq f^{-1}(H)$이다. $f$가 열린 함수이므로 $f(A) \in f(\mathcal{B})$는 열린 집합이고

$$y = f(x) \in f(A) \subseteq ff^{-1}(H) \subseteq H$$

이다. 따라서 $f(\mathcal{B})$는 $\mathcal{T}'$의 기저이다.

**⟦연습문제⟧ 5-19**

(i) $\forall i \in J$, $f_i^{-1}(\emptyset) = \emptyset \in \mathcal{T}_i$이므로 $\emptyset \in \mathcal{T}^*$이다.

$\forall i \in J$, $f_i^{-1}(Y) = X_i \in \mathcal{T}_i$이므로 $Y \in \mathcal{T}^*$이다.

(ii) $\forall \beta \in \Lambda, G_\beta \in \mathcal{T}^*$라 하자. 그러면 $\forall i \in J$, $f_i^{-1}(G_\beta) \in \mathcal{T}_i$이다. 따라서 위상의 성질에 의해

$$f_i^{-1}(\bigcup_{\beta \in \Lambda} G_\beta) = \bigcup_{\beta \in \Lambda} f_i^{-1}(G_\beta) \in \mathcal{T}_i$$

위 식이 모든 $i \in J$에 대해 성립하므로 $\bigcup_{\beta \in \Lambda} G_\beta \in \mathcal{T}^*$이다.

(iii) $G, H \in \mathcal{T}^*$라 하자. $\forall i \in J$, $f_i^{-1}(G) \in \mathcal{T}_i$이고 $f_i^{-1}(H) \in \mathcal{T}_i$이므로

$\forall i \in J,\ f_i^{-1}(G \cap H) = f_i^{-1}(G) \cap f_i^{-1}(H) \in \mathcal{T}_i$ 이다. 따라서 $G \cap H \in \mathcal{T}^*$ 이다. 결국 위상이 된다.

【연습문제】 **5-20**

$[0, \frac{1}{2})$은 열린 집합인데, $f([0, \frac{1}{2}))$은 열린 집합이 아니므로 $f$는 열린 함수가 아니다. 따라서 위상 동형이 아니다.

【연습문제】 **5-21**

비이산위상, $\{\mathbb{R}, \emptyset, [0,1]\}$

【연습문제】 **5-22**

보통위상공간 $(\mathbb{R}, \mathcal{U})$

# 연습문제 6 해답

【연습문제】 **6-1**

(a) O (b) X (c) X (d) X (e) O (f) O (g) O

(h) O (i) X (j) O (k) O (l) O (m) X

【연습문제】 **6-2**

(i) $e(a,b) = \dfrac{d(a,b)}{1+d(a,b)} \geq 0, \quad e(a,a) = \dfrac{d(a,a)}{1+d(a,a)} = \dfrac{0}{1} = 0$

(ii) $e(a,b) = \dfrac{d(a,b)}{1+d(a,b)} = \dfrac{d(b,a)}{1+d(b,a)} = e(b,a)$

(iii)

$$\begin{aligned} e(a,c) &= \frac{d(a,c)}{1+d(a,c)} \\ &\leq \frac{d(a,b)+d(b,c)}{1+d(a,b)+d(b,c)} \quad (\because 0 < x \leq y \text{ 이면 } \frac{x}{1+x} \leq \frac{y}{1+y}) \\ &= \frac{d(a,b)}{1+d(a,b)+d(b,c)} + \frac{d(b,c)}{1+d(a,b)+d(b,c)} \\ &\leq \frac{d(a,b)}{1+d(a,b)} + \frac{d(b,c)}{1+d(b,c)} \\ &= e(a,b) + e(b,c) \end{aligned}$$

(iv) $a \neq b$이면 $d(a,b) > 0$이고 $e(a,b) = \dfrac{d(a,b)}{1+d(a,b)} > 0$이다.

【연습문제】 **6-3**

(i) $d^*(a,b) = \min\{1, d(a,b)\} \geq 0$이고 $d^*(a,a) = \min\{1, d(a,a)\}$
$= \min\{1, 0\} = 0$이다.

(ii) $d^*(a,b) = \min\{1, d(a,b)\} = \min\{1, d(b,a)\} = d^*(b,a)$

(iii) 먼저 $d(a,b) < 1$이고 $d(b,c) < 1$일 경우;
$d^*(a,c) \leq d(a,c) \leq d(a,b) + d(b,c) = d^*(a,b) + d^*(b,c)$이다.

그리고 $d(a,b) \geq 1$이거나 $d(b,c) \geq 1$일 경우;

$d^*(a,c) \leq 1 \leq d^*(a,b) + d^*(b,c)$이다.

따라서 모든 경우에 삼각부등식이 성립한다.

(iv) $a \neq b$이면 $d(a,b) > 0$이고 따라서 $d^*(a,b) = \min\{1, d(a,b)\} > 0$이다.

### 〚연습문제〛 6-4

$a = (1,0) \neq (2,0) = b$일 때, $d(a,b) = 0$이므로 거리함수가 아니다.

### 〚연습문제〛 6-5

(i) $e(f,g) = \sup\{d(f(x), g(x)) \mid x \in X\} \geq 0$,

$e(f,f) = \sup\{d(f(x), f(x)) \mid x \in X\} = 0$

(ii) $e(f,g) = \sup\{d(f(x), g(x)) \mid x \in X\} = \sup\{d(g(x), f(x)) \mid x \in X\} = e(g,f)$

(iii)

$$\begin{aligned} e(f,h) &= \sup\{d(f(x), h(x)) \mid x \in X\} \\ &\leq \sup\{d(f(x), g(x)) + d(g(x), h(x)) \mid x \in X\} \\ &\leq \sup\{d(f(x), g(x)) \mid x \in X\} + \sup\{d(g(x), h(x)) \mid x \in X\} \\ &= e(f,g) + e(g,h) \end{aligned}$$

(iv) $f \neq g$이면 $x \in X$가 존재하여 $f(x) \neq g(x)$이다. 따라서 $d(f(x), g(x)) > 0$이고 $e(f,g) = \sup\{d(f(x), g(x)) \mid x \in X\} > 0$이다.

### 〚연습문제〛 6-6

$d$가 (i), (ii)를 만족시킨다고 하자.

(1) $d(a,a) = 0$이다. 또한 $0 = d(a,a) \leq d(a,b) + d(a,b) = 2d(a,b)$이고 따라서 $d(a,b) \geq 0$이다.

(2) $d(b,a) \leq d(b,b) + d(a,b)$이므로 $d(b,a) \leq d(a,b)$이다. 또한 $d(a,b) \leq d(a,a) + d(b,a)$이므로 $d(a,b) \leq d(b,a)$이다. 따라서 $d(a,b) = d(b,a)$이다.

(3) $d(a,c) \leq d(a,b) + d(c,b) = d(a,b) + d(b,c)$

(4) $a \neq b$이면 $d(a,b) \neq 0$이고 따라서 $d(a,b) > 0$이다.

따라서 $d$는 거리함수이다.

### 〚연습문제〛 6-7

$A = \{2, 3, 4, 5, \cdots\}$, $B = \{2\frac{1}{2}, 3\frac{1}{3}, 4\frac{1}{4}, 5\frac{1}{5}, \cdots\}$라 하면 두 집합은 분명히 닫힌 집합이고, $A \cap B = \emptyset$ 이면서 $d(A,B) = 0$이다.

### 〚연습문제〛 6-8

($\Rightarrow$) $d(p,B) = 0$이고 $p \notin B$라 가정하자. 그러면 $B^c$는 $p$를 포함하는 열린 집합이므로 반지름이 $r$인 열린 원판 $D$가 존재하여 $p \in D \subseteq B^c$이다. 그런데 $d(p,B) = 0$이므로 $q \in B$가 존재하여 $d(p,q) < r$이고 $q \in D \subseteq B^c$이다. 이것은 모순이다.

($\Leftarrow$) $B^c$가 열린 집합임을 보이기 위하여 $x \in B^c$라 하자. 그러면 가정에 의해 $d(x, B) \neq 0$이므로 $d(x, B) = r$이라 하자. 그러면 중심이 $x$이고 반지름이 $\frac{r}{2}$인 열린 원판 $D$는 $x \in D \subseteq B^c$이다. 따라서 $B^c$가 열린 집합이고, 결국 $B$는 닫힌 집합이다.

### ⟦연습문제⟧ 6-9

$A \cup B$의 두 점 $a, b$를 택하자. $a, b \in A$ 또는 $a, b \in B$라 하면 $d(a, b) \leq d(A) + d(B)$이다. $a \in A$이고 $b \in B$라 하자. $A \cap B \neq \emptyset$이면 $x \in A \cap B$가 존재하고 $d(a, b) \leq d(a, x) + d(x, b) \leq d(A) + d(B)$이다. $A \cap B = \emptyset$라 하자. 임의의 $\epsilon > 0$에 대하여 $d(A, B) = \inf\{d(x, y) \mid x \in A,\ y \in B\}$이므로 $x \in A,\ y \in B$가 존재하여 $d(x, y) \leq d(A, B) + \epsilon$이고 $d(a, b) \leq d(a, x) + d(x, y) + d(y, b) \leq d(A) + d(B) + d(A, B) + \epsilon$이다. 따라서 $d(a, b) \leq d(A) + d(B) + d(A, B)$이다. 결국 $d(A \cup B) = \sup\{d(a, b) \mid a, b \in A \cup B\} \leq d(A) + d(B) + d(A, B)$이다.

### ⟦연습문제⟧ 6-10

$X$의 임의의 점 $x_0$와 임의의 양수 $\epsilon$을 택하고 $\delta = \epsilon$이라 하자. 그러면 $d(x, x_0) < \delta$일 때

$$|f(x) - f(x_0)| = |d(x, A) - d(x_0, A)| \leq d(x, x_0) < \delta = \epsilon$$

이다.

### ⟦연습문제⟧ 6-11

$X$가 두 점 이상을 가진 집합이고 $d$를 $X$의 이산거리함수라 하자. 그러면 임의의 $p \in X$에 대하여 $B(p, 1) = \{x \mid d(p, x) < 1\} = \{p\}$이고, 닫힌 공은 $\overline{B}(p, 1) = \{x \mid d(p, x) \leq 1\} = X$이다. 그런데 $d$는 이산위상을 유도하므로

$$\overline{B(p, 1)} = \overline{\{p\}} = \{p\} \neq X = \overline{B}(p, 1)$$

이다.

### ⟦연습문제⟧ 6-12

$x \notin \overline{B}(p, \delta)$라 하면 $d(p, x) > \delta$이고 $d(p, x) = \delta + \epsilon$라 하자. 임의의 $q \in \overline{B}(p, \delta)$를 택하면 $d(p, q) \leq \delta$이고 $d(x, q) \geq d(p, x) - d(p, q) \geq \epsilon$이다. 그러면 $d(x, \overline{B}(p, \delta)) = \inf\{d(x, q) \mid q \in \overline{B}(p, \delta)\} \geq \epsilon \neq 0$이고 따라서 $x \notin \mathrm{cl}(\overline{B}(p, \delta))$이다. 결국 $\mathrm{cl}(\overline{B}(p, \delta)) \subseteq \overline{B}(p, \delta)$이므로 $\mathrm{cl}(\overline{B}(p, \delta)) = \overline{B}(p, \delta)$이다.

### ⟦연습문제⟧ 6-13

(1) $|f(x)| \geq 0$이므로 $\|f\| = \sup\{|f(x)| \mid x \in [0, 1]\} \geq 0$이다. $\|f\| = 0$이면 모든 $x \in [0, 1]$에 대하여 $|f(x)| = 0$이고 따라서 $f = 0$이다. 또한 $f = 0$이면 모든 $x \in [0, 1]$에 대하여 $|f(x)| = 0$이고 따라서 $\|f\| = 0$이다.

(2) 모든 $x \in [0, 1]$에 대하여

$$|f(x) + g(x)| \leq |f(x)| + |g(x)| \leq \|f\| + \|g\|$$

이고 따라서 $\|f + g\| = \sup\{|f(x) + g(x)| \mid x \in [0, 1]\} \leq \|f\| + \|g\|$이다.

(3) 모든 $x \in [0,1]$에 대하여 $|kf(x)| = |k||f(x)|$이므로

$$\begin{aligned} \|kf\| &= \sup\{|kf(x)| \mid x \in [0,1]\} \\ &= \sup\{|k||f(x)| \mid x \in [0,1]\} \\ &= |k| \sup\{|f(x)| \mid x \in [0,1]\} \\ &= |k|\|f\| \end{aligned}$$

이다.

**⟦연습문제⟧ 6-14**

6-11과 유사하게 보일 수 있다.

**⟦연습문제⟧ 6-15**

$X$의 임의의 점 $x_0$와 임의의 양수 $\epsilon$을 택하고 $\delta = \epsilon$이라 하자. 그러면 $\|x - x_0\| < \delta$일 때

$$|f(x) - f(x_0)| = |\|x\| - \|x_0\|| \leq \|x - x_0\| < \delta = \epsilon$$

이다.

**⟦연습문제⟧ 6-16**

민코프스키 부등식을 이용하여 쉽게 보일 수 있다.

**⟦연습문제⟧ 6-17**

민코프스키 부등식을 이용하여 쉽게 보일 수 있다.

**⟦연습문제⟧ 6-18**

예제 6.57을 이용하여 증명할 수 있다.

**⟦연습문제⟧ 6-19**

$f$는 분명히 전단사함수이고, 열린 구간의 상이 열린 집합이므로 열린 함수이다. 또한 열린 집합의 역상이 열린 집합이므로 연속함수이다. 따라서 위상동형함수이다.

# 연습문제 7 해답

**⟦연습문제⟧ 7-1**

모든 $p = (x, y) \in \mathbb{R}^2$에 대하여 $\mathcal{B}_p = \{[x, q) \times [y, s) \mid x < q, y < s,\ q, s \in \mathbb{Q}\}$는 가산 국소기저이다.

**⟦연습문제⟧ 7-2**

(a) $(X, \mathcal{T}) = (\mathbb{R}, \mathcal{C}_f)$가 제1가산공간이 아니고 $(X, \mathcal{T}^*) = (\mathbb{R}, \mathcal{D})$는 제1가산공간이다.

(b) $(X, \mathcal{T}^*) = (\mathbb{R}, \mathcal{C}_f)$가 제1가산공간이 아니고 $(X, \mathcal{T}) = (\mathbb{R}, \mathcal{I})$는 제1가산공간이다.

**⟦연습문제⟧ 7-3**

각 성분 공간 $\mathbb{R}$에서 유리수 끝점을 갖는 열린 구간 $(a_k, b_k)$들의 개수는 가산이다. 이 집합들을 $m$번 곱집합을 해서 만들 수 있는 집합들도 가산 개밖에 없다. 따라서 이들을 모두 모아놓은 집합

$$\begin{aligned}\mathcal{B} &= \{\prod_{k=1}^{m}(a_k, b_k) \mid a_k, b_k \in \mathbb{Q}\} \\ &= \{(a_1, b_1) \times (a_2, b_2) \times \cdots \times (a_m, b_m) \mid a_k, b_k \in \mathbb{Q}\}\end{aligned}$$

은 가산집합인데, 이들이 기저를 이룬다.

**⟦연습문제⟧ 7-4**

$X$가 제2가산공간이므로 가산 기저 $\mathcal{G} = \{B_n \mid n \in \mathbb{N}\}$를 갖는다. 이제 $\mathcal{B}$를 $X$의 임의의 기저라 하자. $\mathcal{B}$가 기저이므로 모든 $n \in \mathbb{N}$에 대하여 적당한 $\mathcal{B}_n \subseteq \mathcal{B}$가 존재하여

$$B_n = \bigcup\{A \mid A \in \mathcal{B}_n\}$$

이다. 따라서 $\mathcal{B}_n$은 $B_n$의 열린 덮개이고, 제2가산공간은 유전적이므로 부분공간 $\mathcal{B}_n$도 제2가산공간이고, 따라서 Lindelöf집합이 되어 가산부분덮개 $\mathcal{B}_n^*$가 존재한다. $\mathcal{B}^* = \bigcup \mathcal{B}_n^*$라 하면 $\mathcal{B}^* \subseteq \mathcal{B}$이고 $\mathcal{B}^*$는 가산이다. 또한 모든 열린 집합은 $B_n$들의 합집합으로 나타낼 수 있으므로 결국 $\mathcal{B}^*$의 원소들의 합집합으로 나타낼 수 있다. 결국 $\mathcal{B}^*$는 $\mathcal{B}$의 가산 부분기저이다.

**⟦연습문제⟧ 7-5**

임의의 $x \in A \subseteq X$에 대한 가산 국소기저 $\mathcal{B}_x$가 존재한다. 따라서 $\{B \cap A | B \in \mathcal{B}_x\}$가 $(A, \mathcal{T}_A)$에 관한 가산 국소기저이다. 그러므로 $(A, \mathcal{T}_A)$는 제1가산공간이다.

**⟦연습문제⟧ 7-6**

$(X, \mathcal{T})$가 제1가산공간이고 함수 $f : (X, \mathcal{T}) \to (Y, \mathcal{T}^*)$는 위상동형함수이다. 임의의 $y \in Y$에 대하여 $x \in X$가 존재하여 $y = f(x)$이고 $(X, \mathcal{T})$가 제1가산공간이므로 $x \in X$의 가산국소기저 $\mathcal{B}_x = \{B_n | n \in \mathbb{N}\}$가 존재한다. $\{f(B_n) | B_n \in \mathcal{B}_x\}$는 $y = f(x) \in Y$의 가산 국소기저이므로 $(Y, \mathcal{T}^*)$는 제1가산공간이다.

**⟦연습문제⟧ 7-7**

임의의 공집합이 아닌 $A \in \mathcal{A}$에 대해 점 $a \in A$가 존재하고, $A$가 열린 집합이므로 $a \in B_A \subseteq A$인 가산 기저 $\mathcal{B}$의 원소 $B_A$가 존재한다. $\mathcal{A}$의 또 다른 원소 $C \neq A$에 대해 $B_C \subseteq C$인 $B_C \in \mathcal{B}$가 존재한다. 그런데 $\mathcal{A}$의 원소는 모두 서로소이므로 $A \cap C = \emptyset$이고 따라서 $B_A \neq B_C$이다. 결국 함수

$$f : \mathcal{A} \to \mathcal{B}, \ f(A) = B_A$$

는 단사함수이다. 따라서 $|\mathcal{A}| \leq |\mathcal{B}|$이다.

**⟦연습문제⟧ 7-8**

가산 기저 $\mathcal{B}=\{[a_n, b_n) \mid n \in \mathbb{N}\}$가 존재한다고 가정하여 모순을 보이자. 임의의 점 $x \in \mathbb{R}$에 대해 $x \in [x, x+1)$이고 집합 $[x, x+1)$은 열린 집합이므로 적당한 $B_n \in \mathcal{B}$가 존재하여

$$x \in B_n = [a_n, b_n) \subseteq [x, x+1)$$

이 된다. 따라서 $a_n = x$가 되어야 한다. 그런데 $\{a_n \mid n \in \mathbb{N}\}$은 가산집합이고 $\mathbb{R}$은 비가산집합이므로 모순이다. 따라서 제2가산공간이 아니다.

**⟦연습문제⟧ 7-9**

$(X, \mathcal{T})$가 제2가산공간이고 $A \subseteq X$라 하자. 그러면 $X$의 가산기저 $\mathcal{B}$가 존재하고 $\{B \cap A \mid B \in \mathcal{B}\}$는 $A$의 가산기저가 된다. 따라서 $(A, \mathcal{T}_A)$는 제2가산공간이다.

**⟦연습문제⟧ 7-10**

$(X, \mathcal{T})$가 제2가산공간이고 함수 $f:(X, \mathcal{T}) \to (Y, \mathcal{T}^*)$가 위상동형함수이면 $(X, \mathcal{T})$의 가산기저 $\mathcal{B}=\{B_n \mid n \in \mathbb{N}\}$이 존재한다. 이 때 $\{f(B_n) \mid B_n \in \mathcal{B}\}$가 $Y$의 가산기저가 되므로 $(Y, \mathcal{T}^*)$는 제2가산공간이다.

**⟦연습문제⟧ 7-11**

$l_2$ 공간은 분리가능한 거리공간이므로 제2가산공간이다.

**⟦연습문제⟧ 7-12**

$X$가 Lindelöf 공간이고 함수 $f: X \to Y$가 위상동형함수라 하자. $Y$의 임의의 열린 덮개 $\mathcal{G}$를 택하면 $Y=\bigcup \mathcal{G}$이고, 따라서

$$X = f^{-1}(Y) = f^{-1}\Big(\bigcup_{G \in \mathcal{G}} G\Big) = \bigcup_{G \in \mathcal{G}} f^{-1}(G)$$

이다. 즉, $\{f^{-1}(G) | G \in \mathcal{G}\}$가 $X$의 열린 덮개가 된다. 그런데 $X$가 Lindelöf 공간이므로 적당한 가산부분덮개 $\mathcal{G}^*=\{f^{-1}(G_k) \mid k \in \mathbb{N}\}$가 존재한다. $f$가 전단사함수이므로

$$Y = f(X) = f\Big(\bigcup_{k \in \mathbb{N}} f^{-1}(G_k)\Big) = \bigcup_{k \in \mathbb{N}} f(f^{-1}(G_k)) = \bigcup_{k \in \mathbb{N}} G_k$$

이고, 따라서 $\{G_k \mid k \in \mathbb{N}\}$는 $\mathcal{G}$의 가산부분덮개이다.

**⟦연습문제⟧ 7-13**

전사함수에 대해서만 증명하면 되므로 $(X, \mathcal{T})$가 Lindelöf 공간이고 $f:(X, \mathcal{T}) \to (Y, \mathcal{T}^*)$가 연속인 전사함수라 하자. $Y$의 열린 덮개 $\mathcal{G}=\{G_\alpha \mid \alpha \in \Gamma\}$를 택하면 $Y=\bigcup_{\alpha \in \Gamma} G_\alpha$이다. $X=f^{-1}(Y)=f^{-1}(\bigcup_{\alpha \in \Gamma} G_\alpha)=\bigcup_{\alpha \in \Gamma} f^{-1}(G_\alpha)$이고 $f^{-1}(G_\alpha)$는 열린 집합이므로 $\mathcal{H}=\{f^{-1}(G_\alpha) \mid \alpha \in \Gamma\}$는 $X$의 열린 덮개이다. $X$가 Lindelöf 공간이므로 $\mathcal{H}$의 가산부분덮개 $\mathcal{H}^*=\{f^{-1}(G_{\alpha_n}) \mid n \in \mathbb{N}\}$이 존재한다. 따라서 $X=\bigcup_{n \in \mathbb{N}} f^{-1}(G_{\alpha_n})$이고 $f$가 전사함수이므로

$$Y = f(X) = f\Big(\bigcup_{n \in \mathbb{N}} f^{-1}(G_{\alpha_n})\Big) = \bigcup_{n \in \mathbb{N}} G_{\alpha_n}$$

이다. 그러므로 $\mathcal{G}^* = \{G_{\alpha_n} \mid n \in \mathbb{N}\}$는 $\mathcal{G}$의 가산부분덮개이다.

⟦연습문제⟧ **7-14**

$\mathbb{R}^2$에 $\{[a,b) \times [c,d) \mid \ a,b,c,d \in \mathbb{R}\}$로 생성되는 위상을 주자. 이 공간은 분리가능한 공간이다. 그러나 부분집합 $A = \{(x,y) \mid y = -x\}$에 대하여 $(A, \mathcal{T}_A)$는 이산공간이면서 비가부번집합이므로, 분리가능한 공간이 아니다.

⟦연습문제⟧ **7-15**

$(X,\mathcal{T})$가 분리가능한 공간이고 $A$가 열린 부분집합이라 하자. $X$가 분리가능하므로 $X$의 가산인 조밀한 부분집합 $D$가 존재한다. 이제 $D \cap A$가 $A$의 가산인 조밀한 부분집합임을 보이자. 가산집합이 되는 것은 분명하다. 임의의 $p \in A$를 포함하는 $A$의 열린 집합 $G$를 택하자. $A$가 열린 집합이므로 $A \cap G$는 $X$에서 열린 집합이다. $A \cap G$가 $p$를 포함하는 $X$에서의 열린 집합이므로, 조밀성에 의해

$$(A \cap G) \cap D \neq \emptyset$$

이다. 따라서

$$(A \cap D) \cap G = (A \cap G) \cap D \neq \emptyset$$

이다. 결국 $p \in \overline{(A \cap D)}$이다. 즉, $A = \overline{(A \cap D)}$이다. 따라서 $A$는 분리가능하다.

⟦연습문제⟧ **7-16**

$X$가 분리가능한 공간이고 함수 $f : X \to Y$가 위상동형함수이면 $X$의 가산인 조밀한 부분집합 $D$의 상 $f(D)$는 $Y$의 가산인 조밀한 부분집합이다.

⟦연습문제⟧ **7-17**

$D = \{(a_1, a_2, \cdots, a_m) \mid a_i \in \mathbb{Q}\}$가 가산인 조밀한 부분집합이다.

⟦연습문제⟧ **7-18**

임의의 $r \in \mathbb{R}$에 대하여 $[r, r+\epsilon) \cap \mathbb{Q} \neq \emptyset$ 이므로 $r \in \overline{\mathbb{Q}}$이다. 즉, $\overline{\mathbb{Q}} = \mathbb{R}$ 이므로 분리 가능 공간이다.

⟦연습문제⟧ **7-19**

모든 $a_n$이 유리수이고 유한 개를 제외한 나머지는 0으로 이루어진 원소들의 집합 $D = \{< a_n > \in \mathbb{Q}^\infty \mid a_n \in \mathbb{Q}\}$는 가산인 조밀한 부분집합이다.

⟦연습문제⟧ **7-20**

만일 $X$가 가산집합이면 당연히 성립하므로, $X$가 비가산집합이라 하자. 비가산집합은 가부번집합을 부분집합으로 포함하므로, 가부번 부분집합 $A$가 존재한다. 여유한위상에서는 닫힌 집합은 유한집합과 전체집합뿐이므로 $A$를 포함하는 닫힌 집합은 $X$ 뿐이다. 따라서 $\overline{A} = X$. 결국 $X$는 분리가능한 공간이다.

## 연습문제 8 해답

⟦연습문제⟧ **8-1**

(a) $\mathcal{T}_9$ (b) $\mathcal{T}_9$ (c) $\mathcal{T}_9$ (d) $\mathcal{T}_9$

**⟦연습문제⟧ 8-2**

(a) $X = \{a, b\}, \mathcal{T} = \{X, \emptyset, \{a\}\}$라 하면 $(X, \mathcal{T})$는 $T_0$ 공간 이지만 $T_1$ 공간은 아니다.

(b) $X$의 서로 다른 두 점 $x, y$에 대하여 $X$가 $T_1$ 공간이므로 열린 집합 $G, H$가 존재하여 $x \in G, y \notin G, y \in H, x \notin H$이다. 따라서 $G$는 열린 집합이고 $x \in G, y \notin G$이므로 $X$는 $T_0$ 공간이다.

**⟦연습문제⟧ 8-3**

(a) O (b) X (c) X (d) X (e) X (f) O (g) X

**⟦연습문제⟧ 8-4**

($\Rightarrow$) $F \in \mathcal{C}_f$라 하자. $F = \emptyset$이면 $F \in \mathcal{T}$이다. 또한 $F \neq \emptyset$이면 $X - F$는 유한집합이므로 $X - F$는 $\mathcal{T}$에서 닫힌 집합이다. 따라서 $F \in \mathcal{T}$이다.

($\Leftarrow$) $F$를 $X$의 유한 부분집합이라 하자. 그러면 $X - F \in \mathcal{C}_f \subseteq \mathcal{T}$이다. 따라서 $F$가 $\mathcal{T}$에서 닫힌 집합이이므로 $(X, \mathcal{T})$는 $T_1$ 공간이다.

**⟦연습문제⟧ 8-5**

($\Rightarrow$) $A \subseteq X$라 하자. $T_1$ 공간에서는 한원소집합이 닫힌 집합이므로, 임의의 $y \in X - A$에 대해 $X - \{y\}$가 $A$를 포함하는 열린 집합이다. 그런데 $A = \bigcap\{X - \{y\} \mid y \in X - A\}$이므로 성립한다.

($\Leftarrow$) 역을 증명하기 위해 $X$의 서로 다른 두 점 $a$와 $b$를 잡자. 조건에 의해 $\{a\} = \bigcap\{G \in \mathcal{T} \mid \{a\} \subseteq G\}$이고 $b \notin \{a\}$이므로 적당한 $G \in \mathcal{T}$가 존재하여 $\{a\} \subseteq G$, $b \notin G$이다. 즉, $a \in G$, $b \notin G$이다. 마찬가지로 $\{b\} = \bigcap\{G \in \mathcal{T} \mid \{b\} \subseteq G\}$로부터 적당한 $H \in \mathcal{T}$가 존재하여 $a \notin H$, $b \in H$이다. 따라서 $T_1$ 공간이다.

**⟦연습문제⟧ 8-6**

$(X, \mathcal{T})$가 $T_1$ 공간이고 $(A, \mathcal{T}_A)$가 $(X, \mathcal{T})$의 부분공간일 때 $A$의 서로 다른 두 점 $a, b$는 $X$에 속하고, $X$가 $T_1$ 공간이므로 $G, H \in \mathcal{T}$가 존재하여 $a \in G, b \notin G, b \in H, a \notin H$이다. 그런데 $G \cap A, H \cap A \in \mathcal{T}_A$이고 $a \in G \cap A, b \notin G \cap A, b \in H \cap A, a \notin H \cap A$이므로 $(A, \mathcal{T}_A)$도 $T_1$ 공간이다.

**⟦연습문제⟧ 8-7**

$f = 1_{\mathbb{R}} : (\mathbb{R}, \mathcal{D}) \to (\mathbb{R}, \mathcal{I})$은 연속인 전사함수이고 $(\mathbb{R}, \mathcal{D})$는 $T_1$ 공간이지만 $(\mathbb{R}, \mathcal{I})$는 $T_1$ 공간이 아니다.

**⟦연습문제⟧ 8-8**

$(X, \mathcal{T})$가 $T_1$ 공간이고 $f : (X, \mathcal{T}) \to (Y, \mathcal{T}')$는 위상동형함수일 때, $Y$의 서로 다른 두 점 $y_1, y_2$에 대하여 $X$의 서로 다른 두 점 $x_1, x_2$가 존재하여 $f(x_1) = y_1, f(x_2) = y_2$가 된다. $(X, \mathcal{T})$가 $T_1$ 공간이므로 $G, H \in \mathcal{T}$가 존재하여

$$x_1 \in G, x_2 \notin G, x_2 \in H, x_1 \notin H$$

이다. $f$가 열린 함수이므로 $f(G), f(H) \in \mathcal{T}'$이고

$$y_1 = f(x_1) \in f(G),\ y_2 = f(x_2) \notin f(G),$$

$$y_2 = f(x_2) \in f(H),\ y_1 = f(x_1) \notin f(H)$$

이다. 따라서 $(Y, \mathcal{T}')$도 $T_1$ 공간이다.

**⟦연습문제⟧ 8-9**

$\{x_1, \ldots, x_n\}$과 같이 $A$의 점을 유한 개만 포함하는 $p$의 근방 $U$가 있다고 가정하자. $X$가 $T_1$ 공간이므로 각 $x_i$에대해

$$x_i \notin U_i, p \in U_i$$

가 되는 근방 $U_i$ 를 찾을 수 있다. 그러면 $U \cap (\bigcap_{n=1}^{n} U_i)$는 $p$의 근방이면서 $p$와 다른 $A$의 점을 포함하지 못한다. 그러면 $p$는 $A$의 극한점이 되지 못한다. 따라서 가정이 성립하지 않는다.

**⟦연습문제⟧ 8-10**

$(X, \mathcal{T})$가 $T_2$ 공간이고 $(A, \mathcal{T}_A)$를 $(X, \mathcal{T})$의 부분공간이라 하자. $a, b$ 를 $A$ 의 서로 다른 두 점이라 하면 $a, b \in X$이고 $X$가 $T_2$ 공간이므로 $G, H \in \mathcal{T}$가 존재하여 $a \in G, b \in H, G \cap H = \emptyset$이다. 그런데 $G \cap A, H \cap A \in \mathcal{T}_A$이고 $a \in G \cap A, b \in H \cap A, (G \cap A) \cap (H \cap A) = (G \cap H) \cap A = \emptyset$이므로 $(A, \mathcal{T}_A)$도 $T_2$ 공간이다.

**⟦연습문제⟧ 8-11**

$1_{\mathbb{R}} : (\mathbb{R}, \mathcal{U}) \to (\mathbb{R}, \mathcal{I})$를 보통위상공간 $\mathbb{R}$에서 실수의 비이산공간으로 가는 항등함수라 하면, 분명히 연속함수이다. 그러나 보통위상공간은 $T_2$ 공간이지만 비이산공간 $(\mathbb{R}, \mathcal{I})$은 $T_2$ 공간이 아니다.

**⟦연습문제⟧ 8-12**

$(X, \mathcal{T})$가 $T_2$ 공간이고 $f : (X, \mathcal{T}) \to (Y, \mathcal{T}')$를 위상동형함수라 하자. $y_1, y_2$를 $Y$의 서로 다른 두 점이라 하면 $X$의 서로 다른 두 점 $x_1, x_2$가 존재하여 $f(x_1) = y_1, f(x_2) = y_2$이다. $(X, \mathcal{T})$가 $T_2$ 공간이므로 $G, H \in \mathcal{T}$가 존재하여 $x_1 \in G, x_2 \in H, G \cap H = \emptyset$이다. $f$가 열린 함수이므로 $f(G), f(H) \in \mathcal{T}'$이고 $y_1 = f(x_1) \in f(G), y_2 = f(x_2) \in f(H), f(G) \cap f(H) = f(G \cap H) = \emptyset$이다. 따라서 $(Y, \mathcal{T}')$도 $T_2$ 공간이다.

**⟦연습문제⟧ 8-13**

(a) 1과 2를 포함하는 열린 집합은 항상 집합 $\{1, 2\}$의 포함집합이고, $\{1, 2\}$는 수열의 모든 항을 포함하므로 수열은 1 과 2로 수렴한다.

(b) 주어진 공간은 하우스도르프 공간이 아니다. 따라서 2개의 점으로 수렴할 수 있다.

**⟦연습문제⟧ 8-14**

위 연습문제에서 이미 $T_1$ 공간의 부분공간은 $T_1$ 임을 보였다. 따라서 정칙에 대해서만 조사하면 된다. $(X, \mathcal{T})$가 $T_3$ 공간이고 $(A, \mathcal{T}_A)$를 $(X, \mathcal{T})$의 부분공간이라 하자. $a \in A$이고 $F$가 $a$를 포함하지 않는 $A$의 닫힌 부분집합이라 하자. 집합 $F$가 부분공간 $(A, \mathcal{T}_A)$에서 닫힌집합이므로 $\mathrm{cl}_A(F) = F$. 그런데, $\mathrm{cl}_A(F) = A \cap \mathrm{cl}_X(F)$이므로 $a \notin \mathrm{cl}_X(F)$이다. $X$가 $T_3$ 공간이므로 서로소인 $G, H \in \mathcal{T}$가 존재하여 $a \in G, \mathrm{cl}_X(F) \subseteq H$이다. 따라서 $G \cap A, H \cap A \in \mathcal{T}_A$이고 $a \in G \cap A, F \subseteq H \cap A, (G \cap A) \cap (H \cap A) = \emptyset$이다. 따라서 $(A, \mathcal{T}_A)$도 $T_3$ 공간이다.

**⟦연습문제⟧ 8-15**

$1_{\mathbb{R}} : (\mathbb{R}, \mathcal{U}) \to (\mathbb{R}, \mathcal{C}_f)$를 실수의 보통위상공간에서 실수의 여유한공간으로 가는 항등함수라 하면, 분명히 연속함수이다. 그러나 보통위상공간은 정칙공간이지만 여유한공간 $(\mathbb{R}, \mathcal{C}_f)$은 공집합이 아니면서 서로소인 두 개의 열린 집합이 없으므로 정칙공간이 될 수 없다.

**⟦연습문제⟧ 8-16**

$(X, \mathcal{T})$가 정칙공간이고 $f : (X, \mathcal{T}) \to (Y, \mathcal{T}')$를 위상동형함수라 하자. $y \in Y$이고 $F$가 $y$를 포함하지 않는 $Y$의 닫힌 집합이라 하면 $x \in X$가 존재하여 $f(x) = y$이고 $f^{-1}(F)$는 $x$를 포함하지 않는 $X$의 닫힌 집합이다. $X$가 $T_3$ 공간이므로 서로소인 $G, H \in \mathcal{T}$가 존재하여 $x \in G, f^{-1}(F) \subseteq H$이다. $f$가 열린 함수이므로 $f(G), f(H) \in \mathcal{T}'$이고 $y = f(x) \in f(G), F \subseteq f(H), f(G) \cap f(H) = \emptyset$이다.

**⟦연습문제⟧ 8-17**

생략.

**⟦연습문제⟧ 8-18**

비가산집합 $J$에 대하여, $[0,1]^J$는 $T_4$ 공간인데, 부분공간 $(0,1)^J$는 $T_4$ 공간이 아니다.

**⟦연습문제⟧ 8-19**

집합 $X = \{a, b, c\}$에 주어진 이산위상 $\mathcal{D}$와 위상 $\mathcal{T} = \{X, \emptyset, \{a\}, \{a, b\}, \{a, c\}\}$를 생각하자. 항등함수

$$1_X : (X, \mathcal{D}) \to (X, \mathcal{T})$$

는 분명히 연속인 전사함수이다. 그러나 $(X, \mathcal{D})$는 $T_4$ 공간이지만 $(X, \mathcal{T})$는 $T_4$ 공간이 아니다.

**⟦연습문제⟧ 8-20**

$(X, \mathcal{T})$가 $T_4$ 공간이고 $f : (X, \mathcal{T}) \to (Y, \mathcal{T}')$를 위상동형함수라 하자. 위 연습문제에서 $T_1$ 공간은 위상적 성질임을 보였다. 이제 $F, K$가 서로소인 $Y$의 닫힌 집합 이라 하면 $f^{-1}(F)$, $f^{-1}(K)$는 서로소인 $X$의 닫힌 집합이다. $X$가 $T_4$ 공간이므로 서로소인 $G, H \in \mathcal{T}$가 존재하여 $f^{-1}(F) \subseteq G, f^{-1}(K) \subseteq H$이다. $f$가 열린 함수이므로 $f(G), f(H) \in \mathcal{T}'$이고 $F \subseteq f(G), K \subseteq f(H), f(G) \cap f(H) = \emptyset$이다.

**⟦연습문제⟧ 8-21**

(b) $\Rightarrow$ (a) 정리 8.37

(a) $\Rightarrow$ (b) $X$의 닫힌 집합 $F$와, $F$에 속하지 않는 점 $p$를 택하면 $X$가 정칙공간이므로 서로소인 열린 집합 $G, H$가 존재하여 $p \in G, F \subseteq H$이다. 그러면 우리손 보조정리에 의해 $H^c, F$는 서로소인 닫힌 집합이고 연속함수 $f : X \to [0,1]$가 존재하여 $x \in H^c$에 대해서는 $f(x) = 0$, $x \in F$에 대해서는 $f(x) = 1$이다. 그런데 $p \in G \subseteq H^c$이므로 $f(p) = 0$이다. 그러므로 $(X, \mathcal{T})$는 완전정칙공간이다.

**⟦연습문제⟧ 8-22**

$X$의 서로소인 닫힌 집합 $F_1, F_2$를 택하면 연속함수 $f : X \to [0,1]$가 존재하여

$$f(x) = \begin{cases} 0, & x \in F_1 \text{ 일 때} \\ 1, & x \in F_2 \text{ 일 때} \end{cases}$$

이라 하자. $G = f^{-1}([0, \frac{1}{3})), H = f^{-1}((\frac{2}{3}, 1])$는 $X$의 서로소인 열린 집합이고 $F_1 \subseteq G, F_2 \subseteq H$이다. 따라서 $X$는 정규공간이다.

## 연습문제 9 해답

**⟦연습문제⟧ 9-1**

(a) X (b) X (c) X (d) O

**⟦연습문제⟧ 9-2**

(a) X (b) X (c) X (d) O

**⟦연습문제⟧ 9-3**

(a) X (b) X (c) X (d) O

**⟦연습문제⟧ 9-4**

(a) O (b) O (c) O (d) O

**⟦연습문제⟧ 9-5**

(a) O (b) O (c) O (d) O

**⟦연습문제⟧ 9-6**

(a) O (b) O (c) O (d) O

**⟦연습문제⟧ 9-7**

$X$의 임의의 열린 덮개 $\mathcal{G} = \{G_i | i \in I\}$를 택하면 $X - G_{i_0}$는 유한집합이다. $X - G_{i_0} = \{x_1, x_2, \cdots, x_n\}$라 하면 $x_k \in G_{i_k}$인 $G_{i_1}, \cdots, G_{i_n}$가 $\mathcal{G}$에 존재한다. 따라서 $\{G_{i_0}, G_{i_1}, \cdots, G_{i_n}\}$는 $\mathcal{G}$의 유한부분덮개가 된다. 즉 $X$는 콤팩트이다.

**⟦연습문제⟧ 9-8**

$(\mathbb{N}, \mathcal{C}_c)$는 $\mathcal{C}_c = \mathcal{D}$이므로 콤팩트가 아니다.

**⟦연습문제⟧ 9-9**

$(\mathbb{R}, \mathcal{D})$는 콤팩트가 아니다.

**⟦연습문제⟧ 9-10**

$X$가 콤팩트이면 $X$는 가산콤팩트이다. 역으로 $X$를 가산콤팩트라 하자. $X$가 제2가산공간이므로 $X$는 Lindelöf 공간이다. 따라서 Lindelöf이고 가산콤팩트이므로, $X$는 콤팩트이다.

**⟦연습문제⟧ 9-11**

유한집합일 경우 분명히 콤팩트 집합이 된다. 이제 집합 $K$가 콤팩트이지만 유한집합이 아니라 하자. 그러면 $K$ 는 무한집합이고, 따라서 가산 부분집합 $F = \{x_1, x_2, \dots\}$가 존재한다. 이제 $G_i = (\mathbb{R} - F) \cup \{x_i\}$이라 하자. 여집합이 가산집합이므로 $G_i$ 들은 열린 집합이고

$$K \subseteq \mathbb{R} = (\mathbb{R} - F) \cup F = \cup G_i$$

이다. 즉 $\{G_i \mid i \in \mathbb{N}\}$은 $K$의 열린 덮개이지만 유한부분덮개를 갖지 않는다. 이는 $K$가 콤팩트라는데 모순이 된다. 따라서 $K$는 유한집합이다.

**⟦연습문제⟧ 9-12**

(a) 모든 $a \in A$에 대하여 $a \neq p$이고 $X$가 $T_2$ 공간이므로 서로소인 열린 집합 $G_a, H_a$가 존재하여 $a \in H_a$, $p \in G_a$이다. 따라서 $\{H_a \mid a \in A\}$는 $A$의 열린 덮개이고 $A$가 콤팩트이므로 유한부분덮개 $\{H_{a_1}, \cdots, H_{a_n}\}$를 갖는다. 이 때

$$\begin{aligned} H &= H_{a_1} \cup \cdots \cup H_{a_n} \\ G &= G_{a_1} \cap \cdots \cap G_{a_n} \end{aligned}$$

라 하면 $p \in G$, $A \subseteq H$, $G \cap H = \emptyset$ 이다.

(b) (a)에서 $p \in G \subseteq X - H \subseteq X - A$이다.

**⟦연습문제⟧ 9-13**

$A$가 콤팩트이면 $\mathbb{R}$ 이 $T_2$ 공간이므로 $A$는 닫힌 집합이다. 또한 열린 구간들의 모임 $\{(-n, n) \mid n \in \mathbb{N}\}$이 $A$ 의 열린 덮개를 이루므로 콤팩트라는 사실에서 유한부분덮개가 존재한다. $(-m, m)$을 그들 중 가장 큰 집합이라 하면 $A \subseteq (-m.m)$이므로 유계이다.

역으로 $A$가 유계인 닫힌 집합이면 $A$를 포함하는 유계인 닫힌 구간 $[a, b]$가 존재한다. 하이네-보렐정리에 의하여 $[a, b]$ 는 콤팩트이다. 따라서 콤팩트 집합 $[a, b]$의 닫힌 부분집합 $A$도 콤팩트이다.

**⟦연습문제⟧ 9-14**

(a) $\Rightarrow$ (b) 정리 9.42.

(b) $\Rightarrow$ (a) 제2가산공간은 Lindelöf 공간이므로, 모든 열린 덮개가 가산부분덮개를 가진다. $X$가 $T_1$ 공간이므로 극한점콤팩트와 가산콤팩트가 일치한다. 결국 $X$는 가산콤팩트이다(정리 9.57). 따라서 $X$는 콤팩트이다.

**⟦연습문제⟧ 9-15**

$I = [0, 1]$이라 할 때, 이들의 비가산 개의 곱공간 $I^I$ 은 티코노프 정리에 의해 콤팩트가 되고 따라서 가산콤팩트이다. 하지만 수열콤팩트는 아니다.

**⟦연습문제⟧ 9-16**

임의의 점 $p = (x, y) \in \mathbb{R}^2$에 대하여 $[x - \delta, x + \delta] \times [y - \delta, y + \delta]$가 콤팩트 근방이므로 $\mathbb{R}^2$은 국소콤팩트이다.

**⟦연습문제⟧ 9-17**

아니다. 만일 국소콤팩트라면 임의의 점 $p$를 포함하면서

$$p \in G \subseteq H$$

인 열린 집합 $G$와 콤팩트 집합 $H$가 존재해야 한다. 그러면 $H^c \subseteq G^c$이다. 여가산위상이므로 $G^c$는 가산집합이고, 따라서 $H^c$도 가산집합이다. 결국 $H = \mathbb{R} - H^c$는 비가산집합이다. 하지만 위 문제에 의해 콤팩트 집합인 $H$는 유한집합이 되어 모순이다. 결국 주어진 공간은 국소콤팩트가 아니다.

⟦연습문제⟧ **9-18**

국소콤팩트라면 임의의 점 $x$가 콤팩트 근방 $V$를 갖는다. 근방의 성질에 의해

$$x \in [x, b) \subseteq V$$

인 기저의 원소 $[x, b)$가 존재한다. 그런데 $[x, b)$는 콤팩트 집합 $V$의 닫힌 부분집합이므로 콤팩트이다. $x_1 = x,\ x_n = b - \frac{b-x}{2^{n-1}}$이라 하자. 이제 $[x, b)$의 열린 덮개

$$\{[x_n, x_{n+1}) \mid n \in \mathbb{N}\}$$

를 생각하면 유한부분덮개를 갖지 않는다. 이는 $[x, b)$가 콤팩트라는데 모순이다. 따라서 국소콤팩트가 아니다.

⟦연습문제⟧ **9-19**

$(\mathbb{Q}, \mathcal{U}_{\mathbb{Q}})$가 국소콤팩트라 가정하자. 임의의 점 $x \in \mathbb{Q}$가 $\mathbb{Q}$에서 콤팩트인 근방 $V$를 갖는다. 근방의 성질에 의해

$$x \in U \subseteq V$$

인 $\mathbb{Q}$에서 열린 집합 $U$가 존재한다. 그런데 $(\mathbb{Q}, \mathcal{U}_{\mathbb{Q}})$은 $(\mathbb{R}, \mathcal{U})$의 부분공간이므로 $U = G \cap \mathbb{Q}$인 $\mathbb{R}$의 열린 집합 $G$가 존재한다. 또한 보통위상공간의 성질에 의해 $x \in (a, b) \subseteq [a, b] \subseteq G$인 열린 구간 $(a, b)$가 존재한다.

$$x \in (a, b) \cap \mathbb{Q} \subseteq [a, b] \cap \mathbb{Q} \subseteq G \cap \mathbb{Q} = U \subseteq V$$

이다. 그런데 $[a, b] \cap \mathbb{Q}$는 $\mathbb{Q}$에서 닫힌 집합이므로 콤팩트 집합 $V$의 닫힌 부분집합이다. 따라서 콤팩트이다.

이제 $p \in [a, b] \cap \mathbb{Q}^c$를 잡자. $p$가 무리수이므로 유리수의 조밀성에 의해 $p$로 수렴하는 $[a, b] \cap \mathbb{Q}$의 수열 $< x_n >$을 잡을 수 있다. 이 때 집합 $\{x_n \mid n \in \mathbb{N}\}$은 $[a, b] \cap \mathbb{Q}$의 무한 부분집합이지만 $[a, b] \cap \mathbb{Q}$에서 극한점을 갖지 않는다. 따라서 $[a, b] \cap \mathbb{Q}$는 극한점콤팩트가 아니므로 결국 콤팩트가 아니다.

위에서 얻은 $[a, b] \cap \mathbb{Q}$가 콤팩트라는 사실에 모순이므로 $(\mathbb{Q}, \mathcal{U}_{\mathbb{Q}})$는 국소콤팩트가 아니다.

⟦연습문제⟧ **9-20**

$A$가 완전유계인 집합이고 $B \subseteq A$라 하자. $A$가 완전유계이므로 임의의 양수 $\epsilon$에 대하여 적당한 $\frac{\epsilon}{2}$-그물 $F$가 존재한다.

$$K = \{x \in F \mid d(x, B) < \frac{\epsilon}{2}\}$$

라 하고 임의의 $x \in K$에 대해 $d(b_x, x) < \frac{\epsilon}{2}$를 만족시키는 $b_x \in B$를 택하자. 이제

$$L = \{b_x \in B \mid x \in K\}$$

라 하자. 분명히 $L$은 유한집합이다. 이제 $L$이 $B$에 관한 $\epsilon$-그물임을 보이자. $b \in B$를 택하면 $b \in A$이고, 따라서 적당한 $y \in F$가 존재하여 $d(b, y) < \frac{\epsilon}{2}$이고 $y \in K$이다. $d(b_y, y) < \frac{\epsilon}{2}$을 만족시키는 $b_y \in L$을 택하자. 그러면 $d(b, b_y) < \epsilon$이고, 따라서 $L$은 $B$에 관한 $\epsilon$-그물이다.

**⟦연습문제⟧ 9-21**

$A$가 완전유계라 하면 적당한 $\frac{\epsilon}{2}$ - 그물 $F$가 존재한다. 이제 $F$를 $\mathrm{cl}(A)$에 관한 $\epsilon$-그물임을 보이자. $x \in \mathrm{cl}(A)$라 하면 $d(x, A) = 0$이고 모든 $\epsilon > 0$에 대하여 적당한 $a \in A$가 존재하여 $d(x, a) < \frac{\epsilon}{2}$이다. $F$가 $A$에 관한 $\frac{\epsilon}{2}$ -그물이므로 적당한 $y \in F$가 존재하여 $d(a, y) < \frac{\epsilon}{2}$이고, 따라서 $d(x, y) < \epsilon$이다.

**⟦연습문제⟧ 9-22**

두 위상공간 $(Y, \mathcal{U})$와 $(Z, \mathcal{W})$가 위상공간 $(X, \mathcal{T})$의 한점콤팩트화라 하자. 한점콤팩트화의 정의에 의해 $Y = X \cup \{p\}$이고 $X$는 $Y$에서 조밀한 부분집합이다. 마찬가지로 $Z = X \cup \{q\}$이고 $X$는 $Z$에서 조밀한 부분집합이다. 이제 함수 $h : Y \to Z$를 아래와 같이 정의하자.

$$h(x) = \begin{cases} q, & x = p\text{일 때} \\ x, & x \neq p\text{일 때} \end{cases}$$

분명히 $h : Y \to Z$는 전단사함수이다. 이제 $U$가 $Y$에서 열린 집합일 때, $h(U)$가 $Z$에서 열린 집합이 됨을 보이자. 만일 $U$가 $p$를 포함하지 않으면 $h(U) = U$이다. $U$가 $Y$에서 열린 집합이므로 $U$는 $X$에서도 열린 집합이다. 따라서 $h(U) = U$는 $Z$에서 열린 집합이다.

만일 $U$가 $p$를 포함하면 $U = Y - K$인 $X$의 적당한 닫힌 콤팩트 집합 $K$가 존재한다. 그런데 $h(U) = Z - K$이므로, $Z$의 위상의 정의에 의해 $h(U)$는 $Z$에서 열린 집합이다.

마찬가지 방법으로 $h$가 연속함수임을 보일 수 있다. 결국 $h : Y \to Z$는 위상동형함수이다. 따라서 $Y$와 $Z$는 위상동형이 된다.

# 연습문제 10 해답

**⟦연습문제⟧ 10-1**

(a) X (b) O (c) 모든 한원소집합이 성분이다.

(d) X (e) O (f) 모든 한원소집합이 길성분이다.

**⟦연습문제⟧ 10-2**

(a) X (b) O (c) $[0,1)$과 $(2,3]$

(d) X (e) O (f) $[0,1)$과 $(2,3]$

**⟦연습문제⟧ 10-3**

(a) O (b) O (c) $X$ 하나뿐이다.

(d) O (e) O (f) $X$ 하나뿐이다.

**⟦연습문제⟧ 10-4**

(a) X (b) X (c) 모든 한원소집합이 성분이다.

(d) X (e) X (f) 모든 한원소집합이 길성분이다.

**⟦연습문제⟧ 10-5**

(a) O (b) O (c) $X$ 하나뿐이다.

(d) O (e) O (f) $X$ 하나뿐이다.

**⟦연습문제⟧ 10-6**

(a) O ($\because$ 자명한 경우를 제외하고는 서로소인 열린 집합이 없다)

(b) O (c) $X$ 하나뿐이다.

**⟦연습문제⟧ 10-7**

(a) O ($\because$ 자명한 경우를 제외하고는 서로소인 열린 집합이 없다)

(b) O (c) $X$ 하나뿐이다.

**⟦연습문제⟧ 10-8**

($\Rightarrow$) $b(A)=\emptyset$라고 가정하면 $\mathrm{cl}(A)=\mathrm{int}(A)$이므로 $A$가 닫힌 집합인 동시에 열린 집합이므로 $X$는 비연결 공간이다.

($\Leftarrow$) $X$를 비연결 공간이라 하면 공집합이 아닌 진부분집합 $A$가 존재하여 $A$는 닫힌 집합인 동시에 열린 집합이다. 따라서 $\mathrm{int}(A) = A$이고 $\mathrm{ext}(A) = \mathrm{int}(A^c) = A^c$이다. 따라서 $b(A)=X-(A\cup A^c)=\emptyset$이다.

**⟦연습문제⟧ 10-9**

($\Rightarrow$) $X$가 비연결 공간이므로 $X = A\cup B$인 서로소인 닫힌 집합 $A, B$가 존재한다. 따라서 $\overline{A}\cap\overline{B}=A\cap B=\emptyset$ 이며 $X=A\cup B$이다.

($\Leftarrow$) $\overline{A}\cap\overline{B}=\emptyset$ 이면 $A$와 $B$는 서로 분리된 집합들이다. $A\cup B = X$와 같이 서로 분리된 집합들의 합집합으로 나타낼 수 있으므로 비연결 공간이다.

**⟦연습문제⟧ 10-10**

만일 $C=B\cap G\neq\emptyset$ 이고 동시에 $D=B\cap H\neq\emptyset$ 이 성립한다고 가정하자. 그러면

$$\overline{C}\cap D=\overline{(B\cap G)}\cap(B\cap H)\subseteq(\overline{B}\cap\overline{G})\cap(B\cap H)\subseteq\overline{G}\cap H=\emptyset,$$

$$C\cap\overline{D}=(B\cap G)\cap\overline{(B\cap H)}\subseteq(B\cap G)\cap(\overline{B}\cap\overline{H})\subseteq G\cap\overline{H}=\emptyset$$

이므로, 두 집합 $C,\ D$는 공집합이 아니면서 $X$에서 분리된 집합이다. 그런데

$$B = B \cap X = B \cap (G \cup H) = (B \cap G) \cup (B \cap H) = C \cup D$$

이므로 $B$가 연결 집합이라는데 모순이다(정리 10.16). 따라서 $B \cap G$와 $B \cap H$ 둘 중 하나는 공집합이다. 그런데 $B \subseteq X = G \cup H$이므로 $B \subseteq H$이거나 $B \subseteq G$이다.

**⟦연습문제⟧ 10-11**

$\bigcup A_\alpha$의 임의의 두 점 $b, c$를 선택하자. $b$를 포함하는 $A_\beta$와 $c$를 포함하는 $A_\gamma$가 존재한다. $\bigcap A_\alpha \neq \emptyset$이므로 $p \in \bigcap A_\alpha$를 선택하면, $p \in A_\beta$이고 $p \in A_\gamma$이다. 따라서 $b, p \in A_\beta$이고 길연결이라는 사실에서 $b$와 $p$를 잇는 길 $f$가 $A_\beta$에 존재한다. 또한 $p, c \in A_\gamma$이고 길연결이라는 사실에서 $p$와 $c$를 잇는 길 $g$가 $A_\gamma$에 존재한다. 이제 길의 곱 $f * g$를 생각하면 $b$와 $c$를 잇는 $\bigcup A_\alpha$의 길이 된다. 따라서 $\bigcup A_\alpha$는 길연결이다.

**⟦연습문제⟧ 10-12**

길연결이라 가정하여 모순을 발견하자.

$$a = (0, a_1) \in A,\ b = (b_1, b_2) \in B$$

인 두 점을 택하면 $a$에서 $b$로 가는 길 $f$가 $X$에 존재한다. 이제

$$W = \{x \in [0,1] \mid f([0,x]) \subseteq A\}$$

라 하고, $w = \sup W$라 하자. 그러면 $w \in \overline{W}$이고, $A$가 $X$에서 닫힌 집합이므로 연속함수의 성질에 의해

$$f(w) \in f(\overline{W}) \subseteq \overline{f(W)} \subseteq \overline{A} = A$$

이다. $d$를 $\mathbb{R} \times \mathbb{R}$에서 보통거리함수라 하자. $f$가 $w$에서 연속이므로

$$x \in [0,1],\ |x - w| < \delta \implies d(f(x), f(w)) < \frac{1}{2}$$

인 양수 $\delta$가 존재한다. 그런데 $w$가 $W$의 최소상계이므로,

$$w < r < w + \delta \text{이고 } f(r) \in B$$

인 $r \in [0,1]$이 존재한다. 그러므로 $f([w,r])$은 지름이 1보다 작은 연결 집합이고

$$f(w) \in A,\ f(r) \in B$$

이다.

이제 $f([w,r])$의 지름이 1보다 크다는 것을 보여서 모순을 이끌어 내기로 하자. $f(r) \in B$이므로 $f(r) = (r_1, r_2)$이라 하면, $r_1 \in (0,1],\ r_2 \in [-1,1]$이다.

만일 $s_1 < r_1$ 이고 $s \notin f([w,r])$ 인 $s = (s_1, s_2) \in B$ 가 존재한다고 가정하자. 그러면

$$U = \{(x,y) \in \mathbb{R}^2 \mid x < s_1\},$$
$$V = \{(x,y) \in \mathbb{R}^2 \mid x > s_1\}$$

는 $\mathbb{R}^2$ 에서 서로소인 열린 집합이고, $U \cap f([w,r]) \neq \emptyset$, $V \cap f([w,r]) \neq \emptyset$ 이며, $f([w,r]) \subseteq U \cup V$ 이다. 따라서 $f([w,r])$ 은 비연결이다. 이는 $f([w,r])$ 이 연결이라는데 모순이다. 그러므로 $s = (s_1, s_2) \in B$ 이고 $s_1 < r_1$ 이면 $s \in f([w,r])$ 이어야 한다.

그런데 $p_1 < r_1$, $q_1 < r_1$, $(p_1, 1) \in B$, $(q_1, -1) \in B$ 인 $p_1, q_1$ 이 존재하므로 $f([w,r])$ 의 지름은 1보다 크다.

### 〚연습문제〛 10-13

$X$ 가 유한집합이면 $\mathcal{C}_f = \mathcal{D}$ 이므로 모든 한원소집합 $\{x\}$ 가 성분이다.

### 〚연습문제〛 10-14

$X$ 가 무한집합이면 단지 $X$ 만이 성분이다.

### 〚연습문제〛 10-15

$F$ 가 $X$ 의 연결 부분집합이고 $E \subseteq F$ 라 하고 $E \neq F$ 라 가정하자. 그러면 적당한 $x \in F - E$ 가 존재한다. 따라서 $E$ 와 $E^c$ 는 열린 집합이고 $F \cap E \neq \emptyset$, $F \cap E^c \neq \emptyset$, $(F \cap E) \cap (F \cap E^c) = \emptyset$, $(F \cap E) \cup (F \cap E^c) = F$ 이다. 결국 $F$ 는 비연결 집합이고 이것은 모순이다.

### 〚연습문제〛 10-16

$f^{-1}(E)$ 의 임의의 원소 $x$ 를 택하면 $X$ 의 성분 $C_x$ 가 존재하고 $f$ 가 연속함수이므로 $f(C_x)$ 는 $f(x)$ 를 갖는 $Y$ 의 연결 부분집합이므로, $f(C_x)$ 는 $E$ 의 부분집합이다. 따라서 $\bigcup\{C_x \mid x \in f^{-1}(E)\}$ 는 $f^{-1}(E)$ 의 부분집합이다. 역으로 $f^{-1}(E)$ 의 임의의 원소 $t$ 를 택하면 $t$ 의 성분 $C_t$ 가 존재하여 $t \in C_t \subseteq \bigcup C_x$ 이므로 $f^{-1}(E) \subseteq \bigcup C_x$ 가 된다.

### 〚연습문제〛 10-17

$E, E^*$ 가 성분이며 서로 분리되어 있지 않다고 가정하면 적당한 $p \in X$ 가 존재하여 $p \in \mathrm{cl}(E) \cap E^* = E \cap E^*$ 또는 $p \in E \cap \mathrm{cl}(E^*) = E \cap E^*$ 이다. 성분 $E$ 와 $E^*$ 가 공통으로 점 $p$ 를 포함하므로 성분의 성질에 의해 $E = E^*$ 이다.

### 〚연습문제〛 10-18

$E_1, E_2, \cdots, E_n$ 을 $X$ 의 성분이라 하면 $X = E_1 \cup \cdots \cup E_n$ 이다. 모든 성분은 닫힌 집합이므로 임의의 $k = 1, 2, \cdots, n$ 에 대하여 $E_k$ 는 닫힌 집합이고, 또한

$$E_k = X - (E_1 \cup \cdots \cup E_{k-1} \cup E_{k+1} \cup \cdots \cup E_n)$$

이므로 $E_k$ 는 열린 집합이다.

### 〚연습문제〛 10-19

조건에 의해 $X$의 모든 성분들의 집합은 $X$의 열린 덮개이다. 그런데 $X$가 콤팩트이므로 유한부분덮개가 존재한다. 따라서 유한 개의 성분밖에 없다.

**⟦연습문제⟧ 10-20**

분명히 $\{0\} \times [0,1]$은 $X$의 성분이다. 이제 $X$에서의 여집합

$$A = X - \big(\{0\} \times [0,1]\big)$$

를 생각하자. 부분공간 $X$에서 $A$의 폐포를 구하면

$$(\overline{A})_X = (\overline{A})_{\mathbb{R}^2} \cap X = X \cap X = X \neq A$$

이므로 $A$는 $X$에서 닫힌 집합이 아니다. 따라서 $\{0\} \times [0,1]$은 $X$에서 열린 집합이 아니다.

**⟦연습문제⟧ 10-21**

임의의 점 $p \in G$와 $p$를 포함하는 $G$의 열린 부분집합 $H$를 택하자. 그러면 $G$가 $X$의 열린 부분집합이므로 $H$는 $X$의 열린 부분집합이고 $X$가 국소연결 공간이므로 $p$를 포함하는 $X$의 연결 근방 $C$가 존재하여 $p \in C \subseteq H \subseteq G$이다. 그런데 $C \subseteq G$이므로 $C$는 $G$의 연결 근방이고, 따라서 $G$도 국소연결이다.

**⟦연습문제⟧ 10-22**

$X$가 국소연결 공간이고 $f : (X, \mathcal{T}) \to (Y, \mathcal{T}^*)$가 위상동형함수라 하자. $y \in Y$를 택하고 $y$를 포함하는 임의의 열린 집합 $H$를 택하자. $f(x) = y$을 만족시키는 $x \in X$가 오직 하나 존재한다. $x \in f^{-1}(H) \in \mathcal{T}$이고, $X$는 국소연결이므로, $x \in G \subseteq f^{-1}(H)$인 연결 근방 $G$가 존재한다. $y \in f(G) \subseteq H$이고 $f$가 위상동형함수이므로 $f(G)$는 연결 근방이다. 그러므로 $(Y, \mathcal{T}^*)$는 국소연결 공간이다.

**⟦연습문제⟧ 10-23**

생략.

**⟦연습문제⟧ 10-24**

생략.

## 연습문제 11 해답

**⟦연습문제⟧ 11-1**

(a) $\operatorname{int}((0,1) \times (0,1)) = (0,1) \times (0,1)$, $\operatorname{cl}((0,1) \times (0,1)) = [0,1] \times [0,1]$.

(b) $\operatorname{int}((0,1) \times (0,1)) = (0,1) \times (0,1)$, $\operatorname{cl}((0,1) \times (0,1)) = [0,1] \times (0,1)$.

(c) $\operatorname{int}((0,1) \times (0,1)) = (0,1) \times (0,1)$, $\operatorname{cl}((0,1) \times (0,1)) = (0,1) \times (0,1)$.

(d) $\operatorname{int}((0,1) \times (0,1)) = \emptyset$, $\operatorname{cl}((0,1) \times (0,1)) = [0,1] \times \mathbb{R}$.

(e) $\text{int}((0,1)\times(0,1))=\emptyset,\ \text{cl}((0,1)\times(0,1))=(0,1)\times\mathbb{R}.$

(f) $\text{int}((0,1)\times(0,1))=\emptyset,\ \text{cl}((0,1)\times(0,1))=\mathbb{R}\times\mathbb{R}.$

(g) $\text{int}((0,1)\times(0,1))=(0,1)\times(0,1),\ \text{cl}((0,1)\times(0,1))=[0,1)\times[0,1).$

(h) $\text{int}((0,1)\times(0,1))=\emptyset,\ \text{cl}((0,1)\times(0,1))=\mathbb{R}\times\mathbb{R}.$

### 〚연습문제〛 11-2

열린 집합들을 모두 구하면,

$$X\times Y,\ \emptyset,\ \{a\}\times Y,\ \{a\}\times\{u\}, X\times\{u\},\ (\{a\}\times Y)\cup(X\times\{u\})$$

이고, 이들의 여집합이 닫힌 집합이 된다. 따라서

$$\emptyset,\ X\times Y,\ \{b,c\}\times Y,\ (X\times Y)-\{(a,u)\},\ X\times\{v\},\ \{b,c\}\times\{v\}$$

등이 닫힌 집합들이다. 이제 폐포와 내부의 정의를 사용하여 구하면,

(a) $\{a\}\times\{u\}=\{(a,u)\}$

(b) $\emptyset$

(c) $\emptyset$

(d) $X\times Y$

(e) $\{b,c\}\times\{v\}$

(f) $\{b,c\}\times\{v\}$

### 〚연습문제〛 11-3

열린 집합들을 모두 구하면,

$$X\times Y,\emptyset,\{a\}\times Y,\{a\}\times\{u\},\{b,c\}\times\{u\},\{b,c\}\times Y,X\times\{u\},$$
$$(\{a\}\times Y)\cup(\{b,c\}\times\{u\}),(\{a\}\times\{u\})\cup(\{b,c\}\times Y)$$

이고 이들의 여집합이 닫힌 집합이 된다. 따라서

$$\emptyset,X\times Y,\{b,c\}\times Y,(\{a\}\times\{u\})^c,(\{b,c\}\times\{u\})^c,\{a\}\times Y,X\times\{v\},$$
$$\{a\}\times\{v\},\{b,c\}\times\{v\}$$

등이 된다. 이제 폐포와 내부의 정의를 사용하여 구하면,

(a) $\{a\}\times\{u\}=\{(a,u)\}$

(b) $\emptyset$

(c) $\emptyset$

(d) $\{a\}\times Y$

(e) $\{b,c\}\times\{v\}$

(f) $\{b,c\}\times\{v\}$

**[연습문제] 11-4**

$L$의 모든 한원소집합 $\{(x,-x)\}$가 열린 집합이 되어 이산위상이 된다.

**[연습문제] 11-5**

(a) ($\subseteq$) $A \subseteq \overline{A}$, $B \subseteq \overline{B}$이므로 $A \times B \subseteq \overline{A} \times \overline{B}$이고 또한 $\overline{A} \times \overline{B}$가 닫힌 집합이므로 $\overline{A \times B} = \bigcap\{F \mid A \times B \subseteq F,\ F\text{는 닫힌 집합}\} \subseteq \overline{A} \times \overline{B}$이다.

($\supseteq$) $(x,y) \in \overline{A} \times \overline{B}$라 하면 $x \in \overline{A}$이고 $y \in \overline{B}$이다. $(x,y) \in \overline{A \times B}$임을 보이기 위하여 $X \times Y$에서 $(x,y)$를 포함하는 임의의 열린 집합 $G$를 택하자. 그러면 곱위상의 정의에 의하여 적당한 $X$의 열린 집합 $G_1$과 $Y$의 열린 집합 $G_2$가 존재하여 $(x,y) \in G_1 \times G_2 \subseteq G$이다. 그런데 $x \in \overline{A}$이므로 $G_1 \cap A \neq \emptyset$ 이고 $y \in \overline{B}$이므로 $G_2 \cap B \neq \emptyset$ 이다. 따라서 $(G_1 \times G_2) \cap (A \times B) = (G_1 \cap A) \times (G_2 \cap B) \neq \emptyset$ 이고 결국 $G \cap (A \times B) \neq \emptyset$ 이다. 그러므로 $(x,y) \in \overline{A \times B}$이다.

(b) ($\subseteq$) $(x,y) \in (A \times B)^\circ$라 하면 $(x,y)$를 포함하는 적당한 $X \times Y$의 열린 집합 $G$가 존재하여 $(x,y) \in G \subseteq A \times B$이다. 곱위상의 정의에 의하여 적당한 $X$의 열린 집합 $G_1$과 $Y$의 열린 집합 $G_2$가 존재하여 $(x,y) \in G_1 \times G_2 \subseteq G \subseteq A \times B$이다. 따라서 $x \in G_1 \subseteq A$이고 $y \in G_2 \subseteq B$이므로 $x \in A^\circ$이고 $y \in B^\circ$이다. 그러므로 $(x,y) \in A^\circ \times B^\circ$이다.

($\supseteq$)$A^\circ \subseteq A$, $B^\circ \subseteq B$이므로 $A^\circ \times B^\circ \subseteq A \times B$이고 또한 $A^\circ \times B^\circ$가 열린 집합이므로 $(A \times B)^\circ = \bigcup\{G \mid G \subseteq A \times B,\ G\text{는 열린 집합}\} \supseteq A^\circ \times B^\circ$이다.

**[연습문제] 11-6**

(a) $\Rightarrow$ (b) 분명히 치역으로 가는 함수 $F : X \to F(X) \subseteq X \times Y$는 전사함수이다. $F(x) = F(y)$이면 $(x, f(x)) = (y, f(y))$이므로 $x = y$이다. 따라서 $F$는 전단사함수이다. $F(x) = (1_X(x), f(x))$인데 $\pi_1 \circ F = 1_X$, $\pi_2 \circ F = f$로서 각각이 연속함수이므로 곱위상의 성질에 의해 $F$는 연속함수이다. 이제 $G$를 $X$의 열린 집합이라 하면 $F(G) = (G \times Y) \cap F(X)$이다. $G \times Y$가 $X \times Y$에서 열린 집합이므로, $F(G)$는 $F(X)$에서 열린 집합이다. 따라서 $F$는 열린 함수이다. 결국 $F$는 위상동형함수이다.

(b) $\Rightarrow$ (a) 당연히 성립.

**[연습문제] 11-7**

두 수열 $< a_n >, < b_n >$이 $X$의 수렴하는 수열일 때,

$$\lim_{n\to\infty}(a_n + b_n) = \lim_{n\to\infty} a_n + \lim_{n\to\infty} b_n$$

이므로 덧셈함수는 수열연속이다. 거리공간에서는 수열연속이면 연속이므로 덧셈함수는 연속이다. 그런데 $f((a,b)) = a + b = \pi_1((a,b)) + \pi_2((a,b))$이다. 즉, $f = \pi_1 + \pi_2$이다. 그런데 $\pi_1$과 $\pi_2$가 연속함수이고, 연속함수끼리 더한 함수도 연속이므로 $f$도 연속함수이다.

**[연습문제] 11-8**

두 수열 $< a_n >, < b_n >$이 $X$의 수렴하는 수열일 때,

$$\lim_{n\to\infty}(a_n \cdot b_n) = (\lim_{n\to\infty} a_n) \cdot (\lim_{n\to\infty} b_n)$$

이므로 곱셈함수는 수열연속이다. 거리공간에서는 수열연속이면 연속이므로 곱셈함수는 연속이다. $f((k,q)) = \pi_1((k,q)) \cdot \pi_2((k,q)) = k \cdot q$이다. 즉, $f = \pi_1 \cdot \pi_2$이다. 그런데 $\pi_1$ 과 $\pi_2$가 연속함수이고, 연속함수끼리 곱한 함수도 연속이므로 $f$도 연속함수이다.

**⟦연습문제⟧ 11-9**

작은 위상: 비이산위상 $\mathcal{I} = \{\emptyset, \prod_i X_i\}$

큰 위상: $\{\prod_{\alpha \in I} G_\alpha \mid G_\alpha \in \mathcal{T}_\alpha\}$를 기저로 해서 생성되는 위상 즉, box topology.

**⟦연습문제⟧ 11-10**

정리 11.77과 비슷하게 보일 수 있다.

**⟦연습문제⟧ 11-11**

$p =< p_i >\in \prod X_i$인 점 $p$를 하나 택하자. 그러면 모든 성분공간 $X_i$에 대해, $X_i \cong X_i \times \prod_{j \neq i}\{p_j\} \subseteq \prod X_i$이다. 따라서 각 성분공간은 곱공간의 부분공간과 위상동형이다. 따라서 각 성분공간은 Hausdorff 공간이다.

**⟦연습문제⟧ 11-12**

정리 11.77과 비슷하게 보일 수 있다.

**⟦연습문제⟧ 11-13**

곱공간 $X = \prod_{\alpha \in \Lambda} X_\alpha$를 완전정칙공간이라 하고 임의의 $\beta$을 $\Lambda$에서 잡자. 임의의 점 $p =< p_\alpha >\in \prod X_\alpha$를 하나 택하자. $X_\beta \cong X_\beta \times \prod_{\alpha \neq \beta}\{p_\alpha\} \subseteq \prod X_\alpha$이고 $X$의 모든 부분공간은 완전정칙공간이므로 $(X_\beta, \mathcal{T}_\beta)$은 완전정칙공간이다.

각각의 $\alpha$에 대해서, $(X_\alpha, \mathcal{T}_\alpha)$을 완전정칙공간이라 하자. $C$를 $X$의 닫힌 부분집합이라 하고 $p$를 $X - C$에서 잡자. 그러면 유한 개의 $\Lambda$의 원소 $\beta_1,\ \beta_2,\ \cdots, \beta_n$이 존재하고, 각각의 $i = 1, 2, \cdots, n$에 대하여, $X_{\beta_i}$의 열린 집합 $U_{\beta_i}$가 존재하여

$$p \in \bigcap_{i=1}^{n} \pi_{\beta_i}^{-1}(U_{\beta_i}) \subseteq X - C$$

를 만족시킨다. 각각의 $i = 1, 2, \cdots, n$에 대하여, 연속함수 $f_i : X_{\beta_i} \to [0,1]$가 존재하여 $f_i(p_{\beta_i}) = 1$이고, $X_{\beta_i} - U_{\beta_i}$의 모든 원소 $y_{\beta_i}$에 대해서 $f_i(y_{\beta_i}) = 0$을 만족시킨다. 함수 $f : X \to [0,1]$을

$$f(x) = \min\{f_i(x_{\beta_i}) \mid i = 1, 2, \cdots, n\}$$

로 정의하자. 그러면 $f(p) = 1$이고 $C$의 원소 $x$에 대해서는 $f(x) = 0$이다. 또한 $f$는 연속이다. 따라서 $X$는 완전정칙이다.

**⟦연습문제⟧ 11-14**

$\mathbb{R}$의 아래끝 위상 $\mathcal{T}_l$은 분명히 정규공간이다. 이제 곱공간 $(\mathbb{R} \times \mathbb{R}, \mathcal{T}_l \times \mathcal{T}_l)$은 정규공간이 아님을 보이자. $L = \{(x,y) \mid y = -x\}$는 $\mathbb{R} \times \mathbb{R}$에서 닫힌 집합이고 이산 부분공간이다. 따라서 $K = \{(\alpha, -\alpha) \mid \alpha \in \mathbb{Q}^c\}$와 $L - K$는 부분공간 $\mathbb{R}$에서 닫힌 집합이고, 결국 전체 공간 $\mathbb{R} \times \mathbb{R}$에서도

서로소인 닫힌 집합이다. 그런데 $K$와 $L-K$를 포함하는 서로소인 $\mathbb{R}\times\mathbb{R}$에서의 열린 집합은 존재하지 않는다.

**⟦연습문제⟧ 11-15**

모든 $n\in\mathbb{N}$에 대하여 $(X_n,\mathcal{T}_n)$을 제1가산공간이라 하고 임의의 점 $p\in\prod X_n$을 택하면 각각의 $n$에 대하여 $\pi_n(p)\in X_n$이고 $X_n$이 제1가산공간이므로 가산국소기저 $\mathcal{B}_n$이 존재한다.

$$\mathcal{S}_n=\{\pi_n^{-1}(B)\mid B\in\mathcal{B}_n\},\ \mathcal{S}=\bigcup\{\mathcal{S}_n\mid n\in\mathbb{N}\}$$

이고 $\mathcal{B}=\{\cap\mathcal{S}'\mid\mathcal{S}'$은 $\mathcal{S}$의 유한 부분집합$\}$이라 하자. 그러면 $\mathcal{B}$가 가산임은 쉽게 알 수 있고 국소기저임을 보이기 위하여 $p$를 포함하는 임의의 열린 집합 $G$를 택하면 적당한 곱위상에 대한 기저의 원소 $G'$이 존재하여 $p\in G'\subseteq G$이고 이 때 $G'=\pi_{n_1}^{-1}(G_{n_1})\cap\cdots\cap\pi_{n_k}^{-1}(G_{n_k}), G_{n_i}\in\mathcal{T}_{n_i}$이다. 그러면 각각의 $n_i$에 대하여 $\pi_{n_i}(p)\in\pi_{n_i}(G')\subseteq\pi_{n_i}(G)=G_{n_i}$이고 $\mathcal{B}_{n_i}$가 국소기저이므로 적당한 $B_{n_i}\in\mathcal{B}_{n_i}$가 존재하여 $\pi_{n_i}(p)\in B_{n_i}\subseteq G_{n_i}$이다. 따라서 $\pi_{n_1}^{-1}(B_{n_1})\cap\cdots\cap\pi_{n_k}^{-1}(B_{n_k})\in\mathcal{B}$이고

$$\begin{aligned}p&\in\pi_{n_1}^{-1}(B_{n_1})\cap\cdots\cap\pi_{n_k}^{-1}(B_{n_k})\\&\subseteq\pi_{n_1}^{-1}(G_{n_1})\cap\cdots\cap\pi_{n_k}^{-1}(G_{n_k})\\&=G'\subseteq G\end{aligned}$$

이다. 결국 $\mathcal{B}$는 $p$의 국소기저이다.

**⟦연습문제⟧ 11-16**

임의의 $\alpha\in\mathbb{R}$에 대해 $X_\alpha=(\mathbb{N},\mathcal{D})$라 하자. 그러면 $X_\alpha$들은 이산공간이므로 제1가산공간이다. 곱공간 $\prod_{\alpha\in\mathbb{R}}X_\alpha$를 제1가산공간이라 가정하면 임의의 점 $p\in\prod X_\alpha$에 대하여 가산 국소기저 $\mathcal{B}=\{B_i\mid i\in\mathbb{N}\}$가 존재한다. 각각의 $i$에 대하여 유한 개의 $\alpha$를 제외한 나머지 $\alpha$에 대해서는 $\pi_\alpha(B_i)=\mathbb{N}$이다. 따라서 적당한 $\alpha_0\in\mathbb{R}$가 존재하여 모든 $i$에 대하여 $\pi_{\alpha_0}(B_i)=\mathbb{N}$이다. 그러면 집합

$$\pi_{\alpha_0}^{-1}(\{p_{\alpha_0}\})=\{q\in\prod X_\alpha\mid q_{\alpha_0}=p_{\alpha_0}\}=\{p_{\alpha_0}\}\times\prod_{\alpha\neq\alpha_0}X_\alpha$$

는 $p$를 포함하는 열린 집합이지만

$$\pi_{\alpha_0}(B_i)=\mathbb{N}\not\subseteq\{p_{\alpha_0}\}=\pi_{\alpha_0}(\pi_{\alpha_0}^{-1}(\{p_{\alpha_0}\}))$$

가 되어 가산국소기저 $\mathcal{B}$의 원소를 포함하지 않는다. 이것은 모순이다. 따라서 $\prod X_\alpha$는 제1가산공간이 아니다.

**⟦연습문제⟧ 11-17**

모든 $n\in\mathbb{N}$에 대하여 $(X_n,\mathcal{T}_n)$을 제2가산공간이라 하자. 그러면 각각의 $n$에 대하여 $\mathcal{T}_n$의

가산기저 $\mathcal{B}_n$ 이 존재한다.

$$\mathcal{S}_n = \{\pi_n^{-1}(B) \mid B \in \mathcal{B}_n\},\ \mathcal{S} = \bigcup_{n\in\mathbb{N}} \mathcal{S}_n$$

이라 하자. $\mathcal{B} = \{\cap\mathcal{S}' \mid \mathcal{S}'$ 은 $\mathcal{S}$ 의 유한부분집합$\}$ 이라 하자. 그러면 $\mathcal{B}$가 가산임은 쉽게 알 수 있다. 이제 $\mathcal{B}$가 기저임을 보이기 위하여 $\prod X_n$ 의 임의의 점 $p$ 를 포함하는 임의의 열린 집합 $G$를 택하면 적당한 곱위상에 대한 기저의 원소 $G'$ 이 존재하여 $p \in G' \subseteq G$이다. 이 때 $G' = \pi_{n_1}^{-1}(G_{n_1}) \cap \cdots \cap \pi_{n_k}^{-1}(G_{n_k}), G_{n_i} \in \mathcal{T}_{n_i}$ 이다. 그러면 각각의 $n_i$ $(i = 1, 2, \ldots, k)$ 에 대하여 $G_{n_i}$ 가 $\pi_{n_i}(p)$를 포함하는 열린 집합이고 $\mathcal{B}_{n_i}$ 가 기저이므로 적당한 $B_{n_i} \in \mathcal{B}_{n_i}$ 가 존재하여 $\pi_{n_i}(p) \in B_{n_i} \subseteq G_{n_i}$ 이다. 따라서 $\pi_{n_1}^{-1}(B_{n_1}) \cap \cdots \cap \pi_{n_k}^{-1}(B_{n_k}) \in \mathcal{B}$이고

$$\begin{aligned} p &\in \pi_{n_1}^{-1}(B_{n_1}) \cap \cdots \cap \pi_{n_k}^{-1}(B_{n_k}) \\ &\subseteq \pi_{n_1}^{-1}(G_{n_1}) \cap \cdots \cap \pi_{n_k}^{-1}(G_{n_k}) \\ &= G' \subseteq G \end{aligned}$$

이다. 따라서 $\mathcal{B}$는 $\prod X_n$ 의 가산기저이다.

### ⟦연습문제⟧ 11-18

$(X_\alpha, \mathcal{T}) = (\mathbb{N}, \mathcal{D})$ 라 하자. 그러면 $X_\alpha$ 들은 제2가산공간이다. 그런데 곱공간 $\prod X_\alpha$ 는 제1가산공간이 아니므로 제2가산공간이 아니다.

### ⟦연습문제⟧ 11-19

생략.

### ⟦연습문제⟧ 11-20

$\prod_{i\in\mathbb{N}}\{0\}$ 는 한원소집합이므로 분명히 연결 집합이다. 이제 $\prod_{i\in\mathbb{N}}\{0\} \subsetneq B$ 라고 가정하자. 그러면 $B$는 두 개 이상의 원소를 갖는다. 따라서 $\prod_{i\neq j}\{0\} \times \{1\} \subseteq B$ 인 $1 \in A_j$ 가 존재한다. 두 집합 $\pi_j^{-1}(\{1\})$와 $\pi_j^{-1}(\{0\})$는 열린 집합이면서

$$\pi_j^{-1}(\{1\}) \cap \pi_j^{-1}(\{0\}) = \emptyset,$$

$$\pi_j^{-1}(\{1\}) \cup \pi_j^{-1}(\{0\}) \supseteq B$$

이다. 그러므로 두 집합 $\pi_j^{-1}(\{1\}) \cap B$와 $\pi_j^{-1}(\{0\}) \cap B$는 $B$의 열린 집합이면서

$$(\pi_j^{-1}(\{1\}) \cap B) \cap (\pi_j^{-1}(\{0\}) \cap B) = \emptyset,$$

$$(\pi_j^{-1}(\{1\}) \cap B) \cup (\pi_j^{-1}(\{0\}) \cap B) = B$$

이다. 따라서 $B$는 연결 집합이 아니다. 결국 $\prod_{i\in\mathbb{N}}\{0\}$는 열린 부분집합들 중 극대원소이고 따라서 성분이다.

### ⟦연습문제⟧ 11-21

생략.

⟦연습문제⟧ **11-22**

각 성분공간에서 콤팩트인 집합 $[0, \frac{1}{n}]$의 곱집합이므로 티코노프 정리에 의해 콤팩트이다.

## 연습문제 12 해답

⟦연습문제⟧ **12-1**

(a) ⇒ (b) 임의의 양수 $\epsilon$을 택하면 $< a_n >$이 $(X, d)$에서 코시 수열이므로 $n_0 \in \mathbb{N}$이 존재하여 $n, m > n_0$일 때 $d(a_n, a_m) < \epsilon$이다. 따라서 $e(a_n, a_m) = \min\{1, d(a_n, a_m)\} \leq d(a_n, a_m) < \epsilon$이므로 $< a_n >$은 $(X, e)$에서 코시 수열이다.

(b) ⇒ (a) 임의의 양수 $\epsilon$을 택하고 $\delta = \min\{\epsilon, \frac{1}{2}\}$라 하자. 그러면 수열 $< a_n >$이 $(X, e)$에서 코시 수열이므로 $n_0 \in \mathbb{N}$이 존재하여 $n, m > n_0$일 때 $e(a_n, a_m) < \delta < 1$이다. 따라서 $d(a_n, a_m) = e(a_n, a_m) < \delta \leq \epsilon$이므로 $< a_n >$은 $(X, d)$에서 코시 수열이다.

⟦연습문제⟧ **12-2**

이산공간 $(\mathbb{Q}, d)$에서는 모든 코시 수열이 수렴하므로 완비공간이다.

⟦연습문제⟧ **12-3**

$X$에 주어진 거리를 $d$라 하고, $X$의 임의의 코시 수열 $< x_n >$을 택하자. $X$가 유한집합이므로 $\min\{d(a, b) \mid a, b \in X, a \neq b\} = \delta$가 존재하고 $\delta > 0$이다. $< x_n >$이 코시 수열이므로 $\delta$에 대해 적당한 $n_0$가 존재해서, $n, m > n_0 \implies d(x_n, x_m) < \delta$이다. 따라서 $n, m > n_0 \implies x_n = x_m$이다. 즉, 어떤 항 이후는 모두 같다. 그러므로 이 수열은 수렴한다.

⟦연습문제⟧ **12-4**

힌트: $\mathbb{N}$이 이산공간이 된다. $\text{int}(\text{cl}(\{p\}))$를 직접 계산할 것.

⟦연습문제⟧ **12-5**

$< f_n >$을 $\mathcal{B}(X, \mathbb{R})$에서 코시 수열이라 하고 $\epsilon$을 임의의 양수라 하자. 그러면 $n_0 \in \mathbb{N}$이 존재하여 $n, m > n_0$일 때 $\|f_n - f_m\| < \epsilon/2$이다. 모든 $x \in X$에 대하여 $|f_n(x) - f_m(x)| \leq \|f_n - f_m\| < \epsilon/2$이므로 $< f_n(x) >$는 $\mathbb{R}$에서 코시 수열이 되고 $\mathbb{R}$이 완비공간이므로 수렴한다. 함수 $f : X \to \mathbb{R}$를 $f(x) = \lim(f_n(x))$로 정의하면, 임의의 양수 $\epsilon$에 대해 $n_1$이 존재하여 $m > n_1$이면 $|f_m(x) - f(x)| < \frac{\epsilon}{2}$이므로 $\|f_m - f\| = \sup\{|f_m(x) - f(x)| \mid x \in X\} \leq \frac{\epsilon}{2} < \epsilon$이다. 즉 $< f_n >$은 $f$로 수렴한다.

⟦연습문제⟧ **12-6**

(⇒) $X$의 임의의 수열 $< a_n >$을 택하자. $X$가 완전유계이므로 지름이 1보다 작은 유한 개의 집합들의 합집합으로 나타낼 수 있고 그들 중 적어도 하나는 수열 $< a_n >$의 무한 개의 항을 포함한다. 그것을 $A_1$이라고 하고 $a_{i_1} \in A_1$을 택하자. 또한 $A_1$도 역시 완전유계이므로 지름이 $\frac{1}{2}$보다 작은 집합들의 유한 개의 합집합으로 나타낼 수 있고 그들 중 적어도 하나는 역시 $< a_n >$의 무한 개의 항을 포함한다. 그것을 $A_2$라 하고 $i_2 > i_1$인 $a_{i_2} \in A_2$을 택하자. 이 과정을 되풀이

하면 $X \supseteq A_1 \supseteq A_2 \supseteq \cdots$, $d(A_n) < \frac{1}{n}$, $a_{i_n} \in A_n$을 만족시키는 $< a_n >$의 부분수열 $< a_{i_n} >$을 얻을 수 있다. $< a_{i_n} >$이 코시 수열임을 보이기 위하여 임의의 양수 $\epsilon$을 택하면 적당한 $n_0 \in \mathbb{N}$이 존재하여 $\frac{1}{n_0} < \epsilon$이다. 따라서 $i_n, i_m > i_{n_0}$일 때 $d(A_0) < \frac{1}{n_0} < \epsilon$이고 $a_{i_n}, a_{i_m} \in A_{n_0}$이므로 $d(a_{i_n}, a_{i_m}) < \epsilon$이다. 따라서 $< a_{i_n} >$은 $< a_n >$의 코시 부분수열이다.

($\Leftarrow$) $X$가 완전유계가 아니라고 가정하면 적당한 양수 $\epsilon$이 존재하여 $X$는 $\epsilon$-그물을 갖지 않는다. $a_1 \in X$을 택하면 $\{a_1\}$이 $X$의 $\epsilon$-그물이 아니므로 적당한 $a_2 \in X$가 존재하여 $d(a_1, a_2) \geq \epsilon$이다. 같은 방법으로 $i \neq j$일 때 $d(a_i, a_j) \geq \epsilon$을 만족시키는 수열 $< a_1, a_2, \cdots >$을 얻을 수 있다. 그런데 이 수열은 코시 부분수열을 갖지 않는다.

⟦연습문제⟧ **12-7**

$f : (X, d) \to (Y, e)$를 등거리함수라 하고 $Y$의 임의의 코시 수열 $< y_n >$을 택하자. 그러면 모든 $n \in \mathbb{N}$에 대하여 $x_n \in X$이 존재하여 $f(x_n) = y_n$이다. 먼저 $< x_n >$이 $X$의 코시 수열임을 보이기 위하여 임의의 양수 $\epsilon$을 택하면 $< y_n >$이 코시 수열이므로 적당한 $n_0 \in \mathbb{N}$이 존재하여 $n, m > n_0$일 때 $e(y_n, y_m) < \epsilon$이다. 그런데 $f$가 등거리함수이므로 $d(x_n, x_m) = e(f(x_n), f(x_m)) = e(y_n, y_m) < \epsilon$이다. $X$가 완비공간이므로 $< x_n >$은 수렴하는 수열이고 $x_n \to x$라 하자. 이제 $f(x_n) = y_n \to f(x)$임을 보이자. 임의의 양수 $\delta$를 택하면 적당한 $n_1 \in \mathbb{N}$이 존재하여 $n > n_1$일 때 $d(x_n, x) < \delta$이다. 그러면 $e(f(x_n), f(x)) = d(x_n, x) < \delta$이고, 따라서 $f(x_n) \to f(x)$이다.

⟦연습문제⟧ **12-8**

$N$이 어디서도 조밀하지 않으면 $\text{int}(\text{cl}(N)) = \emptyset$ 이고, 따라서
$X = (\text{int}(\text{cl}(N)))^c = \text{cl}(\text{cl}(N)^c)$이므로 $(\text{cl}(N))^c$는 $X$의 조밀한 부분집합이다.

⟦연습문제⟧ **12-9**

$H = G \cap (\text{cl}(N))^c$는 $H \subseteq G$, $H \cap N = \emptyset$를 만족시키는 열린 집합이다. $G$는 공집합이 아니고 $(\text{cl}(N))^c$가 $X$의 조밀한 부분집합이므로 $H$도 공집합이 아니다. $p \in H$이면 양수 $\delta$가 존재하여 $B(p, \delta) \subseteq H \subseteq G, B(p, \delta) \cap N = \emptyset$을 만족시킨다.

## 연습문제 13 해답

⟦연습문제⟧ **13-1**

(1) 임의의 양수 $\epsilon$을 택하면 $< f_n >$이 $g$로 고른 수렴하므로 적당한 $n_0 \in \mathbb{N}$이 존재하여 $n > n_0$일 때 모든 $x \in X$에 대하여 $|f_n(x) - g(x)| < \frac{\epsilon}{b-a}$이다. 따라서 $n > n_0$이면

$$\begin{aligned} \left| \int_a^b f_n(x)dx - \int_a^b g(x)dx \right| &= \left| \int_a^b (f_n(x) - g(x))dx \right| \\ &\leq \int_a^b |f_n(x) - g(x)|dx \\ &< \int_a^b \frac{\epsilon}{b-a} dx \\ &= \epsilon \end{aligned}$$

이다. 그러므로 $\lim\limits_{n\to\infty}\int_a^b f_n(x)dx = \int_a^b g(x)dx$ 이다.

(2) $< f_n >$이 $I = [0,1]$를 정의역으로 하는 다음과 같이 정의된 함수라 하자.

$$f_n(x) = \begin{cases} 4n^2x, & 0 \le x \le \frac{1}{2n} \text{일 때} \\ -4n^2x + 4n, & \frac{1}{2n} \le x \le \frac{1}{n} \text{일 때} \\ 0, & \frac{1}{n} \le x \le 1 \text{일 때} \end{cases}$$

그러면 $f_n$은 $[0,1]$에서 연속함수이고 $f_n \to 0$ p.w.이다. 그런데 $\lim\limits_{n\to\infty}\int_0^1 f_n(x)dx = 1$이지만 $\int_0^1 0dx = 0$이다.

**[연습문제] 13-2**

임의의 점 $x_0 \in [0,1]$와 임의의 양수 $\epsilon$을 택하자. $< f_n >$이 $\mathcal{C}[0,1]$에서 코시 수열이므로 적당한 $n_0 \in \mathbb{N}$이 존재하여 $n, m > n_0$일 때 $\|f_n - f_m\| < \epsilon$이다. 따라서

$$|f_n(x_0) - f_m(x_0)| \le \sup\{|f_n(x) - f_m(x)| \mid x \in [0,1]\} = \|f_n - f_m\| < \epsilon$$

이다. 그러므로 $< f_n(x_0) >$이 $\mathbb{R}$에서 코시 수열이다.

**[연습문제] 13-3**

함수 $F : C[a,b] \to C[0,1]$를 다음과 같이 정의하자. 모든 $f \in C[a,b]$에 대하여 $F(f) : [0,1] \to \mathbb{R}$를 $F(f)(x) = (f(b) - f(a))x + f(a)$라 하자. 그러면 $F$는 등거리함수이고 따라서 $C[a,b]$와 $C[0,1]$은 등거리공간이고 위상동형이다.

**[연습문제] 13-4**

$\epsilon = 1$이라 하고 임의의 양수 $\delta$를 택하자. $\delta > 1$이면 $x = \frac{1}{\delta}, y = \frac{1}{2\delta}$라 하자. 그러면 $x, y \in (0,1)$이고 $|x - y| < \delta$이지만 $|f(x) - f(y)| = |\frac{1}{x} - \frac{1}{y}| = \delta > 1$이다. $0 < \delta < 1$이면 $x = \delta, y = \frac{\delta}{2}$라 하자. 그러면 $x, y \in (0,1)$이고 $|x - y| < \delta$이지만 $|f(x) - f(y)| = |\frac{1}{x} - \frac{1}{y}| = \frac{1}{\delta} > 1$이다. 따라서 $f(x) = \frac{1}{x}$은 $(0,1)$에서 고른 연속이 아니다.

**[연습문제] 13-5**

임의의 양수 $\epsilon$과 $X$의 임의의 점 $p$를 택하면 $f$가 연속함수이므로 적당한 양수 $\delta_p$가 존재하여 $d(x,p) < \delta_p$일 때 $e(f(x), f(p)) < \frac{\epsilon}{2}$이다. $S_p = (p - \frac{\delta_p}{2}, p + \frac{\delta_p}{2})$라 하면 $\{S_p \mid p \in X\}$는 $X$의 열린 덮개이고 $X$가 콤팩트이므로 유한부분덮개 $\{S_{p_1}, \cdots, S_{p_m}\}$이 존재한다. 즉 $X = S_{p_1} \cup \cdots \cup S_{p_m}$이다. $\delta = \min\{\delta_{p_1}, \cdots, \delta_{p_m}\}$이라 하면 $d(x,y) < \delta$일 때 적당한 $k$에 대하여 $x \in S_{p_k}$이고 따라서 $d(x, p_k) < \frac{\delta_{p_k}}{2} < \delta_{p_k}$이므로 $e(f(x), f(p_k)) < \frac{\epsilon}{2}$이다. 또한 $d(y, p_k) \le d(y,x) + d(x,p_k) < \delta + \frac{\delta_{p_k}}{2} \le \frac{\delta_{p_k}}{2} + \frac{\delta_{p_k}}{2} = \delta_{p_k}$이므로 $e(f(y), f(p_k)) < \frac{\epsilon}{2}$이다. 그러므로 $e(f(x), f(y)) \le e(f(x), f(p_k)) + e(f(p_k), f(y)) < \frac{\epsilon}{2} + \frac{\epsilon}{2} = \epsilon$이다.

**[연습문제] 13-6** 생략.

# 교원임용시험 기출 문제

1. (1997) 정수 전체의 집합 $\mathbb{Z}$ 위에 위상(topology) $\mathcal{T}$를 다음과 같이 정의한다.

$$\mathcal{T} = \{U \subset Z \mid U = \emptyset \text{ 또는 } U^c\text{는 유한집합}\}$$

이 때, 서로 다른 정수 $a_n$들로 이루어진 수열 $\{a_n\}$은 위상공간에서 각각의 정수 $m$에 수렴함을 증명하시오. [5점]

2. (1998) 집합 $X = \{x_1, x_2, x_3, x_4, x_5\}$상에 다음과 같이 위상이 주어졌다.

$$\mathcal{T} = \{\emptyset, X, \{x_1\}, \{x_1, x_2\}, \{x_1, x_3, x_4\}, \{x_1, x_2, x_3, x_4\}, \{x_1, x_2, x_5\}\}$$

이 때, 집합 $\{x_2\}$의 폐포(closure)를 구하시오. [5점]

3. (1999) 거리공간 $(X, d)$에서 임의의 $x, y \in X$에 대하여 다음과 같이 $d_1$이 정의되었다. 이 때 $(X, d_1)$은 유계(bounded)인 거리공간(metric space)이 됨을 증명하시오. [4점]

$$d_1(x, y) = \frac{d(x, y)}{1 + d(x, y)}, \quad x, y \in X$$

4. (2000) 집합 $X = \{a, b, c, d, e\}$ 위에 위상(topology) $\mathcal{T}$가 다음과 같이 주어졌다.

$$\mathcal{T} = \{\emptyset,\ X,\ \{a\},\ \{b\},\ \{a, b\},\ \{a, c, d\},\ \{a, b, e\},\ \{a, b, c, d\}\}$$

이 때, $A = \{b, c\}$의 도집합(derived set) $A'$을 구하시오. [5점]

5. (2001) 다음 각 물음에 답하시오.
(1) 주어진 두 위상공간 $X, Y$에 대하여 $X$에서 $Y$로의 위상동형 사상 (homeomorphism)의 정의를 쓰시오. [2점]
(2) $X = \{a, b, c, d\}$ 위에 위상(topology) $\tau = \{X, \{a, b\}, \{c, d\}, \emptyset\}$이 주어져 있을때, $X$에서 $X$로의 위상동형 사상의 개수를 구하시오. [3점]

6. (2002) $X = \{1, 2, 3, 4, 5\}$이고,

$$\tau = \{X, \emptyset, \{1, 2\}, \{2\}, \{3, 4, 5\}, \{2, 3, 4, 5\}, \{4\}, \{1, 2, 4\}, \{2, 4\}\}$$

이라 하자. 함수 $f : X \to Y$를 아래와 같이 정의할때, 다음 물음에 답하시오.

$$f(1) = f(2) = 1, f(3) = f(4) = f(5) = 3$$

(1) $f:(X,\tau)\to(X,2^X)$가 연속임을 보이시오. [2점]

(2) $(X,\tau)$에서 $\{2\}$ 와 $\{4\}$의 폐포를 구하시오. [1점]

(3) 집합$\{h \mid h:(X,\tau)\to(X,2^X)$는 연속, $h(2)=1, h(4)=3\}$의 원소의 개수를 구하고, 그 이유를 설명하시오. [2점]

7. (2003) 위상공간 $X$가 $T_2$ 공간(Hausdorff space)일 때, 임의의 컴팩트 집합(compact set) $A\subset X$와 임의의 $x\in X-A$에 대하여 다음 조건을 만족시키는 개집합(open set) $U,V\subset X$가 존재함을 증명하시오. [5점]

$$x\in U, A\subset V, U\cap V=\emptyset$$

8. (2004) 실수 전체집합 $\mathbb{R}$의 멱집합(power set)의 부분집합 $S=\{\mathbb{R}-\{p\}:p\in\mathbb{R}\}$에 대하여 다음 물음에 답하시오.

(1) $S$를 부분기저(subbase)로 갖는 위상(topology) $\mathcal{T}$를 구하시오. [2점]

(2) 위상공간 $(\mathbb{R},\mathcal{T})$에서 자연수 $\mathbb{N}$의 도집합(derived set)을 구하시오. [3점]

9. (2005) 다음 조건을 만족시키는 실위상공간 $\mathbb{R}$의 부분집합 $W,X,Y,Z$의 예를 (증명없이) 하나씩 구하시오. [2점]

- $Y,\ Z$는 연결집합(connected set)이다.
- $Y\subset W\subset Z,\ Y\subset X\subset Z$

(3) $W$는 연결집합이다.

(4) $X$는 연결집합이 아니다.

여기에서 기호 $A\subset B$는 $A$가 $B$의 진부분집합임을 나타낸다.

10. (2005) 위상공간 $X$와 전사함수 $g\ :\ X\to Y$에 의한 집합 $Y$의 상위상(quotient topology)은 $g^{-1}(O)$가 $X$에서 개집합(open set)이 되는 $Y$의 부분집합 $O$로 이루어지는 $Y$의 위상이다. 실위상공간 $X=\mathbb{R}$과 정수집합 $Y=\mathbb{Z}$에 대하여 전사함수 $f\ :\ X\to Y,\ f(x)=[x]$에 의한 $Y$의 위상을 구하시오. ( 단, $[x]$ 는 $x$를 넘지않는 최대의 정수이다.) [4점]

11. (2006) 위상공간 $X,Y$에 대하여 사상 $f:X\to Y$가 다음 조건을 만족시킬 때, $f$를 폐사상(closed map)이라 한다.

| 임의의 폐집합(closed set) $A(\subset X)$에 대하여, $f(A)$는 폐집합이다. |
|---|

보통위상(usual topology) 공간 $\mathbb{R}$에 대하여 사상 $f:\mathbb{R}\times\mathbb{R}\to\mathbb{R}$를 $f(x,y)=x$로 정의할 때, $f$는 연속사상임을 보이고 폐사상은 아님을 보이시오. [4점]

12. (2006) 집합 $X=[-1,1]=\{x\in\mathbb{R}\mid -1\le x\le 1\}$에 다음과 같이 위상 $\mathcal{T}$를 정의할 때, 위상공간 $(X,\mathcal{T})$는 컴팩트(compact, 긴밀) 공간임을 보이시오.

$\mathcal{T}=\{U\subset X\mid 0\notin U\}\cup\{U\subset X\mid (-1,1)\subset U\}$ [4점]

13. (2007) $X$가 $\mathcal{B} = \{V \subset X \mid V$와 $V^c$는 모두 열린 집합(open set)$\}$을 기저(basis)로 갖는 위상공간이라 하자. 그리고 $F$를 닫힌 집합 (closed set), $p$를 $F$에 속하지 않는 $X$의 점이라고 할 때, $f(p) = 0$이고 $f(F) = \{1\}$인 연속함수 $f : X \to \mathbb{R}$가 존재함을 보이시오.(단 $\mathbb{R}$은 실수 전체의 집합이다.) [4점]

14. (2007) 실수 전체의 집합 $\mathbb{R}$에 대하여

$$X_1 = (\mathbb{R}, \mathcal{U}), \quad X_2 = (\mathbb{R}, \mathcal{D})$$

라고 하자. 여기서 $\mathcal{U}$는 보통위상(usual topology)이고 $\mathcal{D}$ 는 이산위상(discrete topology)이다.

$X = X_1 \times X_2$를 $X_1$과 $X_2$의 곱 공간이라 하자. $X$의 부분집합 $A = (-1, 1) \times (-1, 1)$에 대하여 $A$의 폐포(closure)와 경계(boundary)를 (증명없이) 각각 그림으로 나타내시오. [4점]

15. (2008) $\mathbb{R}$을 실수 집합이라 하고 $\mathcal{T}$를 $\mathbb{R}$ 위에서의 여가산위상(cocountable topology)이라 하자. 즉,

$$\mathcal{T} = \{U \subseteq \mathbb{R} \mid \mathbb{R} - U\text{는 가산집합(countable set)}\} \cup \{\emptyset\}$$

이다. $\mathbb{Q}$를 유리수 집합이라하고 $A = \mathbb{R} - \mathbb{Q}$를 무리수 집합이라 할 때, $A$의 내부(interior), 유도집합(derived set), 폐포(closure), 경계(boundary)를 증명 없이 각각 구하시오. [4점]

- $A$의 내부:
- $A$의 유도집합:
- $A$의 폐포:
- $A$의 경계:

16. (2008) 공집합이 아닌 위상공간 $X$의 두 부분집합 $A$와 $B$가 각각 $X$에서 조밀(dense)하다고 하자. 이 때, $B$가 $X$에서 열린 집합이면 $A \cap B$가 $X$에서 조밀함을 증명하시오. [4점]

17. (2009학년도 1차) 두 집합 $X = \{1, 2, 3, 4, 5, 6, 7, 8\}$ 와 $A = \{2, 4, 6\}$에 대하여

$$R = \{(a, b) \mid a, b \in A\} \cup \{(x, x) \mid x \in X\}$$

라 하자. 임의의 $x \in X$에 대하여 $[x] = \{y \in X \mid (x, y) \in R\}$라 할 때, 집합 $X/R = \{[x] \mid x \in X\}$의 원소의 개수는? [1.5점]

18. (2009학년도 1차) 집합 $X = \{a, b, c, d\}$에 대하여 $(X, \mathcal{T})$를 위상공간이라 하고, 임의의 $x \in X$에 대하여

$$N(x) = \{V \subseteq X \mid V\text{는 } (X, \mathcal{T})\text{에서 } x\text{의 근방}\}$$

이라 할 때, 다음이 성립한다고 하자.

$$N(a) = \{V \subseteq X \mid \{a, c\} \subseteq V\}$$
$$N(b) = \{V \subseteq X \mid \{b, c\} \subseteq V\}$$
$$N(c) = \{V \subseteq X \mid \{c\} \subseteq V\}$$
$$N(d) = \{X\}$$

단, '$V$는 $(X, \mathcal{T})$에서 $x$의 근방'이란 $x \in U \subseteq V$를 만족시키는 $U \in \mathcal{T}$가 존재함을 의미한다. ⟨보기⟩에서 $\mathcal{T}$의 원소를 모두 고른 것은? [2점]

| ㄱ. $\{a, b\}$ | ㄴ. $\{a, c\}$ | ㄷ. $\{a, b, c\}$ | ㄹ. $\{a, c, d\}$ |
|---|---|---|---|

19. (2009학년도 1차) 실수 전체의 집합을 $\mathbb{R}$, 유리수 전체의 집합을 $\mathbb{Q}$라 하자. $\mathcal{T}$를 $\mathbb{R}$ 위의 보통위상(usual topology)이라 하고 $(\mathbb{Q}, \mathcal{T}_{\mathbb{Q}})$를 $(\mathbb{R}, \mathcal{T})$의 부분공간이라 하자. 함수 $\jmath : \mathbb{Q} \to \mathbb{R}$를 임의의 $r \in \mathbb{Q}$에 대하여 $\jmath(r) = r$로 정의할 때, ⟨보기⟩에서 옳은 것을 모두 고른 것은? [2.5점]

> ㄱ. 함수 $\jmath : (\mathbb{Q}, \mathcal{T}_{\mathbb{Q}}) \to (\mathbb{R}, \mathcal{T})$는 연속이다.
> ㄴ. $A$가 $(\mathbb{R}, \mathcal{T})$의 컴팩트(compact) 부분공간이면 $\jmath^{-1}(A)$는 $(\mathbb{Q}, \mathcal{T}_{\mathbb{Q}})$의 콤팩트 부분공간이다.
> ㄷ. 임의의 위상공간 $X$와 함수 $f : X \to (\mathbb{Q}, \mathcal{T}_{\mathbb{Q}})$에 대하여, $\jmath \circ f : X \to (\mathbb{R}, \mathcal{T})$가 연속이면 $f : X \to (\mathbb{Q}, \mathcal{T}_{\mathbb{Q}})$가 연속이다.

20. (2009학년도 1차) 실수 전체의 집합 $\mathbb{R}$ 위에서 위상 $\mathcal{T}_1$과 $\mathcal{T}_2$를 다음과 같이 정의하자.

$\mathcal{T}_1$은 $\{[a, b) \mid a, b \in \mathbb{R}\}$를 기저(base)로 하는 위상

$\mathcal{T}_2 = \{R, \emptyset, \{0, 1\}\}$

위상공간 $(\mathbb{R}, \mathcal{T}_i)(i = 1, 2)$에서 원소 0을 포함하는 성분(component)을 $A_i(i = 1, 2)$라고 할 때, 옳은 것은?
(단, $[a, b) = \{x \in \mathbb{R} \mid a \leq x < b\}$이고, 위상공간 $X$에서 '성분'은 $X$의 극대 연결 부분공간을 의미한다.) [2점]

(1) $A_1 = \{0\}$, $A_2 = \mathbb{R}$　(2) $A_2 = \{0\}$, $A_2 = \{0, 1\}$
(3) $A_1 = \mathbb{R}$, $A_2 = \mathbb{R}$　(4) $A_1 = \mathbb{R}$, $A_2 = \{0, 1\}$
(5) $A_1 = \mathbb{R}$, $A_2 = \{0\}$

21. (2009학년도 2차) 실수 전체의 집합 $\mathbb{R}$에 대하여 $\mathbb{R} \times \mathbb{R} = \{(x, y) \mid x, y \in \mathbb{R}\}$에 다음과 같은 위상이 각각 주어져 있다.

| (I) $\mathbb{R}\times\mathbb{R}$의 임의의 두 점 $p=(p_1,p_2), q=(q_1,q_2)$에 대하여 거리함수(metric) $d$가<br>$$d(p,q)=\sqrt{(p_1-q_1)^2+(p_2-q_2)^2}$$<br>으로 주어질 때, $d$에 의하여 유도된 위상 $\mathcal{T}_1$.<br>(II) (I)의 위상 $\mathcal{T}_1$을 이용하여 다음과 같이 정의된 위상 $\mathcal{T}_2$<br>$$\mathcal{T}_2=\{(\mathbb{R}\times\mathbb{R})-F \mid F\text{는 } (\mathbb{R}\times\mathbb{R},\mathcal{T}_1)\text{에서 컴팩트 부분집합}\}\cup\{\emptyset\}$$ |
|---|

$\mathbb{R}\times\mathbb{R}$의 부분집합 $Y=\{(x,y)\in\mathbb{R}\times\mathbb{R}\mid x+y=1\}$을 위상공간 $(\mathbb{R}\times\mathbb{R},\mathcal{T}_1)$의 부분공간으로 생각할 때는 $Y_1$으로 나타내고, 위상공간 $(\mathbb{R}\times\mathbb{R},\mathcal{T}_2)$의 부분공간으로 생각할 때는 $Y_2$로 나타내자.

부분공간 $Y_1, Y_2$가 각각 $T_2$ 공간(또는 Hausdorff 공간), 컴팩트(compact) 공간, 연결공간이 되는지 설명하시오. [20점]

22. (2010학년도 1차) 정수 전체의 집합을 $\mathbb{Z}$라 하고 모든 자연수 $n$에 대하여 집합 $A_n$과 $B_n$을 다음과 같이 정의하자.

$$A_n=\{x\in\mathbb{Z}\mid x\le n\},\ B_n=\{x\in\mathbb{Z}\mid x\ge -n\}$$

⟨보기⟩에서 옳은 것을 모두 고른 것은? [1.5점]

| ㄱ. $\bigcap_{n=1}^{\infty}(A_n\cap B_n)=\{-1,0,1\}$<br>ㄴ. $\mathbb{Z}\cap(\bigcap_{n=1}^{\infty}(A_n^c\cup B_n^c))=\emptyset$<br>ㄷ. $(\bigcup_{n=1}^{\infty}(A_n-B_n)=\{x\in\mathbb{Z}\mid x\le -1\}$ |
|---|

23. (2010학년도 1차) 실수 전체의 집합 $\mathbb{R}$ 위에서 여가산위상(countable complement topology) $\mathcal{T}$를 다음과 같이 정의하자.

$$\mathcal{T}=\{U\subseteq\mathbb{R}\mid \mathbb{R}-U\text{는 가산집합 }\}\cup\{\emptyset\}$$

⟨보기⟩에서 옳은 것을 모두 고른 것은? [2점]

| ㄱ. 위상공간 $(\mathbb{R},\mathcal{T})$는 $T_1$ 공간이다.<br>ㄴ. 위상공간 $(\mathbb{R},\mathcal{T})$는 분리(분해)가능공간(separable space)이다.<br>ㄷ. 위상공간 $(\mathbb{R},\mathcal{T})$의 부분집합 $A$가 콤팩트(compact)이기 위한 필요충분조건은 $A$가 유한집합인 것이다. |
|---|

24. (2010학년도 1차) 실수 전체의 집합 $\mathbb{R}$ 위에서 $\{[a,b) \mid a,b \in \mathbb{R}\}$를 기저(base)로 하는 위상을 $\mathcal{T}_1$이라 하자. 집합 $A = \{1,2,3,4\}$에 대하여 다음과 같이 정의된 함수 $f : (\mathbb{R}, \mathcal{T}_1) \to A$를 생각하자.

$$f(x) = \begin{cases} 1, & x < 0 \\ 2, & x = 0 \\ 3, & 0 < x \le 1 \\ 4, & x > 1 \end{cases}$$

함수 $f$에 의해서 만들어진 $A$위에서의 상위상(quotient topology)을 $\mathcal{T}$라 할 때, 위상공간 $(A, \mathcal{T})$에서 열린 집합 (open set)의 총 개수는? (단, $[a,b) = \{x \in \mathbb{R} \mid a \le x < b\}$이다.) [2점]

25. (2010학년도 1차) 자연수 전체의 집합을 $\mathbb{N}$이라 하자. 집합 $X = \{n \in \mathbb{N} \mid n \ge 2\}$의 각 원소 $n$에 대하여 $B_n = \{k \in X \mid k$는 $n$의 약수 $\}$라 하고, $\{B_n \mid n \in X\}$를 기저로 하는 $X$ 위에서의 위상을 $\mathcal{T}$라 하자. 다음 중 옳지 않은 것은? [2.5점]

(1) 집합 $\{2,4,6,8,10\}$은 열린 집합이다.

(2) 소수 전체의 집합은 열린 집합이다.

(3) 소수 전체의 집합은 $X$에서 조밀(dense)하다.

(4) 집합 $X$의 모든 원소 $x$에 대하여 $\{x\}$의 폐포(closure)는 $\{nx \mid n \in \mathbb{N}\}$이다.

(5) 함수 $f : (X, \mathcal{T}) \to (X, \mathcal{T}')$을 $f(x) = x$로 정의할 때, $f$는 $x = 2$에서 연속이다. 여기서 $\mathcal{T}'$은 $X$ 위에서의 이산위상 (discrete topology)이다.

26. (2010학년도 2차) 곡면 $X, Y$가 다음과 같이 주어져 있을 때, 물음에 답하시오. [20점]

(1) 사각형 $D = \{(x,y) \in \mathbb{R}^2 \mid 0 \le x \le 1, 0 \le y \le 1\}$ 상의 동치관계 $\sim$가 다음과 같이 주어졌다고 하자.

$$(x,0) \sim (x,1),\ 0 \le x \le 1,$$

$$(0,y) \sim (1,y),\ 0 \le y \le 1$$

$X = D/\sim$는 $D$ 상의 동치관계 $\sim$에 의해 유도된 상공간(quotient space)이다. 단, $D$ 상의 위상은 $\mathbb{R}^2$ 상의 보통위상(usual topology)에 대한 상대위상(relative topology, subspace topology)이다.

(2) $Y$는 아래 좌표조각 $\mathbf{X}$와 같이 보통 매개화(usual parametrization)에 의해 표현된 원환면(torus of revolution)이다.

$$\mathbf{x}(u,v) = ((2+\cos u)\cos v, (2+\cos u)\sin v, \sin u)$$

곡면 $X$가 $T_2$ 공간(Hausdorff space)이 됨을 보이시오. 또한 곡면 $X$와 $Y$ 상의 가우스곡률(Gaussian curvature)을 구체적으로 비교해 봄으로써 가우스곡률이 서로 다르게 주어질 수 있음을 보이고, 이와 같은 현상에 비추어 가우스-보네(Gauss-Bonnet) 정리의 의미를 설명하시오.

27. (2011학년도 1차) 함수 $f : X \to Y$에 대하여 <보기>에서 옳은 것만을 모두 고른 것은? [1.5점]

<보기>

ㄱ. 임의의 $B \subseteq Y$에 대하여 $f(f^{-1}(B)) \subseteq B$이다.

ㄴ. 임의의 $A \subseteq X$와 $B \subseteq Y$에 대하여 $f^{-1}(f(A) \cap B) = A \cap f^{-1}(B)$이다.

ㄷ. 임의의 $A \subseteq X$와 $B \subseteq Y$에 대하여 $f(A \cap f^{-1}(B)) = f(A) \cap B$이다.

28. (2011학년도 1차) 실수 전체의 집합 $\mathbb{R}$의 임의의 부분집합 $A$에 대하여

$$c(A) = \begin{cases} A, & A\text{는 가산(countable) 집합} \\ \mathbb{R}, & A\text{는 비가산(uncountable) 집합} \end{cases}$$

로 정의할 때, 다음 조건을 만족시키는 $\mathbb{R}$ 위의 위상(topology)을 $\mathcal{T}$라 하자.

| 임의의 $A \subseteq \mathbb{R}$에 대하여 위상공간 $(\mathbb{R}, \mathcal{T})$에서 $A$의 폐포(closure)는 $c(A)$이다. |
|---|

$\text{int}(\mathbb{Z})$, $\text{int}([0,1])$, $\text{int}(\mathbb{R} - \mathbb{Z})$를 옳게 나타낸 것은?

29. (2011학년도 1차) 실수 전체의 집합 $\mathbb{R}$ 위의 두 위상 $\mathcal{T}_1$, $\mathcal{T}_2$를

$$\mathcal{T}_1 = \{\mathbb{R}, \emptyset, \mathbb{Q}, \mathbb{R} - \mathbb{Q}\}, \ \mathcal{T}_2 = \{\mathbb{R}, \emptyset, \mathbb{N}, \mathbb{R} - \mathbb{N}\}$$

으로 정의하자. $(\mathbb{R}, \mathcal{T}_1)$과 $(\mathbb{R}, \mathcal{T}_2)$의 적공간(곱공간, product space) $(\mathbb{R}, \mathcal{T}_1) \times (\mathbb{R}, \mathcal{T}_2)$에 대하여 <보기>에서 옳은 것만을 모두 고른 것은?

ㄱ. $(\mathbb{R}, \mathcal{T}_1) \times (\mathbb{R}, \mathcal{T}_2)$는 연결(connected) 공간이다.

ㄴ. $[0,1] \times [0,1]$은 $(\mathbb{R}, \mathcal{T}_1) \times (\mathbb{R}, \mathcal{T}_2)$에서 조밀(dense)하다.

ㄷ. 함수 $F : \mathbb{R} \to \mathbb{R} \times \mathbb{R}$를

$$F(x) = \begin{cases} (x, 1), & x\text{는 유리수} \\ (x, -1), & x\text{는 무리수} \end{cases}$$

로 정의하면 $F : (\mathbb{R}, \mathcal{T}_1) \to (\mathbb{R}, \mathcal{T}_1) \times (\mathbb{R}, \mathcal{T}_2)$는 연속함수이다.

30. (2011학년도 1차) 실수 전체의 집합 $\mathbb{R}$의 보통위상(ususal topology)을 $\mathcal{T}$라 하고, 함수 $f : \mathbb{R} \to [0,1)$을 $f(x) = x - [x]$로 정의하자. 집합 $[0,1)$ 위의 위상 $\mathcal{T}_0$을

$$\mathcal{T}_0 = \{G \subseteq [0,1) \mid f^{-1}(G) \in \mathcal{T}\}$$

로 정의하자. <보기>에서 옳은 것만을 모두 고른 것은? (단, $[x]$는 $x$를 넘지 않는 최대 정수이고, $[a,b) = \{x \in \mathbb{R} \mid a \le x < b\}$이다.

ㄱ. $[0, \frac{1}{2}) \in \mathcal{T}_0$

ㄴ. $([0,1), \mathcal{T}_0)$은 컴팩트(compact)공간이다.

ㄷ. 함수 $h : [0,1) \to \mathbb{R}$를 $h(x) = 1 - x$로 정의하면 $h : ([0,1), \mathcal{T}_0) \to (\mathbb{R}, \mathcal{T})$는 연속함수이다.

31. (2011학년도 2차) 함수 $f : \mathbb{R}^3 \to [0, \infty)$는 다음 <조건>을 만족시킨다.

(가) $f$는 연속인 전사(surjective) 함수이다.

(나) $f^{-1}([0, 2011])$은 컴팩트공간(compact space)이다.

(다) $S = f^{-1}(\{1\})$이라 하면 $S$는 매끄러운 곡면(smooth surface)이다.

단, $[a, \infty) = \{x \in \mathbb{R} \mid a \leq x\}$이고, $[a, b] = \{x \in \mathbb{R} \mid a \leq x \leq b\}$이다.

$\mathbb{R}$과 $\mathbb{R}^3$에는 보통위상(usual topology)을 사용하고, 이들의 부분집합에는 상대위상(부분공간위상, relative topology, subspace topology)을 사용한다.

함수 $\phi : S \to \mathbb{R}$를

$$\phi(x, y, z) = x + y + z$$

로 정의할 때, 다음 세 명제가 참임을 증명하시오.

(I) 위상공간 $\mathbb{R}^3 - S$는 연결되지 않은 공간(비연결공간, disconnected space)이다.

(II) $\phi$는 최솟값을 가진다.

(III) $\phi$가 최솟값을 갖는 점에서 $S$의 가우스 곡률(Gaussian curvature)은 음이 아닌 실수이다.

32. (2012학년도 1차) 실수 전체의 집합 $\mathbb{R}$의 멱집합(power set) $P(\mathbb{R})$에 대하여 $X = P(\mathbb{R}) - \{\emptyset\}$이라 하자. 집합 $X$에서의 관계(relation) $\sim$을

$$A \sim B \iff A \cap B \neq \emptyset \quad (A, B \in X)$$

로 정의할 때, 옳은 것만을 보기에서 있는 대로 모두 고른 것은?

ㄱ. 관계 $\sim$은 반사적(reflexive)이다.

ㄴ. 관계 $\sim$은 대칭적(symmetric)이다.

ㄷ. 관계 $\sim$은 추이적(transitive)이다.

33. (2012학년도 1차) 위상공간 $X$에서 부분집합 $A$의 내부(interior)와 폐포(closure)를 각각 $\text{int}(A)$, $\overline{A}$로 나타낼 때, 옳은 것만을 보기에서 있는 대로 고른 것은?

ㄱ. $\text{int}(X - A) = X - \overline{A}$

ㄴ. $\overline{\text{int}(\overline{A})} = \overline{A}$

ㄷ. $X - \overline{A \cap B} = (X - \overline{A}) \cup (X - \overline{B})$

34. (2012학년도 1차) 실수 전체의 집합 $\mathbb{R}$에서 함수 $f : \mathbb{R} \to \mathbb{R}$를

$$f(x) = \begin{cases} x, & x \in \mathbb{Q} \\ 0, & x \in \mathbb{R} - \mathbb{Q} \end{cases}$$

로 정의하자. $\mathbb{R}$ 위의 보통위상(usual topology) $\mathcal{T}$에 대하여

$$\{f^{-1}(G) \mid G \in \mathcal{T}\}$$

로 정의된 $\mathbb{R}$ 위의 위상을 $\mathcal{T}_0$라 하자. 위상공간 $(\mathbb{R}, \mathcal{T}_0)$에 대하여 옳지 않은 것은? (단, $\mathbb{Q}$는 유리수 전체의 집합이다.)

(1) $(\mathbb{R}, \mathcal{T}_0)$에서 $\sqrt{2}$는 $\mathbb{R} - \mathbb{Q}$의 내점(interior point)이다.

(2) $(\mathbb{R}, \mathcal{T}_0)$에서 $\mathbb{Q}$의 경계(boundary)는 $(\mathbb{R} - \mathbb{Q}) \cup \{0\}$ 이다.

(3) 구간 $(-1, 1)$에 대하여 $(-1, 1) \cup (\mathbb{R} - \mathbb{Q})$는 $(\mathbb{R}, \mathcal{T}_0)$에서 열린 집합(open set) 이다.

(4) 구간 $[-1, 1]$에 대하여 $[-1, 1] \cup (\mathbb{R} - \mathbb{Q})$는 $(\mathbb{R}, \mathcal{T}_0)$에서 닫힌 집합(closed set) 이다.

(5) $(\mathbb{R}, \mathcal{T}_0)$에서 0은 $\mathbb{R} - \mathbb{Q}$의 집적점(accumulation point, limit point)이다.

35. (2012학년도 1차) $\mathbb{R}^2$ 위의 점 $q = (0, 1)$과 집합 $A = \{(x, y) \in \mathbb{R}^2 \mid y = 0\}$에 대하여 $X = A \cup \{q\}$라 하자. $X$ 위의 위상 $\mathcal{T}$를

$$\mathcal{T} = P(A) \cup \{U \subseteq X \mid q \in U, \quad A - U\text{가 유한집합}\}$$

으로 정의할 때, 옳은 것만을 보기에서 있는 대로 고른 것은? (단, $P(A) = \{U \mid U \subseteq A\}$ 이다.)

ㄱ. $(X, \mathcal{T})$는 콤팩트공간(compact space)이다.

ㄴ. $(X, \mathcal{T})$는 정규공간(normal space)이다.

ㄷ. $(X, \mathcal{T})$는 분리가능한공간(가분공간, separable space)이다.

36. (2012학년도 2차) $\mathbb{R}^3$ 안의 두 곡면 $X$와 $Y$가 구간 $I$에서 정의된 단위속력곡선 $\alpha : I \to X \cap Y$를 따라 수직으로 만난다. 집합 $A = \{\alpha(t) \mid t \in I\}$ 위의 위상 $\mathcal{T}_A$가 $\mathbb{R}^3$ 위의 보통위상(usual topology) 에 대한 상대위상(relative topology)일 때, 곡선 $\alpha$와 집합 $A$는 다음 조건을 만족시킨다.

(가) 곡선 $\alpha$는 $X$의 주요곡선이다.

(나) 모든 $t \in I$에 대하여 $\alpha''(t)$는 $X$와 수직이다.

(다) 위상공간 $(A, \mathcal{T}_A)$는 콤팩트(compact)가 아니다.

위상 $\mathcal{T}_A$를 이용하여 집합 $X$ 위의 위상 $\mathcal{T}$를 다음과 같이 정의하자.

$$\mathcal{T} = \mathcal{T}_A \cup \{X - F \mid F\text{는 } (A, \mathcal{T}_A)\text{에서 콤팩트 부분집합}\}$$

아래 명제는 조건 (가), (나)로부터 얻을 수 있는 기하적 성질 (I)과 조건 (다)로부터 얻을 수 있는 위상적 성질 (II), (III)을 나타낸 것이다. 명제 (I), (II), (III)이 참임을 증명하시오.

(I) 곡선 $\alpha$ 위의 모든 점에서 $Y$의 가우스 곡률(Gaussian curvature)은 0이다.

(II) $A$는 $(X, \mathcal{T})$에서 조밀한 부분집합(dense subset)이다.

(III) 연속함수 $f : (X, \mathcal{T}) \to Y$에 대하여 $f|_A : A \to Y$가 상수함수이면 $f$는 상수함수이다. (단, $Y$ 위의 위상은 $\mathbb{R}^3$ 위의 보통위상에 대한 상대위상이다.)

※ 아래의 정리는 증명없이 사용한다.

정리: $X$가 위상공간이고 $Y$가 $T_2$ 공간(Hausdorff 공간)일 때, 두 연속함수 $f, g : X \to Y$에 대하여 집합 $\{x \in X \mid f(x) = g(x)\}$는 $X$의 닫힌 부분집합(closed subset)이다.

37. (2013학년도 1차) 실수 전체의 집합을 $\mathbb{R}$, 유리수 전체의 집합을 $\mathbb{Q}$라 할 때, 가산집합(countable set)만을 보기에서 있는 대로 고른 것은?

ㄱ. $\mathbb{Q} \times (\mathbb{R} - \mathbb{Q})$

ㄴ. $\{F \mid F\text{는 } \mathbb{Q}\text{의 유한 부분집합}\}$

ㄷ. 상집합(quotient set) $\mathbb{R}/\sim$

(단, $\sim$은 $\mathbb{R}$에서

$$x \sim y \iff x - y \in \mathbb{Q}$$

로 정의된 동치관계(equivalence relation)이다.)

38. (2013학년도 1차) 실수 전체의 집합 $\mathbb{R}$에 대하여 $\{[a, b) \mid a, b \in \mathbb{R}\}$를 기저(base) 로 하는 $\mathbb{R}$ 위의 위상을 $\mathcal{T}$라 하자. 함수 $f : \mathbb{R} \to \mathbb{R}$를 $f(x) = |x|$로 정의하고,

$$\mathcal{T}_1 = \{f^{-1}(G) \mid G \in \mathcal{T}\}$$

라 하자. 위상공간 $(\mathbb{R}, \mathcal{T}_1)$에서 집합 $(-2, 1)$의 내부(interior) $A$와 집합 $[1, 2)$의 내부 $B$를 옳게 나타낸 것은? (단, $|x|$는 $X$의 절댓값이고, $(a, b) = \{x \in \mathbb{R} \mid a < x < b\}, [a, b) = \{x \in \mathbb{R} \mid a \le x < b\}$이다.)

39. (2013학년도 1차) 자연수 전체의 집합 $\mathbb{N}$과 자연수 $n$에 대하여 $A_n = \{k \in \mathbb{N} \mid k \ge n\}$이라 하고, $\{A_n \mid n \in \mathbb{N}\}$을 기저(base)로 하는 $\mathbb{N}$ 위의 위상을 $\mathcal{T}$라 하자. $X = (\mathbb{N}, \mathcal{T})$라 하고, $Y = [0, 1]$을 $(\mathbb{R}, \mathcal{T}_u)$의 부분공간(subspace)이라 할 때, 적공간(product space) $X \times Y$에 대하여 옳은 것만을 <보기>에서 있는 대로 고른 것은? (단, $[0, 1] = \{x \in \mathbb{R} \mid 0 \le x \le 1\}$이고 $\mathcal{T}_u$는 실수 전체의 집합 $\mathbb{R}$ 위의 보통위상(usual topology)이다.)

> ㄱ. 집합 $\{2n \mid n \in \mathbb{N}\} \times (Y \cap \mathbb{Q})$는 $X \times Y$에서 조밀(dense)하다. (단, $\mathbb{Q}$는 유리수 전체의 집합이다.)
>
> ㄴ. 함수 $f : X \to X \times Y$를 $f(n) = (2n, \frac{1}{n})$로 정의하면 $f$는 연속함수이다.
>
> ㄷ. $X \times Y$는 콤팩트공간이다.

40. (2013학년도 1차) 실수 전체의 집합 $\mathbb{R}$ 위의 보통위상(usual topology)을 $\mathcal{T}_u$에 대하여 $X = (\mathbb{R}, \mathcal{T}_u)$라 할 때, 옳은 것만을 <보기>에서 있는 대로 고른 것은? (단, $(a, b) = \{x \in \mathbb{R} \mid a < x < b\}$이다.)

> ㄱ. $X$의 부분공간(subspace) $\mathbb{Q}$는 연결(connected)공간이다.
> (단, $\mathbb{Q}$는 유리수 전체의 집합이다.)
>
> ㄴ. $X$의 부분공간 $(-2, -1) \cup (0, 1) \cup \{\sqrt{2}\}$의 성분(component)의 개수는 3이다.
>
> ㄷ. $Y = \{1, 2, 3, 4\}$가 $X$의 부분공간일 때, $f(5) \ne f(6)$인 연속함수 $f : X \to Y$가 존재한다.

41. (2013학년도 2차) 0 이상의 정수 $n$에 대하여 $n + 1$차원 유클리드 공간 $\mathbb{R}^{n+1}$에서 원점 O로부터 거리가 1인 위치에 있는 점들의 모임을 $n$차원 구라고 하고

$$S^n = \{\xi = (x_1, x_2, \cdots, x_{n+1}) \in \mathbb{R}^{n+1} \mid ||\xi||^2 = 1\}$$

로 나타낸다. 예를 들어, $S^1$은 원, $S^2$는 구면이다.
(단, $||\xi|| = \sqrt{x_1^2 + x_2^2 + \cdots, x_{n+1}^2}$이고, $S^n$의 위상은 $\mathbb{R}^{n+1}$ 위의 보통위상(usual topology)의 상대 위상(relative topology)이다.)

3차원 구

$$S^3 = \{(x, y, z, w) \in \mathbb{R}^4 \mid x^2 + y^2 + z^2 + w^2 = 1\}$$

에 대한 질문에 답하시오.

$S^3$에 대하여 다음과 같은 동치관계로 정의된 상공간(quotient space)을 $S^3/\sim$라 하자.

$$(x_1, y_1, z_1, w_1) \sim (x_2, y_2, z_2, w_2) \iff w_1 > 0, w_2 > 0$$

이 때, 다음 (가), (나)의 참, 거짓을 판단하고 그 이유를 설명하시오.

| (가) $S^3/\sim$은 컴팩트(compact)이다.<br>(나) $S^3/\sim$과 $S^3$은 위상동형(homeomorphic)이다. |
|---|

42. (2014학년도 1차 전공A) 자연수 전체의 집합 $\mathbb{N}$에서 위상 $\mathcal{T}$를

$$\mathcal{T} = \{G \subseteq \mathbb{N} \mid \mathbb{N} - G\text{는 유한집합}\} \cup \{\emptyset\}$$

으로, 함수 $f : \mathbb{N} \to \mathbb{N}$을

$$f(n) = \begin{cases} 1, & 1 \le n < 5 \\ 2, & 5 \le n < 10 \\ 3, & 10 \le n \end{cases}$$

으로 정의하자. $\mathcal{T}_d$를 $\mathbb{N}$에서 이산위상(discrete topology)이라 하고, 집합 $A$를

$$A = \{n \in \mathbb{N} \mid f : (\mathbb{N}, \mathcal{T}) \to (\mathbb{N}, \mathcal{T}_d)\text{는 } n\text{에서 불연속}\}$$

이라 할 때, 집합 $A$의 원소의 개수를 구하시오. [2점]

43. (2014학년도 1차 전공A) $\mathbb{R}$ 위의 보통위상(usual topology)을 $\mathcal{T}$, 함수 $f : \mathbb{Z} \to \mathbb{R}$ 를 $f(n) = n^2$이라 하고, $\mathbb{Z}$ 위의 위상 $\mathcal{T}_1$을 $\mathcal{T}_1 = \{f^{-1}(G) \mid G \in \mathcal{T}\}$ 라 하자. $A = \{0\} \cup \mathbb{N}$, $B = \{-1, 1\}$ 이라 할 때, 적공간(product space) $(\mathbb{Z}, \mathcal{T}_1) \times (\mathbb{Z}, \mathcal{T}_1)$에서 $A \times B$의 폐포(closure) $\overline{A \times B}$ 와 내부(interior) $(A \times B)^\circ$ 를 구하시오. 이를 이용하여 $(\mathbb{Z}, \mathcal{T}_1) \times (\mathbb{Z}, \mathcal{T}_1)$에서 $A \times B$의 경계(boundary) $b(A \times B)$ 를 구하는 과정을 쓰시오, (단, $\mathbb{N}$은 자연수 전체의 집합, $\mathbb{Z}$는 정수 전체의 집합, $\mathbb{R}$ 는 실수 전체의 집합이다.) [3점]

44. (2014학년도 1차 전공B) 자연수 전체의 집합 $\mathbb{N}$에 대하여, 집합 $X = \mathbb{N} \cup \{-1, -2, -3\}$ 위에

$$\mathcal{P}(\mathbb{N}) \cup \{\mathbb{N} \cup \{-1\} - F \mid F\text{는 } \mathbb{N}\text{의 유한 부분집합}\} \cup \{\{-2, -3\}\}$$

을 기저(base)로 하는 위상을 $\mathcal{T}$라 하자.

| (1) $\mathbb{N} \subsetneq A \subsetneq X, A \neq \mathbb{N} \cup \{-1\}$이고 $(A, \mathcal{T}_A)$가 콤팩트(compact)이다.<br>(2) $\mathbb{N} \subsetneq B \subsetneq X$이고 $(B, \mathcal{T}_B)$가 콤팩트가 아니다. |
|---|

(1)을 만족시키는 $A$를 모두 구하고, (2)를 만족시키는 $B$의 예를 하나 제시하고 예가 되는

이유를 설명하시오. (단, $\mathcal{P}(\mathbb{N}) = \{G \mid G \subseteq \mathbb{N}\}$이고, $Y \subset X$일 때, $\mathcal{T}_Y = \{G \cap Y \mid G \in \mathcal{T}\}$이다.) [3점]

45. (2015학년도 1차 전공A) 실수 전체의 집합 $\mathbb{R}$에 다음 조건 (1), (2)에 의해 정의되는 부분집합족 (family of subsets) $\mathcal{B}$를 기저로 하는 위상 $\mathcal{T}$가 주어졌다고 하자.

(1) 모든 정수 $m$에 대하여, $\{m\} \in \mathcal{B}$이다.

(2) 모든 정수 $n$과 음이 아닌 모든 정수 $k$에 대하여, $(n, n+2^{-k}) \in \mathcal{B}$이다.

위상공간 $(\mathbb{R}, \mathcal{T})$에서 집합 $A = \{\frac{1}{2}\}$의 도집합(derived set) $A'$을 구하시오. [2점]

46. (2015학년도 1차 전공A) 자연수 전체의 집합 $\mathbb{N} = \{1, 2, 3, \dots\}$에 대하여, 집합 $X = \{(m, n) \in \mathbb{N} \times \mathbb{N} \mid m \geq 12 \text{ 또는 } n \geq 6\}$에 다음과 같이 위상 $\mathcal{T}$가 주어졌다고 하자.

$$\mathcal{T} = \{G \subseteq X \mid X - G\text{는 유한집합}\} \cup \{\emptyset\}$$

함수 $f : X \to \mathbb{N}$을 $f(m, n) = m + n$으로 정의하고, $\mathbb{N}$의 위상을 $\mathcal{T}_{\mathbb{N}} = \{U \subseteq \mathbb{N} \mid f^{-1}(U) \in \mathcal{T}\}$라 하자. 위상공간$(\mathbb{N}, \mathcal{T}_{\mathbb{N}})$의 연결성분 (connected component)의 개수를 구하시오. [2점]

47. (2016학년도 1차) 실수 전체의 집합 $\mathbb{R}$에서$\{[a, b) \mid a, b \in \mathbb{R}\}$를 기저(base, basis)로 하는 위상을 $\mathcal{T}_l$이라 하고, $\{(a, b] \mid a, b \in \mathbb{R}\}$를 기저(base, basis)로 하는 위상을 $\mathcal{T}_u$라 하자. 적공간(곱공간, product space) $(\mathbb{R}, \mathcal{T}_l) \times (\mathbb{R}, \mathcal{T}_u)$에서 집합

$$A = \{(x, y) \in \mathbb{R} \times \mathbb{R} \mid x^2 + y^2 \leq 1\}$$

의 내부(interior) $A^\circ$를 풀이 과정과 함께 쓰시오. 또한 $A$의 폐포(closure) $\overline{A}$와 $A$의 경계(boundary) $b(A)$를 구하시오. (단, $[a, b) = \{x \in \mathbb{R} \mid a \leq x < b\}$, $(a, b] = \{x \in \mathbb{R} \mid a < x \leq b\}$이다.) [4점]

48. (2017학년도 1차) 좌표평면 $\mathbb{R}^2$에서 거리함수(metric, distance function) $d : \mathbb{R}^2 \times \mathbb{R}^2 \to \mathbb{R}$는

$$d(p, q) = \begin{cases} 0, & p = q \\ \max\{\|p\|, \|q\|\}, & p \neq q \end{cases}$$

이다. $d$에 의해 유도된 $\mathbb{R}^2$상의 거리위상(metric topology)을 $\mathcal{T}_d$라 하자. 위상공간 $(\mathbb{R}^2, \mathcal{T}_d)$의 부분집합

$$A = \{(x, 0) \in \mathbb{R}^2 \mid 0 < x < 1\}$$

의 폐포(closure) $\overline{A}$를 풀이 과정과 함께 쓰시오. 또한 $(\mathbb{R}^2, \mathcal{T}_d)$에서 콤팩트(compact)인 무한 부분집합 $B$의 예를 하나 제시하시오. (단, $p = (x, y)$에 대하여 $\|p\| = \sqrt{x^2 + y^2}$이고 $\max\{a, b\}$는 $a$와 $b$ 중 작지 않은 수이다.) [4점]

49. (2018학년도 1차) 위상공간 $(\mathbb{R}^2, \mathcal{T}_u)$의 부분공간(subspace)

$$A = \{(x, y) \in \mathbb{R}^2 \mid x^2 + y^2 < 4\}$$

와 집합 $X = \{-3, -2, -1, 0, 1, 2, 3\}$에 대하여 함수 $f : A \to X$를

$$f(x, y) = [x^2 + y^2]$$

으로 정의하자. 집합 $X$ 위의 위상 $\mathcal{T}$를

$$\mathcal{T} = \{U \subseteq X \mid f^{-1}(U) \in \mathcal{T}_u\}$$

로 정의할 때, 3을 원소로 갖는 $X$의 모든 열린집합(open set)의 개수를 풀이 과정과 함께 쓰시오. 또 위상공간 $(X, \mathcal{T})$에서 집합 $B = \{1, 2\}$의 도집합(derivedset) $B'$을 구하시오.(단, $\mathcal{T}_u$는 $\mathbb{R}^2$ 위의 보통위상(usual topology)이고, $[x]$는 $x$를 넘지 않는 최대 정수이다.) [4점]

50. (2019학년도 1차) 실수 전체의 집합 $\mathbb{R}$ 위의 위상

$$\mathcal{T} = \{U \subseteq \mathbb{R} \mid \mathbb{R} - U\text{는 유한집합}\} \cup \{\emptyset\}$$

에 대하여, $(\mathbb{R}, \mathcal{T})$의 두 부분공간(subspace) $A = [0, 1] \cup [2, 3)$과 $B = \{3, 4, 5\}$의 위상을 각각 $\mathcal{T}_A, \mathcal{T}_B$ 라 하자. 집합 $X = A \cup B$에서 $\mathcal{T}_A \cup \mathcal{T}_B$ 를 기저(base, basis)로 하는 위상을 $\mathcal{T}'$이라 할 때, 위상공간 $(X, \mathcal{T}')$에서 집합 $C = \{3 - \frac{1}{n} \mid n \in \mathbb{N}\} \cup \{3\}$의 경계(boundary) $b(C)$를 구하시오. 또한 $(X, \mathcal{T}')$이 컴팩트 공간(compact space)임을 보이시오. (단, $[0, 1] = \{x \in \mathbb{R} \mid 0 \le x \le 1\}$, $[2, 3) = \{x \in \mathbb{R} \mid 2 \le x < 3\}$이고 $\mathbb{N}$은 자연수 전체의 집합이다.) [4점]

51. (2020학년도 1차 전공A) 실수 전체의 집합 $\mathbb{R}$의 보통위상을 $\mathcal{T}_u$ 라하고, 함수 $f_i : \mathbb{R} \to (\mathbb{R}, \mathcal{T}_u) \quad (i = 1, 2)$를

$$f_1(x) = \lfloor x \rfloor, \quad f_2(x) = \lfloor -x \rfloor$$

로 정의하자. 집합

$$\{f_1^{-1}(U) \mid U \in \mathcal{T}_u\} \cup \{f_2^{-1}(U) \mid U \in \mathcal{T}_u\}$$

을 부분기저(subbase, subbasis)로 하여 생성된 $\mathbb{R}$의 위상을 $\mathcal{T}$라 정의하자. 위상공간 $(\mathbb{R}, \mathcal{T})$에서 $\sqrt{2}$를 포함하는 성분(연결성분, component, connected component)을 풀이 과정과 함께 쓰시오. 또한 $(\mathbb{R}, \mathcal{T})$에서 집합 $[\frac{1}{2}, 2]$의 내부(interior)와 폐포(closure)를 구하시오. (단, $[\frac{1}{2}, 2] = \{x \in \mathbb{R} \mid \frac{1}{2} \le x \le 2\}$이고, $\lfloor x \rfloor$는 $x$를 넘지 않는 최대 정수이다.) [4점]

52. (2020학년도 1차 전공B) 좌표평면 $\mathbb{R}^2$ 의거리함수 $d((x, y), (a, b)) = |x - a| + |y - b|$와 원점

$O$에 대하여, $\mathbb{R}^2$에서 거리함수 $e$를 다음과 같이 정의하자.

$$e(P,Q) = \begin{cases} d(O,p) + d(O,Q), & P \neq Q \\ 0, & P = Q \end{cases}$$

거리공간 $(\mathbb{R}^2, e)$에서 두 점 $(1,3)$과 $(-1, \frac{1}{2})$ 사이의 거리를 구하시오. 또한 열린 집합

$$\{(x,y) \in \mathbb{R}^2 \mid e((x,y),(1,3)) < 9\}$$

에 속하고 각 좌표가 모두 정수인 원소의 개수를 구하시오. [2점]

53. (2021학년도 1차 전공A) $\mathbb{R}^2$ 위에 동치관계(equivalence relation) $\sim$을 다음과 같이 정의하자.

$$(x,y) \sim (x', y') \iff (x,y) = (tx', ty')\text{인 실수 } t \neq 0\text{가 존재한다.}$$

원소 $(x,y) \in \mathbb{R}^2$에 대하여 $\sim$에 관한 동치류(equivalence class)를 $[x,y]$라 하 고 , $\sim$에 관한 상집합(quotient set)을 $Y = \mathbb{R}^2/\sim$, 상사상(quotient map)을 $\pi : \mathbb{R}^2 \to Y$ $(\pi(x,y) = [x,y])$라 하자. $\mathbb{R}^2$ 위에 보통위상(usual topology)이 주어진 공간을 $X$라 하고, 상집합 $Y$ 위의 $\pi : X \to Y$에 대한 상위상(quotient topology)을 $\mathcal{T}$라 하자. 즉, $\mathcal{T}$는 $Y$ 위의 $X/\sim$의 상위상이다. 이때 $[0,0]$을 포함하는 $\mathcal{T}$의 원소가 유일함을 증명하고, $(Y, \mathcal{T})$가 $T_1$-공간이 아닌 이유를 서술하시오. (단, 보통위상은 거리함수 $d((x_1,y_1),(x_2,y_2)) = \sqrt{(x_1-x_2)^2 + (y_1-y_2)^2}$로부터 유도되는 위상이다.) [4점]

54. (2021학년도 1차 전공B) 집합 $X = \{a,b,c\}$에서 정의된 두 위상 $\mathcal{T}_1, \mathcal{T}_2$는 다음 조건을 만족시킨다.

(가) $|\mathcal{T}_1| = |\mathcal{T}_2| = 4$

(나) $(X, \mathcal{T}_1)$은 연결공간(connected space)이다.

(다) $(X, \mathcal{T}_2)$은 비연결공간(disconnected space)이다.

이때 $\mathcal{T}_1, \mathcal{T}_2$를 각각 1개씩 구하시오. (단, $|A|$는 집합 $A$의 원소의 개수이다.) [2점]

55. (2022학년도 1차 전공B) 집합 $X = \{a,b,c\}$ 위에 $\mathcal{B} = \{\{a\},\{b,c\},\{c\}\}$를 기저(base, basis)로 갖는 위상 $\mathcal{T}_{\mathcal{B}}$가 있다. 위상공간 $(X, \mathcal{T}_{\mathcal{B}})$ 위에서 정의된 점렬(점열, sequence of points)

$$x_n = \begin{cases} a & (n\text{은 홀수}) \\ b & (n\text{은 짝수}) \end{cases}$$

의 극한(limit)을 쓰시오. 또한, 위상공간 $(X, \mathcal{T}_{\mathcal{B}})$에서 공집합이 아닌 임의의 서로소인 두 닫힌집합(closed set) $F_1, F_2$에 대하여

$$F_1 \subseteq G_1,\ F_2 \subseteq G_2,\ G_1 \cap G_2 = \emptyset$$

을 만족하는 열린집합(open set) $G_1, G_2$가 존재함을 보이시오. [4점]

# 참고문헌

1. M. A. Armstrong, Basic topology, Springer-Verlag, 1983.
2. N. Bourbaki, General topology, Part 1, Addison-Wesley, 1966.
3. G. L. Cain, Introduction to general topology, Addison-Wesley, 1994.
4. F. H. Croom, Principles of topology, Saunders College Publ., 1989.
5. S. W. Davis, Topology, McGraw-Hill, 2005.
6. J. Dixmier, General topology, Springer-Verlag, 1984.
7. J. Dugundji, Topology, Allyn and Bacon, 1966.
8. M. C. Gemignani, Elementary topology, Addison-Wesley, 1972.
9. I. M. James, Topologies and uniformities, Springer-Verlag, 1999.
10. R. H. Kasriel, Undergraduate topology, W.B. Saunders, 1971.
11. J. L. Kelly, General topology, Springer-Verlag, 1975.
12. S. Lipschutz, General topology, McGraw-Hill, 1965.
13. J. R. Munkres, Topology a first course, Prentice Hall, 1975.
14. J. R. Munkres, Topology, Second Edition, Prentice Hall, 2000.
15. C. W. Patty, Foundations of topology, PWS Publishing, 1993.
16. D. Roseman, Elementary topology, Prentice Hall, 1999.
17. V. Runde, A taste of topology, Springer, 2000.
18. B. T. Sims, Fundamentals of topology, Macmillan Publishing Co., 1976.
19. S. Willard, General topology, Addison-Wesley, 1970.
20. 우무하, 위상수학, 이우출판사, 1988.
21. 이석종, 집합과 논리, 제3판, 교우사, 2019.
22. 장영식, 위상수학, 경문사, 1990.

# 찾아보기


【 Symbols 】

$\epsilon$-net ..... 205
$K$ topology ..... 176
$T_0$ space ..... 182
$T_1$ space ..... 169
$T_2$ space ..... 171
$T_3$ space ..... 175
$T_{3\frac{1}{2}}$ space ..... 181
$T_4$ space ..... 178
$l_2$ metric ..... 149
$l_2$ space ..... 149

【 A 】

absolute property ..... 187
accumulation point ..... 34
Alexandroff compactification ..... 215
Archimedean ordering property ..... 27
associative law ..... 4
axiom of specification ..... 2

【 B 】

Baire category theorem ..... 300
base ..... 83
basic open set ..... 83
belong to ..... 2
bijective ..... 17
Bolzano-Weierstrass theorem ..... 36
boundary ..... 71
boundary point ..... 71
bounded ..... 26, 136
bounded above ..... 26
bounded below ..... 26
bounded function ..... 314
bounded sequence ..... 41
box topology ..... 261
Brouwer fixed point theorem ..... 233

【 C 】

Cantor set ..... 75, 81, 162, 190, 239, 299
Cantor space ..... 269
Cantor Theorem ..... 19
cardinality ..... 17
cartesian product ..... 22
Cauchy sequence ..... 45, 286
Cauchy-Schwarz inequality ..... 152
characteristic function ..... 10, 30
closed function ..... 109
closed neighborhood ..... 76
closed set ..... 37, 54, 65
closed sphere ..... 156
closure ..... 66
closure point ..... 67
coarser topology ..... 60
cocountable space ..... 59
cocountable topology ..... 59
codomain ..... 9
cofinite space ..... 59
cofinite topology ..... 59
commutative law ..... 4

compact . . . . . 186
compact open topology . . . . . 319
compact set . . . . . 39
compact space . . . . . 186
compact subset . . . . . 186
compactification . . . . . 211
complement . . . . . 4
complete metric space . . . . . 287
complete set . . . . . 46
complete space . . . . . 287
completely regular space . . . . . 181
completion . . . . . 295
component . . . . . 239, 242
composition . . . . . 11
connected . . . . . 221
continuous . . . . . 47, 48, 145
continuous at a point $p$ . . . . . 104
continuous function . . . . . 47, 48, 101, 145
contraction . . . . . 292
converge . . . . . 41, 42, 78, 144
converge pointwise . . . . . 311
converge uniformly . . . . . 313
countable . . . . . 18
countable subcover . . . . . 163
countably compact . . . . . 200
cover . . . . . 38, 163
cut point . . . . . 234

【D】

De Morgan's Theorem . . . . . 4, 7
decomposition space . . . . . 127
dense . . . . . 70
denumerable . . . . . 18
derived set . . . . . 34, 62
diameter . . . . . 136
difference . . . . . 4
disconnected . . . . . 221
discrete space . . . . . 59
discrete topology . . . . . 59
disjoint . . . . . 4
distance . . . . . 135, 136
distributive law . . . . . 4
diverge . . . . . 41
domain . . . . . 9
duality . . . . . 73

【E】

element . . . . . 2
element listing notation . . . . . 2
embedded . . . . . 211
empty intersection . . . . . 8
empty map . . . . . 9
empty set . . . . . 2
empty union . . . . . 8
end point . . . . . 235
equal . . . . . 2, 9
equipotent . . . . . 17
equivalence class . . . . . 25
equivalence relation . . . . . 25
equivalent . . . . . 145
Euclidean metric . . . . . 148
Euclidean norm . . . . . 151
Euclidean space . . . . . 148
evaluation map . . . . . 307
extended real line . . . . . 212
extension . . . . . 11
exterior . . . . . 71
exterior point . . . . . 71

【F】

factor set . . . . . 22
family of sets . . . . . 5
finer topology . . . . . 60
finite . . . . . 18
finite intersection property . . . . . 191
finite subcover . . . . . 39, 163
first category . . . . . 299

first countable space . . . . . . 159
first projection . . . . . . 10
fixed point . . . . . . 231, 293
fixed point property . . . . . . 231
fixed point theorem . . . . . . 232, 293
function . . . . . . 9
function space . . . . . . 307

【 G 】
generate . . . . . . 83, 89
graph . . . . . . 283
greatest lower bound . . . . . . 26

【 H 】
Hausdorff space . . . . . . 171
Heine-Borel theorem . . . . . . 40, 218
hereditary . . . . . . 114
Hilbert metric . . . . . . 149
Hilbert space . . . . . . 149
homeomorphic . . . . . . 110
homeomorphism . . . . . . 110

【 I 】
idempotent law . . . . . . 4
identical . . . . . . 2
identification space . . . . . . 128
identity . . . . . . 4
identity map . . . . . . 9
image . . . . . . 9, 12
include . . . . . . 2
inclusion map . . . . . . 9
index set . . . . . . 5
indexed family of sets . . . . . . 5
indiscrete space . . . . . . 59
indiscrete topology . . . . . . 59
induced metric . . . . . . 150
infimum . . . . . . 26
infinite . . . . . . 18
initial point . . . . . . 235
injective . . . . . . 15
interior . . . . . . 71
interior point . . . . . . 32, 53, 71
intermediate value theorem . . . . . . 52, 231
intersection . . . . . . 4, 5
interval . . . . . . 228
inverse . . . . . . 17
inverse image . . . . . . 12
inverse image topology . . . . . . 115
isometric . . . . . . 146
isometry . . . . . . 146

【 K 】
Klein bottle . . . . . . 130
Kuratowski closure axiom . . . . . . 71

【 L 】
larger topology . . . . . . 60
least upper bound . . . . . . 26
least upper bound axiom . . . . . . 27
Lebesgue number . . . . . . 207
limit . . . . . . 41, 78, 144
limit point . . . . . . 34, 53, 62
limit point compact . . . . . . 197
Lindelöf space . . . . . . 164
local base . . . . . . 92
locally compact . . . . . . 203
locally connected at $p$ . . . . . . 244
locally connected space . . . . . . 244
locally pathwise connected at $p$ . . . . . . 246
locally pathwise connected space . . . . . . 246
lower bound . . . . . . 26
lower limit topology . . . . . . 87

【 M 】
Möbius strip . . . . . . 129
metric . . . . . . 135
metric space . . . . . . 135
metric subspace . . . . . . 140

metric topology ..... 140
Minkowski inequality ..... 153

【 N 】
natural map ..... 26
neighborhood ..... 76
neighborhood system ..... 81
nested countable local base ..... 160
nested interval property ..... 28
nested property ..... 160, 288
nondenumerable ..... 18
norm ..... 150
normal space ..... 178
normed space ..... 150
nowhere dense ..... 75

【 O 】
one point compactification ..... 215
one-to-one correspondence ..... 17
open ball ..... 137
open cover ..... 38, 163
open disc ..... 52
open function ..... 109
open neighborhood ..... 76
open set ..... 32, 53, 59

【 P 】
path ..... 235
path component ..... 243
path product ..... 238
pathwise connected ..... 235
point open topology ..... 309
power set ..... 3
preimage ..... 9
product set ..... 8, 22
product space ..... 252, 263
product topology ..... 252, 263
projection ..... 23
proper subset ..... 2
pseudometric ..... 135

【 Q 】
quotient map ..... 26, 120
quotient set ..... 26
quotient space ..... 120
quotient topology ..... 79, 120

【 R 】
range ..... 9
reflexive ..... 24
regular space ..... 175
relation ..... 24
relative topology ..... 93
restriction ..... 11
reverse path ..... 235

【 S 】
second category ..... 299
second countable space ..... 162
second projection ..... 10
separable ..... 165
separated ..... 222
sequence ..... 41
sequence of points ..... 41
sequentially compact ..... 195
sequentially continuous at $p$ ..... 108
sequentially continuous function ..... 108
set ..... 2
set builder form ..... 2
Sierpinski space ..... 59
singleton set ..... 2
smaller topology ..... 60
somewhere dense ..... 75
srtonger topology ..... 60
strong topology ..... 120, 122, 125
subbase ..... 89
subcover ..... 163
subsequence ..... 43

subset . . . . . . 2
subspace . . . . . . 93
subspace topology . . . . . . 93
superset . . . . . . 2
supremum . . . . . . 26
surjective . . . . . . 15
symmetric . . . . . . 24

【 T 】

taxicab metric . . . . . . 135
terminal point . . . . . . 235
topological property . . . . . . 113
topological space . . . . . . 59
topologically equivalent . . . . . . 110
topologically invariant . . . . . . 113
topologist's comb . . . . . . 246
topologist's sine curve . . 53, 227, 237, 243, 245, 249
topology . . . . . . 59
torus . . . . . . 129
totally bounded . . . . . . 205
transitive . . . . . . 24
trivial metric . . . . . . 136
tube lemma . . . . . . 255
Tychonoff space . . . . . . 181
Tychonoff theorem . . . . . . 275
Tychonoff topology . . . . . . 263

【 U 】

unbounded . . . . . . 136
uncountable . . . . . . 18
uniform continuous . . . . . . 210, 316
uniform limit theorem . . . . . . 313
union . . . . . . 3, 5
upper bound . . . . . . 26
upper limit topology . . . . . . 88
Urysohn lemma . . . . . . 180
Urysohn metrization theorem . . . . . . 181
usual metric . . . . . . 135, 148
usual topological space . . . . . . 59, 148
usual topology . . . . . . 59, 148

【 V 】

value . . . . . . 9

【 W 】

weak topology . . . . . . 115, 118
weaker topology . . . . . . 60

【 기호 】

$\epsilon$-그물 ... 205
$K$ 위상 ... 176
$T_0$ 공간 ... 182
$T_1$ 공간 ... 169
$T_2$ 공간 ... 171
$T_3$ 공간 ... 175
$T_{3\frac{1}{2}}$ 공간 ... 181
$T_4$ 공간 ... 178
$l_2$ 거리함수 ... 149
$l_2$ 공간 ... 149

【 ㄱ 】

가부번 ... 18
가산 ... 18
가산부분덮개 ... 163
가산콤팩트 ... 200
강한 위상 ... 60, 120, 122, 125
같다 ... 2, 9
개집합 ... 32
개피복 ... 38
거리 ... 135, 136
거리공간 ... 135
거리부분공간 ... 140
거리위상 ... 140
거리함수 ... 135
결합법칙 ... 4
경계 ... 71
경계점 ... 71
고른 수렴 ... 313
고른 수렴 극한정리 ... 313
고른 연속 ... 210, 316
고정점 ... 231, 293
고정점성질 ... 231
고정점정리 ... 232, 293
곱공간 ... 252, 263
곱위상 ... 252, 263
곱집합 ... 8, 22
공역 ... 9
공집합 ... 2
공집합함수 ... 9
관계 ... 24
교집합 ... 4, 5
교환법칙 ... 4
구간 ... 228
국소기저 ... 92
국소길연결 ... 246
국소길연결 공간 ... 246
국소연결 ... 244
국소연결 공간 ... 244
국소콤팩트 ... 203
그래프 ... 283
극한 ... 41, 78, 144
극한점 ... 34, 53, 62
극한점콤팩트 ... 197
근방 ... 76
근방계 ... 81
기수 ... 17
기저 ... 83
기저 열린 집합 ... 83
길 ... 235
길성분 ... 243
길연결 ... 235
길의 곱 ... 238
끝점 ... 235

【 ㄴ 】

내부 ... 71
내점 ... 32, 53, 71
노름 ... 150
노름공간 ... 150

【 ㄷ 】

단사 ... 15
닫음 ... 66
닫음점 ... 67
닫힌 공 ... 156

닫힌 근방 ..... 76
닫힌 집합 ..... 37, 54, 65
닫힌 함수 ..... 109
대등 ..... 17
대칭적 ..... 24
덮개 ..... 38, 163
동일화공간 ..... 128
동치 ..... 145
동치관계 ..... 25
동치류 ..... 25
드모르간 정리 ..... 4, 7
등거리 ..... 146
등거리함수 ..... 146

【 ㄹ 】
르베그 수 ..... 207
린델뢰프 공간 ..... 164

【 ㅁ 】
멱등법칙 ..... 4
멱집합 ..... 3
뫼비우스 띠 ..... 129
무계 ..... 136
무한 ..... 18
묻힌다 ..... 211
민코프스키 부등식 ..... 153

【 ㅂ 】
반댓길 ..... 235
반사적 ..... 24
발산 ..... 41
베르 범주정리 ..... 300
보통거리함수 ..... 135, 148
보통위상 ..... 59, 148
보통위상공간 ..... 59, 148
볼차노-바이어슈트라스 정리 ..... 36
부가함수 ..... 307
부분공간 ..... 93
부분기저 ..... 89
부분덮개 ..... 163
부분수열 ..... 43
부분위상 ..... 93
부분집합 ..... 2
분류공리 ..... 2
분리 ..... 222
분리가능한 ..... 165
분배법칙 ..... 4
분해공간 ..... 127
브라우어의 고정점정리 ..... 233
비가부번 ..... 18
비가산 ..... 18
비연결 ..... 221
비이산공간 ..... 59
비이산위상 ..... 59
빈 교집합 ..... 8
빈 합집합 ..... 8

【 ㅅ 】
사영함수 ..... 23
상 ..... 9, 12
상계 ..... 26
상공간 ..... 120
상대위상 ..... 93
상등 ..... 2
상위상 ..... 79, 120
상자위상 ..... 261
상집합 ..... 26
상한 ..... 26
상함수 ..... 26, 120
생성 ..... 83, 89
서로소 ..... 4
성분 ..... 239, 242
세밀한 위상 ..... 60
속한다 ..... 2
수렴 ..... 41, 42, 78, 144
수열 ..... 41
수열연속 ..... 108

수열연속함수 . . . . . 108
수열콤팩트 . . . . . 195
시에르핀스키 공간 . . . . . 59
시점 . . . . . 235
쌍대성 . . . . . 73

【 ㅇ 】
아래끝 위상 . . . . . 87
아래로 유계 . . . . . 26
아르키메데스 순서성질 . . . . . 27
알렉산드로프 콤팩트화 . . . . . 215
약한 위상 . . . . . 60, 115, 118
어디서도 조밀하지 않다 . . . . . 75
어디선가 조밀하다 . . . . . 75
엉성한 위상 . . . . . 60
여가산공간 . . . . . 59
여가산위상 . . . . . 59
여유한공간 . . . . . 59
여유한위상 . . . . . 59
여집합 . . . . . 4
역상 . . . . . 12
역상위상 . . . . . 115
역함수 . . . . . 17
연결 . . . . . 221
연속 . . . . . 47, 48, 104, 145
연속함수 . . . . . 47, 48, 101, 145
열린 공 . . . . . 137
열린 근방 . . . . . 76
열린 덮개 . . . . . 38, 163
열린 원판 . . . . . 52
열린 집합 . . . . . 32, 53, 59
열린 함수 . . . . . 109
완비 집합 . . . . . 46
완비거리공간 . . . . . 287
완비공간 . . . . . 287
완비화 . . . . . 295
완전유계 . . . . . 205
완전정칙공간 . . . . . 181
외부 . . . . . 71
외점 . . . . . 71
우리손 거리화정리 . . . . . 181
우리손 보조정리 . . . . . 180
원상 . . . . . 9
원소 . . . . . 2
원소나열법 . . . . . 2
원환면 . . . . . 129
위끝 위상 . . . . . 88
위로 유계 . . . . . 26
위상 . . . . . 59
위상공간 . . . . . 59
위상동형 . . . . . 110
위상동형함수 . . . . . 110
위상불변 . . . . . 113
위상수학자의 빗 . . . . . 246
위상수학자의 사인곡선 . . 53, 226, 237, 243, 245, 249
위상적 성질 . . . . . 113
위상적으로 같다 . . . . . 110
유계 . . . . . 26, 136
유계수열 . . . . . 41
유계함수 . . . . . 314
유도거리함수 . . . . . 150
유도집합 . . . . . 34, 62
유사거리함수 . . . . . 135
유전적 . . . . . 114
유클리드 거리함수 . . . . . 148
유클리드 공간 . . . . . 148
유클리드 노름 . . . . . 151
유한 . . . . . 18
유한교차성 . . . . . 191
유한부분덮개 . . . . . 39, 163
이산거리함수 . . . . . 136
이산공간 . . . . . 59
이산위상 . . . . . 59
인수집합 . . . . . 22
일대일대응 . . . . . 17

【 ㅈ 】
작은 위상 ........ 60
전단사 ........ 17
전사 ........ 15
절단점 ........ 234
절대적 성질 ........ 187
점 열린 위상 ........ 309
점마다 수렴 ........ 311
점열 ........ 41
점열콤팩트 ........ 195
정규공간 ........ 178
정의역 ........ 9
정칙공간 ........ 175
제1가산공간 ........ 159
제1범주 ........ 299
제1사영함수 ........ 10
제2가산공간 ........ 162
제2범주 ........ 299
제2사영함수 ........ 10
조건제시법 ........ 2
조밀 ........ 70
종점 ........ 235
중간값의 정리 ........ 52, 231
지름 ........ 136
진부분집합 ........ 2
집적점 ........ 34
집합 ........ 2
집합족 ........ 5

【 ㅊ 】
차집합 ........ 4
첨수집합 ........ 5
첨수집합족 ........ 5
최대하계 ........ 26
최소상계 ........ 26
최소상계공리 ........ 27
추이적 ........ 24
축소가산 국소기저 ........ 160
축소구간성질 ........ 28
축소성 ........ 160, 288
축소함수 ........ 11
축약함수 ........ 292
치역 ........ 9

【 ㅋ 】
카테션곱 ........ 22
칸토어 공간 ........ 269
칸토어 정리 ........ 19
칸토어 집합 ........ 75, 81, 162, 190, 239, 299
코시 수열 ........ 45, 286
코시-슈바르츠 부등식 ........ 152
콤팩트 ........ 186
콤팩트 공간 ........ 186
콤팩트 부분집합 ........ 186
콤팩트 열린 위상 ........ 319
콤팩트 집합 ........ 39
콤팩트화 ........ 211
쿠라토프스키 페포공리 ........ 71
큰 위상 ........ 60
클라인 병 ........ 130

【 ㅌ 】
택시거리함수 ........ 135
튜브보조정리 ........ 255
특성함수 ........ 10, 30
티코노프 공간 ........ 181
티코노프 위상 ........ 263
티코노프 정리 ........ 275

【 ㅍ 】
폐집합 ........ 37
폐포 ........ 66
폐포점 ........ 67
포함집합 ........ 2
포함한다 ........ 2
포함함수 ........ 9
표준사상 ........ 26

피복 . . . . . . 38

【ㅎ】

하계 . . . . . . 26
하우스도르프 공간 . . . . . . 171
하이네-보렐 정리 . . . . . . 40, 218
하한 . . . . . . 26
한원소집합 . . . . . . 2
한점콤팩트화 . . . . . . 215
함수 . . . . . . 9
함수공간 . . . . . . 307
함숫값 . . . . . . 9
합성함수 . . . . . . 11
합집합 . . . . . . 3, 5
항등원 . . . . . . 4
항등함수 . . . . . . 9
확대함수 . . . . . . 11
확장된 실수공간 . . . . . . 212
힐베르트 거리함수 . . . . . . 149
힐베르트 공간 . . . . . . 149

## 위상수학의 기초 (제6판)

**6판 발행** 2022년 3월 2일
**6판 2쇄 발행** 2023년 3월 2일

**지은이** 이석종 · 이승온
**펴낸이** 오판근
**펴낸곳** (주)교우
**주 소** 서울시 동대문구 약령시로 8 교우빌딩 2층 (주)교우
**전 화** 02-925-2861 / **팩 스** 070-7966-8610, **편집부** 02-925-2825
**홈페이지&북스토어** www.kyowoo.co.kr / **이메일** kyowoo@kyowoo.co.kr

**등 록** 1994년 3월 24일 제1994-000013호
**ISBN** 979-11-251-0348-6 (93410)





(주) 교우는 보다 혁신적이고 참신한 도서를 다양하게 기획하고 있습니다.
책으로 펴내고자 하는 아이디어나 원고는 메일로 보내주세요.
(주) 교우는 전과정을 책임지고 최선을 다하겠습니다.

**값 32,000원**

**교우미디어는 (주) 교우의 Imprint 사입니다.**
**수학정원·과학정원은 (주) 교우의 새로운 브랜드명입니다.**

잘못된 책은 구입하신 서점에서 교환해 드립니다.